流域水生态承载力评估调控技术理论与实践

张　远　杨中文等　著

科学出版社
北　京

内 容 简 介

本书在系统总结国内外流域水系统承载力研究进展的基础上，面向新时代国家水生态环境保护治理科技需求，构建适宜我国国情的流域水生态承载力评估调控技术理论与实践模式，系统介绍流域水生态承载力评估调控技术理论方法体系，水生态承载力评估诊断、模型模拟、优化调控等关键技术，在鄱阳湖、太湖流域开展应用实践，为我国推进流域水资源、水环境、水生态“三水”统筹治理、美丽河湖保护建设等提供理论技术支撑和管理决策支持。

本书可供从事水生态环境保护的科研人员、相关政府部门工作人员，以及环境科学、生态学等专业的本科生和研究生参考。

审图号：GS(2022)2704 号

图书在版编目(CIP)数据

流域水生态承载力评估调控技术理论与实践 / 张远等著. 北京：科学出版社，2024. 6. -- ISBN 978-7-03-078811-5

Ⅰ. X143

中国国家版本馆 CIP 数据核字第 2024GT0758 号

责任编辑：周　杰　李佳琴 / 责任校对：樊雅琼

责任印制：徐晓晨 / 封面设计：无极书装

科学出版社 出版

北京东黄城根北街 16 号

邮政编码：100717

http://www.sciencep.com

北京建宏印刷有限公司印刷

科学出版社发行　各地新华书店经销

*

2024 年 6 月第　一　版　开本：787×1092　1/16

2024 年 6 月第一次印刷　印张：14 1/2

字数：350 000

定价：200.00 元

（如有印装质量问题，我社负责调换）

前　　言

当前我国进入生态文明建设新时期，水生态环境形势发生重大转折性变化，水环境质量总体向好，由水环境质量管理向水生态系统综合管理方式转变。党的二十大报告明确要求“统筹水资源、水环境、水生态治理，推动重要江河湖库生态保护治理”。2023年4月，生态环境部等部门联合印发《重点流域水生态环境保护规划》，要求统筹水资源、水环境、水生态治理，协同推进降碳、减污、扩绿、增长，以改善水生态环境质量为核心，持续深入打好碧水保卫战，大力推进美丽河湖保护与建设；提出到2035年，水生态环境根本好转，生态系统实现良性循环，美丽中国水生态环境目标基本实现。随着生态文明建设不断深入，国家水生态环境管理对推进流域水资源、水环境、水生态“三水”统筹治理、美丽河湖保护建设等提出了新的更高要求，推动实现水生态系统和经济社会高质量协调发展。

承载力理论为科学衡量和调控水生态–经济社会复合系统协调关系，支撑流域“三水”统筹治理和美丽河湖保护建设提供了重要理论基础。在国家水体污染控制与治理科技重大专项、国家重点研发计划、国家自然科学基金等科技项目长期资助下，面向新时代国家水生态环境保护治理科技需求，我们对流域水生态承载力评估调控技术理论及应用实践开展了长期科研攻关。本书系统总结了相关研究进展成果，提出我国流域水生态承载力评估调控技术理论与实践模式，以期为我国新时代水生态环境保护治理提供有力的科技支撑。

本书撰写工作由张远和杨中文主持。全书共8章。第1章由张远、杨中文、马淑芹、贾蕊宁完成，介绍流域水生态承载力研究的背景概况、国内外进展；第2章由张远、杨中文、郝彩莲、王晓完成，介绍流域水生态承载力评估调控技术理论体系；第3章由杨中文、张远、贾晓波、高欣完成，介绍水生态承载力概念内涵评价指标体系、评估诊断技术方法；第4章由杨中文、张远、王玉秋、李春晖、张凯完成，介绍水生态承载力系统模拟模型；第5章由张远、杨中文、夏瑞、陈焰、后希康完成，介绍流域水生态承载力优化调控关键技术；第 6 章由杨中文、张远、王玉秋、尹京晨、马驰完成，介绍鄱阳湖流域水生态承载力评估调控；第 7 章由李春晖、卜久贺、丁森、王璐完成，介绍太湖流域典型区水生态承载力评估调控；第 8 章由张远、杨中文、贾蕊宁完成，对流域水生态承载力技术理论与实践进行总结。最后由杨中文、张远完成对全书的统稿和校对工作。全书参考文献、图表由贾蕊宁整理和绘制。

本书凝聚了众多人员的劳动成果，感谢在有关技术理论研究、应用实践和文稿编辑过程中付出劳动而在本书中未提及的工作者。由于流域水生态承载力管控理论和技术研究及应用实践尚处于初级阶段，相关工作亟待深化和完善。另受时间、水平等因素所限，书中难免有不妥之处，请广大读者批评指正。

作　者

2024 年 5 月

目　　录

第1章 绪　　论

1.1 背景概况

自20世纪70年代末改革开放以来，我国社会经济进入快速发展时期，随着工业化、城镇化快速推进，给水系统带来巨大压力，我国面临着水资源约束趋紧、水环境污染恶化、水生态退化的严峻形势。我国人均水资源量约为2100m^3，仅为全球平均水平的28%，正常年份缺水500多亿立方米，人均水资源拥有量与日益增加的需水要求之间的矛盾加深。2017年全国废水排放量为699.7亿t，导致约80%的湖泊水体富营养化，超过40%的河流受到污染，水环境污染事故多发；同时，人类活动引起水生生物及鸟类的栖息环境遭受破坏，生物种群数量和多样性减少，甚至导致种群灭绝，严重影响水生态系统平衡。水资源、水环境和水生态问题交织显现的本质是人类社会经济活动加剧，超过水生态系统承载能力，导致水生态-社会经济承载关系失衡。

我国早期水环境管理从污染物总量控制开始，经历了由以总量控制为主向水环境质量改善转变的过程。2015年，国务院印发实施《水污染防治行动计划》（简称“水十条”），要求系统推进水污染防治、水生态保护和水资源管理，即“三水”统筹的水生态环境管理体系。2022年10月，党的二十大报告明确要求“统筹水资源、水环境、水生态治理，推动重要江河湖库生态保护治理”。随着国家生态文明建设不断深入和生态环保体制机制改革不断深化，我国水生态环境管理工作向水生态系统综合管理迈进，在“绿水青山就是金山银山”与“山水林田湖草沙”生命共同体生态环保理念指导下，力求从水生态系统性、完整性出发，实现社会经济发展与水生态环境保护相协调。

我国生态环保法律法规中对协调水生态-社会经济承载关系，推动水生态环境管理提出系列要求。《中华人民共和国环境保护法》（2014年修订版）规定“采取有利于节约和循环利用资源、保护和改善环境、促进人与自然和谐的经济、技术政策和措施，使社会经济发展与环境保护相协调。”《中华人民共和国水污染防治法》（2017年修订版）中要求“根据流域生态环境功能需要，明确流域生态环境保护要求，组织开展流域环境资源承载能力监测、评价。”《水污染防治行动计划》（国发〔2015〕17号）要求“强化源头控制，水陆统筹、河海兼顾，对江河湖海实施分流域、分区域、分阶段科学治理，系统推进水污染防治、水生态保护和水资源管理。”2023年4月，生态环境部等五部门联合印发《重点流域水生态环境保护规划》，要求统筹水资源、水环境、水生态治理，协同推进降碳、减污、扩绿、增长，以改善水生态环境质量为核心，持续深入打好碧水保卫战，大力推进美丽河湖保护与建设；提出到2035年，水生态环境根本好转，生态系统实现良性循环，美丽中国水生态环境目标基本实现。当前，国家水生态环境管理对推进流域水资源、水环境、水生态“三水”统筹治理、美丽河湖保护建设等提出了新的更高要求，推动实现水生态系统和经济社会高质量协调发展。

承载力理论为科学衡量和调控水生态-社会经济承载关系，实现“三水”统筹治理和美丽河湖保护建设提供了重要理论基础。承载力（Carrying Capacity）概念源自应用生态学、人口统计学和种群生物学。随着人口的增长和经济的发展，资源短缺、生态环境恶化等现象日趋显著，可持续发展理念被提出，且与承载力协同发展，掀起了承载力研究的热潮。当前，承载力理论广泛应用于区域水资源、水环境、土地资源、矿产资源、生态系统等众多领域，衍生出了水资源承载力、环境承载力以及生态承载力等相关概念。在国家水体污染控制与治理科技重大专项、国家重点研发计划、国家自然科学基金等科技项目长期资助下，我们开展了水生态承载力研究，在其概念内涵、评价诊断、模拟调控等技术理论方法研发和应用实践方面形成了系列成果，以期为我国新时代水生态环境保护治理提供有力的科技支撑。

1.2 国内外研究进展

1.2.1 “三水”承载力相关研究进展

承载力原为力学中的一个概念，指物体在不受任何外界或内部破坏时的最大负载，一般具有力的量纲。承载力最早应用于生态学领域，是从 Malthus（1798）提出的人口原理开始，以 Malthus（1798）的 *An Essay on the Principle of Population*，Odum（1953）的 *Fundamentals of Ecology* 和 Meadows 等（1972）的 *The Limits to Growths：A Reports for the Club of Rome's Project on the Predicament of Mankind* 为代表。Malthus（1798）认为自然资源的有限性特别是粮食数量增长缓慢会对人口数量的增长造成一定的制约，也就是说有限的自然资源只能承载一定数量的人口，人口数量的增长会有一个上限值。Odum（1953）的 *Fundamentals of Ecology* 明确将承载力定义为“种群数量增长上限”，即“一定生态环境区域内所能支持的某一物种的最大数量”。20 世纪 60 年代以来，承载力理论广泛应用于区域水资源、水环境、土地资源、矿产资源、生态系统等各个领域，从而衍生出了水资源承载力、环境承载力以及生态承载力等相关概念。在此基础上，流域水生态承载力研究经历了由理论到实践，从水资源承载力、水环境承载力研究逐步过渡到水生态承载力研究的漫长探索过程。

1. 水资源承载力

水资源承载力研究始于 20 世纪 90 年代，尤其以西北干旱区水资源承载力的研究为代表。蔡安乐（1994）认为水资源承载力是在一定社会经济发展阶段，在水资源总量基础上，通过区域合理配置和有效利用所获得的最合理的社会经济、环境相互协调发展的水资源开发利用的最大规模。高彦春和刘昌明（1997）认为水资源开发利用的阈值是指在社会生产条件和经济技术都达到相当水平时，水资源系统可供给区域社会经济发展和生态环境的用水能力，即水资源开发利用的最大容量。冯尚友和刘国全（1997）认为水资源承载力是在一定区域范围内，在一定生活水平和生态环境质量状况下，能够支持人口、环境与经济协调发展的最大水资源供给限度。左其亭和陈曦（2003）指出水资源承载力概念为：一定区域、一定时段，在维系生态系统良性循环的基础上，水资源系统支撑社会经济持续发展的可利用的最大规模。以上学者的观点都是从区域水资源本身出发，从水资源供给量的角度，强调水资源的供给能力和最大开发容量，某种意义上相当于区域的供水量，是对水资源承载力自然属性的描述。

施雅风和曲耀光（1992）将水资源承载力定义为：某一地区的水资源，在一定社会历史和科学技术发展阶段，在不破坏社会经济和自然生态系统时，最大可承载的地区农业、工业、城市规模和人口规模的能力。阮本清和魏传江（2004）认为水资源承载力是指在不同的时间尺度上，一定的经济发展水平下，保障正常的社会文化准则的生活条件下，一定区域水资源所能持续承载的人口数量。夏军和朱一中（2002）将水资源承载力定义为：在一定的水资源开发利用阶段，满足生态需水的可利用水量能够维持有限发展目标的、最大的社会经济规模。段春青等（2010）提出区域水资源承载力概念为：区域在一定社会经济和科学技术发展水平下，以生态、环境健康发展和社会经济可持续发展协调为前提，区域水资源系统能够支撑社会经济可持续发展的合理规模。佘思敏和胡雨村（2013）认为生态城市建设中水资源承载力的定义为：某一区域的可用水资源在某一时间节点，按现有技术水平与规划，在满足生态城市各项指标的前提下，能够支撑的最大人口和经济规模。相关学者从水资源承载力所承载对象的角度出发，重在强调其承载规模，用区域内可承载的人口数量和经济规模来描述水资源承载力，侧重于描述水资源承载力的社会属性。

综上，水资源承载力的定义主要侧重于从其承载主体和承载客体两个角度进行界定。从承载主体角度的定义主要强调水资源本身所能提供的水资源量、水资源开发容量或水资源开发规模，是其自然属性的体现；从承载客体角度的定义主要强调水资源对流域社会经济发展的支撑能力，是其社会属性的体现。水资源承载力是在水资源短缺与人类社会发展间矛盾突出情况下产生的，多从“量”的方面来阐述流域水资源与社会经济发展之间的关系。

2. 水环境承载力

随着水环境污染问题不断突显，研究者将承载力应用到水环境领域。水环境承载力最初是由水环境容量概念演化而来，最早出现于20世纪70年代。Bishop（1974）将水环境承载力定义为：在能够接受的生活水平条件下，一个区域所能持续承载的人类活动的强度。Green等（1999）根据水质、河口流体动力学和承载力分析了洪都拉斯共和国南部河口可能的最大捕虾量。Duarte等（2003）以生态承载力的定义为基础，从环境容量的角度评估了沿海水域对多物种混养的承载力。国外学者对于水质指标提取和评价的研究，为水环境承载力影响因素的识别和测度奠定了基础，但相关研究缺乏对流域水环境承载力的整体评价，无法有效满足社会经济和人口发展等规划决策需求。

20世纪90年代，水环境承载力理论研究开始受到国内学者关注。唐剑武和叶文虎（1998）认为流域水环境承载力是指一定环境系统的结构表现出一定功能，其维持物质循环和能量流动的能力有一定限度，环境承载力的本质就是环境系统结构和功能的外在表现。廖文根等（2002）提出流域水环境承载力是指水环境持续正常发挥其系统功能的前提下，所能接纳污染物的能力和承受对其基本要素改变的能力。左其亭等（2005）提出流域水环境承载能力即为水环境容量，或者说是水环境纳污能力，是水体维持生态系统健康所能承受的污染物最大排放量。龙平沅等（2006）指出水环境承载力是在某一特定的时期，某种状态或条件下（一定的时空条件下），在一定的环境质量目标要求下，某流域（区域）水环境在自我维持、自我调节能力和水环境功能（生态环境系统良好健康发展）可持续正常发挥前提下，所支撑的人口、经济及社会可持续发展的最大规模。以上学者从环境容纳能力角度，以自然能力为对象，指出水环境承载力为水体能够被持续使用并仍保持良好生态系统时，所能够容纳的污染物的最大量，强调水体纳污能力，接近水环境容量的概念，是水环境承载力自然属性的一种体现。

贾振邦等（1995）提出的水环境承载力定义为：在一定的自然环境条件和一定的社会经济发展背景下，区域水环境对其社会经济发展的支撑能力。郭怀成和唐剑武（1995）认为水环境承载力是指特定地区、时间、状态下水环境对经济发展和生活需水的最大支持能力。李清龙等（2004）认为水环境承载力为某一阶段，在流域水环境的自我维持、调节、恢复能力与水环境功能可持续正常发挥前提下，所能支撑的人口、经济的最大规模。邢有凯等（2008）提出水环境承载力定义为：在一定的时期和水域内，在一定生活水平和环境质量要求下，以可持续发展为前提，在维护生态环境良性循环发展的基础上，水环境系统所能容纳的各种污染物，以及可支撑人口与相应社会经济发展规模的阈值。王莉芳和陈春雪（2011）指出水环境承载力为在某一特定的生产力状况和满足特定环境目标的条件下，以及区域水体能够自我维持、自我调节并可以可持续发挥作用的前提下，所能支撑的人口、经济及社会可持续发展的最大规模。相关学者主要从水环境系统支撑能力的角度，以外部作用为对象，认为水环境承载对象具体为人口数量和社会经济规模，是水环境承载力社会属性的体现。

综上，水环境承载力的定义主要从其承载主体和承载客体两个角度来进行界定。从承载主体的角度，主要强调水环境自身的纳污能力，等同于水环境容量、水环境容许污染负荷量等概念，体现了水环境承载力的自然属性。从承载客体的角度，强调水环境对流域社会经济发展以及生活需求的支持能力，是水环境承载力社会属性的表现。水环境承载力与水资源承载力相比，更侧重于从“质”的方面描述水环境的承受能力。

3. 水生态承载力

水生态承载力是在我国社会经济快速发展过程中污染排放和水资源开发强度“双高”以及生态系统严重退化的背景下提出的承载力概念，综合体现了水体的资源属性、环境属性和生态属性，既考虑水资源量上的满足，又考虑水环境质上的保证，同时强调对水生态系统结构和功能完整性的保障。

目前，国内外关于流域水生态承载力的研究方兴未艾，然而完整的流域水生态环境承载力理论体系尚未形成。刘永懋和宿华（2004）从饮用水角度分析水生态承载力，认为水生态承载力是以水生态系统的持续承载为基础，以人类社会的可持续发展为承载目标的最大人口数量。李靖和周孝德（2009）认为水生态承载力概念为：在一定历史时期，某一流域水生态系统在满足自身健康协调发展的前提下，在一定环境背景条件下，水生态系统所能持续支撑人类社会经济发展的最大规模。张星标和邓群钊（2011）指出水生态承载力即水生态环境的承载能力，它涉及社会、经济、人口、资源、环境与发展等诸因素，主要强调通过生态压力、支撑力、恢复力、弹性力来表征水生态承载力。随着进一步深入研究，水生态承载力的内涵也将持续深化，综合已有研究成果，水生态承载力是水资源承载力、水环境承载力、生态承载力等概念的有机结合和深化，它将流域水生态环境与社会经济发展作为一个有机体来研究，是基于流域水生态系统结构、功能及其与社会经济系统协调关系提出的新兴承载力理念。

1.2.2 承载力评价方法

1. 供需平衡法

供需平衡法主要基于资源供给和需求在一定社会经济发展规模下处于相对平衡状态的原理，对流域水生态承载力进行评价，具体方法包括生态足迹（Ecological Footprint，EF）、净初级生产力（Net Primary Productivity，NPP）估测等模型方法。

生态足迹模型是加拿大学者 Rees（1992）提出的一种定量测度区域可持续发展状态的新理论方法，即依据人类社会对土地的连续依赖性，估算该区域人口对各类土地资源消耗的总和，并与区域生态生产性土地资源的承载力进行比较，得出生态盈余/赤字情况，为区域生态补偿和转移支付政策的实施提供一定的参考。当前，生态足迹理论和方法的研究已经成为国内外研究的热点。从研究区域来看，主要集中体现在单个省市、区域以及国家层面（张志强等，2001；Wackernagel et al.，2004；张爱菊等，2013）；从理论方法上看，生态足迹模型不断得到改进和发展，如基于产量因子选择的生态足迹模型（马明德等，2014）、生态足迹模型的修正（周涛等，2015）及其与其他模型的耦合应用等（朱新玲和黎鹏，2015）；从应用领域看，主要涉及交通、能源、森林以及区域生态安全与评价等方面（张佳琦等，2015；江平平，2015）。生态足迹法具有明确的理论基础，数据源易获取、理论基础明确，计算过程相对简单，结果易验证。因此，生态足迹理论提出后很快应用于世界各地可持续发展问题研究中（Feng et al.，2008）。其主要不足是，生态足迹法基于现状数据进行评价，评价结果仅能反映区域现状，不能对未来情景进行模拟和预测；同时，对生物生产性土地进行生物生产转化时其转换因子仅考虑生物物理因素，无法全面考虑人类技术进步、社会发展等方面的影响。

自然植被 NPP 作为表征植物活动的关键变量，是陆地生态系统中表征物质流、能量流和生态信息流的主要手段，NPP 反映了生态系统自我生产、消费、调节的能力，是生态系统健康与自我恢复能力监测的重要手段（Field et al.，1998），该方法的应用为资源开发利用和生态恢复提供了科学依据。关于 NPP 的研究在国外已有较长历史，Lieth 和 Whittaker（1975）首先开始对 NPP 模型进行研究，初次提出了生态生产力的概念；Bakshi（2000）对 NPP 进一步深入研究，建立不同计算模型，为 NPP 定量评价应用奠定了基础。国内学者也对 NPP 开展了大量研究，获得了许多显著成果（孙善磊等，2010；王钊和李登科，2018；张猛和曾永年，2018）。目前，NPP 模型可分为基于气候统计、基于生物响应过程、基于光能利用率和基于生态遥感的四类模型。相关模型计算结果是在生产力角度对生态承载力进行评价，但不能较好地反映生态环境变化以及人类活动对生态系统的影响。

2. 指标评价法

指标评价法是根据各项评价指标值，应用统计学等数学方法量化评价承载力的典型方法，目前广泛应用于生态承载力评价研究中，主要包括矢量模法、主成分分析法、层次分析法、模糊综合评价法等。焦文婷等（2010）采用矢量模法逐层计算了宁夏回族自治区 1996 ~ 2016 年环境承载力。殷培杰等（2011）应用主成分分析法，分析了山东省 17 个城市的生态环境承载力及其各因子之间的差异，并识别了承载力主要限制因子。李新等（2011）运用层次分析法确定各评价指标权重，并预测了 2003 ~ 2009 年洱海流域水环境承载力。王暄（2010）采用模糊综合评价法对塔里木河流域水资源承载力进行了评估。

矢量模法是将生态承载力视为 n 维空间的一个矢量，它随人类社会经济活动方向和大小的不同而不同。该方法主要通过比较各矢量模的大小来评估不同发展水平下的环境承载力状况。主成分分析法在保证数据信息损失最小的前提下，经线性变换和舍弃小部分信息，以少数综合变量取代原始采用的多维变量，避免了主观随意性。层次分析法是一种基于多层次权重的分析决策方法。模糊综合评价法将生态承载力视为一个模糊综合评价过程，通过合成运算得出评价对象从整体上对于各评语等级的隶属度，再通过取大或取小运算确定评价对象的最终评语。

3. 多目标规划模型

多目标规划模型是由 Charnes 和 Cooper（1961）提出和发展而来的，其主要原理是将整个系统分解为若干个子系统，各子系统模型既可单独运行又可配合运行，该方法综合考虑了各要素之间的相互关系。冯发林（2007）结合已有研究成果，采用多目标规划模型对湘江流域水资源规划水平年进行了预测，并通过比较分析得出湘西流域最佳水资源配置方案。赵卫等（2008）通过建立的多目标规划模型，并采用情景分析的方法，预测了辽河流域的水生态承载力。

4. 状态空间法

状态空间法是欧氏几何空间用于定量描述系统状态的一种有效方法，其主要数学基础是线性代数，通常由表示系统各要素状态微量的三维空间轴组成（黄宁生和匡耀求，

2000)，通常用于区域承载力定量化研究（王宗明等，2004）。该方法基本原理是：将状态空间中所有的资源、环境和生态等构成的综合承载力作为点要素，相关点要素构成了特定区域承载力的空间曲面，而低于此空间曲面的点表示在特定的资源环境和生态状况下，人类社会经济活动低于该区域承载力，反之则认为人类社会经济活动已超出了区域承载力（顾康康，2012）。据此，众多学者对不同区域和不同人类活动方式下的综合承载力进行评价，刘少华（2018）利用状态空间法有效评价了宁夏回族自治区综合生态生产力；罗斯丹等（2018）利用状态空间法研究了山东省金融发展状况以及对当地扶贫开发工作的推动力，可指导省级区划内的经济发展及扶贫工作。此外，熊建新等（2012）利用该方法对洞庭湖区生态承载力进行了综合评价，徐扬等（2018）利用该方法分析评价了山东半岛的旅游综合承载力。目前，状态空间法在不同尺度、不同区域和不同领域的应用十分广泛。状态空间法评价结果能得出承载力空间点高于或低于综合生态承载力空间点，但无法量化具体承载力大小。

5. 系统动力学模型

系统动力学（Systerm Dynamic，SD）由美国麻省理工学院福瑞斯特教授于1956年首次提出，它是研究可持续发展的有效工具，能够系统分析人口、自然资源、生态环境、经济和社会等问题。系统动力学将生命系统和非生命系统都作为信息反馈系统来研究，是一门分析研究信息反馈系统的学科，也是一门认识系统问题和解决系统问题的交叉、综合性学科。

Saysel等（2002）利用系统动力学方法，分析农业发展对区域环境可持续性的影响，针对GAP项目带来的环境问题进行了系统动态模拟，建立了动态决策系统。Randhir和Hawes（2009）利用系统动力学模型分析了Hatfield Mill河流流域土地利用和水生态之间的影响关系，提出各种方案的管理对策。郭怀成等（1999）在云南省洱海流域的环境规划研究中，将系统动力学模型与不确定性模糊多目标规划模型有机结合，实现以区间数表示的不确定性优化解。贺晟晨等（2009）根据城市社会经济发展具有系统性、动态性、复杂性的特点，通过采用系统动力学方法，对环境约束下的苏州市经济发展趋势进行判断预测，建立了包含经济子系统和环境子系统的苏州市经济与环境协调发展的系统动力学模型。

综上，系统动力学方法已普遍应用到流域生态环境和社会经济系统分析研究中，可有效地模拟复杂系统的内部联系，揭示系统的隐含成分，具有实用性和可操作性，为流域水环境研究提供了有效工具。系统动力学能定量分析流域系统内部各子系统结构和功能的内在相互作用关系，能分析流域水环境系统内部各类复杂子系统的长期变化趋势，在研究流域各子系统间的耦合关系方面有明显优势，并能揭示流域水生态系统的基本结构和反馈机制，较好地处理流域上下游、左右岸等异质空间单元的耦合关系。将系统动力学方法和传统的水环境模型理论相结合，把社会经济、水资源和水环境系统作为一个复合系统，进行社会经济与生态环境的协同关系研究，建立流域水环境系统耦合模型，形成流域生态调控研究体系是当前研究的趋势。

6. 3S 技术综合分析方法

对于生态承载力的研究由早先的经典统计模型到当前的过程模型、时空一体化模型的综合应用，经历了不断变化、不断深入的过程（张猛等，2014）。近年来，随着遥感（Remote Sensing，RS）技术、地理信息系统（Geographical Information System，GIS）技术和全球定位系统（Global Positioning System，GPS）技术的快速发展，高光谱和多时相遥感影像数据为生态承载力监测提供了非常丰富和多元化的信息，并且通过不间断的常态化监测，可及时了解掌握关于生态承载力的最新发展变化，为区域生态恢复和治理提供科学参考；GIS 技术在生态承载力领域的应用，使得关于生态承载力监测的综合数据库建立成为可能，并在生态监测评价中起到提供数据共享、多源数据协同分析、时空数据综合叠置分析等诸多作用。利用 RS 和 GIS 技术可对区域环境开发、区域资源环境变化、人类活动对生态承载力的影响、区域生态承载力发展变化等进行常态化监测和预测。随着我国生态文明建设持续推进，研究者利用 RS 和 GIS 技术对不同区域生态承载力进行了大量研究（唐怡和韦仕川，2018；苏岫等，2018；孙金辉等，2018），相关研究成果已在部门规划、生态治理中得到了广泛应用，为区域/流域生态建设提供了重要参考。

7. 水生态承载力调控技术

水生态承载力调控是支撑水功能区综合管控的重要技术手段。与过去相比，社会经济发展与水环境质量、水资源保障和水生态健康的矛盾日益突出。若延续粗放的发展模式，资源将难以为继，水环境将不堪重负，水生态系统将持续退化。水生态承载力是综合反映区域/流域水生态系统可持续承载社会经济活动的重要概念。从水生态环境管理角度看，水生态承载力是支撑协调流域水生态、水环境、水资源“三水”与社会经济间相互影响关系，促进绿色高质量发展的先进理念。因此，开展水生态承载力调控是正确认识我国水功能区水环境状况、发展趋势，以及实现功能区水生态环境优化管控的重要抓手。

近年来，研究者开展了水生态承载力调控理论与模型方法探究。彭文启（2013）考虑承载力的“分区、分期”特质，提出了流域水生态承载力分区分期耦合系统动力学概念模型，并在辽河太子河流域应用，针对经济、节水和污染控制开展了承载力优化调控研究。沈鹏等（2015）总结了基于承载力的产业结构调整研究进展，提出了水生态承载力产业结构优化研究思路和技术路线。徐建伟（2016）基于系统动力学模型，以水生态承载力为区域产业结构和规模的约束条件，提出产业结构优化调控方法。然而，水功能区水生态承载力调控要素不仅涉及产业结构调整、节水、污染控制等减排措施，还应考虑流域生态保护与修复（如水源涵养、水土保持、湿地建设、滨岸带缓冲区建设等）增容措施对承载力的影响。

目前，水生态承载力调控研究主要问题在于：①水生态承载力综合模拟能力不足。水生态承载力调控措施多样，涉及水生态-社会经济复合系统中复杂变量。前期研究多基于系统动力学构建承载力调控模型，实现产业结构调整等污染减排措施的承载力影响效应模拟评估，但对流域水生态过程模拟能力不足，难以实现模拟污染减排和生态修复增容措施的综合影响效应。如何建立多调控措施影响下系统模拟复合系统内在影响关系，建立统筹模拟增容-减排效应的水生态承载力调控系统模型，是研究面临的首要技术难点。②水生态承载力调控技术体系尚待突破完善。当前研究初步开展了水生态承载力调控技术探索性研究，承载力调控理论基础、调控路径、调控措施、调控技术路线等理论方法体系尚不明确，亟待完善。

综上，水生态承载力调控研究亟须进一步创新流域水生态承载力调控理论方法，突破完善承载力优化调控关键技术链，以为我国水功能区综合管理提供科技支撑。

第2章 流域水生态承载力评估与调控技术体系

水生态承载力是科学衡量水生态系统与社会经济活动协调关系的重要概念。流域水生态承载力评估与调控是探索如何协调流域水生态与社会经济系统间相互关系，促进人水可持续发展的前沿科学技术。在国家水体污染控制与治理科技重大专项、国家重点研发计划、国家自然科学基金等项目研究成果基础上，面向新时代国家水生态环境保护治理科技需求，系统总结形成流域水生态承载力评估调控成套技术理论体系，对推动我国新时代水生态环境保护治理具有重要科学意义和实践价值。

2.1 理论基础——基于承载力的水生态多要素协同治理理论

流域水生态系统是基于水循环的由水生生物群与环境相互制约，通过物质循环和能量流动共同构成的具有一定结构和功能的动态平衡系统，表现出维持生命的物质循环和能量转换过程，具有自然维持功能和社会服务功能。随着人类活动加剧，流域水生态系统在寻求自我维持的同时向社会经济系统提供水资源供给、水环境净化和水生态支持服务，表现出水生态复杂系统对社会经济活动的动态承载关系。因水生态-社会经济承载关系失衡，水资源、水环境、水生态“三水”问题在不同区域交织显现，多要素统筹兼顾、协同治理成为必然。

承载力为科学衡量和调控人水关系提供了重要理论基础。结合承载力前期理论方法和“三水”统筹管理最新要求，我们通过集成研究提出了基于承载力的水生态多要素协同治理理论。该理论方法力求从流域水生态完整性和系统性出发，以水生态承载力理念为基础，协同推动水资源高效利用、水环境系统治理与水生态保护修复，促进社会经济发展与水生态系统保护相协调，实现在发展中保护、在保护中发展。流域水生态多要素协同治理理论包含水生态承载力评估诊断、系统模拟分析、综合优化调控三个方面的理论方法，具体如下。

（1）水生态承载力评估诊断。基于水生态系统服务功能完整性，辨析界定水生态承载力概念为：在一定发展阶段，一定技术水平条件下，某空间范围内的水生态系统在维持自身结构和功能长期稳定、水生态过程可持续运转的基础上，具有的为人类社会活动提供生态产品和服务的能力，主要包含水资源、水环境和水生态“三水”服务内涵，其中水资源服务面向人类社会生产生活用水需求，涉及水资源禀赋和水资源利用相关要素；水环境服务面向社会经济点面源污染排放需求，涉及水环境纳污与水环境净化相关要素；水生态服务面向人类社会的生态产品或服务需求，涉及水生生境、水生生物相关要素。从承载力概念出发，构建涵盖“水资源禀赋、水资源利用、水环境纳污、水环境净化、水生生境、水生生物”6 类指标的承载力评估指标体系，支撑对流域/区域“三水”超载问题的诊断、关键因素识别。

（2）水生态承载力系统模拟分析。水生态承载力系统模拟是科学解析流域水生态-社会经济承载关系、分析问题成因、制定解决方案的关键。基于水生态复杂系统对社会经济活动的动态承载关系，通过人类社会压力与流域水生态响应系统过程耦合，建立统筹“产业减排”“生态增容”的水生态承载力管控模型系统，支撑流域水生态-社会经济复合系统数值模拟、问题成因解析、调控效应定量评估。

（3）水生态承载力综合优化调控。水生态承载力综合优化调控是科学制定水生态多要素协同治理方案的重要理论方法。以“调控指标筛选—调控措施确定—调控潜力评估—调控目标制定—综合优化调控—可达性分析—方案制定”为治理方案制定总体路线，以“节水优先—污染减排—生态修复”为调控路径，建立多要素调控措施清单及参数库，实现在近远期发展模式情景下调控潜力科学评估和综合调控情景优化，制定承载力综合提升方案，支撑流域水生态多要素协同治理。

2.2 成套技术体系

2.2.1 技术体系架构

水生态承载力评估与调控技术属于水生态健康管理成套技术的关键技术。水生态承载力评估与调控关键技术涉及三级技术体系，9 个支撑技术点（图 2-1）。3 个支撑技术分别为水生态承载力多指标复合评估技术、水生态承载力复合系统模型构建技术和基于流域复合系统水生态承载力多维优化调控技术。其中，水生态承载力多指标复合评估技术包括基于层次分析与模糊不确定性的多属性系统评价技术、基于水生态承压关系的水生态承载力评估方法和基于水生态系统服务功能的水生态承载力评估诊断技术 3 个支撑技术点；水生态承载力复合系统模型构建技术包括流域水生态承载力动态模拟评估 WECC-SDM 模型和基于“增容-减排”的水生态承载力评估调控系统（Hydro-Ecologic Carrying Capacity Evaluation & Regulation System，HECCERS）模型两个支撑技术点；基于流域复合系统水生态承载力多维优化调控技术包括基于连通函数的水文调节潜力评估技术、基于典型产业结构的水生态承载力贴近度优化技术、基于 BMP 组合的水生态承载力调节潜力评估技术、流域水生态承载力综合调控技术 4 个支撑技术点。

2.2.2 技术体系组成

水生态承载力评估与调控总体按照“多指标复合评估—复合系统模型构建—多维优化

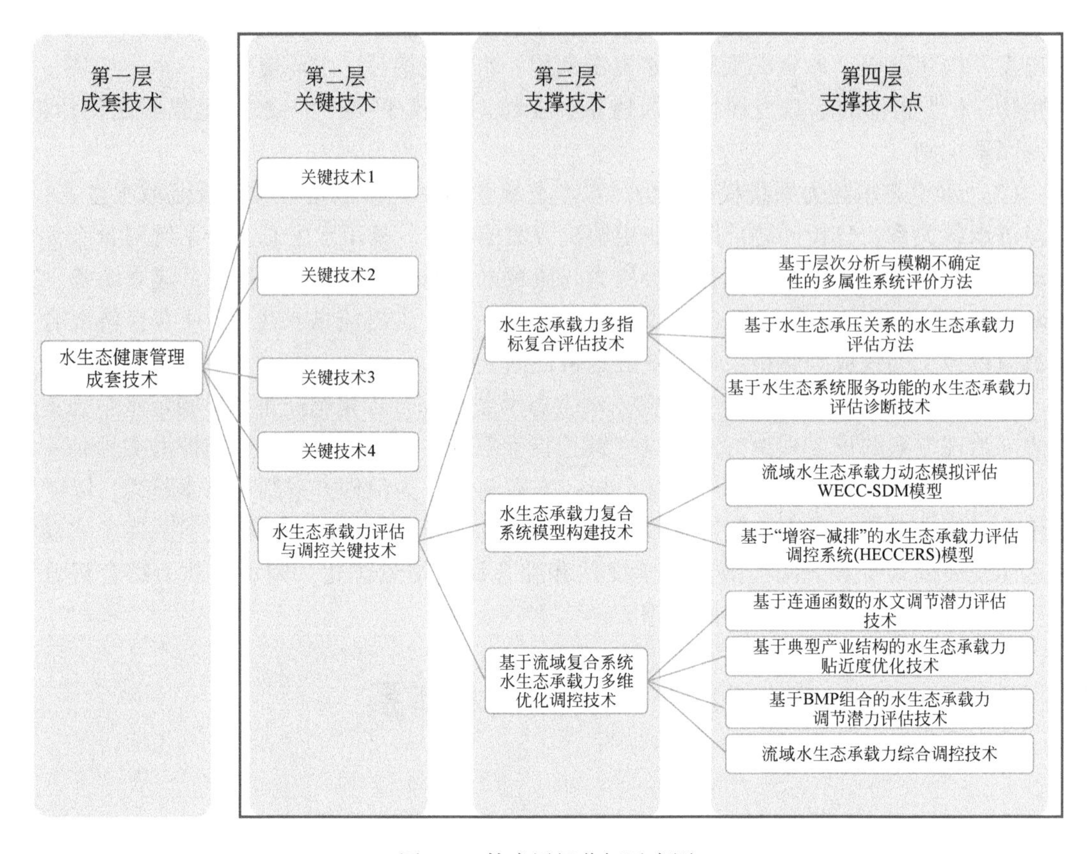

图 2-1　技术层级分解示意图

调控”的关键技术链开展（图 2-2）。其中，水生态承载力评估是通过构建评估指标体系，系统评估水生态承载力状况，诊断识别制约承载力或导致水生态环境突出问题的主要因素。调控关系模型构建是实施水生态承载力调控的基础，基于流域水文-水质-生态的响应关系，建立调控要素与调控指标间影响关系模型，包括流域水生态承载力动态模拟评估 WECC-SDM 模型和基于“增容-减排”的水生态承载力评估调控系统（HECCERS）模型。调控潜力评估是定量评估调控措施对调控指标的改善潜力。针对增容、减排两个方面提出调控潜力评估关键技术方法，主要包括：基于连通函数的水文调节潜力评估技术、基于典型产业结构的水生态承载力贴近度优化技术、基于 BMP 组合的水生态承载力调节潜力评估技术。综合优化调控是指在社会经济近远期发展模式情景下，基于调控关系模型，采用情景优化、数值模拟等技术手段，开展统筹“减排、增容”的调控情景优化，评估目标可达性和成本效益，优选综合调控情景，以编制水生态承载力调控方案。支撑这一环节的关键技术是流域水生态承载力综合调控技术。

1. 流域水生态承载力多属性系统评价方法

该方法的技术就绪度评价等级为 5 级，适用于流域/区域水生态承载力评估。

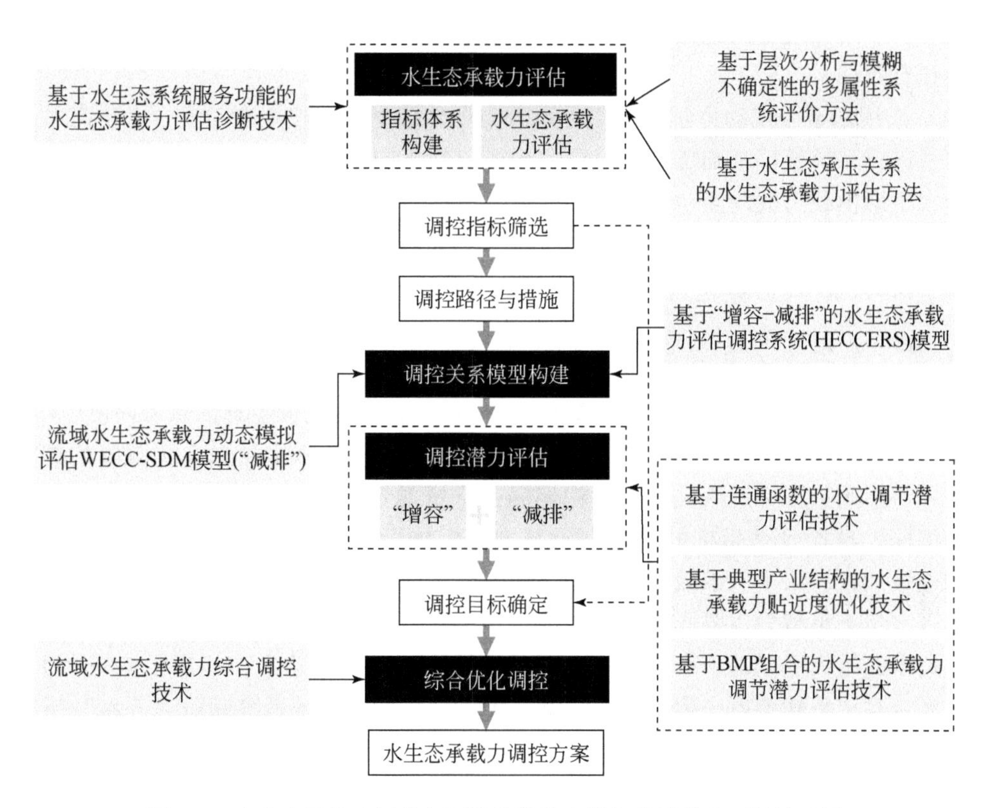

图 2-2　水生态承载力评估与调控总体技术链与关键技术逻辑关系图

该技术是一种定性与定量相结合的决策方法，在水生态问题分析的基础上，构建评价指标体系，采用层次分析法确定各指标的权重，利用模糊数学中的隶属度概念量化水生态承载力。因此，该技术在判断目标结构复杂且缺乏必要数据的情况下，能把复杂的评价因素构建为层次结构，有效确定多因素指标的相对重要程度，计算权值，确定关键影响因素，较适合复杂的模糊综合评价系统。

将层次分析法和模糊综合评价法联立用于对水生态承载力进行评价，既能对复杂环境下的水生态环境进行评价，又避免了单指标评价所造成的信息流失。相关技术方法具有普适性，适用于不同类型区水生态承载力量化评价，支撑水生态环境管理。

2. 基于水生态承压关系的水生态承载力评估方法

该方法的技术就绪度评价等级为 6 级，适用于流域/区域水生态承载力评估。

该方法通过水生态问题诊断分析，针对诊断发现的主要矛盾和关键问题，分析问题产生原因，按照最直接、最根本和容易定量的原则，依据复合生态系统的承压关系，确定主要的水生态压力因子和支持力因子，然后计算承压度，进行测算评估。因此，该方法评估的对象主要是社会经济系统与生态系统之间的承压关系，即水生态支持力所能够承载的适宜的最大社会经济规模。本方法主要有以下创新。

（1）以复合水生态系统承压作用分析与模拟为主线，通过水生态问题诊断识别复合系统中的主要矛盾和关键问题，直接聚焦承压关系的薄弱环节，提高了水生态承载力评估的针对性和有效性。

(2) 采用基于系统动力学的水生态承载力评估模型，其建立在对复合水生态系统主要耦合关系进行系统模拟基础之上，可以实现系统处于均衡状态下反馈回路的求解问题，并且符合水生态承载力的内涵、特征。

(3) 改进了偏综合、偏静态的水生态承载力评价方法以及结果表征方式，实现了水生态承载力动态模拟评估。

3. 基于水生态系统服务功能的水生态承载力评估诊断技术

该技术的技术就绪度评价等级为 7 级，适用于流域/区域水生态承载力评估。

基于水生态系统服务功能的水生态承载力评估诊断技术从水生态系统服务功能的角度采用目标—准则—指标层级关系框架构建涵盖水资源、水环境和水生态 3 个专项指标、6 个分项指标、23 个评估指标的水生态承载力指标体系。采用指标综合评价法，通过指标赋分和逐级加权对水生态承载状态开展评估，并依据水生态承载力评估指标赋分结果，识别评估区水生态承载力主要影响指标。

该技术的指标框架基于水生态系统服务功能完整性理论建立，体现了流域水生态-社会经济复合系统承载关系、生态文明科学内涵，并且指标体系系统涵盖“三水”指标，层级关系清晰明了，可全面支撑区域水生态环境问题诊断，具有系统性和适用性。针对各水生态承载力专项和分项指标，均可依据相应得分判别各自承载状态等级，便于诊断识别超载因子，为流域管理措施的提出提供参考。

4. 流域水生态承载力动态模拟评估 WECC-SDM 模型

该模型的技术就绪度评价等级为 7 级，适用于流域/区域水生态承载力评估、产业结构和布局优化调控。

WECC-SDM 模型是基于系统动力学的水生态承载力评估模型，是根据水生态承载力评估系统分析、技术路径，基于 Vensim DSS Version 6.1c Development Tool (Ventana Systems Inc., Harvard, MA) 开发的一个综合集成的系统动力学模型。该模型以系统动力学为主体，融入人口、经济、水资源、水环境、土地利用和水生态等方面多个模型和方法，从系统分析的角度看待人类行为与水生态系统的作用关系，借助系统动力学方法描述一条引发水生态问题的因果作用链，评估经济增长、人口变化与水资源、水环境、土地利用、水域生态之间的影响关系，能够从整体上模拟水生态系统中影响水生态承载力多种因素的变化，并描述主要因素之间的耦合作用关系，最终基于承压关系反馈到人口、经济和发展模式，从而实现水生态承载力定量评估。WECC-SDM 模型应用在水生态承载力评估中具有以下优势。

(1) 基于 WECC-SDM 模型的水生态承载力评估建立在对复合水生态系统主要耦合关系的系统模拟基础之上，可实现系统处于均衡状态下反馈回路的求解问题，并且符合水生态承载力的内涵、特征及其评估原则。

（2）WECC-SDM 模型以复合水生态系统承压作用分析与模拟为主线，通过水生态问题诊断识别复合系统中的主要矛盾和关键问题，直接聚焦承压关系的薄弱环节，能够提高水生态承载力评估的针对性和有效性。

（3）WECC-SDM 模型与情景分析法有机结合可以实现水生态承载力的动态评估和优化调控。评估过程中可设计不同的发展情景，将历史数据、规划数据、管理决策、政策法规和技术标准等各种资料及信息结合起来通过 WECC-SDM 模型进行情景分析，确定合理的发展模式和有针对性的改善措施。

（4）基于系统仿真和数学耦合模型方法，WECC-SDM 模型建立在具体的数学方程基础上，又具备详实的参数估计和模型检验方法，在实现水生态承载力定量评估的同时能够在一定程度上减少研究的不确定性，提高评估结果的合理性和适用性。

5. 基于“增容–减排”的水生态承载力评估调控系统（HECCERS）模型

该模型的技术就绪度评价等级为 7 级，适用于流域/区域产业优化布局、土地利用优化、水文调节、生态修复等调控措施的水生态承载力影响效应模拟评估与综合优化调控。

前期水生态承载力系统模拟模型多基于系统动力学模型研发，而系统动力学模型对流域水生态过程模拟能力不足，难以有效模拟生态修复等增容措施的影响效应。在此基础上，进一步考虑统筹模拟“增容、减排”效应的技术需求，研发了水生态承载力评估调控系统（HECCERS）模型。

HECCERS 模型是用于水生态承载力动态评估与调控的概念模型。考虑水生态系统对人类社会活动的承载关系，水生态承载状态不仅受到产业经济发展、土地利用等人类活动压力的影响，水生态系统自身抗干扰“容量”的增加对承载力改善也具有重要作用。该模型从“污染减排”和“生态增容”两方面，基于社会经济过程模型、流域过程模型、多模耦合等技术方法，研发构建水生态承载力评估调控系统（HECCERS）模型。该模型可用于在调控空间范围社会经济近远期发展模式情景下，采用情景优化、数值模拟等技术方法，开展兼顾“增容、减排”的综合调控情景优化，评估水生态承载力调控目标可达性和成本效益，优选制定水生态承载力调控工作方案。

HECCERS 模型的主要技术创新点是：从流域水生态系统性、完整性及其对社会经济活动承载关系角度出发，创新性地将经济产业发展、产排污过程、流域水文–水质–生态过程等流域系统多过程复杂要素系统耦合，并提出统筹“污染减排”与“生态增容”的调控要素情景优化模块方法，实现集流域水生态承载力系统评估与优化调控于一体的综合性、数字化、自动化模型系统，可为流域“三水”综合管控方案与管理政策的优化制定提供科技支撑，保障流域水生态环境保护成本投入与实施成效统筹优化。

6. 基于连通函数的水文调节潜力评估技术

该技术的技术就绪度评价等级为 5 级，适用于平原河网地区多闸坝水文调节潜力评估。

该技术通过图论与水文连通函数法计算不同闸坝点的水流通畅度，从而得到河网的水文连通值。通过模拟不同连通情景下的闸坝开启度，确定开启度对水生态的影响。基于闸坝开启的水文调控效应，衔接水生态承载力影响指标演变规律，建立水生态承载力调控技术方法。

由于河网水系数量、组成和形态的复杂性，如何准确对水系的变化及其所产生的一系列影响进行定量评价，具有十分重要的研究和讨论价值。本技术创新性地提出基于图论及水文连通函数的河网水文连通度量化方法和基于闸坝开启度的水生态影响效应调控技术，实现水文调控的生态效应定量化模拟和水生态承载力状况调控。

7. 基于典型产业结构的水生态承载力贴近度优化技术

该技术的技术就绪度评价等级为 5 级，适用于面向水环境改善的区域产业结构调整。

随着社会经济对水资源的需求增大和水环境的压力日益加剧，如何协调好社会经济与生态环境之间的关系具有重要现实意义。本技术利用 Hamming 贴近度分析产业结构调整的合理性，采用典型相关分析方法分析产业结构与水环境质量相互影响的关系，确定主要污染原因，提出合理的产业结构优化措施。其技术特点如下。

（1）采用模糊数学中的 Hamming 贴近度对产业结构的合理性进行测定。主要通过研究区各市区三次产业增加值比例与钱纳里标准结构进行比较，计算得出贴近度，数值越大说明产业结构合理度越高；数值越小，说明产业结构越不合理。

（2）采用典型相关分析方法识别产业结构与水环境两者之间的关系。以典型载荷绝对值的大小作为判断相关性大小的依据。设置两个变量组，第一变量组为三次产业增加值（第一、第二、第三产业增加值占地区生产总值的比例）；第二变量组为污染物排放量［化学需氧量（COD）、总氮（TN）、总磷（TP）年排放量］。

8. 基于 BMP 组合的水生态承载力调节潜力评估技术

该技术的技术就绪度评价等级为 3 级，适用于评估不同管理手段对污染物在大尺度流域上的影响。

如何提出一系列科学、合理、有效的管理措施来控制流域污染负荷并改善水体水质，已成为政策研究者和决策制定者面临的最具挑战性问题之一。最佳管理措施（Best Management Practice，BMP）作为一种将工程类措施和非工程类措施相结合的综合污染防控体系，近年来被引入国内，早期的工作集中于植被过滤带和人工湿地等的 BMP 研究，但是随着 3S 技术和非点源污染模型的发展，BMP 的应用打开了新的思路。本技术在 BMP 制定的过程中，借助流域过程模型量化流域非点源污染负荷情况，将流域土地利用和非点源污染负荷的响应关系作为目标函数，利用成熟的规划优化方法，对各种 BMP 组合进行优化调控，并制定相应的优化调控方案。

基于 BMP 组合优化的水生态承载力调控技术可对不同管理措施的组合方案进行优化，并且利用流域过程模型进行定量模拟和预测，将不同措施组合方案的影响定量化，进而比较不同管理决策带来的承载力提升效益，支撑优选管理实践方案。

9. 流域水生态承载力综合调控技术

该技术的技术就绪度评价等级为 7 级，适用于流域水生态承载力综合调控方案制定，为流域/区域水生态环境管理提供参考。

该技术是流域/区域水生态环境综合管理的关键支撑技术。从水生态系统角度看，水生态环境质量演变受到流域产业结构布局、人口发展、水土资源开发、自然气候变化等人类活动与自然环境复杂要素影响，目前单方面的水资源或水环境管理手段对水生态系统性考虑不足，难以支撑水生态环境综合管控的迫切需求。

本技术基于流域水生态-社会经济复合系统内在相互影响规律，构建和应用基于流域完整性的水陆一体化的承载力调控系统模型，从“增容、减排”两方面统筹流域水生态承载力系统调控，创新性地提出以“发展情景预测—调控措施选择—综合调控情景设置—调控系统分析—目标可达性分析—成本效益分析—调控方案制定”为主线的流域水生态承载力优化调控技术方法，实现“污染减排”与“生态增容”调控两手抓，兼顾承载力调控成本投入与实施成效的协同优化，制定流域水生态承载力综合调控方案，支撑“三水”统筹管控政策的制定，促进流域生态环境保护与社会经济发展相协调。

第3章　水生态承载力评估诊断技术

水生态承载力评估诊断技术是科学衡量水生态系统与社会经济间协调关系的关键支撑技术。本章系统梳理水生态承载力理论基础，科学辨析水生态承载力概念，提出基于水生态服务功能完整性的承载力指标体系及其评估诊断技术方法，以为科学、系统诊断“三水”超载问题，识别主要影响因素提供科技支撑。

3.1　水生态承载力理论基础

3.1.1　可持续发展理论

现代工业文明给人类赖以生存和发展的自然环境带来了重重危机，自20世纪60年代起，世界各国开始关注环境问题，开展了对可持续发展道路的反思和探索。可持续发展理念的提出，最早可追溯至1980年由世界自然保护联盟、联合国环境规划署、世界自然基金会共同发表的《世界自然保护大纲》，提出“必须研究自然的、社会的、生态的、经济的以及利用自然资源过程中的基本关系，以确保全球的可持续发展”。1981年，美国学者Brown出版《建设一个可持续发展的社会》，提出以控制人口增长、保护资源基础和开发再生能源来实现可持续发展。1987年，以挪威布伦特兰夫人为首的世界环境与发展委员会发表了报告《我们共同的未来》，明确了可持续发展概念，即“能满足当代人的需要，又不对后代人满足其需要的能力构成危害的发展”。1992年，联合国环境与发展大会在巴西里约热内卢召开，会上通过了《里约环境与发展宣言》《21世纪议程》《联合国气候变化框架公约》《生物多样性公约》等，明确了可持续发展在世界各国经济发展中的纲领性地位。随后，我国编制了《中国21世纪议程——中国21世纪人口、资源、环境与发展白皮书》，首次把可持续发展战略纳入我国经济和社会发展的长远规划。1997年，党的十五大把可持续发展战略确定为我国“现代化建设中必须实施”的战略。

水生态承载力研究与可持续发展理论兴起的背景相同，二者在本质上是一致的，要求经济建设和社会发展要与自然承载能力相协调，实现经济与人口、资源、生态、社会以及内部各个阶层真正意义上的可持续发展。生态承载力研究是可持续发展理论的基础，而可持续发展则是生态承载力研究和应用的归宿与落脚点。可持续发展理论为水生态承载力研究提供了一种全新视角，它要求“承载”不仅满足存在和发展的需要，更要把生态系统的稳定与可持续协调发展、正向演化和功能提升视为“承载”最重要的目标。

3.1.2 复合生态系统理论

1984 年，我国学者马世骏和王如松（1984）首次明确了复合生态系统的概念，即“社会-经济-自然复合生态系统”。多年来，众多学者致力于复合生态系统研究，不仅对其概念产生了不同的认识，也开展了大量基于复合生态系统理论的不同地区社会-经济-自然系统研究。欧阳志云和王如松（1997）提出复合生态系统是在一定空间范围内的人类聚集区，通过物质、能量、信息的流动与交换，将生产、生活与资源环境以人的活动为中心联系起来的巨系统。李宾和张象枢（2009）认为复合生态系统是由社会系统、经济系统、自然系统组成的一个复合的复杂巨系统。郝欣和秦书生（2003）认为“社会-经济-自然”复合生态系统是以人为主体的社会经济系统和自然生态系统在特定区域内通过协同作用而形成的复合系统。郭占胜等（2001）围绕复合生态系统的若干要素，为环境质量可持续发展能力的量化研究提供了可行的方法。铁燕等（2010）从流域环境与发展统一出发，综合述评了流域生态系统管理中复合生态系统管理理论的应用与实践。王健民等（2004）从复合生态系统要素入手，着眼于研究社会经济发展冲击力、自然生态环境资源承载力及社会经济科学技术反馈力，创建了复合生态系统动态足迹分析研究案例。

水生态承载力研究与复合生态系统理论息息相关。首先，水生态承载力的研究对象是人类活动对于自然生态环境的影响程度，以及自然生态环境对人类发展的支持与限制关系。那么，其研究对象是复合生态系统，涉及三个子系统，即自然子系统、经济子系统与社会子系统。其次，水生态承载力研究主要基于自然-经济-社会子系统间的耦合关系，进一步分析自然子系统对于经济子系统、社会子系统的承载能力，而复合生态系统理论正反映了三者之间这种复杂耦合动态关系。

3.1.3 生态系统服务功能

20 世纪 50 ~ 70 年代，国外学者开始针对生态系统破坏及服务功能丧失等问题开展探索研究。20 世纪 90 年代以来，生态系统服务功能价值评价成为国内外学术界的热点。Costanza 等（1997）认为生态系统服务是指人类从生态系统中获得的直接或间接的效益，包括产品和服务。联合国千年生态系统评估小组认为，生态系统服务来源既包括自然生态系统，也包括人类改造的生态系统。Cairns（1997）认为生态系统服务功能包括生态系统直接为人类提供的生态系统服务功能（如水源供给、水力发电等）和间接为人类所利用的土壤保持、生物多样性等生态系统服务功能。水是生态系统的核心要素，许多学者开始对不同区域的水生态系统服务功能展开评价与分析。Wilson 和 Carpenter（1999）从时间尺度对美国 1971 ~ 1997 年的淡水生态系统服务功能进行综合测评，揭示了水资源的经济价值在人类社会发展中的重要性。赵同谦等（2003）首次在国内开展水生态系统服务功能研究，并将其分为直接使用功能和支持系统功能，之后众多学者对河流、水库、湖泊等多种水生态系统服务功能开展研究。

随着科学技术的不断进步和生态承载力系统理论的逐步完善，人们意识到生态系统及其服务功能是不可分割的整体，生态系统的结构和功能影响着人类社会经济发展，人类社会经济发展也对生态资源和环境提供重要支持。国内相关研究已经开始将生态价值理论融入承载力研究。焦雯珺等（2016）基于资源供给和废弃物吸纳对太湖流域上游的生态环境进行了评估，有助于全面衡量人类活动所带来的影响。曹智等（2015）提出了基于生态系统服务的生态承载力概念，即某个区域生态系统的结构、过程及其空间格局决定的生态系统服务所能支撑的具有一定发展水平的人口和经济规模，并构建了 ESECC 评估模型。水生态系统服务功能是水生态承载力研究的重要切入点，基于水生态系统服务功能分析水生态承载力有助于系统剖析承载机理。

3.2 水生态承载力概念内涵①

3.2.1 概念辨析

随着研究者对水生态承载力认识的深化，其概念内涵不断得到发展。李靖和周孝德（2009）认为水生态承载力概念为：在一定历史时期，某一流域水生态系统在满足自身健康协调发展的前提下，在一定环境背景条件下水生态系统所能持续支撑人类社会经济发展的最大规模。谭红武等（2011）将水生态承载力定义为：在维持河湖生态子系统自身结构、功能一定程度的稳定性及其所支持的社会经济子系统可持续运行的前提下，在社会经济-河湖复合生态系统所能支撑的一定技术水平下，一定生活水平的人类社会经济规模的阈值。王西琴等（2011）界定水生态承载力为：在维持水生态系统自身及其支持系统健康的前提下，基于一定的生态保护和承载目标，自然水生态系统所能支撑的人类活动的阈值。彭文启（2013）认为水生态承载力是：在维持良好水生态状况条件下水资源、水环境系统所能支撑的最大人口数量和经济规模。李林子等（2016）给出的概念是：一定时间发展阶段，在特定流域自然水生态系统健康不受损害的前提下，根据该阶段的经济效率和社会配置，复合水生态系统所能承载的最大经济总量和人口数量。基于以上概念可以发现，前期水生态承载力概念存在以下不足。

（1）水生态内涵体现不足。水生态承载力概念多来自对水资源承载力和水环境承载力概念的进一步拓展，将水生态系统健康作为边界条件来确定承载力，而并未充分体现水生态系统的功能特性。水生态系统，是由水生生物群落与水环境相互制约，通过物质循环和能量流动，共同构成具有一定结构和功能的动态平衡系统。水生态系统结构包括生态系统的成分（非生物物质和能量、生产者、消费者、分解者）和营养结构（食物链、食物网），水生态系统功能体现为维持自身功能和社会服务功能；水生态过程是基于流域水循

① 张远，周凯文，杨中文，等．2019. 水生态承载力概念辨析与指标体系构建研究．西北大学学报（自然科学版），49（1）：42-53.

环，维持生命物质循环和能量转换的过程。从以上水生态系统功能特性出发，水生态承载力应体现为以流域水循环为基础的水生态系统维持自身功能特性，并持续稳定向人类社会提供服务的能力。

（2）承载主客体不明确。首先当前水生态承载力概念中承载主体不一，主要包括水资源与水环境系统、水生态系统、社会经济-河湖复合生态系统等。其次，承载客体较为局限，研究者多将人口和经济规模作为承载对象，未全面体现水生态承载力的作用对象。由此可知，当前概念中承载主客体混淆不清，需要从水生态系统与人类社会之间的承载关系出发，科学界定承载主体与客体。

（3）承载力量化标准不一。因承载主客体混淆不清，水生态承载力量化标准仍不统一，当前主要以社会经济规模发展阈值、最大人口数量和经济规模等表征水生态承载力的大小。然而水生态承载力是水生态系统自身的能力属性，仅仅以社会经济要素表征量化承载力影响了评价结果的科学性；有必要在科学界定承载主客体的基础上，识别水生态承载力量化标准。

综上分析，本书基于水生态系统的功能特性，提出水生态承载力的最新概念为：在一定发展阶段，一定技术水平条件下，某空间范围内的水生态系统在维持自身结构和功能长期稳定、水生态过程可持续运转的基础上，能为人类社会活动提供水生态系统产品和服务的能力。在此概念中，承载关系表现为：水生态系统为人类社会活动提供水生态系统服务；承载主体是某空间范围内的水生态系统，承载客体是相应空间范围内的人类社会活动；承载力量化标准是水生态系统服务能力。

3.2.2 内涵解析

20 世纪 50 ~ 70 年代，早期研究者针对生态系统破坏及服务功能丧失等问题开展了系列生态系统服务研究，水生态系统服务是生态系统服务的重要组成部分，也是水生态承载力的内涵核心，有必要围绕水生态系统服务功能系统辨识水生态承载力内涵。Daily（1997）和欧阳志云等（2004）将水生态系统服务功能定义为：水生态系统及其生态过程所形成及所维持的人类赖以生存的自然环境条件与效用。张诚等（2013）认为水生态系统服务功能是基于水文循环及其伴生过程的生态系统为人类社会提供的直接或间接生态经济服务功能。结合生态系统功能特性，研究者对众多水生态系统服务功能开展了分类梳理。郝弟等（2012）综述了千年生态系统评估、供需平衡及生态系统最终服务 3 种水生态系统服务功能分类体系。基于水生态系统服务功能体系以及水生态系统对人类社会需求的承载关系，笔者认为水生态承载力包含水资源、水环境、水生态 3 个方面的内涵。

（1）水资源内涵——水资源禀赋、水资源利用。

水量过程是保障水生态系统健康发展的基本条件，一方面通过生态流量过程维系水生生物的生存与繁衍；另一方面又向人类社会活动提供水资源产品，即水资源供给。水资源供给是水生态系统服务的重要组成，也是水生态承载人类社会活动的重要支撑点，表现为水生态系统以水文过程为基础形成可利用的水资源存量，以支持人类水资源开发利用活动的用水需求。因此，水生态承载力的水资源内涵主要体现在水资源禀赋和水资源利用两方面。水资源禀赋指水资源供给服务的存量基础，水资源利用则是水资源供给服务的对象。

（2）水环境内涵——水环境纳污、水环境净化。

适宜的水环境质量是维持水生态系统健康发展的必要条件，也是水生态系统实现良性营养物质循环状态的体现。水生态系统自身物质循环通常会受到人类社会活动的干扰，特别是人类生产生活中向水体直接排放污染物质的过程。面向人类社会排污的需求，水生态系统的水环境服务功能起到重要支持作用：一方面，水生态系统为人类社会所排放污染物质提供了收纳场所，承接了社会经济系统的环境压力；另一方面，水生态系统通过物理、化学以及生物过程降解净化其收纳的污染物质，以维持水生态系统的良性物质循环。由此可知，水生态承载力的水环境内涵表现为水环境纳污和水环境净化两方面。

（3）水生态内涵——生境提供、生物保育。

水生生物群落是水生态系统的核心组成，通过与非生物环境相互作用、相互制约达到水生态系统的动态平衡。生物保育状况是表征水生态系统健康的关键指标，同时也受到生物群落赖以生存的生境状态的影响。水生态系统具有生境提供功能，通过提供支持水生生物栖息和繁衍的物理空间、水文情势、植被覆盖、水质条件等，保障了水生动植物的群落结构稳定和持续发展，进一步表现出生物保育功能。然而，人类活动加剧（如水利工程建设、围湖造田、过度捕捞等）直接使得水生生境被挤占破坏、水生生物多样性减少，导致水生态退化，又间接影响其他水生态系统服务功能（如水产品提供、水环境净化等）。因此，水生态系统从生境提供和生物保育两方面表征了对人类社会活动压力的响应，集中体现了水生态承载力的水生态内涵。

3.2.3　对比分析

从目标、承载主客体、内涵、评价指标、评价方法及主要应用区域方面对比分析水资源承载力、水环境承载力和水生态承载力三者间的区别与联系（表3-1）。水生态承载力是以水生态系统服务为核心对水资源承载力和水环境承载力的延伸和拓展，主要表现如下。

（1）在目标方面，水生态承载力以保障系统健康可持续为目标，考虑了水生态系统秩序，表现为由关注水资源量和水环境质量向维持水生态系统良性发展转变。

（2）水生态承载力的内涵不仅涵盖了水生态系统对人类社会的水资源供给能力、水环境对排污的容纳和净化能力，还包括水生态维持、水安全调蓄等服务能力，而水资源承载力和水环境承载力并不能完整体现水生态服务功能，仅分别从水资源量和水环境质量单方面表征，使得水生态承载力的承载主体——水生态系统的外延大于水资源系统和水环境系统。

（3）在指标方面，水生态承载力围绕水生态系统健康及其对人类社会经济提供服务的角度综合建立指标体系，较水资源承载力和水环境承载力指标更能体现流域/区域水生态环境对人类社会经济的综合支撑作用。

表 3-1　水生态承载力与水资源承载力、水环境承载力对比分析

辨析内容	目标	承载主客体	内涵	评价指标	评价方法	主要应用区域
水资源承载力	面向水资源可持续利用（量）	主体：水资源系统 客体：人口数量，经济规模	水资源系统的水资源最大可开发利用量对人类社会需水的供给能力	突出水资源供给对人类生产、生活的支持能力	以指标综合法为主，其他主要涉及多目标优化法、生态足迹法、系统动力学法	干旱与半干旱或水资源过度开发利用的区域及城市
水环境承载力	维持水环境功能（质）	主体：水环境系统 客体：人口数量，经济规模	水环境系统的环境容量对人类社会生产生活排污的支撑能力	侧重水环境对社会经济排污的容纳与净化功能	以指标综合法为主，近期多采用系统动力学法	城市及城市群，点源、面源污染严重区域
水生态承载力	保障水生态系统健康（序）	主体：水生态系统 客体：人类社会活动	水生态系统能为人类活动（用水、排污、生态需求、安全需求）提供服务的能力	注重水生态系统健康及其对人类社会经济提供服务	以系统综合评价为主（系统动力学法），其他还有生态足迹法等	在人类社会不合理的水资源开发利用、污染排放等影响下导致水生态退化的区域

3.3　水生态承载力评估诊断技术方法

在水生态承载力概念内涵明确的基础上，进一步构建水生态承载力指标体系，采用指标综合评价法，通过指标赋分和逐级加权对水生态承载状态开展评估。相比于水资源承载力与水环境承载力评估，水生态承载力评估从水生态系统服务功能特性出发系统评估流域/区域水资源、水环境、水生态复杂要素对人类社会经济活动的承载状态，能更加全面地衡量水生态环境对社会经济的支持作用，甄别导致水生态系统破坏的主要影响因素①。

3.3.1　水生态承载力指标体系

1. 水生态承载力指标体系构建原则

（1）系统性原则。指标体系从水生态承载力的科学概念内涵出发，能够系统全面地描述水生态系统服务功能对人类社会活动的支持作用以及人类社会活动对水生态系统的影响。

① 任晓庆，杨中文，张远，等．2019．滦河流域水生态承载力评估研究．水资源与水工程学报，30（4）：1-9.

（2）科学性原则。指标体系的选择不仅要遵循水生态承载力概念内涵等理论的指导，更应反映客观问题，指标逻辑应该严谨且具有层次性，使得选取的指标能符合客观规律。

（3）代表性原则。选取能反映水生态承载力问题本质的代表性指标，指标间需相互独立，尽量避免交叉和重复。

（4）可量化性原则。水生态承载力指标多样，表征复杂系统要素或状态，指标需具有可量化性，以定量化评估承载力，保证承载力评估可比性和可操作性。

（5）可操作性原则。选取的评估指标应易于收集，宜采用现有统计指标体系中已有的指标或者通过补充监测可获取并量化的指标，且与管理方针政策挂钩，保障评估结果对水生态环境管理的指导作用。

2. 水生态承载力指标体系构建

水生态承载力指标体系构建需以其概念内涵为基础，不同学者因概念和认知的差异导致所构建的指标体系不尽相同。基于水生态承载力最新概念内涵，围绕水生态系统服务功能特性，初步构建相应指标体系，具体构建流程如图 3-1 所示。

（1）指标层级框架确定。承载力指标框架多采用多层级形式，主要分为：压力–状态–响应（PSR）框架、目标层–准则层–指标层框架及压力–支持力关系框架。综合考虑各种指标框架的解释度和适用性，选择目标层–准则层–指标层框架建立水生态承载力指标体系。其中，目标层变量为水生态承载力；基于水生态承载力内涵，准则层由水资源、水环境、水生态、水安全 4 方面构成，分别由水资源禀赋指数、水资源利用指数、水环境纳污指数、水环境净化指数、水生生境指数、水生生物指数、调蓄安全指数、用水安全指数 8 个子项表征。

（2）指标初选。在确定的目标层–准则层框架下，从承载力研究文献调研、管理部门颁布的相关指标以及水专项研究成果 3 个方面获取相应备选指标。经初步收集，共计获得相关指标 1588 个。其中，调研相关期刊论文 1287 篇，获得了相关指标 1365 个，收集国家或地方管理应用指标 144 个和国家水专项关于水生态承载力的推荐指标 79 个。为避免重复将相应指标开展冗余剔除处理，并开展指标频度统计分析。依据与准则层各子项的相关性并参考频度统计分析结果，综合评判，初步选取了 197 个备选指标。备选指标中，水资源禀赋相关指标包括水资源开发利用率、水资源可利用量、年降水量、人均水资源量等；水资源利用相关指标包括万元 GDP 用水量、单位面积灌溉用水量、万元工业产值耗水量、用水总量控制红线达标率等；水环境纳污相关指标包括单位工业产值 COD 排放量、单位工业产值氨氮排放量、农业总氮排放强度、城镇生活污水总磷排放强度等；水环境净化相关指标包括水环境质量指数、断面优于Ⅲ类水质比例、畜禽养殖污水处理率等；水生生境相关指标包括河流栖息地质量综合指数、林草覆盖率、栖息地面积、水体富营养化指数、水生生物适宜栖息地面积满足率等；水生生物相关指标包括生物多样性指数、鱼类完整性指数、藻类完整性指数、大型底栖动物完整性指数等；调蓄安全相关指标包括水文调节功能指数、生态受大坝影响程度、供水保证率等；用水安全相关指标包括集中式饮用水水源地水质达标率、地下水超采率等。

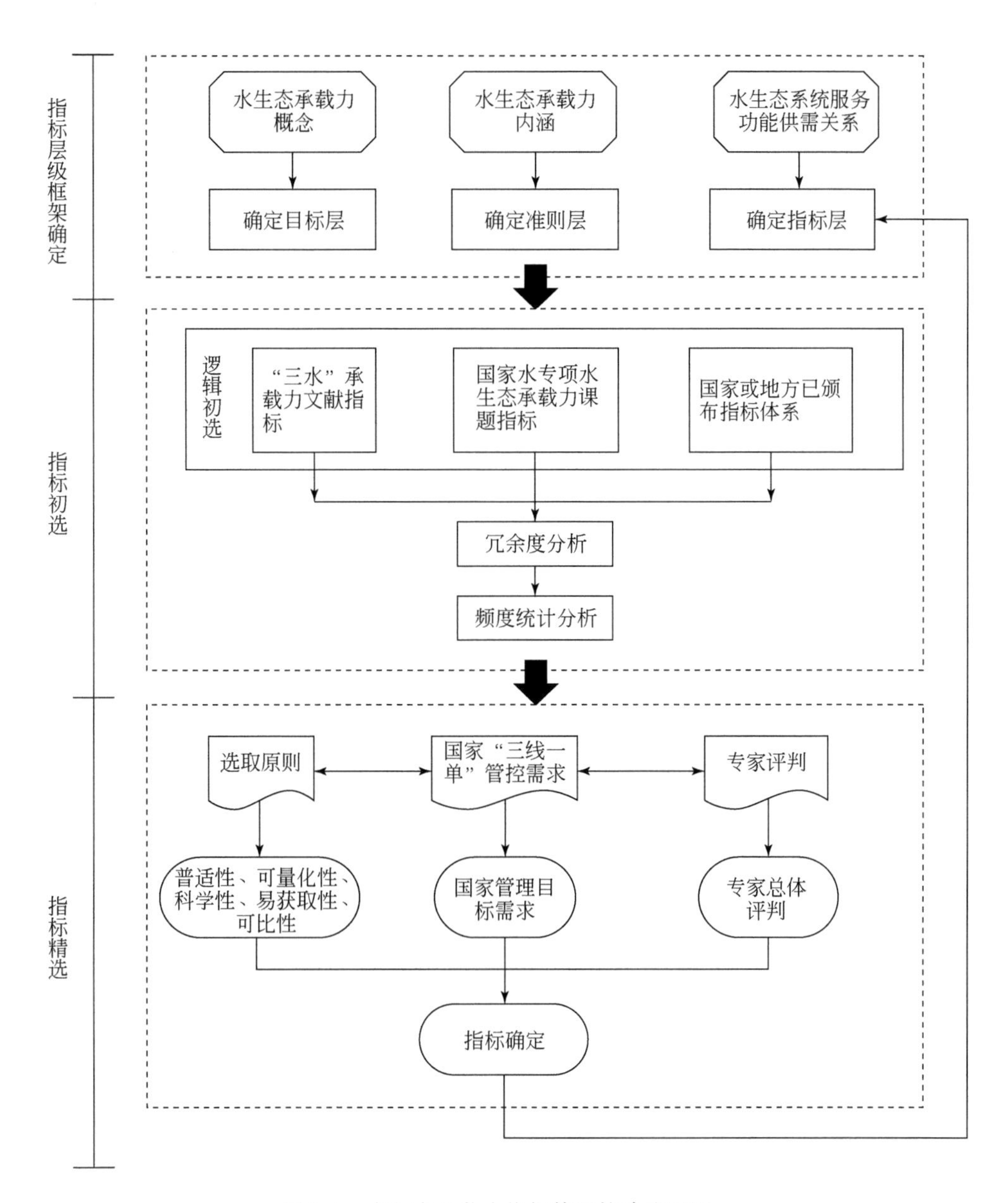

图 3-1 水生态承载力指标体系构建流程图

(3) 指标精选。基于备选指标，兼顾指标普适性、科学性、可量化性、可比性等选取原则，结合国家“三线一单”管控需求和地方应用验证以及专家经验判断，精选得到 23 个水生态承载力推荐指标。最终构建水生态承载力指标体系，包括水资源（A）、水环境（B）和水生态（C）3 个专项指标。每个专项指标由若干分项指标构成，每个分项指标由若干评估指标构成。指标体系共包括 3 个专项指标、6 个分项指标、23 个评估指标。进一步，集成“十一五”以来前期相关指标权重确定方法和成果，结合专家咨询等方式，确定各推荐指标权重值，详见表 3-2。

表 3-2　水生态承载力评估推荐指标及权重

<table>
<tr><th>专项指标</th><th>分项指标</th><th>权重</th><th colspan="2">评估指标</th><th>权重</th></tr>
<tr><td rowspan="4">水资源（A）</td><td>水资源禀赋指数（A1）</td><td>0.5</td><td colspan="2">人均水资源量（A1-1）</td><td>1</td></tr>
<tr><td rowspan="3">水资源利用指数（A2）</td><td rowspan="3">0.5</td><td colspan="2">万元 GDP 用水量（A2-1）</td><td>0.3</td></tr>
<tr><td colspan="2">水资源开发利用率（A2-2）</td><td>0.2</td></tr>
<tr><td colspan="2">用水总量控制红线达标率（A2-3）</td><td>0.5</td></tr>
<tr><td rowspan="12">水环境（B）</td><td rowspan="10">水环境纳污指数（B1）</td><td rowspan="10">0.4</td><td rowspan="4">工业污染强度指数（B1-1）</td><td>工业 COD 排放强度（B1-1-1）</td><td>0.1</td></tr>
<tr><td>工业氨氮排放强度（B1-1-2）</td><td>0.1</td></tr>
<tr><td>工业总氮排放强度（B1-1-3）</td><td>0.1</td></tr>
<tr><td>工业总磷排放强度（B1-1-4）</td><td>0.1</td></tr>
<tr><td rowspan="2">农业污染强度指数（B1-2）</td><td>单位耕地面积化肥施用量（B1-2-1）</td><td>0.15</td></tr>
<tr><td>单位土地面积畜禽养殖量（B1-2-2）</td><td>0.15</td></tr>
<tr><td rowspan="4">生活污染强度指数（B1-3）</td><td>城镇生活污水 COD 排放强度（B1-3-1）</td><td>0.075</td></tr>
<tr><td>城镇生活污水氨氮排放强度（B1-3-2）</td><td>0.075</td></tr>
<tr><td>城镇生活污水总氮排放强度（B1-3-3）</td><td>0.075</td></tr>
<tr><td>城镇生活污水总磷排放强度（B1-3-4）</td><td>0.075</td></tr>
<tr><td rowspan="2">水环境净化指数（B2）</td><td rowspan="2">0.6</td><td colspan="2">水环境质量指数（B2-1）</td><td>0.5</td></tr>
<tr><td colspan="2">集中式饮用水水源地水质达标率（B2-2）</td><td>0.5</td></tr>
<tr><td rowspan="7">水生态（C）</td><td rowspan="4">水生生境指数（C1）</td><td rowspan="4">0.5</td><td colspan="2">岸线植被覆盖度（C1-1）</td><td>0.25/0.35/0.3</td></tr>
<tr><td colspan="2">水域面积指数（C1-2）</td><td>0.15/0.25/0.35</td></tr>
<tr><td colspan="2">河流连通性（C1-3）</td><td>0.25/0.15/0.15</td></tr>
<tr><td colspan="2">生态基流保障率（C1-4）</td><td>0.35/0.25/0.2</td></tr>
<tr><td rowspan="3">水生生物指数（C2）</td><td rowspan="3">0.5</td><td colspan="2">鱼类完整性指数（C2-1）</td><td>0.4</td></tr>
<tr><td colspan="2">藻类完整性指数（C2-2）</td><td>0.25</td></tr>
<tr><td colspan="2">大型底栖动物完整性指数（C2-3）</td><td>0.35</td></tr>
</table>

注：水生生境指数的评估指标权重分山区河流、高原与平原区河流、河口 3 类（依次以“/”隔开）

3. 评估指标含义和数据来源

1）水资源（A）

水资源专项指标包含 2 个分项指标、4 个评估指标。

（1）水资源禀赋指数（A1）。

人均水资源量（A1-1）为评估区内水资源总量与总人口的比值（m^3/人）。数据来源于地区统计年鉴、水资源公报。计算方法为

$$\text{A1-1}=\frac{\text{水资源总量}}{\text{总人口}} \tag{3-1}$$

（2）水资源利用指数（A2）。

A. 万元 GDP 用水量（A2-1）。

含义：评估区用水总量与国内生产总值之比（m^3/万元）。数据来源于地区统计年鉴、水资源公报。计算方法为

$$\text{A2-1}=\frac{\text{用水总量}}{\text{国内生产总值}} \tag{3-2}$$

B. 水资源开发利用率（A2-2）。

含义：评估区用水总量占多年平均水资源量的比例（%）。数据来源于地区统计年鉴、水资源公报。计算方法为

$$\text{A2-2}=\frac{\text{用水总量}}{\text{多年平均水资源量}}\times 100\% \tag{3-3}$$

C. 用水总量控制红线达标率（A2-3）。

含义：评估区所涉辖区用水总量控制达标县（市）数占辖区县（市）总数的比例（%）。数据来源于水资源公报。计算方法为

$$\text{A2-3}=\frac{\text{用水总量控制达标县(市)数}}{\text{县(市)总数}}\times 100\% \tag{3-4}$$

2）水环境（B）

水环境专项指标包含水环境纳污指数和水环境净化指数 2 个分项指标。其中，水环境纳污指数分项指标下包括工业污染强度指数、农业污染强度指数和生活污染强度指数 3 类、共 10 个评估指标；水环境净化指数分项指标包含 2 个评估指标。

（1）水环境纳污指数（B1）。

A. 工业污染强度指数（B1-1）。

a. 工业 COD 排放强度（B1-1-1）。

含义：评估区工业 COD 排放量与工业增加值之比（kg/万元）。数据来源于地区统计年鉴、生态环保部门统计数据。计算方法为

$$\text{B1-1-1}=\frac{\text{工业 COD 排放量}}{\text{工业增加值}} \tag{3-5}$$

b. 工业氨氮排放强度（B1-1-2）。

含义：评估区工业氨氮排放量与工业增加值之比（kg/万元）。数据来源于地区统计年

鉴、生态环保部门统计数据。计算方法为

$$B1\text{-}1\text{-}2=\frac{\text{工业氨氮排放量}}{\text{工业增加值}} \tag{3-6}$$

c. 工业总氮排放强度（B1-1-3）。

含义：评估区工业总氮排放量与工业增加值之比（kg/万元）。数据来源于地区统计年鉴、生态环保部门统计数据。计算方法为

$$B1\text{-}1\text{-}3=\frac{\text{工业总氮排放量}}{\text{工业增加值}} \tag{3-7}$$

d. 工业总磷排放强度（B1-1-4）。

含义：评估区工业总磷排放量与工业增加值之比（kg/万元）。数据来源于地区统计年鉴、生态环保部门统计数据。计算方法为

$$B1\text{-}1\text{-}4=\frac{\text{工业总磷排放量}}{\text{工业增加值}} \tag{3-8}$$

B. 农业污染强度指数（B1-2）。

a. 单位耕地面积化肥施用量（B1-2-1）。

含义：评估区单位耕地面积实际用于农业生产的化肥数量（kg/hm^2）。农用化肥施用量是本年内实际用于农业生产的化肥数量，包括氮肥、磷肥、钾肥和复合肥。化肥施用量要求按折纯量计算。折纯量是指将氮肥、磷肥、钾肥分别按含氮、含五氧化二磷、含氧化钾的百分之百成分进行折算后的数量。复合肥按其所含主要成分折算。折纯量为实物量与某种化肥有效成分含量的百分比之积。数据来源于地区统计年鉴、农业统计年鉴。计算方法为

$$B1\text{-}2\text{-}1=\frac{\text{化肥施用总量(折纯量)}}{\text{耕地面积}} \tag{3-9}$$

b. 单位土地面积畜禽养殖量（B1-2-2）

含义：评估区内单位土地面积的畜禽养殖数量（头/km^2）。畜禽粪便是流域面源污染物的主要来源之一，在一定技术水平下，畜禽养殖污染物产生量取决于畜禽养殖规模，而畜禽养殖量属于常规社会经济统计数据，较容易获得。数据来源于地区统计年鉴、农业统计年鉴。计算方法为

$$B1\text{-}2\text{-}2=\frac{\text{畜禽养殖总量}}{\text{土地面积}} \tag{3-10}$$

式中，畜禽养殖总量为当年的存栏数与出栏数之和。不同类型畜禽根据污染物产生量按如下系数统一折算成猪：1 头牛＝10 头猪＝25 头羊＝150 只禽类。

C. 生活污染强度指数（B1-3）。

a. 城镇生活污水 COD 排放强度（B1-3-1）。

含义：评估区城镇生活污水 COD 排放量与第三产业增加值之比（kg/万元）。数据来源于生态环保部门统计数据、地区统计年鉴。计算方法为

$$B1\text{-}3\text{-}1=\frac{\text{城镇生活污水 COD 排放量}}{\text{第三产业增加值}} \tag{3-11}$$

b. 城镇生活污水氨氮排放强度（B1-3-2）。

含义：评估区城镇生活污水氨氮排放量与第三产业增加值之比（kg/万元）。数据来源于生态环保部门统计数据、地区统计年鉴。计算方法为

$$\text{B1-3-2}=\frac{\text{城镇生活污水氨氮排放量}}{\text{第三产业增加值}} \tag{3-12}$$

c. 城镇生活污水总氮排放强度（B1-3-3）。

含义：评估区城镇生活污水总氮排放量与第三产业增加值之比（kg/万元）。数据来源于生态环保部门统计数据、地区统计年鉴。计算方法为

$$\text{B1-3-3}=\frac{\text{城镇生活污水总氮排放量}}{\text{第三产业增加值}} \tag{3-13}$$

d. 城镇生活污水总磷排放量（B1-3-4）。

含义：评估区城镇生活污水总磷排放量与第三产业增加值之比（kg/万元）。数据来源于生态环保部门统计数据、地区统计年鉴。计算方法为

$$\text{B1-3-4}=\frac{\text{城镇生活污水总磷排放量}}{\text{第三产业增加值}} \tag{3-14}$$

（2）水环境净化指数（B2）。

A. 水环境质量指数（B2-1）。

含义：按照单因子评价法对断面每月监测值进行评价，以评估区不达考核目标的监测次数占监测总次数的比例（%）表征水环境质量指数。数据来源于生态环保部门监测数据。计算方法为

$$\text{B2-1}=\frac{\text{不达标次数}}{\text{监测总次数}}\times 100\% \tag{3-15}$$

B. 集中式饮用水水源地水质达标率（B2-2）。

含义：评估区集中式饮用水水源地的水质监测中，达到或优于《地表水环境质量标准》（GB 3838—2002）的Ⅲ类水质标准的监测次数占全年监测总次数的比例（%）。数据来源于生态环保部门监测数据或者实地调查数据。计算方法为

$$\text{B2-2}=\frac{\text{监测断面达标次数之和}}{\text{监测断面监测总次数}}\times 100\% \tag{3-16}$$

3）水生态（C）

水生态专项指标包含水生生境指数和水生生物指数 2 个分项指标，共涉及 7 个评估指标。

（1）水生生境指数（C1）。

A. 岸线植被覆盖度（C1-1）。

含义：评估区河流（流域面积>50km^2）或湖库（水面面积>1km^2）的植被覆盖岸线（覆盖宽度>3m）占总岸线的比例（%）。数据来源于遥感影像解译数据。计算方法为

$$\begin{cases}\text{C1-1}=\dfrac{\text{植被覆盖岸线长度}}{\text{河流总长}\times 2}\times 100\%\text{（河流）}\\[2ex] \text{C1-1}=\dfrac{\text{植被覆盖岸线长度}}{\text{湖库岸线长度}}\times 100\%\text{（湖库）}\end{cases} \tag{3-17}$$

B. 水域面积指数（C1-2）。

含义：评估区水域面积占区域总面积的比例（%）。数据来源于地区统计年鉴、水资源公报、土地利用数据。计算方法为

$$\text{C1-2}=\frac{\text{水域面积}}{\text{区域总面积}}\times 100\% \tag{3-18}$$

C. 河流连通性（C1-3）。

含义：河流连通性不仅指地理空间上的连续也包括生态系统中生物学过程及其物理环境的连续，具体包括水文-水力学过程空间连通性、营养物质流和能量流空间连通性、生物群落结构空间连通性以及信息流空间连通性等方面。水利工程建设将河流拦腰斩断，改变了其连续性规律，从而破坏河流连通性；因此，闸坝及水电站越多，江河纵向连通性越差。河流连通性可由河流（流域面积>50km^2）单位长度修建闸坝个数表征，闸坝越少河流纵向连通性越好。数据来源于水利工程统计数据、水资源公报、遥感影像解译。计算方法为

$$\text{C1-3}=100-100\times\frac{\text{闸坝个数}}{\text{河段长度(km)}} \tag{3-19}$$

式中，常数100的选取依据：调研表明，在流经农田及林地的河流上，修建拦河闸（坝）作用为防洪、灌溉、防涝等，布置间距从数十千米至上百千米不等；在流经城镇或周边的河流上修建拦河闸（坝），既考虑防洪、供水等因素，又考虑水生态、水环境、水景观等因素，布置间距从几千米至十几千米不等。

D. 生态基流保障率（C1-4）。

含义：生态基流量是指为保证江河生态服务功能，用以维持或恢复江河生态系统基本结构与功能所需的最小流量。生态基流保障率指评估区基准年月实际流量占最小生态基流量的比例（%）。数据来源于评估区河段内各监测站点数据。计算方法为

$$\text{C1-4}=\frac{1}{12}\sum_{m=1}^{12}\frac{Q_m}{W_{\text{Eb}}}\times 100\% \tag{3-20}$$

式中，Q_m为基准年第 m 个月实际量（m^3）；W_{Eb}为最小生态基流量（m^3）。W_{Eb}可利用Tennant法计算，该方法属于水文学计算法的一种，以年平均流量的10%作为水生生物生长最低标准，年平均流量的30%作为水生生物的满意流量，即将江河多年平均流量的10%作为最小生态基流，该法适用于流量比较大且水文资料系列较长的江河。本方法中的多年平均流量要求为近10年的水文站资料平均结果，计算公式为

$$W_{\text{Eb}}=\text{近 10 年年均流量}\times 10\% \tag{3-21}$$

（2）水生生物指数（C2）。

A. 鱼类完整性指数（C2-1）。

含义：综合反映一个地区鱼类群落的物种组成、多样性和功能等的稳定能力，由物种数、耐污类群相对丰度以及Berger-Parker指数（BP指数）计算而来。物种数即每个监测样点所鉴定出来的全部物种数，能反映群落中的丰度程度。耐污类群相对丰度即群落中耐污能力（专家经验判断）较高的分类单元个体数占总个体数的比例，能反映群落中的受干扰程度，数值越大表明水质受到的污染越严重。BP指数即生态优势度指数，反映了各物

种种群数量的变化情况，生态优势度指数越大，说明群落内物种数量分布越不均匀，优势种的地位越突出。数据来源于水生态调查或监测数据。

BP 指数计算为

$$d=\frac{N_{\max}}{N_{\mathrm{T}}} \tag{3-22}$$

式中，d 为 BP 指数；$N_{\max}$为优势种的种群数量；N_{T}为全部物种的种群数量总和。

$$\text{C2-1}=\frac{\text{物种数 BI 值+耐污类群相对丰度 BI 值+BP 指数 BI 值}}{3} \tag{3-23}$$

式中，物种数属于随干扰增强而下降的指标，耐污类群相对丰度和 BP 指数属于随干扰增强而上升的指标。对于下降类型指标，计算公式为

$$\text{下降类型指标 BI 值}=\frac{\text{样点观测值}-\text{样点观测值的 5\% 分位数}}{\text{样点观测值的 95\% 分位数}-\text{样点观测值的 5\% 分位数}}\times 100 \tag{3-24}$$

式中，下降类型指标 BI 值在 0～100，>100 时下降类型指标 BI 值视为 100 处理，<0 时下降类型指标 BI 值视为 0 处理。

对于上升类型指标，计算公式为

$$\text{上升类型指标 BI 值}=\frac{\text{样点观测值的 95\% 分位数}-\text{样点观测值}}{\text{样点观测值的 95\% 分位数}-\text{样点观测值的 5\% 分位数}}\times 100 \tag{3-25}$$

式中，上升类型指标 BI 值在 0～100，>100 时上升类型指标 BI 值视为 100 处理，<0 时上升类型指标 BI 值视为 0 处理。

B. 藻类完整性指数（C2-2）。

含义：综合反映一个地区藻类群落的物种组成、多样性和功能等的稳定能力，由固着藻类密度、总分类单元数以及 BP 指数计算而来。固着藻类担负着物质循环和能量流动的重要任务，其密度和水体污染之间存在较大的相关性联系。总分类单元数即每个监测样点所鉴定出来的全部物种数，能反映群落中的丰度程度。BP 指数计算同鱼类完整性指数部分。数据来源于水生态调查或监测数据。计算方法为

$$\text{C2-2}=\frac{\text{固着藻类密度 BI 值+总分类单元数 BI 值+BP 指数 BI 值}}{3} \tag{3-26}$$

式中，固着藻类密度和总分类单元数属于随干扰增强而下降的指标；BP 指数属于随干扰增强而上升的指标。其中，上升和下降类型指标的计算方法参照式（3-24）和式（3-25）。

C. 大型底栖动物完整性指数（C2-3）。

含义：综合反映一个地区大型底栖动物群落的物种组成、多样性和功能等的稳定能力，由总分类单元数、BMWP（Biological Monitoring Working Party）指数以及 BP 指数计算而来。总分类单元数即每个监测样点所鉴定出来的全部物种数，能反映群落中的丰度程度。BMWP 指数是基于科级分类单元上各物种出现与否，考虑出现物种的敏感值，以所有出现物种敏感值之和代表环境的情况。BP 指数计算同鱼类完整性指数部分。数据来源于水生态调查或监测数据。计算方法为

$$C2\text{-}3=\frac{\text{总分类单元数 BI 值+BMWP 指数 BI 值+BP 指数 BI 值}}{3} \tag{3-27}$$

式中，总分类单元数和 BMWP 指数属于随干扰增强而下降的指标；BP 指数属于随干扰增强而上升的指标。其中，上升和下降类型指标的计算方法参照式（3-24）和式（3-25）。

BMWP 指数计算公式如下

$$\text{BMWP}=\sum t_i \tag{3-28}$$

式中，t_i为样点中出现物种 i 的科一级敏感值，该指标根据大型底栖动物耐污特性的差异，从最不敏感至最敏感依次给予 1～10 的分值，对样点中所出现物种的科一级敏感值求和即为该样点 BMWP 指数。

3.3.2 水生态承载力评估方法

水生态承载力评估采用指标综合评价法，通过指标赋分和逐级加权对水生态承载状态开展评估，水生态承载力评估主要包括评估指标赋分、指标加权计算、水生态承载力综合评估与等级判别 4 个步骤。

1. 评估指标赋分

根据评估指标实际数值和附录 A 中赋分标准，运用公式计算得到评估指标的分值。评估指标分值均在 0～100。

评估指标类型分为 3 种，其赋分方法如下。

（1）对于评价值是固定值的指标，赋值时直接取该指标的中值，即

$$P_k=\frac{V_{kl}+V_{kh}}{2} \tag{3-29}$$

（2）对于越大越好型指标，赋分时考虑：

①分段指标，即

$$P_k=V_{kl}+\frac{V_{kh}-V_{kl}}{I_{kh}-I_{kl}}\times(I_k-I_{kl}),I_k\in(I_{kl},I_{kh}] \tag{3-30}$$

②无上限指标，即

$$P_k=80+\frac{I_k-I_{kl}}{I_{kl}}\times10,I_k\in(I_{kl},+\infty) \tag{3-31}$$

当$P_k>100$ 时，取 100 作为P_k值。

（3）对于越小越好型指标，赋分时考虑：

①分段指标，即

$$P_k=V_{kl}+\frac{V_{kh}-V_{kl}}{I_{kh}-I_{kl}}\times(I_{kh}-I_k),I_k\in(I_{kl},I_{kh}] \tag{3-32}$$

②无下限指标，即

$$P_k=20-\frac{I_k-I_{kl}}{I_{kl}}\times10,I_k\in(-\infty,I_{kl}) \tag{3-33}$$

当P_k<0 时，取 0 作为P_k值。
式中，P_k为评估指标 k 的分值；V_{kl}为评估指标 k 所在类别标准下限分值；V_{kh}为评估指标 k 所在类别标准上限分值；I_k为评估指标 k 原始数据；I_{kl}为原始数据I_k所在分级的下限；I_{kh}为原始数据I_k所在分级的上限。

2. 指标加权计算

指标加权计算采用“自下而上”加权的方式，从评估指标向分项指标和专项指标逐级评估。计算步骤如下。

根据单个评估指标赋分值，使用加权求和法分别计算得到相应各分项指标值。计算公式为

$$F_{ij} = \sum_{k=1}^{n} w_{ijk} \times P_{ijk} \tag{3-34}$$

式中，F_{ij}为第 i 个专项指标的第 j 个分项指标的分值；w_{ijk}为第 i 个专项指标的第 j 个分项指标中第 k 个评估指标的权重；P_{ijk}为第 i 个专项指标的第 j 个分项指标中第 k 个评估指标的分值；n 为第 j 个分项指标涉及的评估指标个数。

根据各分项指标分值计算结果，进一步使用加权求和法计算准则层各专项指标的分值。计算公式为

$$Z_i = \sum_{j=1}^{m} w_{ij} \times F_{ij} \tag{3-35}$$

式中，Z_i为第 i 个专项指标的分值；w_{ij}为第 i 个专项指标的第 j 个分项指标的权重；m 为第 i 个专项指标涉及的分项指标个数。

3. 水生态承载力综合评估

根据各专项指标分值计算结果，进一步计算水生态承载状态综合评分值。计算公式为

$$\text{HECC} = \frac{\sum_{i=1}^{3} Z_i}{3} \tag{3-36}$$

式中，HECC 为评估区水生态承载状态综合评分值。

4. 等级判别

依据表 3-3 水生态承载状态分类标准，考虑水环境质量达标情况和 HECC 值判别评估区水生态承载状态（如水环境质量指数小于 90% 则一票否决，认为呈超载状态），评判方法如下

$$\text{水生态承载状态} = \begin{cases} \text{超载}, \text{B2-1} < 90\% \\ \text{按分类标准判别}, \text{其他情况} \end{cases} \tag{3-37}$$

将评估区水生态承载力分为五级：最佳承载、安全承载、临界承载、超载和严重超载。同样，针对 3 个专项指标和 6 个分项指标，均可依据表 3-3 和相应得分判别各自承载状态等级。

表 3-3　水生态承载状态分类标准

HECC 值	[0，20]	(20，40]	(40，60]	(60，80]	(80，100]
承载状态	严重超载	超载	临界承载	安全承载	最佳承载

依据各评估指标赋分值，初步识别对评估区水生态承载状态产生不利影响的主要指标。识别标准为评估指标赋分值≤40。

5. 评估结果

水生态承载力评估结果以雷达图形式呈现，雷达图常用于多指标的全面分析，具有完整、清晰和直观的优点。水生态承载力评估结果以分项的形式呈现，分别为：HECC、水资源、水环境、水生态承载状态得分值（图 3-2）；同时参照式（3-37）和表 3-3 判别承载状态，评估结果见表 3-4。

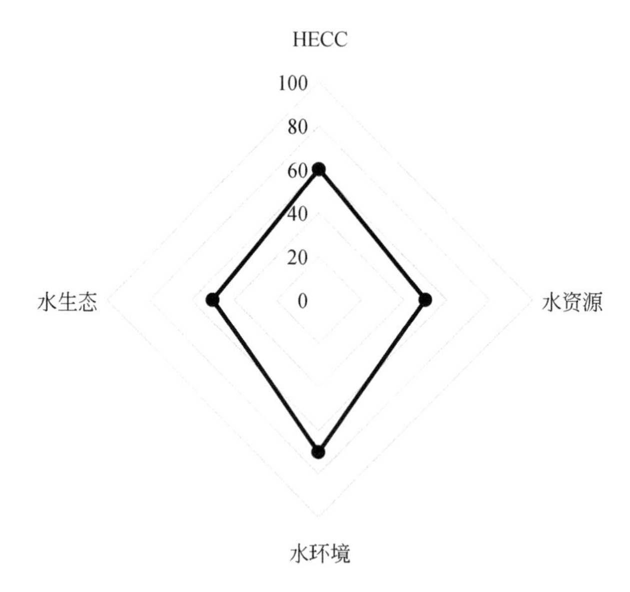

图 3-2　水生态承载力评估结果图示例

表 3-4　水生态承载状态评估结果

项目	HECC	水资源	水环境	水生态
承载状态	临界承载	超载	临界承载	超载

进一步，依据水生态承载力评估指标赋分结果，识别评估区水生态承载力主要限制指标（图 3-3）。由图 3-3 可知，影响评估区水生态承载状态的主要指标包括万元 GDP 用水量、河流连通性和生态基流保障率 3 个（指标赋分值均小于 40）。

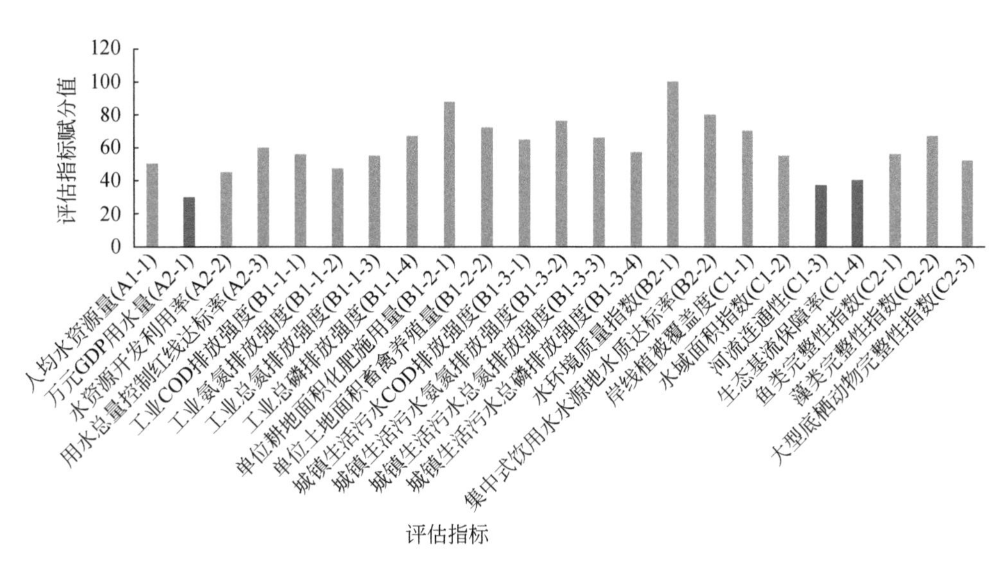

图 3-3　评估区水生态承载力评估指标赋分值与主要影响指标识别结果图示例

3.4　技术创新性

针对水生态承载力概念内涵不清、评估指标方法不一问题，研发了水生态承载力评估诊断技术，基于水生态系统服务功能完整性，科学辨析水生态承载力概念，从水资源、水环境和水生态三大维度解析了水生态承载力内涵，系统调研提出“专项—分项—评估”三级承载力评估指标框架，构建了涵盖“水资源禀赋、水资源利用、水环境纳污、水环境净化、水生生境、水生生物”6 类分项指标的承载力指标体系，采用指标分级加权综合法实现水生态承载力量化与分级。该技术解决了水生态系统承载力量化评估与“三水”统筹诊断的科学问题，结果简明客观、层次分明、对比性与实用性强，并形成了《水生态承载力评价技术指南》技术标准，对流域/区域“三水”超载问题诊断、关键因素识别和统筹管理具有较高的应用价值。

第4章　水生态承载力系统模型

水生态承载力系统模拟技术是支撑水生态承载力科学、精准调控的关键技术。前期水生态承载力调控主要针对产业结构优化调整，从“污染减排”角度建立基于系统动力学的水生态承载力系统模型，而对流域水生态过程机理考虑较少，尚不足以支撑基于水生态-社会经济复合系统完整性统筹“生态增容”和“污染减排”措施的水生态承载力综合调控。本章面对水生态承载力综合模拟能力需求，解析水生态承载机理过程，提出水生态承载力系统模型构架，完善构建水生态承载力数值模型系统，以支撑水生态承载力优化调控。

4.1　水生态承载力系统模型架构

4.1.1　水生态系统承载机理过程分析

水生态系统是由水生生物群落与水环境相互作用、相互制约，通过物质循环和能量流动，共同构成的具有一定结构和功能的动态平衡系统。水生态系统的功能是保证系统内的物质循环和能量流动，以及通过信息反馈，维持系统相对稳定与发展，并参与生物圈的物质循环，体现为自身维持功能和社会服务功能。水生态过程是基于流域水循环，维持生命的物质循环和能量转换的过程，可持续的水生态过程是实现水生态系统功能的重要保障。

在维持水生态系统过程长期可持续运转条件下，水生态系统在一定限度内承载着社会经济系统活动，体现为水生态-社会经济承载关系。笔者将水生态系统对社会经济活动承载过程分解为三个系统：施压系统、缓冲系统和承压系统（图4-1）。

（1）施压系统。主要指以人类活动为主导的社会经济系统，通过人口增长、产业发展等产排污活动，土地开发利用、水利工程建设运行等改造自然活动，直接作用于流域水循环缓冲系统影响水资源、水环境状态。此外，人类社会面对生态系统退化，采取生态修复的手段，对已破坏的水生态系统过程或要素进行恢复或修复，增加水生态系统容量或抗干扰能力，以维持水生态系统服务功能。

（2）缓冲系统。主要指以流域水循环过程为核心的直接受到人类社会经济活动影响的水文、水质等过程。其中，流域产汇流过程受到土地开发利用的影响，改变下垫面条件；河道径流水量过程受到水利工程的阻截、取用水的干扰，水质过程受到产业人口发展驱动下的产排污（点源、面源）过程影响。而水循环系统水量循环过程对以上社会经济活动具有一定的抗干扰容纳能力，体现出缓冲作用。

（3）承压系统。主要指以水生生物群落为核心的水生态要素过程。在社会经济系统施压和流域水循环缓冲后，因土地利用对产汇流和河湖滨岸带产生破坏、水利工程干扰水量过程、产排污导致水质恶化等，水生生境的完整性遭受破坏，进而作用于水生生物繁衍过程，导致水生态退化。此外，人类社会采取生态修复的手段，通过恢复和修复水生生境与生物完整性，增加水生态系统容量或抗干扰能力，以维持水生态系统服务功能。

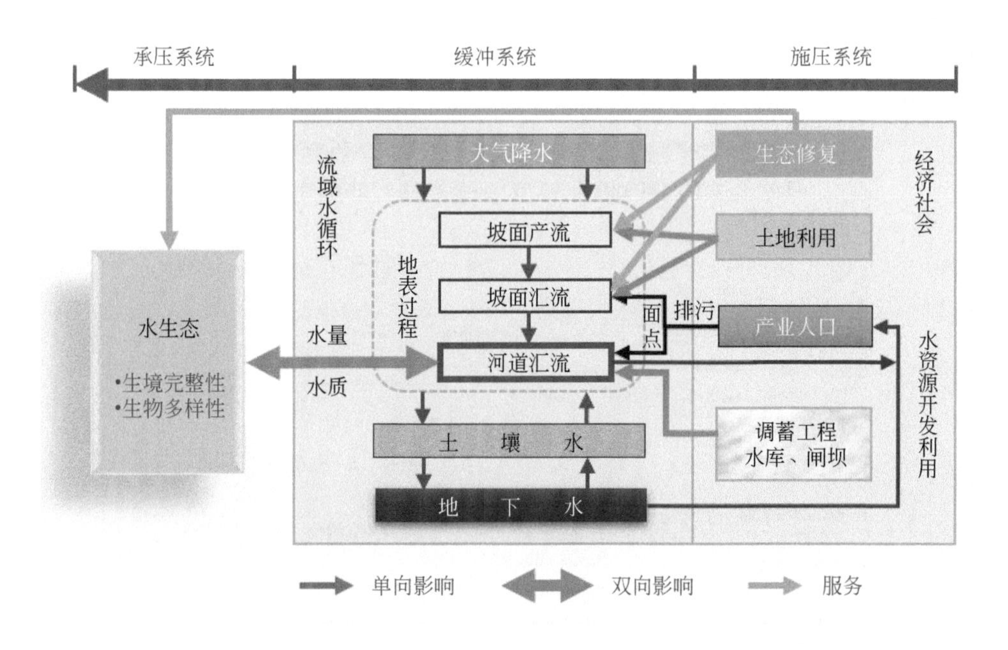

图 4-1 水生态系统承载机理过程分解

综上，基于水生态系统承载机理过程分析，水生态承载过程是社会经济活动作用下，以流域水循环为基础的水生态响应过程。水生态承载过程既受到社会经济水土资源利用、产排污等驱动力影响，又受到生态修复增容活动的影响。因此，有必要统筹“减排”和“增容”构建水生态承载力系统模型，支撑水生态承载综合调控。

4.1.2 水生态承载力系统模型简介

前期水生态承载力系统模型多基于系统动力学（SD）模型研发，如“十二五”水专项研发应用的 WECC-SDM 模型，用于描述水生态与社会经济各要素间复杂的非线性高阶次互馈关系，实现了针对产业结构优化调整等污染减排措施的承载力影响效应模拟评估。由于系统动力学模型对流域水生态过程模拟能力不足，WECC-SDM 等模型难以实现对生态修复等增容措施的影响效应模拟分析。

在此基础上，研究组进一步基于水生态系统承载机理过程，考虑统筹模拟“增容、减排”效应的技术需求，研发了 2.0 版本的水生态承载力评估调控系统（HECCERS）模型，模型界面见图 4-2。HECCERS 模型是用于水生态承载力动态评估与调控的概念模型。考虑水生态系统对人类社会活动的承载关系，水生态承载状态受产业经济发展、土地利用等人类活动压力的影响，而水生态系统自身抗干扰的“容量”的增加对承载力改善具有重要作用。该模型从“污染减排”和“生态增容”两方面，基于系统动力学、流域过程模拟、计算机程序设计等技术方法，耦合建立水生态承载力评估调控系统（HECCERS）模型。模型可用于在调控空间范围社会经济近远期发展模式情景下，采用情景优化、数值模拟等技术方法，开展统筹“增容、减排”的综合调控情景优化，评估水生态承载力调控目标可达性和成本效益，优选制定水生态承载力调控工作方案，为流域/区域水生态环境管控提供科学依据。

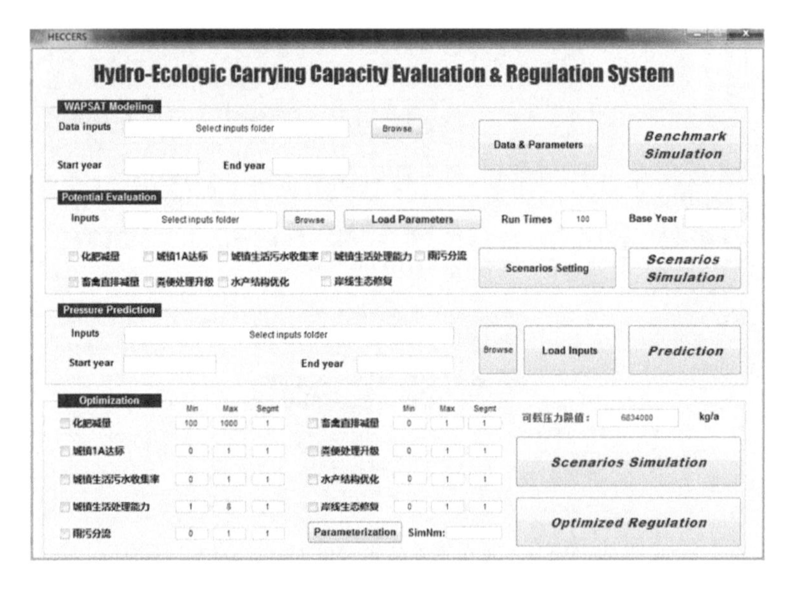

图 4-2　HECCERS 界面

HECCERS 的总体框架包含调控要素模块、流域水文-水质-生态响应过程模块和承载力评估模块三大部分（图 4-3）。

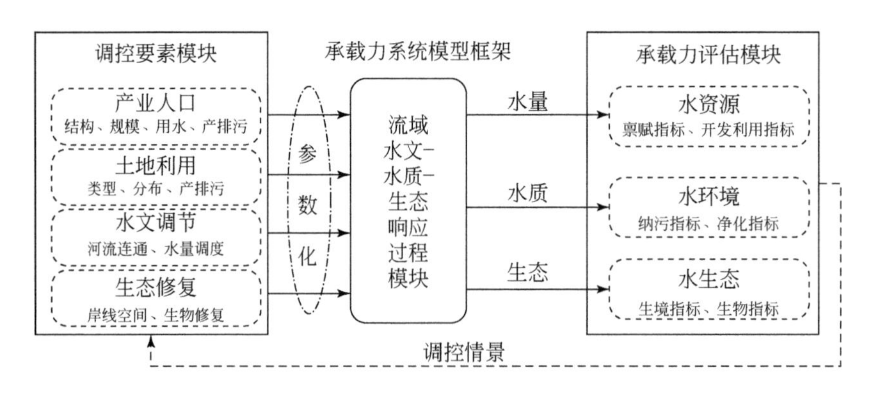

图 4-3　HECCERS 框架

各个模块简要介绍如下。

(1) 调控要素模块，主要涉及“减排”和“增容”两方面调控要素。减排方面，主要包括产业人口和土地利用等社会经济要素，如产业结构、产业规模、用水、土地利用类型及其分布、产排污等；增容方面主要包括水文调节和生态修复，涉及河流连通、水量调度、岸线空间和生物修复等。这些调控要素与减排-增容调控措施密切相关。

(2) 流域水文-水质-生态响应过程模块，主要功能是定量或定性描述流域水文、水质、生态过程对各调控要素变化的响应关系，可采用定量或定性的技术方法建立。流域水文-水质-生态响应关系可支撑调控指标量化分析。

(3) 承载力评估模块，主要依据流域水文-水质-生态响应过程模块分析结果，利用水量、水质和生态变量对水资源、水环境和水生态相关调控指标情况进行量化分析。

4.2 水生态承载力调控要素模块

水生态承载力调控要素模块主要涉及社会经济产排污过程模型、调控情景参数化等方法。

4.2.1 社会经济产排污过程模型方法

研究基于典型区水污染源调研，采用 MATLAB 程序语言研发了水污染源评价工具（Water Pollution Sources Assessment Tool，WAPSAT），通过与流域水文-水质-生态响应过程模块耦合模拟，实现对流域水污染源产排污过程系统模拟，在此基础上进一步考虑“增容、减排”调控措施体系，研发调控潜力评估子模型、社会经济压力预测子模型和优化调控子模型，支撑流域承载力系统综合调控。

调控要素模块中采用的 WAPSAT 是用于水污染源产排污过程系统评估的模型工具。WAPSAT 依据各类污染源实际产排污过程特征和我国相关可获取数据属性，采用 MATLAB 计算机程序设计语言开发而成，是适用于我国本土污染源负荷定量评估的模型。WAPSAT 可对包含工业企业生产、城镇生活、城市降水径流、农田种植、畜禽养殖、水产养殖等在内的各类水污染源开展“产污—排污—入河”陆面负荷过程定量模拟，评估结果可按各级行政区、流域尺度统计输出，为流域水污染来源解析提供科学、高效的定量分析工具，支撑流域/区域水环境问题诊断（图 4-4）。WAPSAT 的驱动数据库主要涉及空间区划、社会经济、土地利用、降水径流、环境统计等可获取常规数据源和参数库，参数涉及种植、农村和城镇生活、养殖、工业等污染源以及营养输移等污染物迁移过程。考虑多数数据按行政区、年尺度统计，模型以土地利用权重离散法实现行政区和流域集水区污染负荷空间转换核定，并可利用月尺度产汇流参数核定月产排污负荷过程，实现多级行政区、流域分区、年月尺度、多年期动态模拟评估。WAPSAT 计算模块流程框架见图 4-5。

WAPSAT 的特点如下。

(1) 精细化模拟各类污染源产排污过程。模拟对象系统涵盖了我国水污染主要来源类

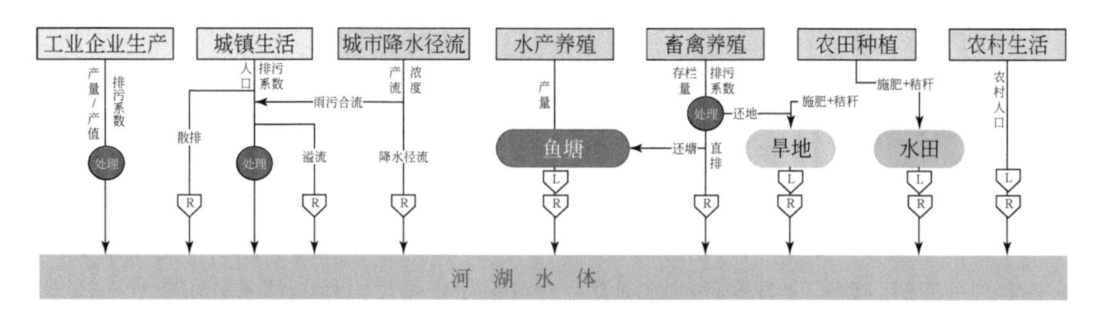

图 4-4 WAPSAT 主要污染源产排污过程模拟框架

L 表示流失过程，R 表示入河过程

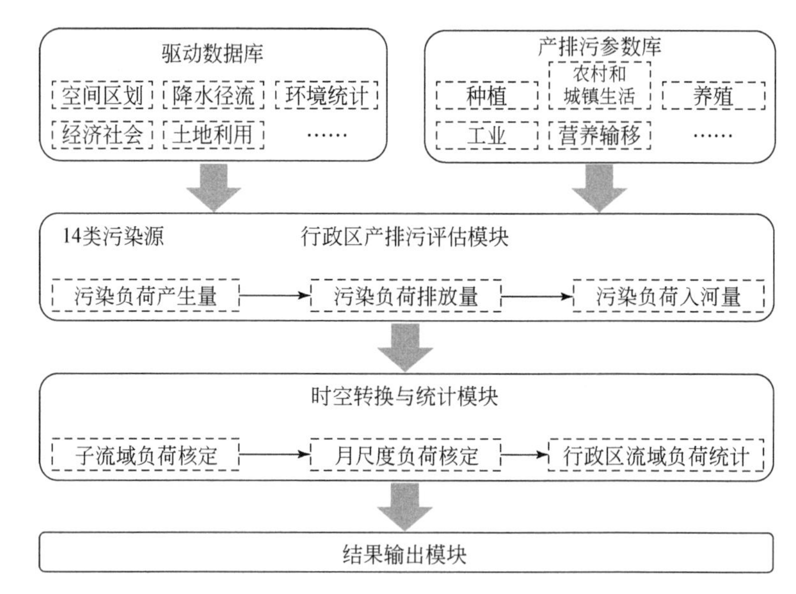

图 4-5 WAPSAT 计算模块流程框架

型，基于我国工业企业、城镇生活、畜禽养殖、农田种植、农村生活、水产养殖、城市降水径流等点面源实际产排污过程，在模型中实现了各类污染源的“产污—治理—排污—输移—入河”全陆面过程负荷定量评估。

（2）以我国本土可获取数据源为基础，实现多尺度、长系列污染负荷动态模拟。WAPSAT 的驱动数据库主要涉及空间区划、社会经济、土地利用、降水径流、环境统计等可获取常规数据源和参数库，考虑多数数据按行政区、年尺度统计，模型以土地利用权重离散法进行行政区和流域集水区污染负荷空间转换核定，并利用月尺度产汇流参数核定月产排污负荷过程，实现多级行政区、流域分区、年月尺度、多年期动态模拟评估。

（3）模型构架简单开放，可与流域过程模型耦合实现人文-水文-水质-生态多过程系统模拟。当前多数常用的流域过程模型（如 SWAT、SPARROW、EFDC、MIKE 等）对社会经济（人文）产排污过程描述较简化，特别缺乏适用于我国水污染源产排污过程分析的系统模拟工具。WAPSAT 以模拟我国社会经济系统中多污染源产排污过程为核心，模型结构简单、输入输出文件可编辑，其驱动数据库可与流域气象水文模拟数据衔接，模拟结果可作为流域水质、生态过程模拟的人文过程驱动数据源，以实现流域人文-水文-水质-生态多过程系统模拟，为流域水生态环境管控提供技术支撑。

4.2.2 调控情景参数化方法

HECCERS 中承载力调控措施及其参数阈值如表 4-1 所示。

表 4-1 水生态承载力调控措施及参数阈值清单

调控类别	调控对象	调控措施	调控参数	参数最差值	参数最优值
减排	种植业	施肥减量	单位耕地面积磷肥施用量/(kg/hm^2)	1000	100
	畜禽养殖	粪污综合利用	畜禽粪污处理后直排率	1	0
		处理设施提标	畜禽粪污处理设施提标改造比例	0	1
	城镇生活	污水厂提标改造	城镇生活污水厂一级 A 达标率	0	1
		管网收集率提升	城镇生活污水收集率	0	1
		污水厂处理能力提升	城镇生活污水入厂负荷处理系数	1	8
		雨污分流	城镇生活污水入厂负荷浓度系数（纯污水入厂总磷浓度设为 5.0mg/L）	0	1
	水产养殖	养殖结构调整	鱼类养殖比例	1	0
增容	生态修复	岸线生态修复	滨岸缓冲带植被覆盖比例	0	1

依据相关调控措施及参数阈值，HECCERS 体系中集成了调控潜力评估和综合优化调控的情景参数化模拟技术方法，具体如下。

（1）承载力调控潜力评估情景参数化。首先，提取流域基准年参数基准值。基于承载力系统模型基础数据库，分别针对所评估的调控措施提取调控参数基准值。不同参数的空间化尺度各异，如单位耕地面积磷肥施用量、畜禽粪污处理后直排率、畜禽粪污处理设施提标改造比例、城镇生活污水收集率、鱼类养殖比例均为区县尺度，即是针对每个区县计算提取相应调控参数基准值。其次，考虑潜力评估迭代次数越大模拟评估时间成本越高，从模拟评估效率优先角度出发，推荐模拟迭代次数（N）取 10 ~ 100。依据迭代次数值和各参数的阈值区间，设置 N 种模拟迭代情景（编号分别为 1 ~ N），将各空间上情景参数取值分为等差变化的参数值（N 个）。同时，比较各迭代情景编号对应参数值与相应基准值的大小，若情景参数值优于基准值，则情景参数值不变；若情景参数值劣于基准值，则情景参数值取基准值。模拟迭代情景参数值核定方法如下：

$$P_{i,n}^{m}=p_0+\frac{p_1-p_0}{N-1}(n-1) \tag{4-1}$$

$$P_{i,n}^{\prime m}=\begin{cases}P_{i,n}^{m}, P_{i,n}^{m}\text{优于}P_{i,\mathrm{B}}^{m}\\ P_{i,\mathrm{B}}^{m}, P_{i,n}^{m}\text{劣于}P_{i,\mathrm{B}}^{m}\end{cases} \tag{4-2}$$

式中，$P_{i,n}^{\prime m}$为模拟迭代情景 n 下空间区域 m 上调控参数 i 的取值；$P_{i,n}^{m}$为模拟迭代情景 n 下空间区域 m 上调控参数 i 的预设取值；p_0和p_1分别为各参数的阈值下限和上限；$P_{i,\mathrm{B}}^{m}$为基准年空间区域 m 上调控参数 i 的基准值。

（2）承载力综合优化调控情景方案设置。首先，依据确定的综合调控参数阈值，设置各项调控参数的下限（Min）和上限（Max），同时考虑各参数的调控潜力和敏感性，设定各参数情景值个数（Segmt）。基于设定的参数，开展自动参数化和综合情景组合，具体方法如下。

A. 调控措施参数集确定。

依据各项调控参数阈值和情景值个数，计算每个调控参数取值集合，确定方法如下。

当调控参数 i 的情景取值个数 $N=1$ 时：

$$P_{i,1}=P_{i,\text{差}} \tag{4-3}$$

当调控参数 i 的情景取值个数 $N=2$ 时：

$$P_{i,1}=P_{i,\text{差}} \tag{4-4}$$

$$P_{i,2}=P_{i,\text{优}} \tag{4-5}$$

当调控参数 i 的情景取值个数 $N\geqslant 3$ 时：

$$P_{i,n}=\begin{cases}P_{i,\text{差}}, n=1\\ P_{i,\text{差}}+\frac{P_{i,\text{优}}-P_{i,\text{差}}}{N-1}(n-1), 1<n\leqslant N\end{cases} \tag{4-6}$$

式中，$P_{i,n}$为调控参数 i 的第 n 个情景取值；$P_{i,\text{差}}$和$P_{i,\text{优}}$分别为调控参数 i 的最差值和最优值。

B. 综合调控参数组合。

在各调控参数取值集合确定的基础上，采用随机组合方法，遍历所有可能参数组合，自动化生成综合所有调控措施的情景参数组合方案。以两个调控参数集P_1和P_2为例，即

$$P_1=\{0,1,2\}$$

$$P_2=\{0.2,0.4,0.9\}$$

其综合调控参数组合需遍历所有这两种调控参数的可能情景组合方案，如$\boldsymbol{P}_{\text{综合}}$所示。

$$\boldsymbol{P}_{\text{综合}}=\begin{bmatrix}0,0.2 & 0,0.4 & 0,0.9\\ 1,0.2 & 1,0.4 & 1,0.9\\ 2,0.2 & 2,0.4 & 2,0.9\end{bmatrix}$$

可知，各调控参数的情景取值个数 N 越大，综合调控情景组合方案个数呈倍数增长，即

$$N_{\text{综合}}=\prod_{i=1} N_i \tag{4-7}$$

式中，$N_{\text{综合}}$为所有调控参数情景组合方案总数；N_i为调控参数 i 的情景取值个数。

C. 综合调控参数库设置。

在综合调控参数组合方案确定基础上，依据各综合调控参数组合方案，分别设置$N_{综合}$种模拟迭代情景。比较各迭代情景参数值与相应模拟背景场基准值的大小，若情景参数值优于模拟背景场基准值，则情景参数值不变；若情景参数值劣于模拟背景场基准值，则情景参数值取模拟背景场基准值。与潜力评估类似，综合调控模拟迭代情景参数设置方法如下

$$P'^{m}_{综合,i,n}=\begin{cases}P^{m}_{综合,i,n}, P^{m}_{综合,i,n}\text{优于}P^{m}_{i,\mathrm{B}}\\ P^{m}_{i,\mathrm{B}}, P^{m}_{综合,i,n}\text{劣于}P^{m}_{i,\mathrm{B}}\end{cases} \tag{4-8}$$

式中，$P'^{m}_{综合,i,n}$为综合调控模拟迭代情景 n 下空间区域 m 上调控参数 i 的取值；$P^{m}_{综合,i,n}$为综合模拟迭代情景 n 下空间区域 m 上调控参数 i 的情景取值；$P^{m}_{i,\mathrm{B}}$为模拟背景场空间区域 m 上各年调控参数 i 的基准取值。

4.3 流域水文-水质-生态响应过程模块

流域水文-水质-生态响应过程模块可采用定量与定性相结合的技术方法建立。选择合适的分析技术方法需考虑多种因素，包括水体类型、数据可获取性、水资源开发利用情况、水环境污染特征、水生态状态、时空尺度要求等，对于基础数据相对充足的区域，可采用较规范、精度高的数学模型计算分析；对于基础数据缺乏的地区，建议选择定性方法或是简单的定量分析方法。常用的方法有：理论分析法、类比分析法、物质平衡法、统计分析法、系统动力学法和机理模型法。一般推荐采用系统动力学法和机理模型法。

（1）理论分析法。

适用于资料不够详实的区域，可通过专家调查法和区域背景资料理论分析等手段分析流域水文、水质、生态过程对调控要素变化的响应关系，定性分析调控指标的大致变化情况。

（2）类比分析法。

主要用于资料十分缺乏的区域，通过与其他生态、地貌、社会经济特征相似区域的水文、水质、生态过程进行对比和参照分析，定性分析调控指标变化情况。

（3）物质平衡法。

分析整个水生态系统进出物质的质量平衡关系。该方法简化生态系统的物理生化过程，可作为流域水文、水质、生态过程响应关系分析的简单有效方法，适用流域尺度范围最广，可与其他方法联合适用。

（4）统计分析法。

基于监测数据、统计数据等预测某些水文、水质和生态要素之间的关系，如流域污染负荷、土地利用比例及河流水质状况之间的关系。对于水文、地形数据缺乏或难以建立定量化数学模型的地区，可将污染物产排量、人口数量、GDP、土地利用、降水量等相关指标作为自变量，水质或生态变量作为因变量，采用多年数据建立统计学关系。通过回归分析等方法，建立关系模型，以分析调控要素变化对调控指标的影响。

（5）系统动力学法。

系统动力学法是国内外采用较多的复杂系统分析方法。该方法通过系统动力学模型构建，系统描述水生态-社会经济复合系统内各要素间复杂的非线性高阶次互馈关系，可动态模拟预测水生态承载力。推荐使用 WECC-SDM 模型。

（6）机理模型法。

主要通过流域水文水质模型与河流生态模型耦合建立流域水文-水质-生态响应数学模型，定量模拟调控要素对水文、水质和生态过程的影响关系。具体在建模过程中可考虑分别构建流域水文水质模型和河湖生态模型，然后依据模拟的主要变量通过模型耦合方式构建一体化系统模型。

A. 机理模型推荐。

流域水文水质模型主要用以评估流域水文循环、污染物产排污-传输过程，推荐 WAPSAT（适用于负荷评估）、GWLF（适用于负荷评估）、SWAT（适用于山区模拟）、SWMM（适用于城市区模拟）、HSPF 和 SPARROW（适用于年尺度污染物传输模拟）等模型。

河湖生态模型主要用于水体生态系统过程模拟，可选择使用专注于水质模拟的零维水质模型、一维水质模型、S-P 模型、QUAL2K 模型，以及支持多生态参数模拟的 WASP 模型、EFDC 模型、MIKE 模型等。

B. 建模流程。

一般可按数据收集、计算单元划分、模型参数率定、模拟验证等过程构建流域水文-水质-生态过程数学模型。

4.4 水生态承载力评估模块

水生态承载力评估模块主要依据流域水文-水质-生态响应过程模块模拟分析结果，利用水量、水质和生态变量对水资源、水环境和水生态相关调控指标情况进行承载力系统评估，量化承载力状态，识别主要超载因素。

该模块主要基于水生态承载力评估诊断技术方法（详见第 3 章内容）构建。分别基于 VBA 编程和系统动力学模型，构建了两套水生态承载力评估模型工具。基于系统动力学的水生态承载力评估模型 WREE（Carrying Capacity of Water Resources-Environment-Ecologyl）模型介绍如下。

WREE 模型是水生态承载力评估模型，反映了研究区的水生态承载现状，但是并不能对研究区未来的水生态给出预测及管理建议。因此，将 WREE 的评估体系耦合到系统动力学模型中，既能够厘清水生态承载力变化关键变量参数，又能够对研究区未来的水生态承载力作出合理预测，为当地管理部门制定规划提供有效技术支撑。

系统动力学模型主要目的是解决实际问题，或者为已经存在的方案提供优化思路。因此，建模的目的应当明确，然后通过相关文献资料和数据的分析解析系统层次及逻辑，确定系统边界，边界包括时间边界和空间边界。然后通过各要素之间的因果关系分析，建立数学函数，并在系统边界内找出各子系统的因果关系，画出各要素之间的逻辑关系图。系统结构流程图及函数数学表达式构建成功后，模拟变量在时间及空间变化中的情景，从而确定系统的反馈机制和控制方法。通过相关的参数变量研究，调整调控措施，形成最优方案。

本书选择的系统动力学模型工具为 VENSIM（Ventana Systems，Inc.）软件，应用广泛，操作简单，对计算机配置要求较低，并内嵌有函数程序，自动检测错误，便于检测、修改，易为管理部门所接受。VENSIM 界面如图 4-6 所示。

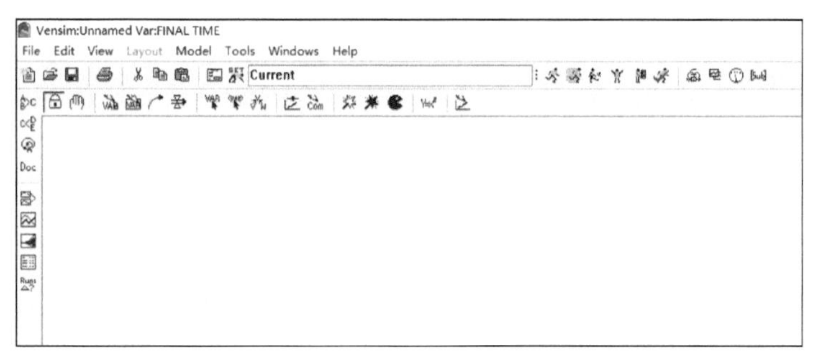

图 4-6　VENSIM 界面

WREE 模型中各空间边界主要由三个子系统构成，分别为水资源子系统、水环境子系统和水生态子系统。

4.4.1　水资源子系统

水资源子系统主要由人均水资源量、万元 GDP 用水量、水资源开发利用率和用水总量控制红线达标率组成。模型系统变量主要由人口、经济以及用水量组成，人口模块分为城镇人口和农村人口，通过近 10 年来人口的变化量预测未来人口数量的变化，并通过城镇居民和农村居民近年来用水量的变化，模拟城镇居民生活用水和农村居民生活用水变化量。社会经济系统变量主要有第一产业、第二产业和第三产业 GDP 变化量，并通过近年来工业用水量变化，模拟计算工业用水量变化率。用水模块变化率主要由城镇居民生活用水量变化率、农村居民生活用水量变化率、林牧渔业用水量变化率、农业灌溉用水量变化率和工业用水量变化率组成。其中，城镇与农村居民生活用水量变化率与人口变化构成反馈回路，工业用水量变化率与第二产业 GDP 变化量构成反馈回路，林牧渔业用水量变化率与畜禽养殖量变化构成反馈回路，农业灌溉用水量变化率与耕地面积变化量构成反馈回路。然后基于 WREE 分级设定，构建人均水资源量、万元 GDP 用水量、水资源开发利用率和用水总量控制红线达标率评分模型。水资源承载力分值可由系统中的因果反馈关系及评分模型得到。其中，各变量反馈关系回路及因果树状图介绍如下。

人均水资源量因果树状图如图 4-7 所示。可知，人均水资源量主要由评估区总人口和水资源总量决定。

万元 GDP 用水量因果树状图如图 4-8 所示。可知，评估区生产总值及总用水量是主要限制因素，第二产业 GDP 和城镇与农村居民生活用水量是关键反馈因子。

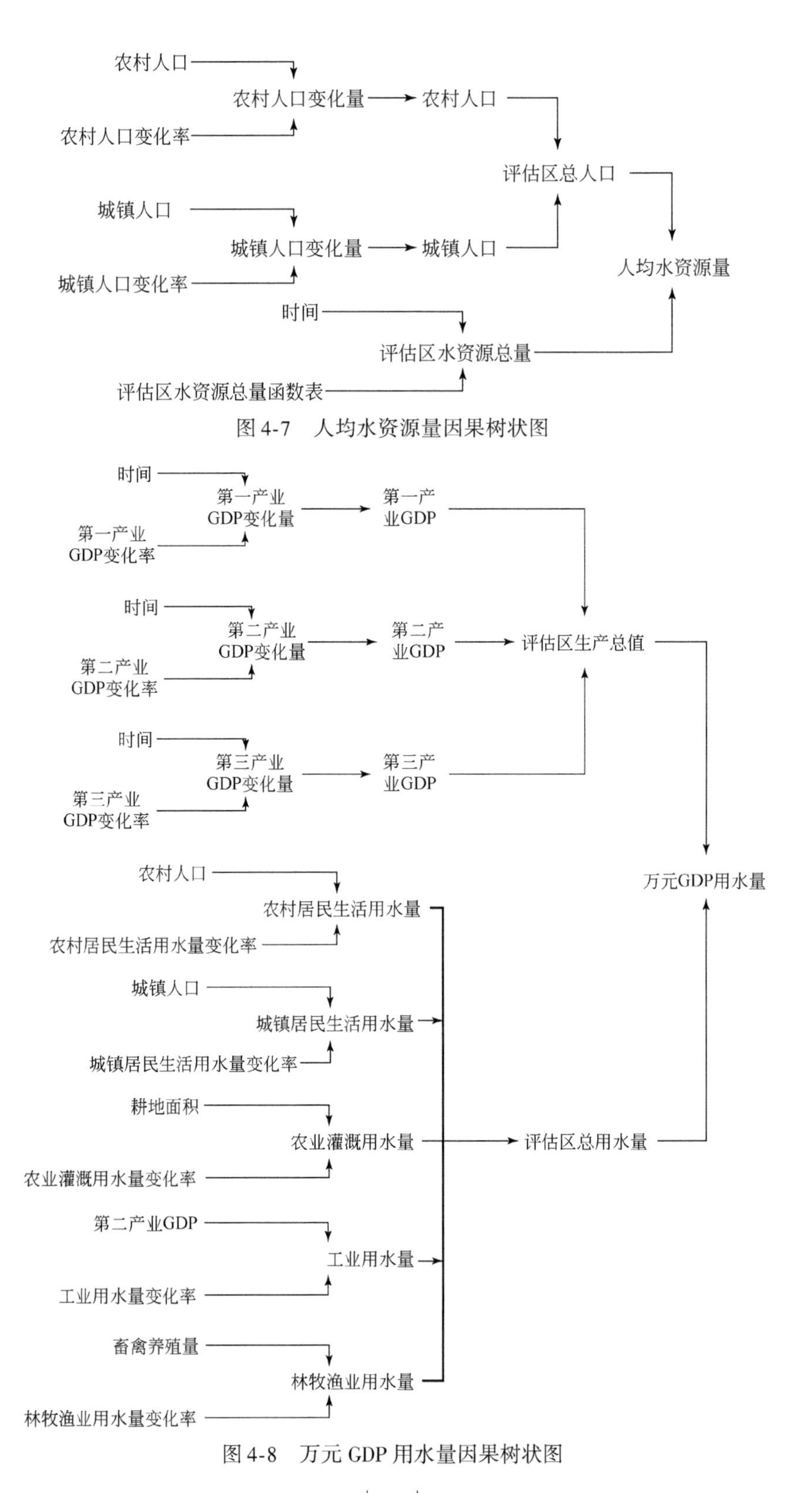

图 4-7　人均水资源量因果树状图

图 4-8　万元 GDP 用水量因果树状图

水资源开发利用率因果树状图如图 4-9 所示。

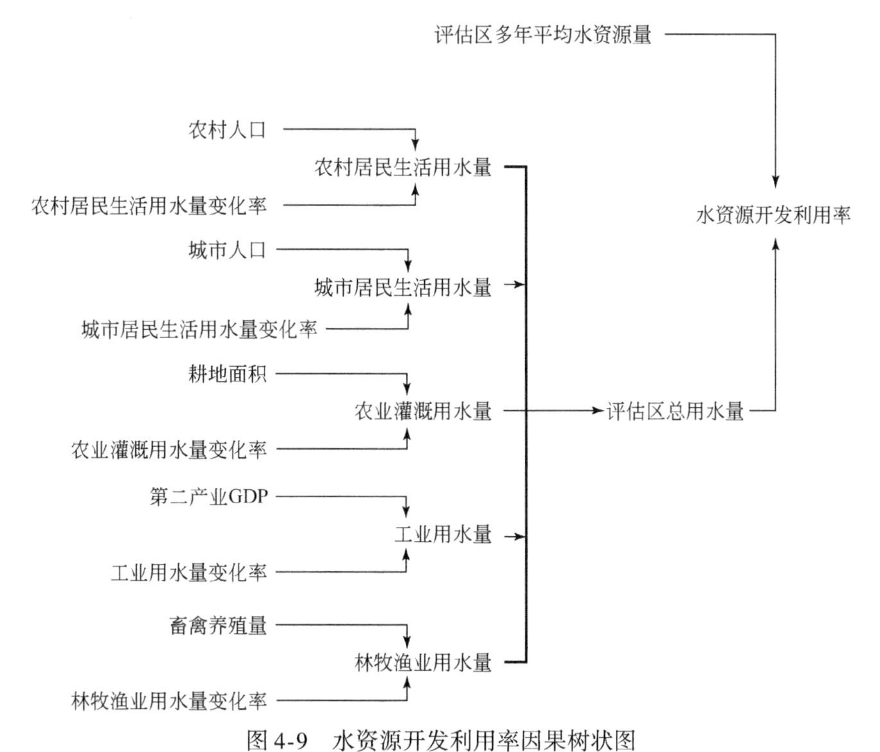

图 4-9 水资源开发利用率因果树状图

水资源承载力因果树状图如图 4-10 所示。

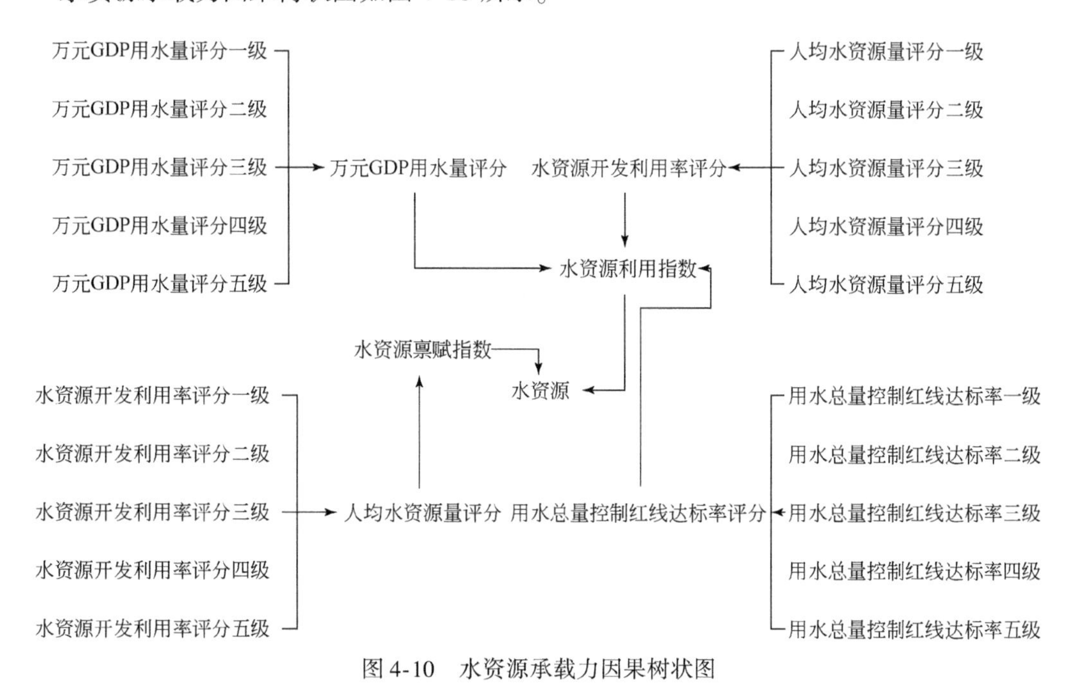

图 4-10 水资源承载力因果树状图

4.4.2 水环境子系统

水环境子系统主要由工业污染强度指数、生活污染强度指数、农业污染强度指数和水环境质量指数构成，该系统表征了研究区的环境状况，有利于水环境问题的识别。该模型系统变量主要包括工业 COD 排放强度、工业氨氮排放强度、工业总氮排放强度、工业总磷排放强度、城镇 COD 排放强度、城镇氨氮排放强度、城镇总氮排放强度、城镇总磷排放强度，农业 COD 排放强度、农业氨氮排放强度、农业总氮排放强度、农业总磷排放强度和水环境质量指数。基于以上变量和 WREE 指标层次、评分等级构建水环境系统模型（图 4-11 ~ 图 4-14）。

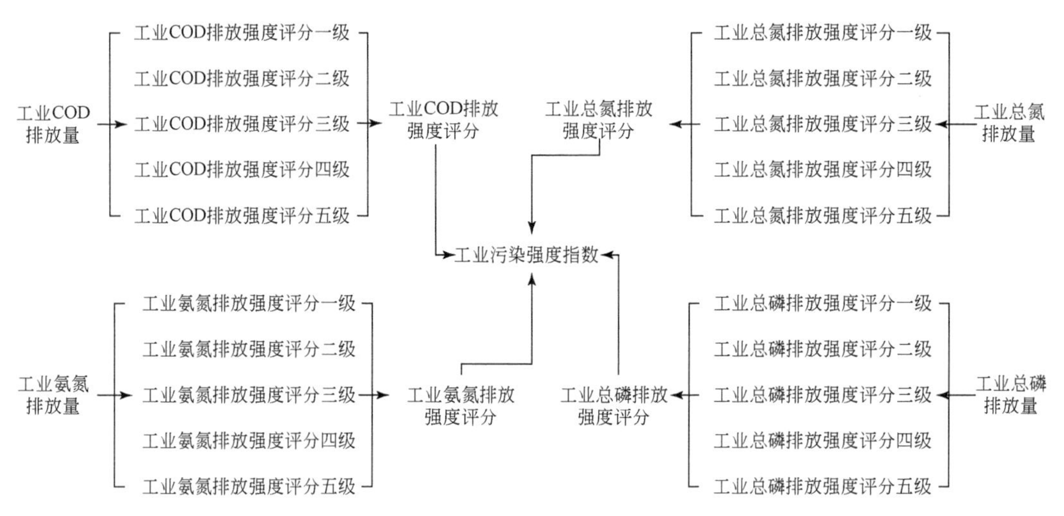

图 4-11 工业污染强度指数因果树状图

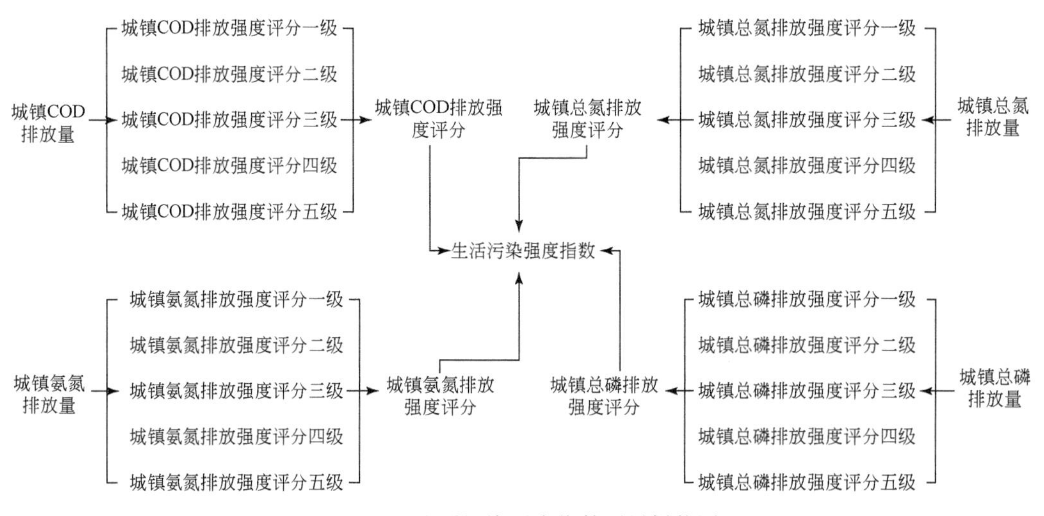

图 4-12 生活污染强度指数因果树状图

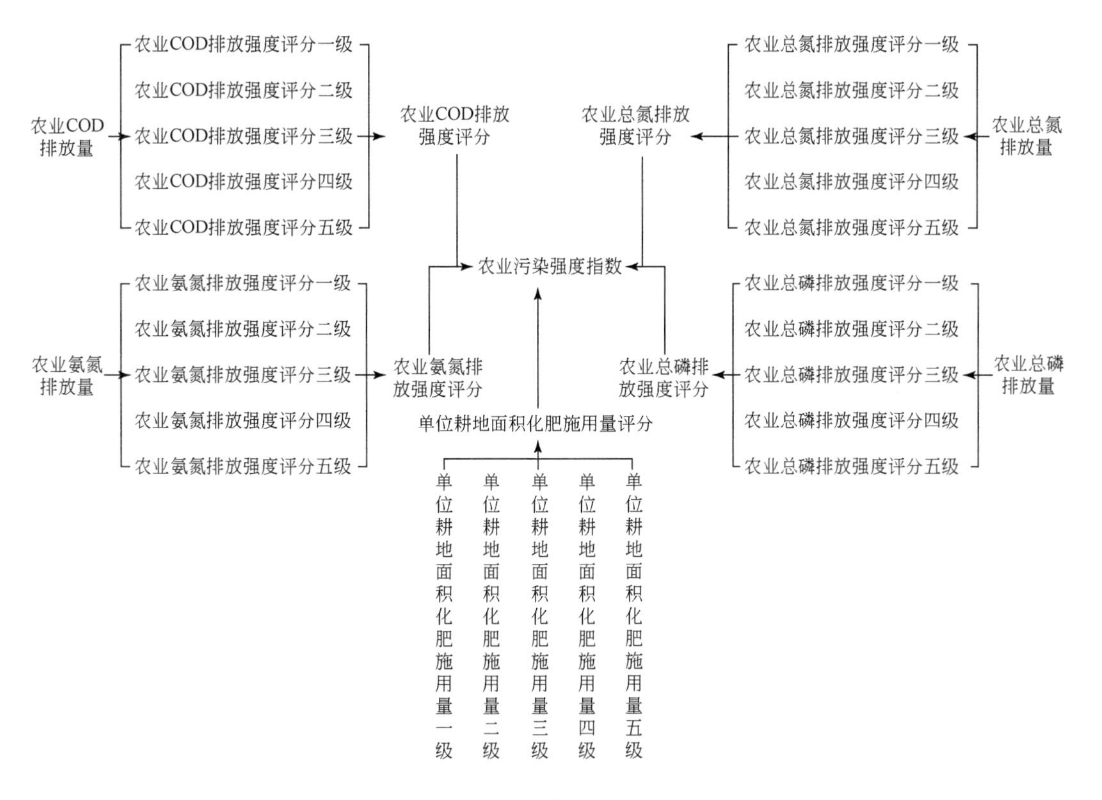

图4-13　农业污染强度指数因果树状图

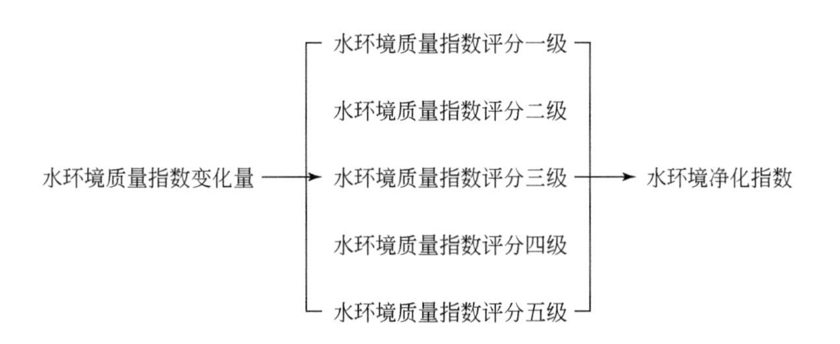

图4-14　水环境质量指数因果树状图

4.4.3 水生态子系统

水生态子系统主要由林草覆盖率、水域面积指数、河流连通性、生态基流保障率、河湖库综合指数、藻类完整性指数和大型底栖动物完整性指数构建。由因果树状图知林草覆盖率变化量、水域面积指数变化量及河流连通性变化量是水生态系统的重要变量参数，在水生态承载力调控过程中，应给予重点研究。

林草覆盖率因果树状图如图4-15所示。

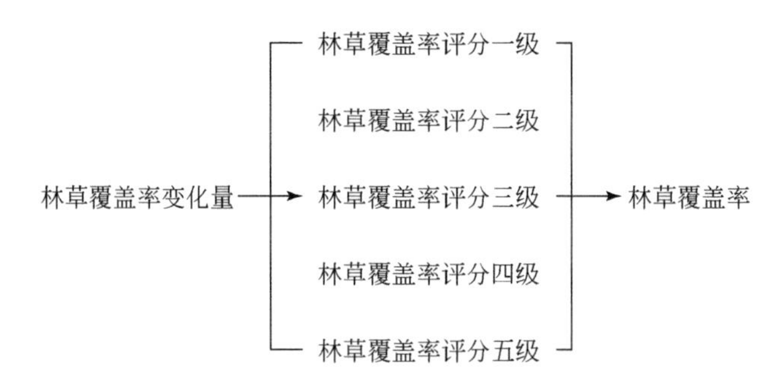

图4-15　林草覆盖率因果树状图

水域面积指数因果树状图如图4-16所示。

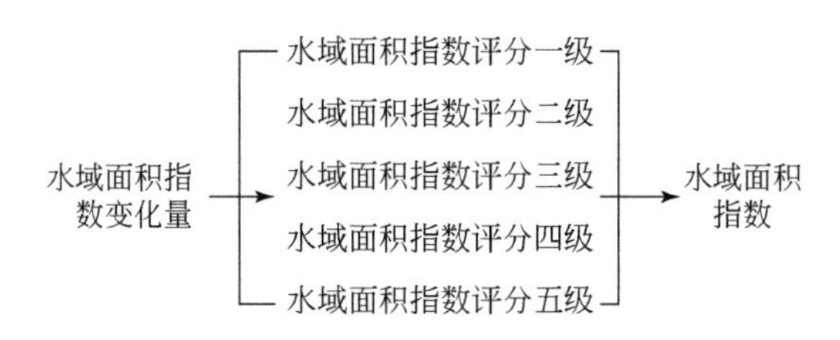

图4-16　水域面积指数因果树状图

河流连通性因果树状图如图4-17所示。

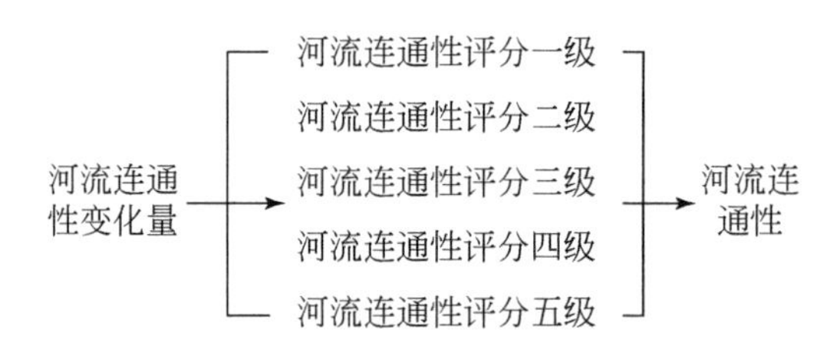

图4-17　河流连通性因果树状图

基于WREE构建水生态综合评分系统动力学模型，水生态承载力综合评分因果树状图如图4-18所示，树状图清晰呈现了水生态综合评分指标层次构成，可识别影响水生态综合承载力的关键影响变量，通过动态评估调控，得到最优值。

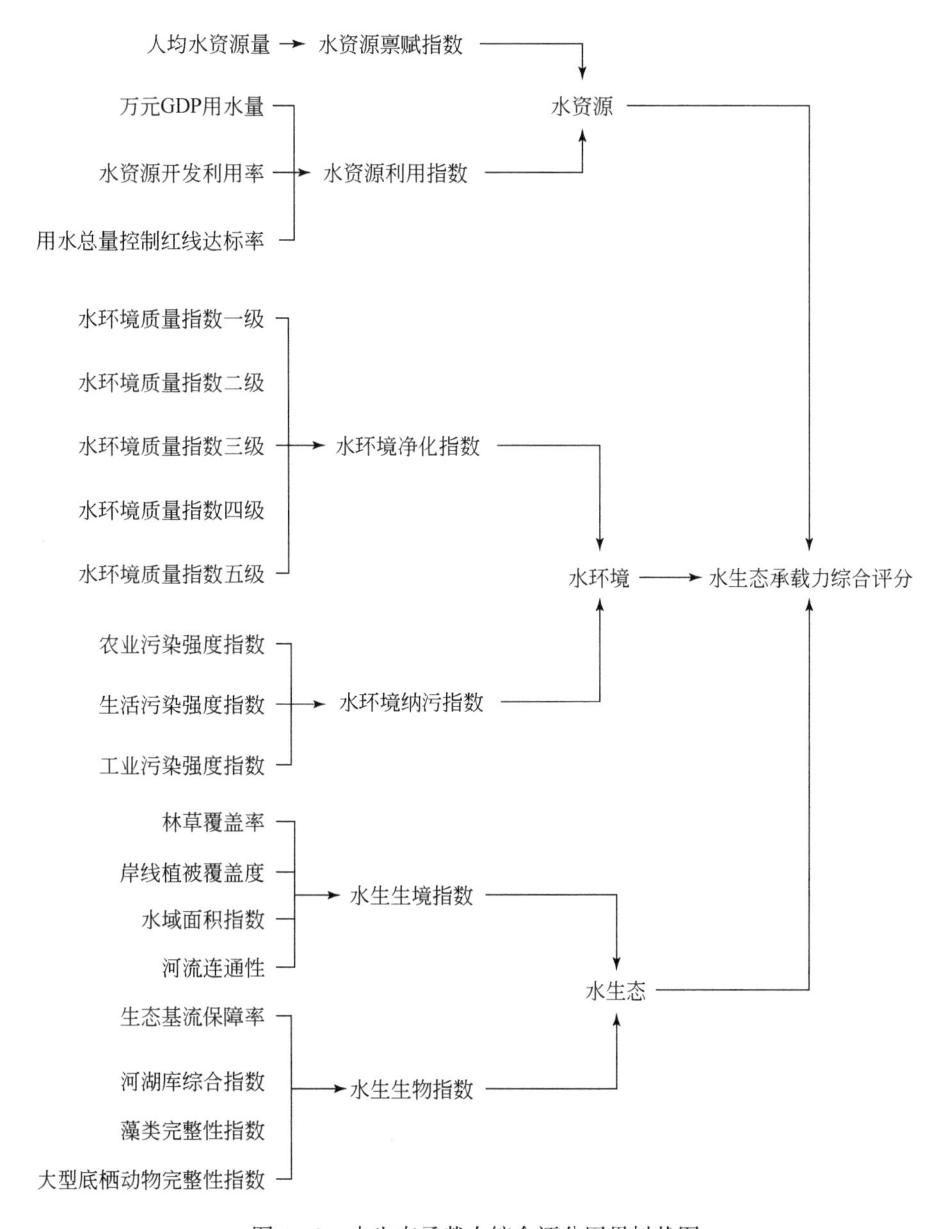

图 4-18　水生态承载力综合评分因果树状图

4.5　技术创新性

针对水生态-社会经济复合系统过程模拟机理性和“增容、减排”效应综合调控模拟能力不足，研发了水生态承载力系统数值模拟技术，创新性地提出了水生态承载力评估调控系统（HECCERS）模型框架，基于人类社会压力与流域水生态响应系统过程耦合技术方法，开发了基于污染源汇过程模拟的水污染源评价工具（WAPSAT）、考虑产业减排和生态增容的调控潜力模拟评估方法与空间差异化的调控情景自动参数化方法，集成形成涵盖社会经济压力模块、流域水生态过程模块、承载力调控潜力评估模块和系统模拟优化模块的 HECCERS，可为统筹“增容、减排”的水生态承载力影响效应模拟与分区管控提供关键技术支撑。该模拟技术明显提升了水生态-社会经济复合系统模拟的机理性和综合调控模拟能力，形成了较完备的模型软件系统应用于超载问题成因解析、承载力模拟预测、调控方案制定，可为水生态环境综合管控提供关键技术支撑。

第5章 水生态承载力优化调控技术

水生态承载力优化调控技术是制定水生态承载力综合调控方案，支撑流域“三水”统筹治理的关键支撑技术。本章综合前期调控技术研究成果，提出水生态承载力优化调控技术，明确水生态承载力调控技术路线、调控潜力评估、调控目标制定、综合优化调控等技术方法、原则和要求，以支撑水生态环境综合管理。

5.1 总体技术路线

水生态承载力调控是在承载力评估与问题诊断基础上开展，主要包括调控指标筛选、调控路径与措施确定、调控潜力评估、调控目标制定、优化调控和综合调控方案编制等流程（图5-1）。在调控空间范围水生态承载力评估与问题诊断基础上，围绕水生态主要超载问题，筛选相应可调控的水生态承载力关键限制性指标；面向水生态调控指标改善需求，考虑调控空间范围水生态环境状况特征，选择承载力调控路径，结合水生态环境管控策略要求，提出承载力调控的备选工程或非工程措施清单；从“增容、减排”两方面，采用情景分析、数值模拟等技术手段，定量评估一定社会经济发展情景下调控措施对调控指标的改善潜力；依据调控指标的改善潜力，考虑与水生态环境管理目标的衔接，制定分阶段调控目标体系；在调控空间范围社会经济近远期发展模式情景下，采用情景优化、数值

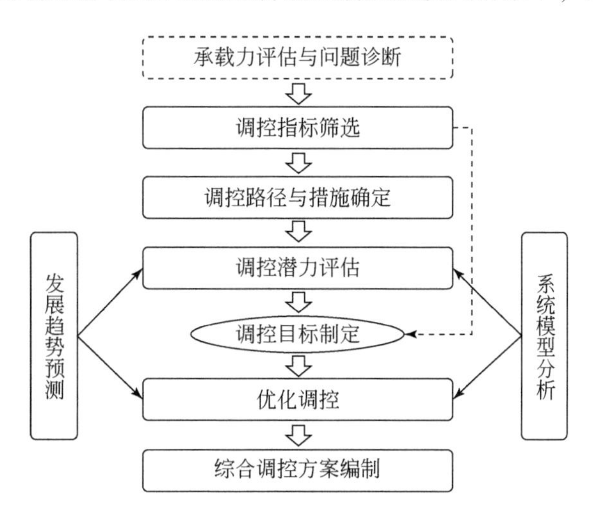

图5-1 水生态承载力调控总体技术路线图

模拟等技术手段，开展兼顾“增容、减排”的综合调控情景优化，评估目标可达性和成本效益，优选综合调控情景；参考承载力调控情景优化结果，编制水生态承载力综合调控方案，为流域/区域水生态环境管理提供依据。

5.2 调控指标筛选

统筹考虑水资源-水环境-水生态“三水”相关指标（表5-1），按照以下原则筛选调控指标。

(1) 问题导向原则。依据区域水生态承载力评估结果，结合实地调研诊断情况，识别聚焦主要水资源、水环境、水生态问题，围绕主要问题筛选相关指标作为调控指标。

(2) 可调性原则。优先选择通过人为工程或非工程措施可控的指标，摒弃由自然原因主导的人为可调控性差的指标。

(3) 指示性原则。所选指标需对水生态承载力状态有较好的指示性。

表5-1　水生态承载力调控指标选择参数表

<table>
<tr><th>对象层</th><th colspan="2">导向层</th><th>指标层</th><th>可调性</th><th>指示性</th></tr>
<tr><td rowspan="18">水生态承载力</td><td rowspan="4">水资源</td><td>水资源禀赋</td><td>人均水资源量</td><td>差</td><td>一般</td></tr>
<tr><td rowspan="3">水资源利用</td><td>万元GDP用水量</td><td>好</td><td>一般</td></tr>
<tr><td>水资源开发利用率</td><td>中</td><td>较好</td></tr>
<tr><td>用水总量控制红线达标率</td><td>好</td><td>较好</td></tr>
<tr><td rowspan="5">水环境</td><td rowspan="3">水环境纳污</td><td>工业污染强度指数</td><td>好</td><td>一般</td></tr>
<tr><td>农业污染强度指数</td><td>中</td><td>一般</td></tr>
<tr><td>生活污染强度指数</td><td>好</td><td>一般</td></tr>
<tr><td rowspan="2">水环境净化</td><td>水环境质量指数</td><td>好</td><td>较好</td></tr>
<tr><td>集中式饮用水水源地水质达标率</td><td>好</td><td>较好</td></tr>
<tr><td rowspan="8">水生态</td><td rowspan="5">水生生境</td><td>林草覆盖率</td><td>中</td><td>一般</td></tr>
<tr><td>岸线植被覆盖度</td><td>好</td><td>较好</td></tr>
<tr><td>水域面积指数</td><td>中</td><td>较好</td></tr>
<tr><td>河流连通性</td><td>中</td><td>较好</td></tr>
<tr><td>生态基流保障率</td><td>好</td><td>较好</td></tr>
<tr><td rowspan="3">水生生物</td><td>鱼类完整性指数</td><td>差</td><td>好</td></tr>
<tr><td>藻类完整性指数</td><td>中</td><td>好</td></tr>
<tr><td>大型底栖动物完整性指数</td><td>差</td><td>好</td></tr>
</table>

5.3 调控路径与措施

5.3.1 调控路径

总体上以“节水优先—污染减排—生态修复”为主线开展调控。

（1）节水优先。水量保障是水生态健康的基础，需针对水利工程拦截、生产生活取用水等人类活动干扰或挤占生态水量过程等问题，优先以节水和合理开发利用水资源为重点开展调控。

（2）污染减排。针对具有污染负荷减排潜力的调控区域，需通过产业转型升级，调整产业结构、优化空间布局，降低污染负荷排放对水生态环境的影响压力。

（3）生态修复。在一定水量-水质保障条件下，进一步通过水生态系统保护和修复，维持水生态系统健康发展。

5.3.2 调控措施

依据筛选的调控指标和确定的调控路径，考虑调控指标与流域管理抓手相衔接，建立统筹“减排”和“增容”的调控措施清单。调控措施的选择参考表 5-2。

表 5-2　水生态承载力调控措施选择参考表

<table>
<tr><th>调控路径</th><th>主要调控指标</th><th>调控措施</th><th>管理抓手</th><th>调控类别</th></tr>
<tr><td rowspan="2">节水优先</td><td>水资源开发利用率</td><td rowspan="2">控制用水总量
提高用水效率</td><td rowspan="2">取水许可管理
水资源利用上线</td><td rowspan="3">减排</td></tr>
<tr><td>用水总量控制红线达标率</td></tr>
<tr><td>污染减排</td><td>水环境质量指数</td><td>产业结构调整
污染过程控制</td><td>企业淘汰搬迁
产业准入管控
排污许可管理
排放标准提高</td></tr>
<tr><td rowspan="5">生态修复</td><td>林草覆盖率</td><td rowspan="5">生态空间管控
生态流量调度
生态系统修复</td><td rowspan="5">生态保护红线
水域岸线管理
河湖水量调度
生态修复工程</td><td rowspan="5">增容</td></tr>
<tr><td>岸线植被覆盖度</td></tr>
<tr><td>水域面积指数</td></tr>
<tr><td>河流连通性</td></tr>
<tr><td>生态基流保障率</td></tr>
</table>

相关具体调控措施说明如下。

1. 节水措施

1）控制用水总量

实施最严格水资源管理。针对取用水超过总量控制指标体系的功能区，要对项目新增取水许可提出严格要求，建立重点监控用水单位名称。

2）提高用水效率

将节水目标任务分解到各功能区和排污单位。通过淘汰不符合节水标准的用水器具、雨水收集利用、再生水资源化利用等加强城镇节水。提高工业企业水资源重复利用率，大量发展节水农业，采用推广旱作农业、抗旱品种、蓄水保墒、渠道防渗、喷灌、滴灌等节水技术，提高农业水资源利用效率。

2. 污染减排措施

1）产业结构调整

结合调控区落后产能淘汰方案，制定区域内近远期落后产能淘汰计划，同时根据水功能区目标要求和主体功能区划要求，提出针对性的环境准入条件，以调整发展规划和产业结构。

结合调控区主体功能区划和产业发展规划，充分考虑区域承载力，对重点产业发展的空间布局和规模提出总体调整要求，建立鼓励发展和严格控制的行业清单。重点对干流沿岸的产业布局提出优化管理要求，对城市建成区重污染企业提出搬迁改造和关停计划。

在种植业结构和布局方面，针对处于缺水地区的管控区，要提出退地减水计划；在地表水、地下水易受污染和水资源过度开发的管控区，要对种植农作物的种类提出管控要求。

在畜禽养殖业方面，根据管控区承载力和总量控制要求，优化畜禽养殖业发展布局，结合当地畜禽养殖业有关规划和禁养区划文件，明确禁养区范围。

2）污染过程控制

（1）工业污染防治。

依据当地实际情况，结合调控区工业企业污染防治政策法规要求，制定淘汰取缔企业计划，提出重点行业近远期整治方案，明确整治企业污染负荷减排要求，以及重点工业园区污水处理设施规模、排放标准等。

（2）城镇生活污染防治。

按照水环境质量提升需求，制定城镇污水处理设施建设和改造近远期规划，加强配套管网建设并推进污水厂污泥处理，明确新建、升级改造的污水处理厂工程清单和运行参数。

根据调控区实际情况，提出生活垃圾无害化、资源化利用的近远期规划，明确垃圾收集-转运系统建设计划、垃圾处理设施建设工程规划。

（3）农村污染防治。

畜禽养殖业污染控制。提出禁养区内养殖场和养殖户清理计划及禁养区外养殖业整理方案，明确关停、拆迁、升级改造要求，以削减排污污染负荷。

种植业面源污染控制。结合当地农业面源污染综合防治方案编制情况，对化肥农药施用、有机肥利用等提出整治计划；同时，对重点的面源污染区提出农田排水和地表径流净化工程方案规划，明确工程建设内容、规模、实施计划等。

农村生活污染控制。提出农村环境综合整治方案，建立农村污水处理工程、垃圾转运处理工程等整治计划，明确污染减排目标要求。

3. 生态修复措施

1）生态空间管控

（1）生态红线管理。

依据调控区域主体功能区划、环境保护规划、城乡规划和土地利用总体规划等要求，结合地区生态红线划定的情况，通过多规合一并将具有重要生态功能的敏感区域纳入生态红线管控范围，明确生态红线分级管控区的空间管控要求。

（2）河湖滨岸缓冲带管理。

按照有关法律法规和技术标准要求，提出河道、湖泊岸线及滨岸缓冲带空间管控要求，明确缓冲带植被覆盖要求。

2）生态流量调度

结合当地水量调度方案，制定江河湖库水量调度规划，提出闸坝联合调度、生态补水等措施，明确枯水期生态基流保障要求。

3）生态系统修复

（1）陆域生态系统修复。

以水源涵养功能保障为核心，针对河流、湖库型控制区的生态现状，提出水源涵养区的林分改造、湿地建设、涵养林建设等工程清单，明确工程实施区域和建设要求。

（2）水域生态系统修复。

对于具有重要生态功能或处于生态敏感区的河流、湖库水域，提出对水生生境、水生生物（保护物种、鱼类、大型底栖动物、藻类等）的保护要求，制定水生态系统的生态修复计划和工程清单。

5.4 调控潜力评估

5.4.1 评估思路

依据建立的调控措施清单，从“减排”和“增容”两方面分别评估各项调控措施对调控指标的改善潜力。调控潜力评估的背景条件和技术路线如下。

（1）背景条件。以维持现状社会经济发展情景和平水年（或多年平均）来水条件为背景。

(2) 技术路线。依据调控措施，构建调控系统模型，确定减排、增容调控的参数和阈值，采用系统模型模拟分析调控参数敏感性和相应调控措施的调控效益。

5.4.2 技术要求

以“模型构建—调控参数阈值确定—系统分析—调控潜力量化”为主线，依据所建立的减排和增容调控措施清单，建立调控措施对调控指标影响关系的调控关系模型（相关模型方法参见第4章内容）；针对每种调控措施选择相关调控参数，并确定调控参数阈值区间；依据各类调控措施相应的参数阈值，分别模拟分析各调控参数取值情景下调控指标的响应状态；依据模拟分析结果，针对各类调控措施，评估量化相应调控参数对调控指标变化的敏感性，量化各调控措施对调控指标的改善效应，形成减排和增容调控潜力评估结果(图5-2)。

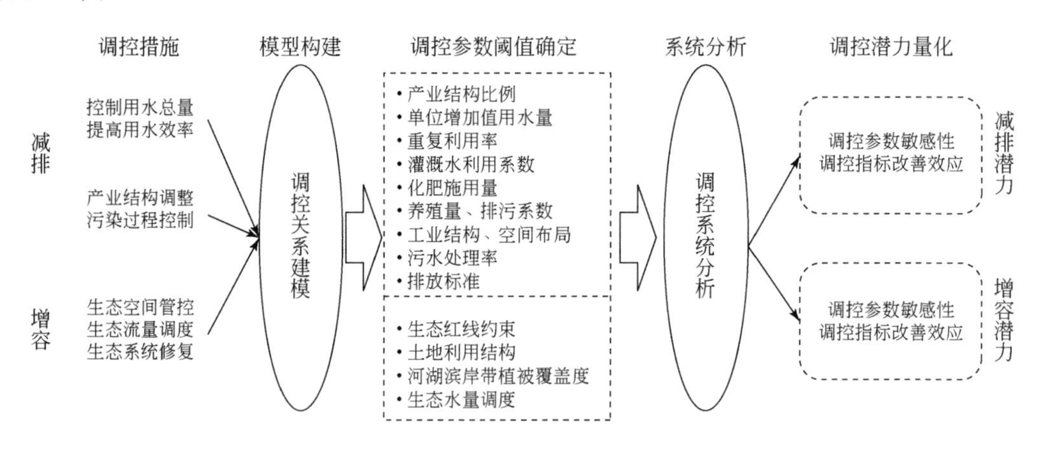

图5-2 水生态承载力调控潜力评估技术路线图

5.5 调控目标制定

5.5.1 制定原则

采取先易后难、衔接管理、分期制定三个原则制定水生态承载力调控目标。

(1) 先易后难原则。依据调控潜力评估结果，参考各调控指标的改善潜力情况，优先选择提升易于改善的调控指标。

(2) 衔接管理原则。调控指标目标的制定需在时间和空间上与水功能区管理目标同步衔接。

(3) 分期制定原则。分近远期，考虑近期以提升水资源和水环境调控指标为主，远期以提升水生态调控指标为导向。

5.5.2　技术要求

依据各类调控措施潜力评估结果，分析各调控指标的改善潜力，按照改善难易程度排序，结合地区所涉水功能区关于水资源、水环境和水生态“三水”的近远期管理目标要求，使相关调控指标目标与管理目标相协调，进一步考虑“先量质后生态”逐步提升原则，分近期（3～5 年）和远期（5～10 年）制定调控目标体系，近期优先以提升水资源和水环境相关调控指标为主，远期以提升水生态调控指标为导向。若水资源、水环境指标已达可载水平，则近远期以提升水生态指标为主。水生态承载力调控目标制定技术路线图见图 5-3。

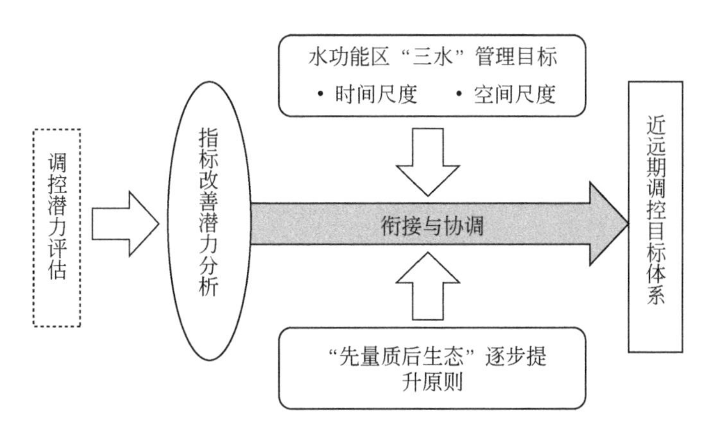

图 5-3　水生态承载力调控目标制定技术路线图

5.6　优 化 调 控

5.6.1　调控原则

在水生态承载力综合调控过程中，需遵从目标导向、绿色发展和成本效益三大原则。

（1）目标导向原则。以实现流域不同阶段的调控目标为前提。

（2）绿色发展原则。在实现生态系统保护同时不限制甚至促进社会经济发展。

（3）成本效益原则。在保障调控目标可达条件下，以成本效益为重要参考优选低成本高效益的调控方案。

5.6.2　技术要求

以“发展情景模式预测—调控措施选择—调控情景设置—调控系统分析—可达性分

析—成本效益分析—调控方案制定”为主线开展流域综合调控（图 5-4），具体技术要求如下。

（1）发展情景模式预测。对标近远期调控目标要求，依据流域发展规划，开展近远期社会经济发展情景模式预测。可结合流域/区域发展规划方案，采用人口增长模型、社会经济发展预测方法、单位排放强度法、水量供需分析法等模型方法，预测流域人口增长、经济发展、污染排放、水资源利用、土地开发等发展趋势。

（2）调控措施选择。依据调控潜力评估结果，比较分析各类调控参数的敏感性和调控效应，优先选择对调控指标改善效果较好的参数及相应的调控措施，设置增容和减排调控措施情景，并依据参数阈值确定各项措施相应的调控参数取值集合，形成调控措施情景清单。

（3）调控情景设置。依据调控措施情景清单，结合流域/区域对水资源、水环境、水生态管控策略和政策抓手，设置统筹“增容、减排”措施的综合调控情景方案及其参数集。

（4）调控系统分析。利用构建的调控措施对指标影响的关系模型，依据综合调控情景参数，系统分析不同综合调控情景下的调控指标的近远期变化趋势。

（5）可达性分析。依据调控指标模拟分析结果，分析不同调控情景下各项指标的调控目标的可达性。如果某调控情景的模拟分析结果表明各项调控指标在近远期均可达到预设调控目标，则进行下一步；若某调控情景模拟分析结果中有任何调控指标无法达到近期或远期调控目标，则将不被纳入备选调控方案。

（6）成本效益分析。针对通过可达性分析的各类调控情景，依据相关规定进行相应调控措施的投入成本匡算以及生态效益和社会经济效益分析。

（7）调控方案制定。依据成本效益分析结果，对比分析各种调控情景方案的投入成本和效益，优选成本低且效益高的调控方案作为推荐调控方案，以编制调控区综合调控方案。

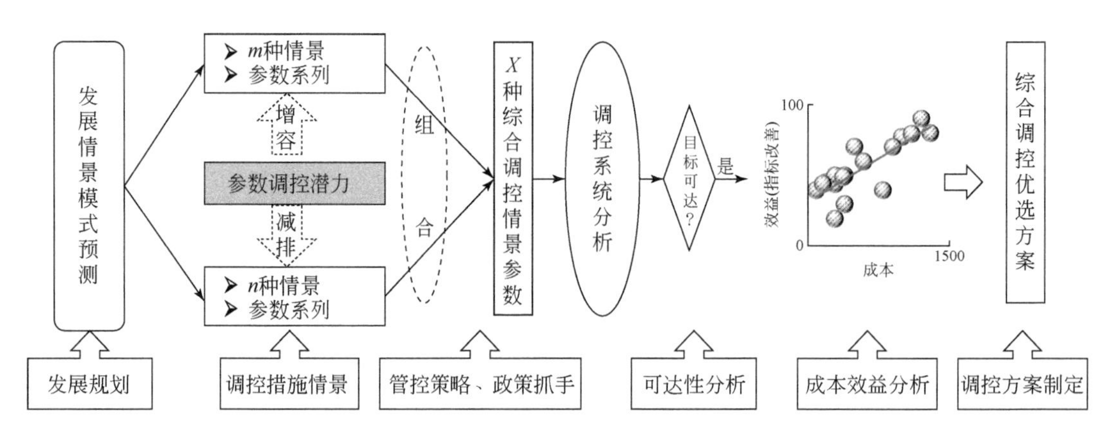

图 5-4 水生态承载力综合优化调控技术流程图

5.7 技术创新性

针对水生态承载力综合调控技术路线不清、综合优化能力不足等问题，创新性地研发了以“调控指标筛选—调控措施确定—调控潜力评估—调控目标制定—综合优化调控—可达性分析—方案制定”为主线的水生态承载力优化调控关键技术，明确了调控指标筛选的问题导向、可调性、指示性原则，建立了“节水优先—污染减排—生态修复”的水生态承载力调控路径，构建了统筹“产业减排”和“生态增容”的调控措施清单，提出了基于海量情景参数空间化、全局情景优化模拟的水生态承载力调控潜力定量评估与优化调控技术方法，实现流域调控情景参数空间差异化、自动化设置与模拟分析，高效支撑在近远期发展模式情景下调控目标可达性、成本效益优化分析和承载力综合提升方案制定。该技术解决了流域水生态环境综合管控路线不清和方案优化技术难题，形成了《水生态承载力调控方案编制技术指南》技术标准，可为流域“三水”统筹管理方案制定与实施提供指导。

第 6 章　鄱阳湖流域水生态承载力评估调控

6.1 流域概况

鄱阳湖位于江西省北部、长江中下游南岸，纳赣江、抚河、信江、饶河、修河“五河”来水，经调蓄后由湖口注入长江。鄱阳湖流域范围与江西省行政辖区高度重叠，总面积 16.22 万 km^2，覆盖江西省土地面积的 96.8%。“五河”入湖末端设置七个水文控制站（即“五河七口”），湖口与“五河七口”之间的区域为滨湖区，占鄱阳湖流域面积的 15.5%；“五河七口”以上集水区域为“五河”集水区（面积占比为 84.5%）（图 6-1）。

鄱阳湖区属于亚热带湿润季风性气候，年平均气温 16.5 ~ 17.8℃，多年平均降水量为 1570.0mm。鄱阳湖流域水资源丰富，河渠纵横、水网稠密，天然水系发育旺盛，水量丰沛，全流域有各类大小河流 2400 多条，总长约 18 400km，主要河流赣江、抚河、信江、饶河、修河分别从南、东、西三面汇流至鄱阳湖，最后注入长江。鄱阳湖是一个高动态水位的吞吐型淡水湖泊，它汇聚了五大河流，年均入江水量与储水量位居我国五大淡水湖之首。鄱阳湖平均每年从湖口入长江的水量约为 1427 亿 m^3，大于黄河、淮河、海河三河入海径流量的总和，入江水量占长江年均径流量的 15.5%。

根据江西省统计年鉴，2017 年江西省生产总值达到 20 006 亿元，其中第一产业占比 9.2%、第二产业占比 48.1%、第三产业占比 42.7%。长期以来，全省经济保持稳定增长，2012 ~ 2017 年地区生产总值由 12 988 亿元上升至 20 006 亿元，2017 年地区生产总值较 2012 年上升了 54.0%。经济结构调整取得积极成效，全省的第一产业和第二产业占比呈下降趋势，第三产业占比呈上升趋势。

2013 年以来，鄱阳湖水质持续超标，为《地表水环境质量标准》（GB 3838—2002）Ⅳ类水平（水质目标要求为地表水Ⅲ类），其水质因子中 COD 和氨氮均处于Ⅱ类水平，而总磷浓度从 2013 年的 0.058mg/L 升至 2018 年的 0.089mg/L（湖库Ⅲ类水总磷浓度限值为 0.05mg/L），平均每年上升 8.9%，成为鄱阳湖水质恶化加剧的主要因子。因总磷浓度超标，2018 年鄱阳湖湖体监测断面水质优良比例仅为 5.6%。当前，鄱阳湖总磷污染形势依然严峻，成为制约江西省社会经济可持续发展的重要因素，亟须加强总磷防控科技支撑。

鄱阳湖湖区光热资源丰富，良好的自然条件为生物资源的繁衍提供了适宜的生存条件，使鄱阳湖具有极其丰富的生物多样性。浮游植物是鄱阳湖水体中最简单的初级生产者，种类多、数量大、分布广，有利于渔业生产。现已鉴定的浮游植物共计有 154 属，分隶于 8 个门，54 个科。鄱阳湖浮游动物主要有原生动物、轮虫类、枝角类和桡足类。轮虫类已鉴定有 59 种，分隶于 12 个科；鱼类是鄱阳湖最重要的经济水生动物，共 122 种，分隶于 21 个科。

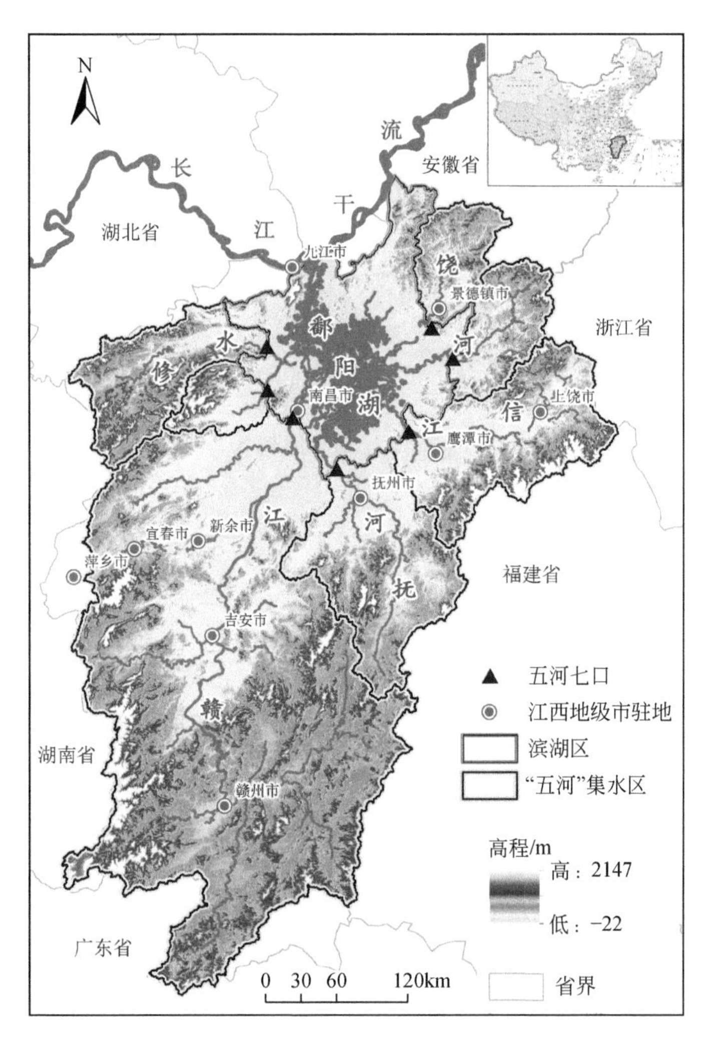

图 6-1 鄱阳湖流域地理位置

6.2 技术应用思路

6.2.1 工作内容

为有效支撑鄱阳湖流域综合管控工作，针对流域水生态环境突出问题，开展流域水生态环境系统评估诊断、问题成因解析、解决方案制定，主要工作内容如下。

（1）系统评估诊断。为识别鄱阳湖流域主要水生态环境问题，应用水生态承载力系统评估诊断技术，围绕水资源、水环境、水生态“三水”承载状态，开展承载力评估诊断，识别当前流域面临的突出水生态环境问题及其关键制约因素。

（2）问题成因解析。针对鄱阳湖流域总磷污染突出问题，开展问题来源解析，系统调研并科学核算各类污染来源，构建流域系统模型，建立污染源产排污-入湖过程响应关系，模拟解析各类负荷入湖通量贡献及其时空分异特征，识别影响鄱阳湖总磷污染来源。

（3）解决方案制定。为解决流域突出问题、补齐短板，应用水生态承载力优化调控技术，开展以鄱阳湖总磷污染控制为主线的流域承载力调控潜力评估和综合调控方案优化制定，提出近远期分区调控方案，为鄱阳湖流域水生态环境综合管理工作提供参考。

6.2.2 实施路线

以“基础数据建库—问题评估诊断—系统模型构建—问题成因解析—解决方案制定”为主线，依托MATLAB计算机程序语言和流域数值模拟等先进技术手段，开展鄱阳湖流域水生态承载力调控（图6-2）。

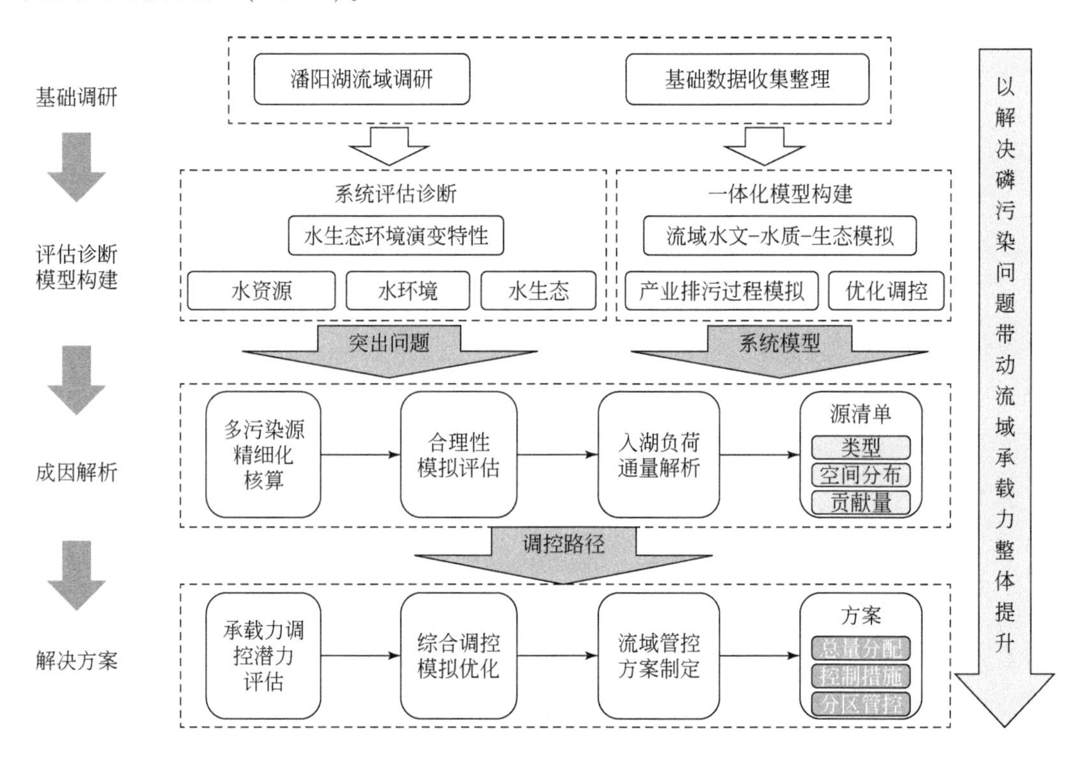

图6-2　鄱阳湖流域水生态承载力调控总体技术路线图

（1）基础数据建库。基于鄱阳湖流域基础数据收集情况和污染源负荷核算与源解析方法，围绕模型运算的前端输入数据需求，构建基础数据资源库，为水生态环境问题评估诊断和系统模拟构建提供标准化基础数据支撑。

（2）问题诊断评估。为识别鄱阳湖流域主要水生态环境问题，应用水生态承载力系统评估诊断技术，围绕水资源、水环境、水生态“三水”承载状态，开展承载力评估诊断，识别当前流域面临的突出水生态环境问题及其关键制约因素，为成因解析指明方向。

（3）系统模型构建。从流域整体性和生态环境系统性角度出发，结合计算机程序设计、流域数值模拟技术，耦合构建鄱阳湖流域水文-水质-生态一体化系统模型，精细化模拟社会经济产排污-入湖过程，开发流域水生态载荷优化调控模块，为鄱阳湖流域污染源解析和综合管控方案制定提供关键技术支撑。

（4）污染源核算。基于基础数据库和模型参数库，开展鄱阳湖流域点源（工业企业、城镇生活、养殖场）和面源（城市径流、农田径流、农村生活和农村养殖等）的入河湖污染负荷系统核算，全面核定和分析各类负荷时空分布特征。

（5）问题成因解析。通过污染源调研，基于磷污染负荷清单与系统模型，定量模拟解析不同类型、不同时空污染负荷对主要河湖断面的污染物通量的贡献，识别鄱阳湖水污染主要污染源类型及其贡献的时空特征，建立主要污染源清单，为流域综合调控提供路径参考。

（6）解决方案制定。基于鄱阳湖流域磷污染源解析、流域系统调控模型，采用数值模拟和情景优化方法，开展鄱阳湖流域水生态承载力调控潜力评估、综合调控情景模拟优化和优选制定综合管控方案，提出流域总量分配、分区管控措施等成果，支撑鄱阳湖流域综合管理工作。

6.3 水生态承载力评估

应用水生态承载力评估技术，基于水生态承载力指标体系，收集 2015 ~ 2017 年江西省各市各县区统计年鉴、水资源公报、水文水质监测站点数据、工业源数据、生活源数据以及土地利用数据等相关资料与信息，结合实际需求以及相应的调控要求，将数据分为水资源、水环境以及水生态三大类，评估江西省各市县区水生态承载状态，分析诊断流域水生态环境突出问题，识别主要影响因素。

6.3.1 水资源专项评估

就水资源专项指标评估结果而言，江西省全省水资源专项承载力得分处于临界承载和安全承载状态，承载状态良好。江西省全省各县区水资源专项承载力评分各地区之间差异较小，仅有部分地区水资源专项承载力评分有略微下降的趋势，但整体有向好的趋势。鄱阳湖周边地区水资源较为充沛，同时城市发展水平较高，除南昌市水资源专项承载力得分较低之外，九江市、景德镇市、上饶市和鹰潭市的水资源专项承载力得分均处于临界承载状态。

人均水资源量是衡量地区可利用水资源的程度指标之一。根据计算结果可以得到江西省各市市区的人均水资源得分较低，大部分地区人均水资源状态为临界承载状态及以上，还有部分地区的得分在一定程度上有所下降；同时可以得到评估区内各县区人均水资源差别较大，市区人均水资源量普遍低于郊区人均水资源量，并且差距还在进一步扩大。

万元 GDP 用水量是反映水资源消费水平和节水降耗状况的主要指标。根据计算结果可以得到少部分地区得分在一定程度上有所下降，大部分地区的得分无明显波动。市区与郊区的万元 GDP 用水量差别较大，整体状态良好，区域差异明显，发达与欠发达地区差异较大，说明大部分地区节水潜力巨大。

江西省全省水资源开发利用率并无明显波动，各县区水资源开发利用率较正常，但仍需要重点关注南昌市以及九江市，两市水资源开发利用率分值大部分处于临界承载状态和安全承载状态。还有部分县区水资源开发利用率在一段时间出现了极大值，应予以关注。

江西省全省各地区用水总量控制红线达标率指标均达标，评估区各地区内用水总量控制红线达标率均为最佳承载状态。

6.3.2 水环境专项评估

江西省全省水环境承载力得分整体处于临界承载范围。部分地区水环境承载力得分有下降趋势。通过对水环境纳污指数进行分析可知，江西省水环境质量整体处于超载状态以及临界承载状态。

江西省工业 COD 排放强度总体趋势较好，大多数区县工业 COD 排放强度不断下降，总体有向低排放强度发展的趋势。江西省工业氨氮排放强度总体趋势较好，大多数区县工业氨氮排放强度不断下降。近年发展过程中，江西省各市各县区工业总氮排放强度整体趋势为下降，但是部分地区总氮排放明显高于全省平均水平，还有部分地区表现为上升的趋势。根据计算结果可以得到江西省各市各县区工业总磷排放强度基本维持稳定状态。江西省全省大部分地区工业污染物排放强度得分保持平稳，处于安全承载状态和最佳承载状态。

农业污染强度指数由单位耕地面积化肥施用量以及单位土地面积畜禽养殖量组成。单位耕地面积化肥施用量表征了农业耕地化肥施用量，江西省大部分地区整体的单位耕地面积化肥施用量基本维持稳定状态。江西省单位耕地面积化肥施用量得分两极化，差异较大，有部分地区处在严重超载状态，其余大部分地区均在临界承载状态之上。单位土地面积畜禽养殖量是指评估区内单位土地面积的畜禽的养殖数量，江西省各市整体的单位土地面积畜禽养殖量基本维持稳定状态。

生活污染强度指数由城镇生活污水 COD 排放强度、城镇生活污水氨氮排放强度、城镇生活污水总氮排放强度及城镇生活污水总磷排放强度组成。江西省各市的城镇生活污水排放强度呈现逐步下降趋势。中心城区由于人口密度较大，下降比例相对较缓。同时还有部分地区城镇生活污水排放强度有所增加。江西省大部分地区污染物排放强度并未发生太大变化。总体而言，城镇生活污水 COD 排放强度、城镇生活污水氨氮排放强度、城镇生活污水总氮排放强度仍然处于严重超载状态和超载状态，城镇生活污水总磷排放强度由安全承载状态发展到最佳承载状态。

水环境净化指数由水环境质量指数和集中式饮用水水源地水质达标率组成。水环境质量指数表征了水系的环境状况。评估结果表明，江西省各市水环境状况逐步好转。

集中式饮用水水源地水质达标率表征了集中式饮用水水源地水环境治理状况，是衡量饮用水安全的重要指标之一。

6.3.3 水生态专项评估

江西省大部分地区水生态处于超载状态，鄱阳湖周边地区水生态专项指标得分明显低于其他地区，需引起重点关注。其中，岸线植被覆盖度是指河流或湖库的植被覆盖岸线占总岸线的比例，岸线植被覆盖度越高，说明水生生物的外部生存环境越好。江西省岸线植被覆盖度总体保持稳定。水域面积指数是指水域面积与区域总面积之比。江西省水域面积指数总体保持稳定。但是江西省部分地区岸线植被覆盖度以及水域面积指数得分较低。

河流连通性是指江河的连通性，闸坝的存在对河流连通性的影响非常大。江西省各市河流连通性指数得分两极分化严重，大部分地区河流连通性较差。闸坝的存在严重破坏了河流连通性，影响了生态系统健康。

6.3.4 主要问题诊断

江西省水生态综合承载力得分见表 6-1。可知，2015 ~ 2017 年，全省水生态综合承载力整体处于超载状态。

表 6-1　江西省水生态综合承载力分值

专项指标	2015 年	2016 年	2017 年
水资源	38. 96	39. 63	38. 44
水环境	28. 12	33. 69	34. 10
水生态	28. 95	28. 95	28. 98
HECC	32. 01	34. 09	33. 84

在水资源方面，水资源承载力及相关指标得分相对较高。2015 ~ 2017 年，水资源专项指标体系中人均水资源量、水资源开发利用率和用水总量控制红线达标率评分均超过 60，处于可载状态，说明鄱阳湖流域（江西省）水资源禀赋高，人类社会用水对水资源系统施加压力不大，虽然其万元 GDP 用水量得分较低（说明社会经济用水强度偏大、水资源利用效率不高），但从社会经济用水需求与水资源供给角度看，水资源总体呈可载状态。未来应重点加强节水力度，提高水资源利用效率，强化节水型社会建设，进一步提升水资源专项承载力水平。

在水环境方面，2015 ~ 2017 年有关指标呈现严重超载状态，导致承载力超载明显。水环境专项指标中，单位土地面积畜禽养殖量、城镇生活污水各项指标均处于严重超载状态，尤其是污染排放强度指标超载明显。虽然鄱阳湖流域（江西省）水环境质量指数得分整体较高，达到 80 分以上。然而结合流域调研和关键指标分析结果，发现毗邻鄱阳湖的大部分地区总磷污染问题异常突出。

从水环境质量指数在县域空间的评分结果看，环鄱阳湖周边及赣江下游区域均呈现超载状态，流域中上游区域总体可载。同时，分析知水环境质量指数超载区域与总磷超标区域（图6-3）基本吻合。这主要是因为承载力评价中采用了水质超标一票否决制评判超标与否，使得总磷超标导致水环境专项承载力超载。依据2015～2017年鄱阳湖流域断面每月监测数据，按照国家水质目标要求以及《地表水环境质量标准》（GB 3838—2002）Ⅲ类水质标准限值（总磷浓度<0.05mg/L），在所有不达标监测数据中，95%以上是由总磷污染物超标引起水质超标。统计由于超标污染物为总磷从而导致的水质类别低于Ⅲ类的断面监测次数与断面监测总次数（图6-4），可知南昌市、九江市、上饶市和新余市的部分地区总磷污染严重，九江市都昌县2015年总磷污染物超标比例为0.8，南昌市进贤县2016年和2017年总磷污染物超标比例高达1。

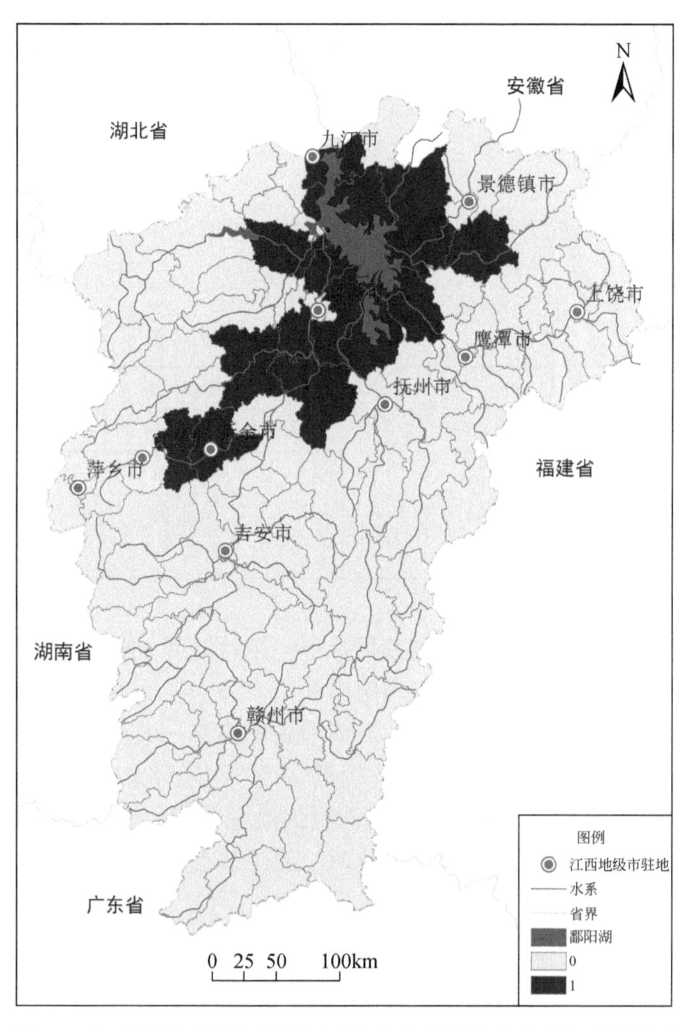

图6-3　江西省总磷污染物超标引发水生态综合承载力超载的情况

深色区域表示总磷超标导致水生态综合承载力超标的区域；浅色区域表示非此类情况

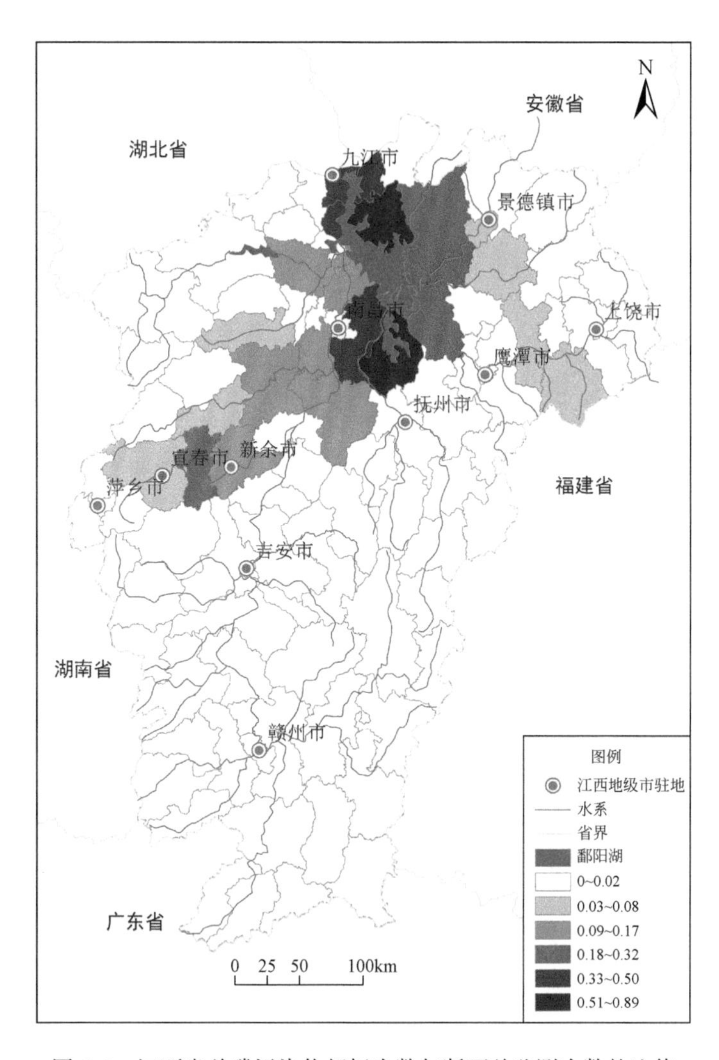

图 6-4　江西省总磷污染物超标次数与断面总监测次数的比值

从流域系统性角度分析，结合单位耕地面积化肥施用量、单位土地面积畜禽养殖量、城镇生活污水排放强度等指标严重超载情况，可知总磷水质超标主要与陆域“五河”集水区产排污经输移过程汇集到湖区有关，形成环湖及赣江下游污染超载区，成为流域承载力改善的突出短板。

在水生态方面，2015～2017 年，部分指标（如水域面积指数，河流连通性等指标）均处于超载或者严重超载状态。同时，岸线植被覆盖度、水域面积指数、河流连通性等水生生境指标评分偏低，生物完整性表现不佳。可知，生境退化是水生态专项超载的主要原因，表现为河湖岸线缓冲带植被覆盖不足、水域萎缩、河流阻断等，这也导致对社会经济排污负荷的阻隔削减作用减弱，使得污染负荷汇集入湖率增高，引起水环境问题（总磷污染）加剧。

基于以上诊断认为，在流域高强度排污和生境退化条件下，汇集形成以鄱阳湖为中心的总磷污染集中暴发区，引起水环境超载，成为鄱阳湖流域（江西省）的突出问题短板，亟待围绕总磷污染问题开展综合调控方案制定，支撑流域承载力提升。

6.4 水生态承载力模拟预测

基于鄱阳湖流域水生态承载力评估诊断结果，围绕鄱阳湖总磷污染突出问题，进一步构建水生态承载力系统模拟模型，考虑社会经济发展趋势进一步模拟预测鄱阳湖流域水生态承载力演变趋势。

6.4.1 承载力系统模型建模

结合研究区实际，主要通过水污染源评价模型（WAPSAT）参数确定、空间属性回归模型（SPARROW）构建及率定等，建立水生态承载力评估调控系统（HECCERS）模型(模型介绍见第4章内容)。

1. 水污染源评价模型（WAPSAT）参数确定

通过鄱阳湖流域产排污调研，识别了共计13种鄱阳湖流域总磷污染源类型，包括工业企业、城镇生活等陆域污染源，以及船舶码头、干湿沉降、内源释放等主要湖体污染源。各类污染源评价方法及参数，详见表6-2。

表6-2 流域水污染源分类评价方法及参数确定①

类型	评价范围	评价方法及参数
工业企业	涉水工业企业，全流域	依据实地调查、污染普查数据核定（张文艺等，2012）
城镇生活	城镇人口生活污水（散排和集中处理），全流域	污染物产生总量按污染普查数据核定，其中经管网收集集中处理后排放量按照污水处理厂排水水质监测数据核算，剩余计为散排负荷量
畜禽养殖	畜禽养殖过程产排污（规模化养殖和散养），全流域	污染负荷量按排污系数法测算（高凤杰等，2014），其中规模化养殖排污负荷量包括处理后直排量和还田后负荷流失量。排污系数参考《第一次全国污染源普查畜禽养殖业源产排污系数手册》，还田后负荷流失系数参考文献余进祥等（2010）
水产养殖	水产养殖污染尾水排放，全流域	按产量×排污系数的方法测算，其中各类水产品单产排污系数参考《第一次全国污染源普查水产养殖业污染源产排污系数手册》
农村生活	农村人口生活污水（面源），全流域	按农村人口×人均日排污系数的方法测算，排污系数参考第一次污染普查中江西省所在大区五类城镇居民生活污水排放系数折算得到，取0.22g/(d·人)

① 杨中文，张萌，郝彩莲，等．2020. 基于源汇过程模拟的鄱阳湖流域总磷污染源解析．环境科学研究，33(11)：2493-2506.

续表

类型	评价范围	评价方法及参数
城市径流	城市区域降雨径流负荷（面源），全流域	针对城镇的屋面、绿地、街道和小区路面范围，采用 SCS 径流曲线法计算降雨径流量×地表径流平均污染物浓度测算降雨径流负荷。相关计算方法及污染物浓度值参考文献廖日红等（2007）和张缓和袁九毅（2005）
种植业	水田、旱地种植业的排污负荷，全流域	针对施肥和秸秆（按草谷比测算）还田，采用排放系数法测算。参考地区田间监测数据（余进祥等，2010），分别取水田和旱地肥料排放系数为 0.031 和 0.062；秸秆还田率采用实地调查获得，农作物草谷比和秸秆磷含量参考文献徐鹏等（2017）
船舶码头	船舶航运和码头运行的直接入湖负荷，湖体	依据相关技术资料及港口吞吐量测算环鄱阳湖港口码头排污量，船舶生活污水中总磷浓度按 5mg/L 计算
干湿沉降	大气干湿沉降的直接入湖负荷，湖体	依据实测数据计算污染负荷通量，鄱阳湖湖面面积按 $2692km^2$ 计
内源释放	底泥内源释放的直接入湖负荷，湖体	根据磷吸附/解吸平衡方程，鄱阳湖沉积物总磷释放量约为 11mg/kg，据多年统计的鄱阳湖底泥总磷向水界面扩散和面积关系，利用多年平均面积 $2100km^2$ 测算
候鸟粪便	候鸟粪便排泄导致的直接入湖负荷，湖体	按候鸟数量×候鸟粪污产生系数×每年停留天数测算，其中候鸟平均每天粪便中磷排放量取 0.49g/羽，停留时间按 182 天估算
采砂活动	湖区采砂活动导致的直接入湖负荷，湖体	依据 2018 年 7 月 17～18 日鄱阳湖可采区采砂作业废水排放量和前后污染物浓度调查数据估算
旅游业	湖区旅游导致的直接入湖负荷，湖体	根据《鄱阳湖生态旅游示范区规划纲要》和《鄱阳湖生态旅游专项规划》中的发展现状数据，采用旅游人数×游客用水系数（25L/人）×污水排放系数（0.8）×污水中污染物浓度（TP 5mg/L）估算

因社会经济数据按行政区尺度统计，以上污染源多按行政区估算年污染负荷值。考虑流域总磷源汇特征，有必要考虑流域污染排放的时空分异性，将行政区单元年污染排放量转换为流域分区单元逐月排放量。主要技术步骤如下。

（1）基于 DEM 数据，利用 ArcSWAT 软件水文分析功能，考虑水文、水质监测断面位置等进行子流域划分（李云翊，2018）；利用 ArcGIS 软件将子流域与行政区叠套分析（Overlay）获得相互切割的地块（Polygon），应用土地利用权重法（Chen et al.，2019）将行政区各类污染源年负荷量分解到所属地块上，再按地块所属子流域的空间关系统计各子流域单元负荷年值。

（2）考虑水文要素与营养盐输出关系简化计算子流域月尺度面源负荷（赵广举等，2012），即

$$L_{m,i}=(Q_{s,j}+Q_{g,j})L_{a,i}/(Q_{s,a}+Q_{g,a}) \tag{6-1}$$

式中，$L_{m,i}$ 为面源 i 的月负荷量；$L_{a,i}$ 为污染源 i 的年负荷量；$Q_{g,j}$ 为第 j 月地下水入河流量；$Q_{s,j}$ 为第 j 月地表径流入河流量；$Q_{s,a}$ 为年地表径流量；$Q_{g,a}$ 为年地下径流量。其中，各子流域地表、地下径流量采用 DTVGM 分布式时变增益水文模型（Xia et al.，2005；夏军等，2003），依据“五河七口”实测水文数据模拟得到（精度达到 0.8）。

2. SPARROW 模型建模

空间属性回归模型——SPARROW 模型是由美国地质调查局开发的一款流域模型，它以统计学方法为基础，同时加入了简单的过程模拟，是介于简单经验模型与复杂机理模型之间的一种预测方法，根据物质守恒定理，利用连续监测数据及非线性回归方法估算地表水的污染源构成及流域内的水质分布，同时考虑气象和土壤条件（如降雨、地形、河网密度、土壤类型、渗透率等）对污染物传输的影响。模型最大的特点之一就是以 DEM 图为基础，生成研究区域内的河网及子流域分区图，包含监测站点及其他一系列空间属性数据，估算污染物从产生到进入河流的传输过程以及在水中的衰减过程。

模型所需数据收集及处理过程如下。

（1）基础空间属性数据：主要使用从中国科学院科学数据库下载的 30m 分辨率 DEM（数字高程模型）数据。下载鄱阳湖“五河七口”流域范围的 DEM 图之后，利用 ArcGIS 平台生成河网，建立子流域。

（2）气象数据：收集研究区域逐日的气象数据（国家气象科学数据中心），将其进行单位转换作为模型输入数据。

（3）水文数据：主要包括研究区域流域出口断面的历史监测月水量数据（江西省水利厅）。

（4）水质数据：研究区域流域出口断面的历史水质监测数据，主要为总氮和总磷污染物浓度，由水量计算得到负荷量输入模型（江西省生态环境厅）。

（5）污染负荷数据：通过部门统计和模拟评价的工业企业、城镇生活、种植业、农村生活、畜禽养殖等污染源核算结果。

基于相关基础数据，将流域按“五河七口”划分为 8 个集水区（包括 7 个入湖河流集水区和 1 个滨河区）、86 个子流域（参考水质站位置及国家控制单元划分），结果如图 6-5 所示。进一步将区县排污负荷转换到子流域空间单元并估计得到子流域各种污染源逐月排污过程。应用构建的污染物源汇过程模型，以 58 个水质站总磷实测通量分雨季（3～8 月）和非雨季开展排污负荷合理性评估校核。考虑 SPARROW 模型最小二乘算法特点，依据李雪等（2013）基于大量应用案例建立的监测站点数量与 SPARROW 模型模拟参数线性关系，并考虑鄱阳湖流域自然地理特征，选择点源系数、面源系数、河网密度系数、降雨系数、一级河流衰减系数和二级河流衰减系数共 6 个参数进行模拟校核，结果如图 6-6 和表 6-3 所示。

由图 6-6 和表 6-3 可见，总磷负荷模型预测值与断面实测通量的自然对数值一致性较好（散点处于 1∶1 对角线附近），模型预测值（自然对数）与残差间无明显相关关系，且残差值基本处于-0.5～0.5；年尺度和季节尺度负荷模拟精度均较高，R^2和 NSE 系数平均值均处于 0.8～0.9。此外，率定所得模型参数值均在合理范围内，表现在：①2016 年和 2017 年相关陆域传输和水域传输系数基本相近，反映稳定的下垫面条件，与实际相符；②河网密度系数值处于 8.1673～10.2802，与北美和新西兰 SPARROW 模型的研究结果相近；③一级河流衰减系数为 0.2417～0.5990，二级河流衰减系数为 0.1230～0.2638，均处

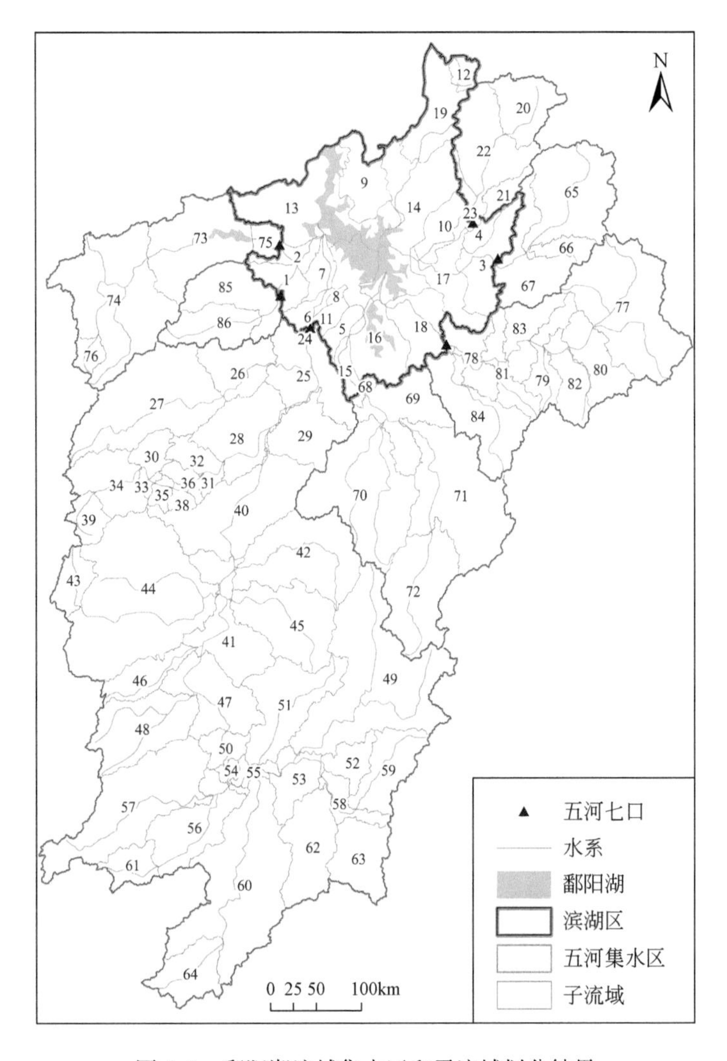

图6-5 鄱阳湖流域集水区和子流域划分结果

于北美和新西兰 SPARROW 模型应用相关结果范围内；④点源、面源系数值均处于1附近，认为合理。为论证各参数的可靠性，进一步针对相关参数开展了显著性检验和标准差分析（表6-4）。结果表明，点源系数和面源系数的显著性 P 值均小于0.1，标准差基本在0.3～0.4；河网密度系数显著性 P 值小于0.001，降雨系数和一、二级河流衰减系数的显著性 P 值虽然在某些情形下偏大，但处于 SPARROW 模型可接受范围内，且相应标准差均小于0.3。可见，SPARROW 模型相关参数显著性水平较高，具备科学性和模拟应用价值。综上，所构建的源汇过程模型的模拟效果良好，参数相对可靠，认为污染源估算及源汇过程模拟结果合理。

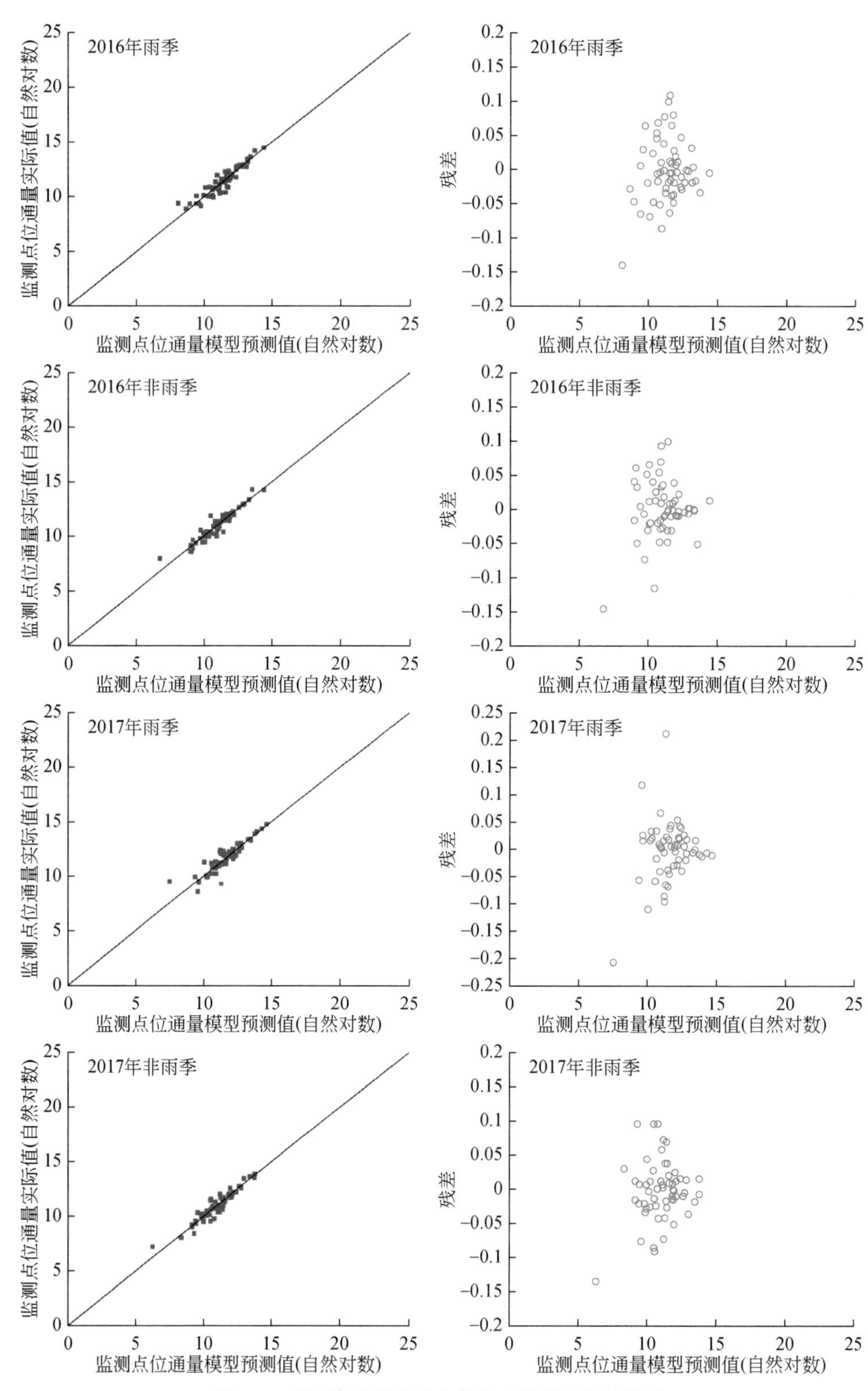

图 6-6　鄱阳湖流域总磷负荷合理性模拟校核结果

表 6-3　模型主要参数率定及模拟精度结果

时间		参数率定值						模拟精度	
		点源系数	面源系数	河网密度系数	降雨系数	一级河流衰减系数	二级河流衰减系数	R^2	NSE
2016 年	年度	0.618 5	1.204 6	9.643 7	−0.000 49	0.588 6	0.241 1	0.88	0.86
	丰水期	0.789 4	0.873 3	9.699 8	0.001 32	0.253 6	0.237 2	0.84	0.82
	枯水期	0.521 1	1.517 4	10.280 2	−0.003 34	0.256 6	0.188 4	0.89	0.89
2017 年	年度	0.969 5	1.243 0	8.167 3	0.000 40	0.599 0	0.257 5	0.86	0.86
	丰水期	1.040 7	1.107 0	8.763 1	−0.000 12	0.353 9	0.123 0	0.81	0.81
	枯水期	0.922 9	1.232 9	9.354 8	−0.002 86	0.241 7	0.263 8	0.88	0.87

表 6-4　模型主要参数显著性检验和标准差分析结果

项目	年份	点源系数	面源系数	河网密度系数	降雨系数	一级河流衰减系数	二级河流衰减系数
P	2016 年	0.0566	0.0028	<0.001	0.3269	0.0386	0.1678
	2017 年	0.0195	0.0048	<0.001	0.3558	0.0411	0.1779
标准差	2016 年	0.3172	0.3846	1.4172	0.0005	0.2774	0.1724
	2017 年	0.4021	0.4218	1.7776	0.0004	0.2859	0.1886

6.4.2　系统耦合模拟预测

1）社会经济发展预测

对江西省各区县开展社会经济发展相关指标的近远期（到 2030 年）预测，作为模型模拟预测的驱动数据。

（1）社会经济指标预测方法及参数确定。

针对近远期调控目标要求，开展近远期社会经济发展情景预测。主要基于流域/区域发展规划方案，采用适当的模型方法，预测流域人口增长、经济发展、污染排放、水资源利用、土地开发等发展趋势。具体预测方法及参数见表 6-5。

表 6-5　各社会经济指标预测方法及参数

社会经济指标类型	预测范围	预测方法及参数
总人口	100 个区县	根据《江西省国土空间规划（2021—2035 年）》各地级市人口增长率预测得到
城镇人口	100 个区县	根据《江西省国土空间规划（2021—2035 年）》各地级市城镇化率×预测所得总人口数得到
农村人口	100 个区县	根据预测的总人口数减去预测的城镇人口数得到
城市用地面积	100 个区县	根据《江西省国土空间规划（2021—2035 年）》各地级市的城市面积增长率预测得到

续表

社会经济指标类型	预测范围	预测方法及参数
农作物产量	100 个区县	根据 2007 ~ 2017 年各区县统计年鉴历史农作物产量年均变化率预测得到
农作物播种面积	100 个区县	根据 2007 ~ 2017 年各区县统计年鉴历史农作物产播种面积年均变化率预测得到
水产养殖量	100 个区县	按照《江西省“十三五”农业现代化规划》中预测的水产养殖变化率计算得到
化肥施用量	100 个区县	考虑到化肥的施用量和粮食作物的产量具有较大的相关性，因此采用粮食作物产量的变化率代替化肥施用量的变化率，再结合历史化肥施用量计算得到
畜禽养殖量	100 个区县	根据江西省“农业十三五规划”中预测的畜禽养殖变化率计算得到
第一产业增加值	100 个区县	第一产业增加值=基准年第一产业增加值×预测年总人口数/基准年总人口数
第二产业增加值	100 个区县	第二产业增加值=预测年工业增加值+预测年建筑业增加值
工业增加值	100 个区县	工业增加值=基准年工业增加值×预测年总人口数/基准年总人口数
建筑业增加值	100 个区县	建筑业增加值=基准年建筑业增加值×预测年城镇人口数/基准年城镇人口数
第三产业增加值	100 个区县	第三产业增加值=基准年第三产业增加值×预测年城镇人口数/基准年城镇人口数

（2）社会经济指标预测结果。

社会经济指标预测结果表明，江西省总人口持续增长，总人口将由 2019 年的 4668.05 万人增长到 2030 年的 5010.01 万人。城镇人口也呈现持续增长趋势，且增幅大于总人口，将由 2019 年的 2080.23 万人增长到 2030 年的 2802.29 万人。农村人口呈现下降趋势，将由 2019 年的 2587.82 万人降低到 2030 年的 2207.72 万人。预计在 2024 年，江西省城镇化率大于 50%，城镇人口超过农村人口。

江西省城市用地面积总体呈现上升趋势。城市用地总面积将由 2019 年的 1682.8km^2增长到 2030 年的 2022.9km^2。屋面面积将由 2019 年的 761.91km^2 增长到 2030 年的 912.73km^2；绿地面积将由 2019 年的 419.3km^2增长到 2030 年的 508.1km^2；街道面积将由 2019 年的 341.33km^2增长到 2030 年的 410.1km^2；小区路面面积将由 2019 年的 160.27km^2 增长到 2030 年的 191.98km^2。

由图 6-7 可知，江西省化肥施用量总体呈现上升趋势，由 2019 年的 129.17 万 t 上升到 2030 年的 138.41 万 t。化肥结构组成中，主要还是以复合肥为主，平均占比为 52.6%，磷肥平均占比为 19.7%。其中，磷肥折纯量呈现上升趋势，由 2019 年的 25.45 万 t 增长到 2030 年的 27.22 万 t。

江西省畜禽养殖量总体呈现上升趋势（图 6-8）。其中，牛的存栏量由 2019 年的 357.15 万头上升到 2030 年的 630.33 万头；羊的存栏量由 2019 年的 85.92 万头上升到 2030 年的 163.11 万头；猪的出栏量由 2019 年的 3188.09 万头上升到 2030 年的 3258.93 万

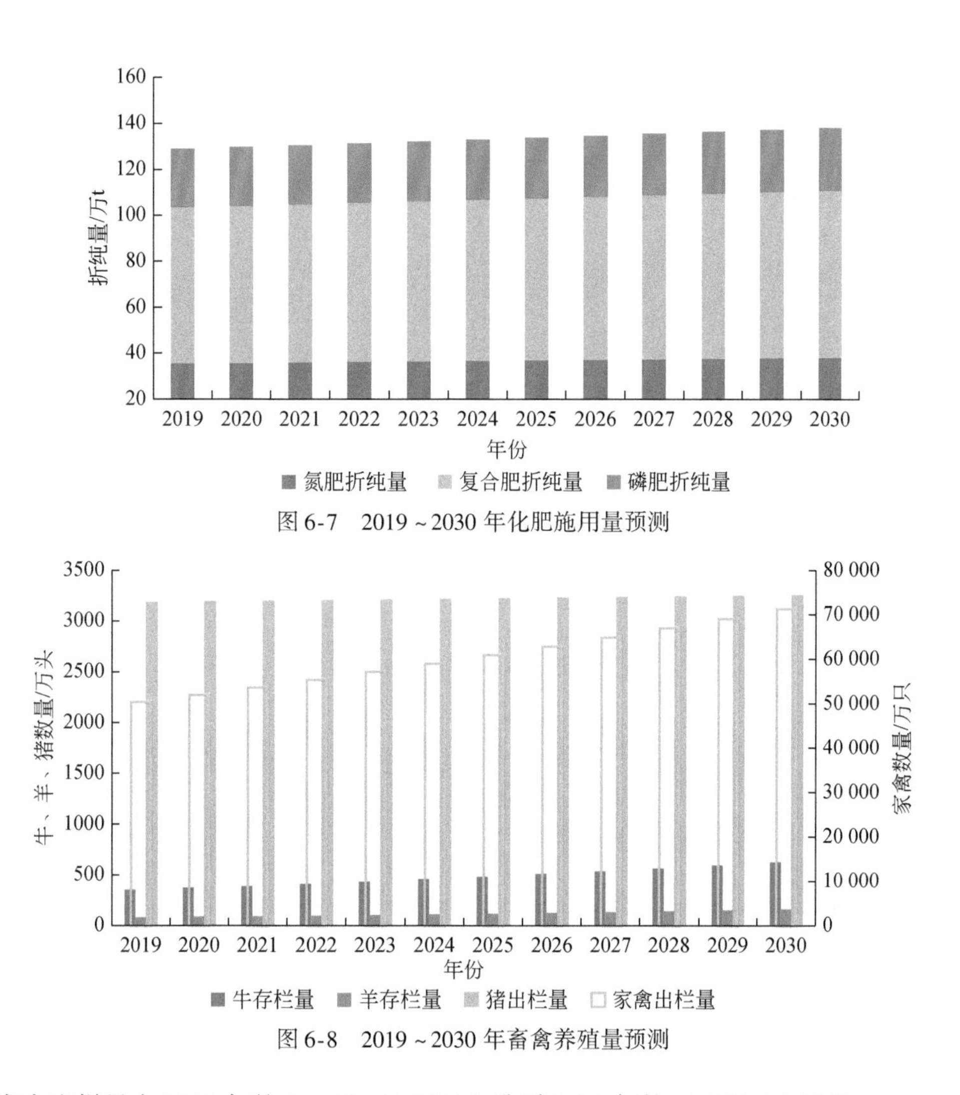

图 6-7　2019 ~ 2030 年化肥施用量预测

图 6-8　2019 ~ 2030 年畜禽养殖量预测

头；家禽出栏量由 2019 年的 50 469. 58 万只上升到 2030 年的 71 368. 46 万只。

江西省水产养殖量总体呈现上升趋势（图 6-9）。其中，鱼类养殖产量由 2019 年的 230. 68 万 t 上升到 2030 年的 366. 55 万 t，虾蟹类养殖产量由 2019 年的 13 万 t 上升到 2030 年的 20. 67 万 t，贝类养殖产量由 2019 年的 6. 45 万 t 上升到 2030 年的 10. 25 万 t，其他类养殖产量由 2019 年的 6. 14 万 t 上升到 2030 年的 9. 75 万 t。

江西省的农作物播种面积总体呈现下降趋势（图 6-10）。其中，农作物总播种面积，由 2019 年的 6928. 49 万亩①下降到 2030 年的 6047. 51 万亩，下降了 12. 7%；粮食作物播种面积由 2019 年的 4638. 19 万亩下降到 2030 年的 4045. 34 万亩，下降了 12. 8%；稻谷播种面积由 2019 年的 4225. 18 万亩下降到 2030 年的 3684. 28 万亩，下降了 12. 8%。

江西省的农作物产量总体呈现上升趋势（图 6-11）。其中，稻谷产量由 2019 年的

① 1 亩≈666. 67m^2。

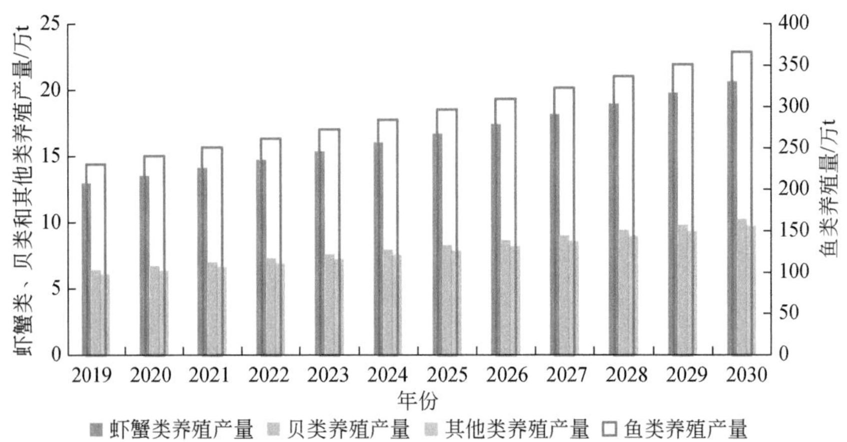

图 6-9　2019 ~ 2030 年水产养殖量预测

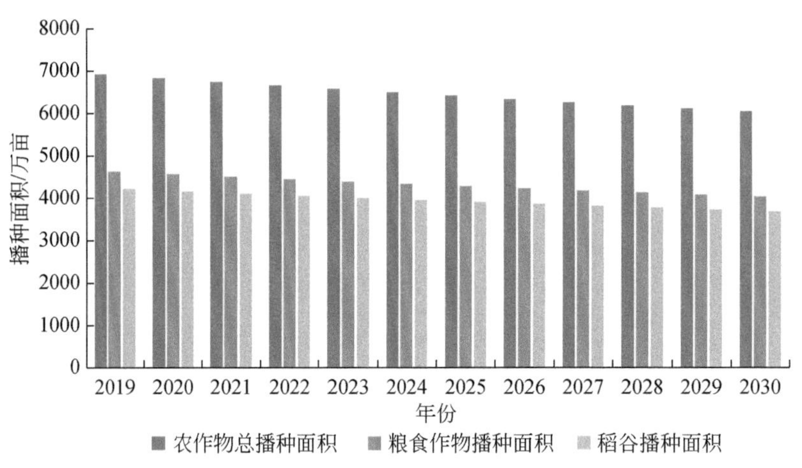

图 6-10　2019 ~ 2030 年农作物播种面积预测

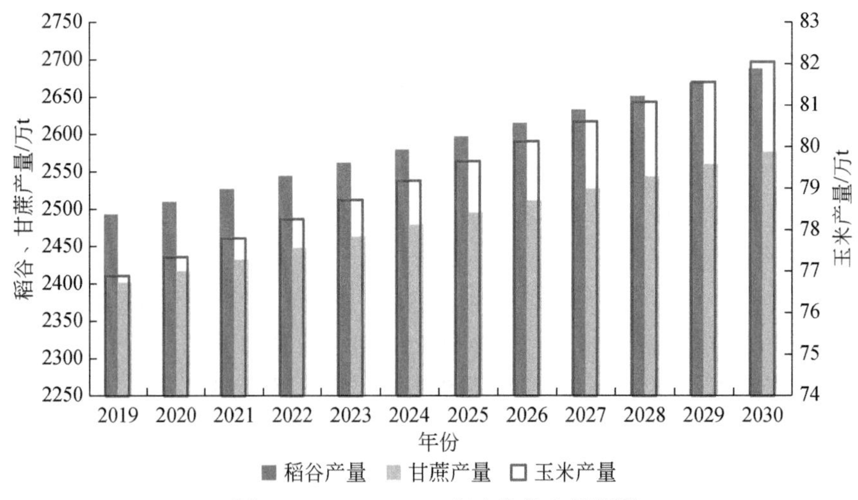

图 6-11　2019 ~ 2030 年农作物产量预测

2493.32 万 t 上升到 2030 年的 2688.09 万 t；玉米产量由 2019 年的 76.9 万 t 上升到 2030 年的 82.06 万 t；甘蔗产量由 2019 年的 2401.63 万 t 上升到 2030 年的 2576.54 万 t。

江西省的生产总值总体呈现上升趋势（图 6-12）。其中，第一产业增加值由 2019 年的 3813.38 亿元上升到 2030 年的 4096.25 亿元；第二产业增加值由 2019 年的 10 143.92 亿元上升到 2030 年的 11 471.34 亿元；第三产业增加值由 2019 年的 8428.53 亿元上升到 2030 年的 11 262.53 亿元。但第一产业的比例处于降低的趋势，由 2019 年的 17.0% 降低到 2030 年的 15.3%；第二产业的比例也处于降低趋势，由 2019 年的 45.3% 降低到 2030 年的 42.7%；第三产业的比例处于上升趋势，由 2019 年的 37.7% 上升到 2030 年的 42.0%。

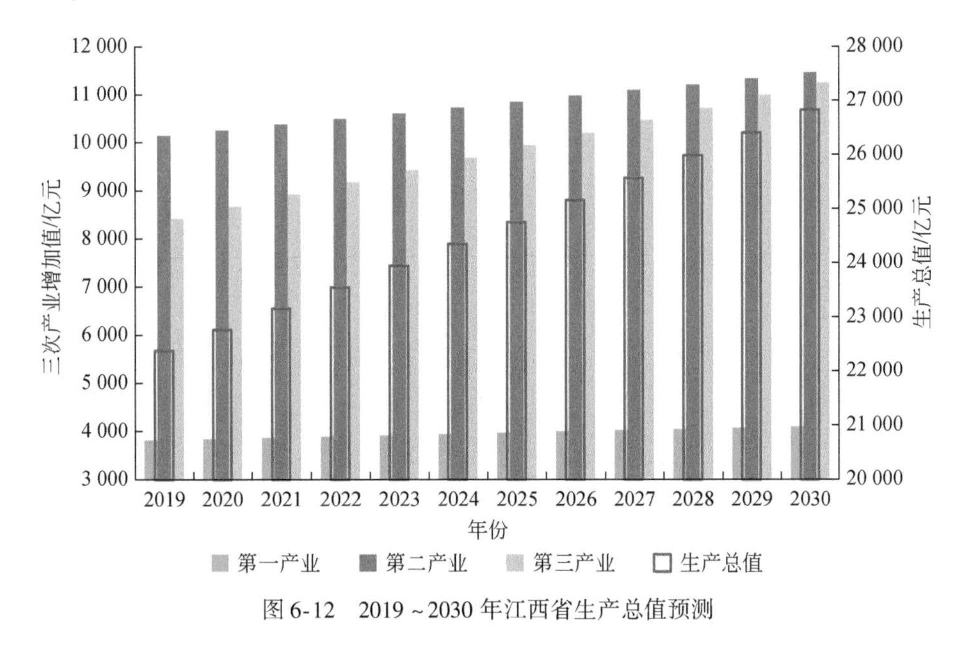

图 6-12　2019～2030 年江西省生产总值预测

2）水生态承载力模拟预测

在社会经济发展指标预测结果的基础上，利用承载力系统模型中水污染源评价模型（WAPSAT）模拟预测了 2019～2030 年鄱阳湖流域总磷产排污状况。

（1）总磷负荷产排污预测。

A. 鄱阳湖流域总磷入河负荷及江西省总磷排放负荷。

2019～2030 年，鄱阳湖流域总磷入河负荷呈上升趋势（图 6-13）。鄱阳湖流域总磷入河负荷增长了 27.64%，由 2019 年的 18 088.6t/a 增长到 2030 年的 23 088.9t/a。

2019～2030 年，江西省不同类型污染源总磷排放负荷变化差异显著（图 6-14）。增长率最高的是畜禽养殖场、水产养殖、城镇生活，增长率依次为 58.9%、44.6%、39.5%。同时，农村生活总磷排放负荷处于下降趋势，2019～2030 年下降 14.7%。

2019～2030 年，江西省总磷平均排放负荷占比最多的是畜禽养殖业、种植面源和城镇生活，占比依次为 36%、26% 和 16%。

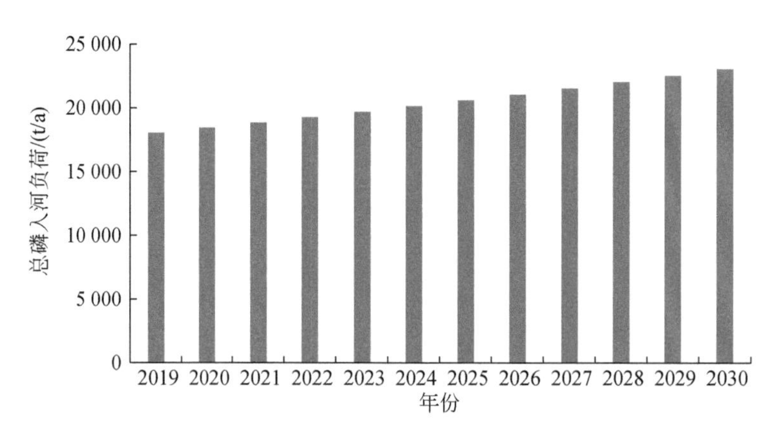

图 6-13　鄱阳湖流域总磷入河负荷时间变化

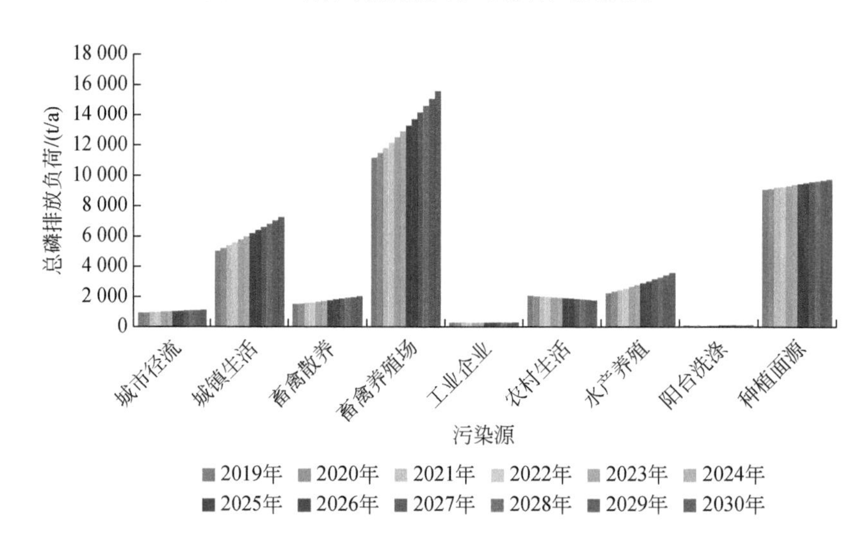

图 6-14　江西省不同类型污染源总磷排放负荷时间变化

B. 江西省地级市总磷排放负荷。

2019 ~ 2030 年，江西省 11 个地级市总磷排放负荷均呈现增长趋势（图 6-15）。其中，增长率较高的地级市有宜春市、赣州市和萍乡市，增长率分别为 33.6%、31.8% 和 31.6%；增长率较小的地级市有新余市、鹰潭市和景德镇市，增长率分别为 24.1%、20.3% 和 12.2%。

江西省 11 个地级市总磷排放负荷结构中，占比最高的依次是赣州市、吉安市和宜春市，占比分别为 19%、18% 和 13%；占比最少的地级市有景德镇市、鹰潭市和新余市，占比分别为 3%、2% 和 2%。江西省 11 个地级市总磷排放强度结构中，占比最高的依次是景德镇市、南昌市和萍乡市，占比分别为 28%、15% 和 9%；占比最少的地级市有上饶市、抚州市、赣州市和九江市，占比均为 5%。

C. 集水区总磷排放负荷及污染源结构。

通过计算预测区县及子流域的城市径流、城镇生活、畜禽散养、畜禽养殖场、工业企

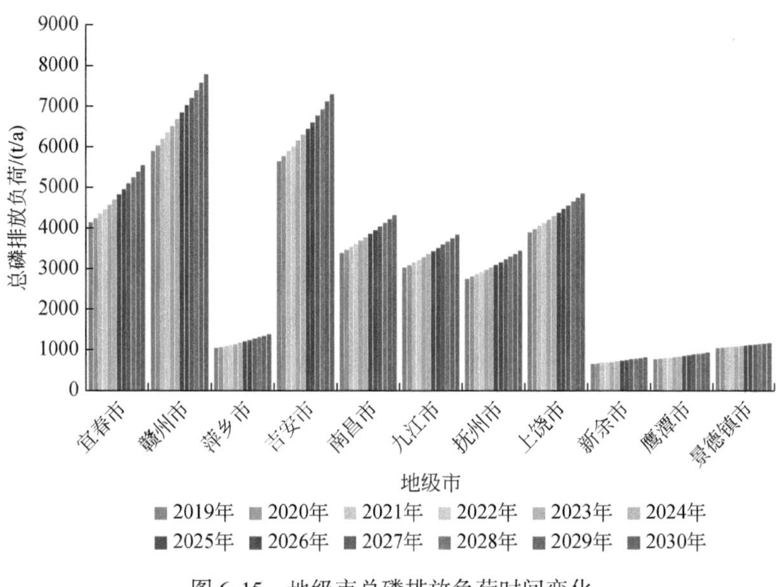

图 6-15　地级市总磷排放负荷时间变化

业、农村生活、水产养殖、阳台洗涤和种植面源的总磷排放负荷及强度，最终得出江西省集水区总磷排放负荷和污染源结构分布，如图 6-16 所示。

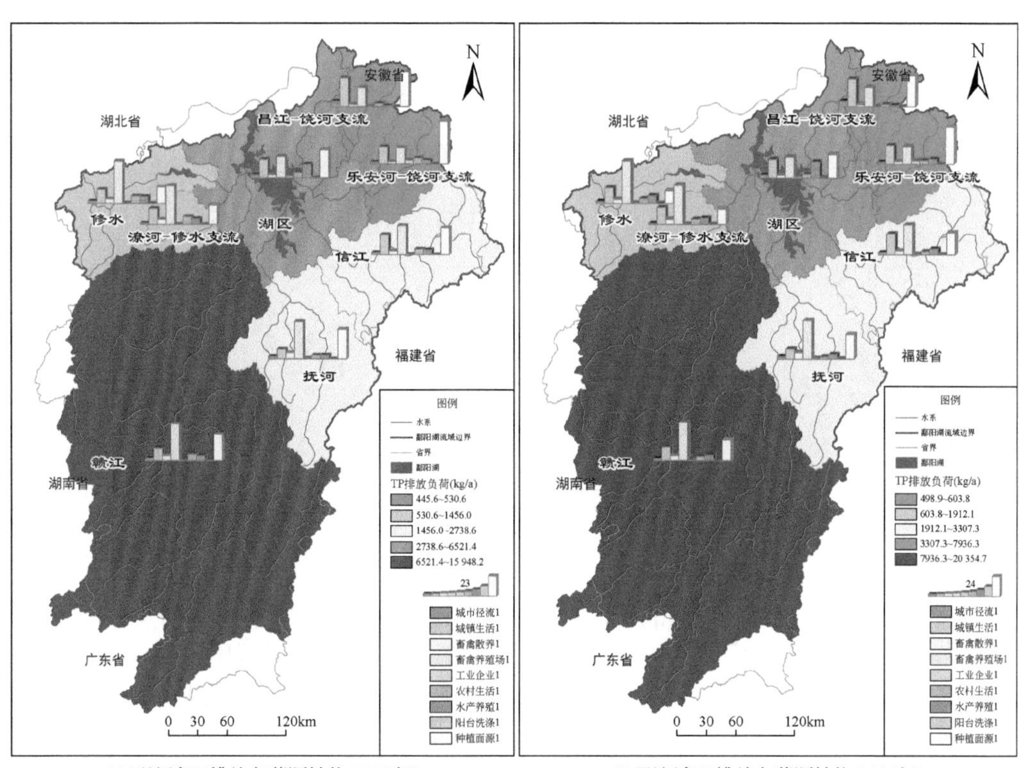

图 6-16　江西省集水区总磷排放负荷和污染源结构分布

2020～2030年江西省集水区总磷排放负荷以赣江集水区高，2020年总磷排放负荷为16 032.52t/a、2025年为18 027.11t/a、2030年为20 435.33t/a。湖滨区次之，2020年为6484.23t/a、2025年为7135.42t/a、2030年为7899.48t/a。总磷污染源结构中，畜禽养殖场比例最高，其次为种植面源，对于靠近鄱阳湖的集水区，城镇生活的总磷排放结构逐渐上升，并且在乐安河–饶河支流集水区，超过了种植面源的排放负荷。

（2）水生态承载力模拟预测。

结合社会经济发展产排污预测结果以及《鄱阳湖生态环境综合整治三年行动计划（2018–2020年）》《江西省水利发展“十三五”规划》等相关规划类文件，应用水生态承载力指标体系模型，对2018～2030年江西省水生态承载力进行预测评估。以下为江西省各市2018～2030年水生态承载力评估指标赋分与影响指标识别结果图（图6-17～图6-27）。

可知，水资源类别的各项指标总体保持稳定，部分指标有上升的趋势，水资源专项指标得分逐年增加；水环境专项指标得分较低，通过计算，单位耕地面积化肥施用量、单位土地面积畜禽养殖量以及生活污染强度指数得分较低。同时，部分指标有逐年下降的趋势。水生态专项指标得分较低，水域面积指数的得分依赖于自然环境，河流连通性的得分取决于闸坝的个数，所以在一定程度上这些指标的调控潜力较小。整体而言，流域（江西省）的水环境和水生态专项承载力处于严重超载和超载状态。

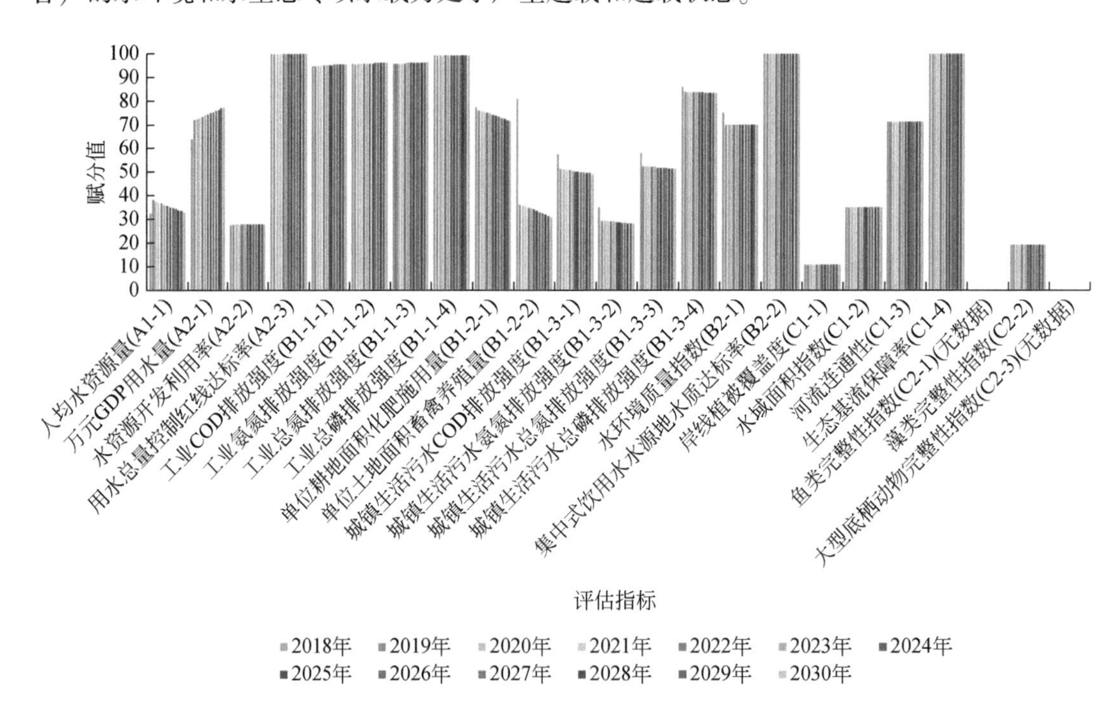

图6-17　2018～2030年南昌市水生态承载力评估指标赋分与影响指标识别结果

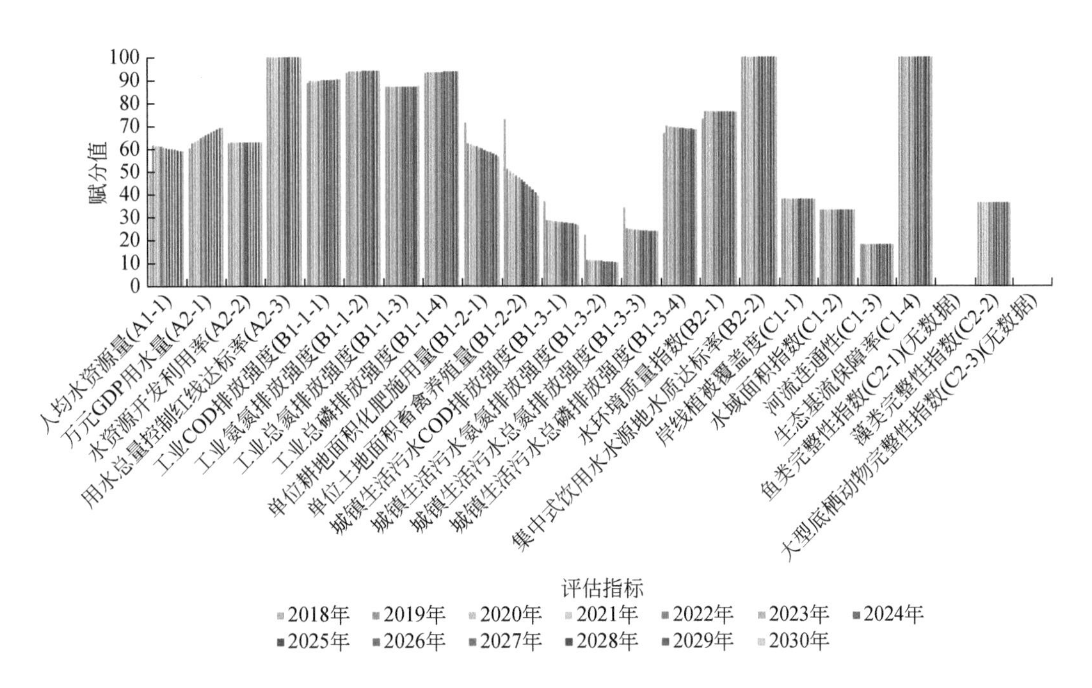

图 6-18　2018 ~ 2030 年九江市水生态承载力评估指标赋分与影响指标识别结果

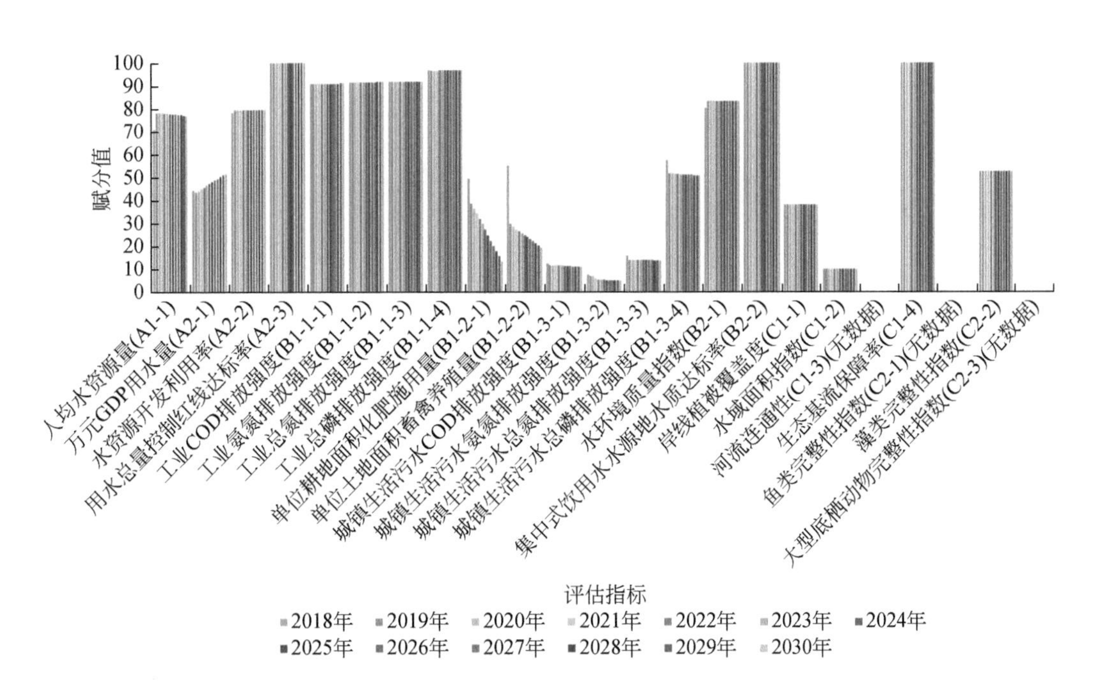

图 6-19　2018 ~ 2030 年上饶市水生态承载力评估指标赋分与影响指标识别结果

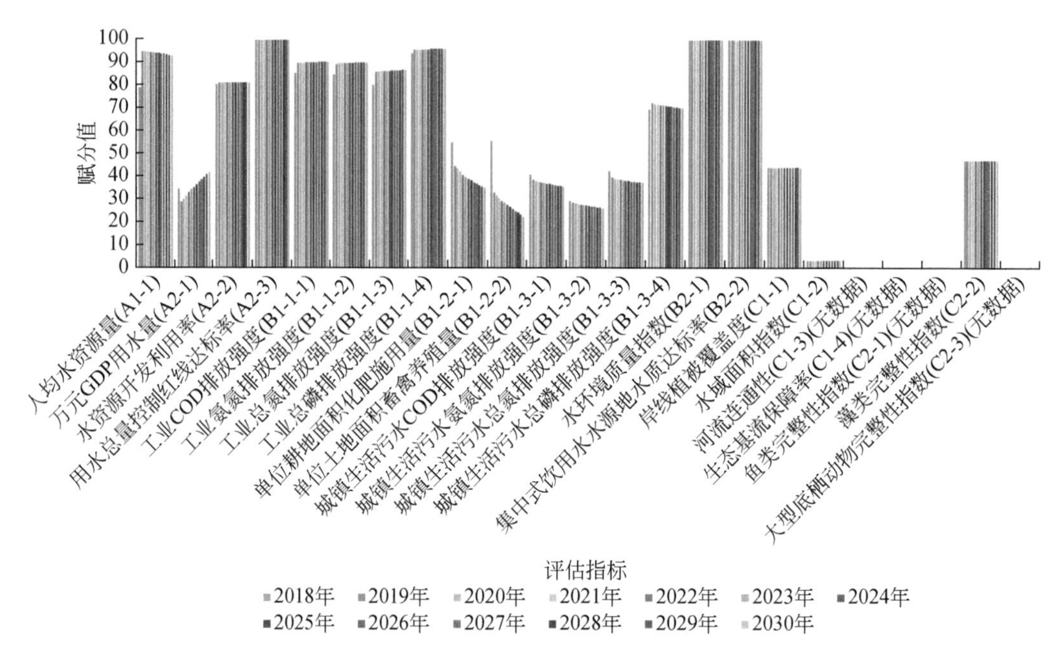

图 6-20 2018～2030 年抚州市水生态承载力评估指标赋分与影响指标识别结果

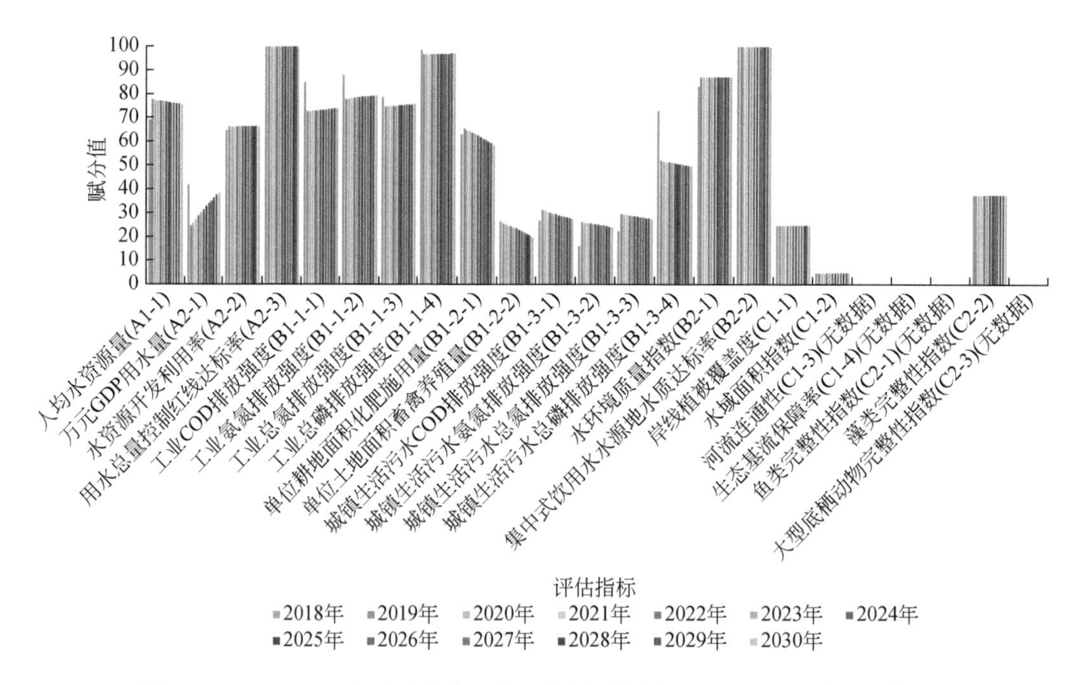

图 6-21 2018～2030 年宜春市水生态承载力评估指标赋分与影响指标识别结果

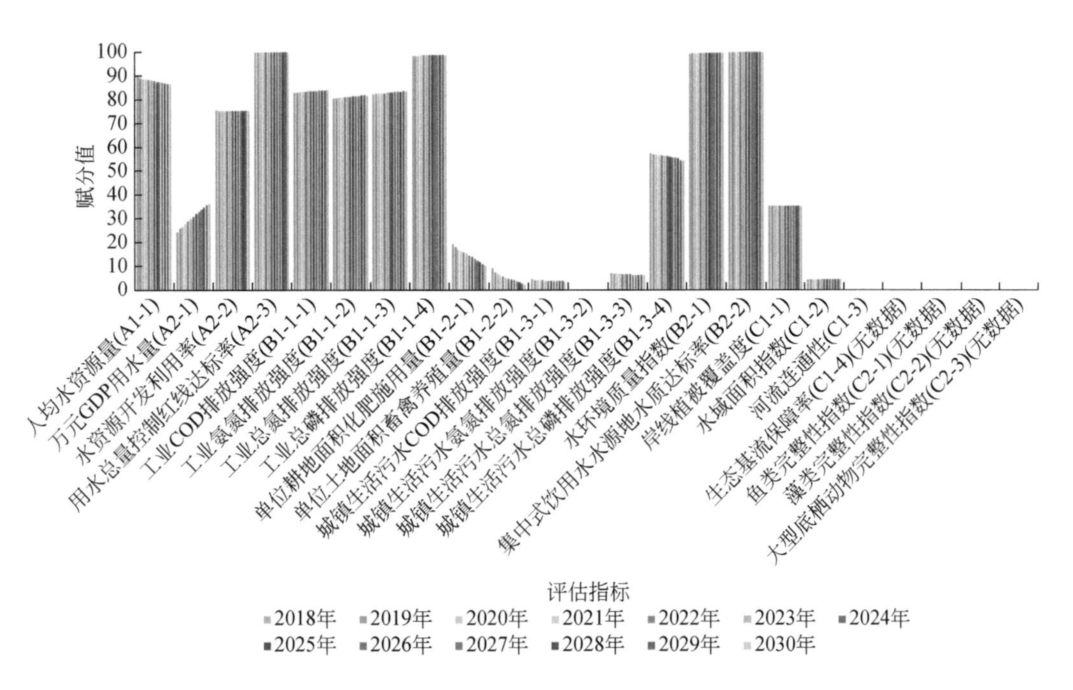

图 6-22　2018 ~ 2030 年吉安市水生态承载力评估指标赋分与影响指标识别结果

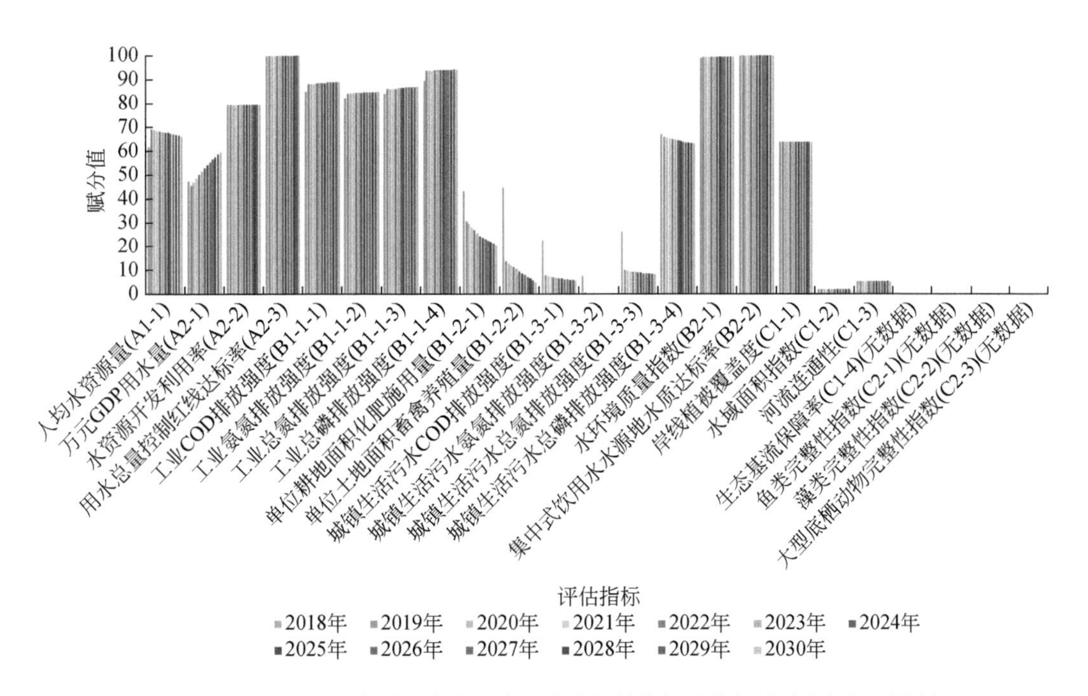

图 6-23　2018 ~ 2030 年赣州市水生态承载力评估指标赋分与影响指标识别结果

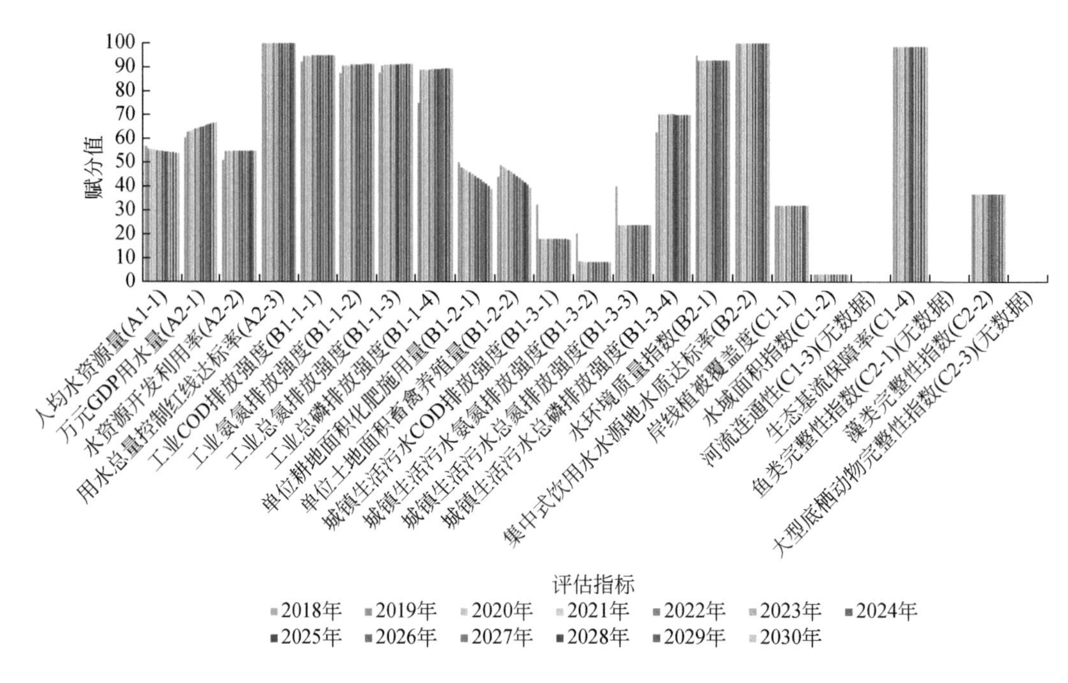

图 6-24　2018～2030 年景德镇市水生态承载力评估指赋分与影响指标识别结果

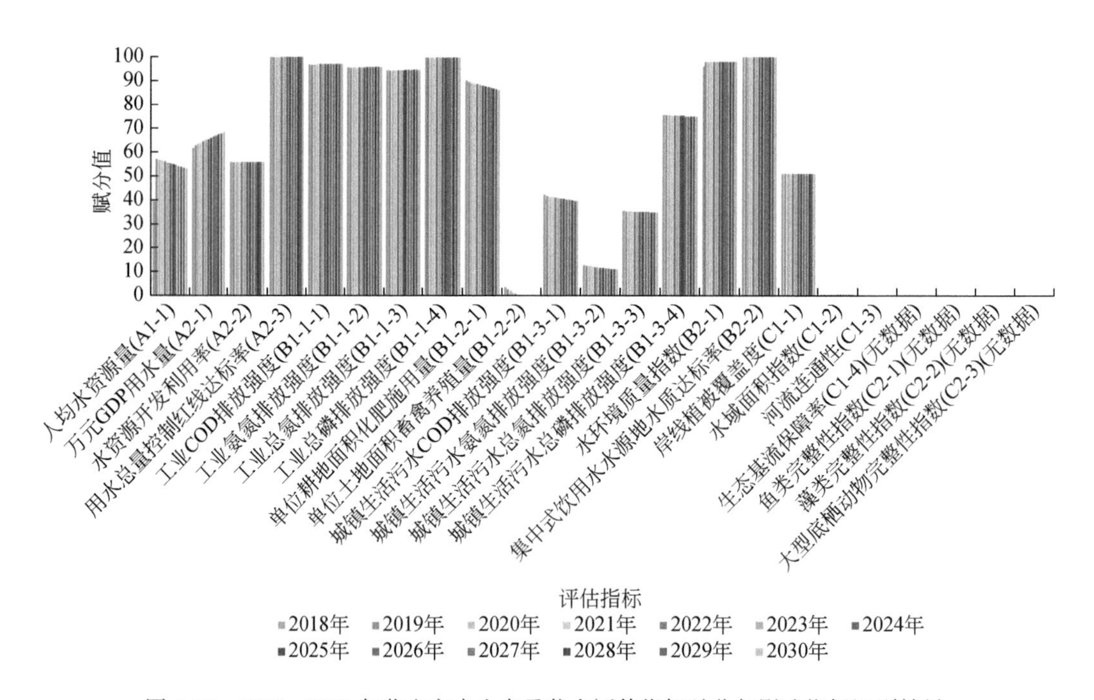

图 6-25　2018～2030 年萍乡市水生态承载力评估指标赋分与影响指标识别结果

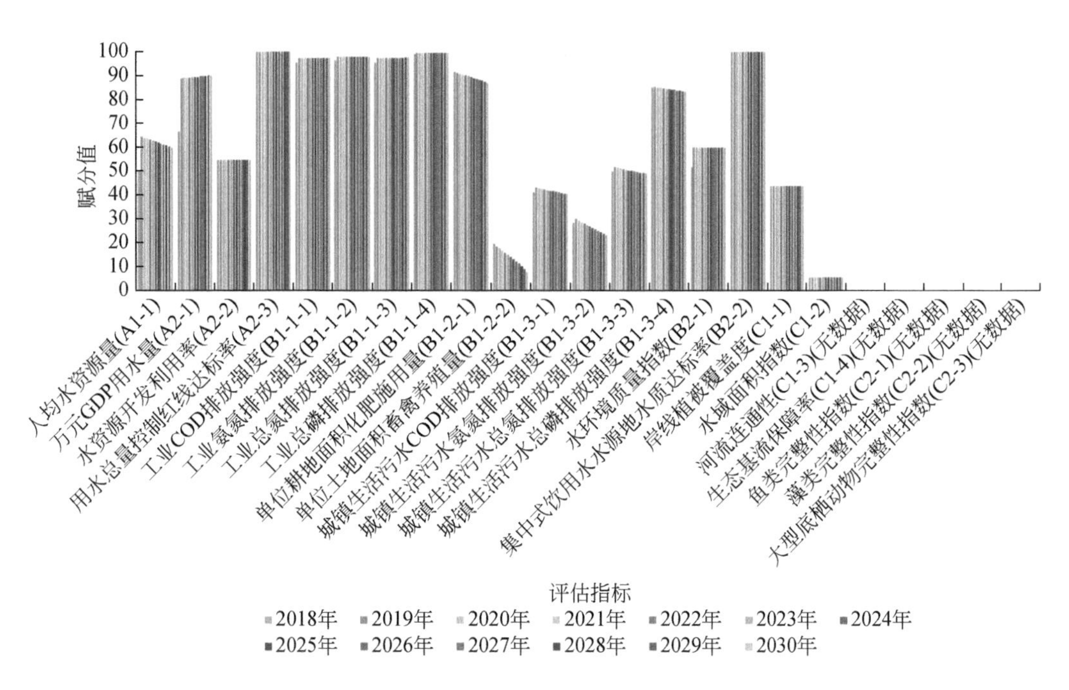

图 6-26　2018～2030 年新余市水生态承载力评估指标赋分与影响指标识别结果

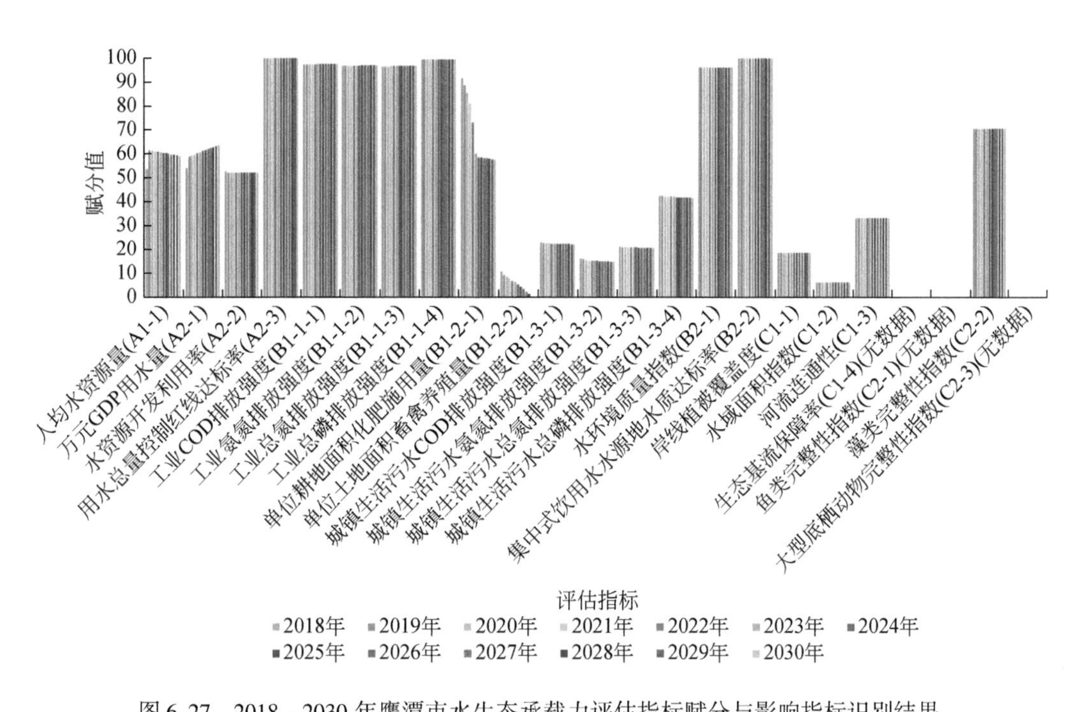

图 6-27　2018～2030 年鹰潭市水生态承载力评估指标赋分与影响指标识别结果

江西省各市未来需要重点关注的有单位耕地面积化肥施用量、单位土地面积畜禽养殖量、城镇生活污水 COD 排放强度、城镇生活污水氨氮排放强度、城镇生活污水总氮排放强度、城镇生活污水总磷排放强度。以上指标得分在 2020 ~ 2030 年均有不同程度的下降，应尽量减少化肥施用量，提高化肥利用率，增加有机肥投入；根据江西省各市具体情况，严格实行畜禽养殖总量控制，大力推行清洁畜禽养殖模式。未来同样需要加强城镇生活污水指标监测与处理，进一步完善城镇生活污水处理标准，大力开展清洁生产，从源头治理污染。

6.5 水生态承载力调控潜力评估

6.5.1 调控指标与调控措施

1. 调控指标筛选

1）流域水生态环境问题分析

依据鄱阳湖流域水生态承载力评估结果，水环境是限制流域承载力的关键短板。2015 ~ 2017 年，鄱阳湖流域水生态承载力整体处于超载状态，其中水环境承载专项评分均值最低（25.4 分），明显小于水资源承载专项评分均值（39.0 分）和水生态承载专项评分均值（42.9）。表明，水环境恶化是导致鄱阳湖流域水生态-社会经济复合系统失衡的关键。

从水环境质量看，按照国家水质目标要求，鄱阳湖湖体水质应满足《地表水环境质量标准》（GB 3838—2002）Ⅲ类水质标准限值（总磷浓度<0.05mg/L）。然而，2013 年来监测数据表明，鄱阳湖湖体水质均为Ⅳ类，超标因子为总磷（COD 和氨氮均处于Ⅱ类水平），且总磷浓度逐年增加，从 2013 年的 0.058mg/L 上升到 2018 年的 0.089mg/L，平均每年上升 8.9%。2018 年，鄱阳湖湖体监测断面水质优良比例仅为 5.6%，说明总磷污染是限制鄱阳湖水环境质量指数的关键影响因素。

从总磷污染来源看，依据研究组基于源汇过程模拟的鄱阳湖流域总磷污染源解析成果（杨中文等，2020），鄱阳湖总磷负荷主要来自陆域输入（占 90.8%），主要污染来源为农业和城镇生活源，分别贡献 56.4% 和 30.6%；污染来源结构为：种植业（29.3%）>城镇生活（24.6%）>畜禽养殖（17.2%）>水产养殖（9.9%）>内源释放（6.9%）>城市径流（6.0%）>农村生活（2.2%）>工业企业（1.6%）>其他源（平均 2.3%）；入湖总磷负荷主要来自于滨湖区和赣江集水区，分别贡献 33.5% 和 31.8%，其他陆域贡献较小（合计 25.5%），湖体贡献 9.2%；各区域污染来源结构存在空间差异性。相关结果与水生态承载力评估结果相符：单位耕地面积化肥施用量、单位土地面积畜禽养殖量、生活污染强度指数等指标赋分值多小于 0.2，为水环境专项承载力主要限制性因子。

从水生态状态看，鄱阳湖流域岸线植被覆盖度、水域面积指数和河流连通性是限制水生态系统健康发展的主要因子。流域水生态承载力评估结果表明，鄱阳湖流域岸线植被覆度、水域面积指数和河流连通性等指标赋分值均较低（<0.4），水生生境破坏明显，不利于流域水生态系统健康保障。

综上所述，随着江西省社会经济快速发展，生产生活排污活动对鄱阳湖水环境造成巨大压力，使得当前鄱阳湖总磷污染问题突出、形势严峻，是限制流域水生态承载力的关键因素，已成为制约江西省社会经济可持续发展的重要因素，有必要以总磷污染控制为核心，辅助以必要生态修复措施开展鄱阳湖流域水生态承载力调控。

2）鄱阳湖调控指标

围绕鄱阳湖流域水生态环境突出问题，考虑以总磷污染控制为核心，辅以必要的生态修复措施开展鄱阳湖流域水生态承载力调控，依据问题导向、可调性和指示性三大原则，选择确定了鄱阳湖流域水生态承载力调控指标及相应调控对象，如表 6-6 所示。

表 6-6　鄱阳湖流域水生态承载力调控指标

调控导向		调控指标	调控对象
水环境	水环境净化	水环境质量指数	流域总磷产排污—入湖过程
水生态	水生生境	林草覆盖率 植被覆盖岸线比	流域林草覆盖度 岸线植被覆盖度

如表 6-7 所示，围绕鄱阳湖总磷污染突出问题，从水环境净化和水生生境两个方面，选择水环境质量指数、林草覆盖率和植被覆盖岸线比三大调控指标开展承载力调控，分别以流域总磷产排污-入湖过程、流域林草覆盖度和岸线植被覆盖度作为主要调控对象，以削减陆域污染排放对鄱阳湖的入湖负荷压力为主线，改善鄱阳湖水生态环境质量。

2. 调控措施制定

从流域系统性、“三水”统筹管控出发，依据所筛选的鄱阳湖流域水生态承载力调控指标，围绕流域突出水生态环境问题，以污染减排为优先调控途径，并考虑生态修复增容，建立统筹“减排”和“增容”的调控措施。

水生态承载力调控措施清单编制，围绕鄱阳湖流域水生态承载力调控指标，通过系统梳理分析鄱阳湖流域（江西省）相关生态环境调控政策要求与规划，以鄱阳湖总磷污染控制为核心，确定污染减排和生态增容调控措施清单。

1）污染减排调控措施与参数阈值

面向鄱阳湖总磷污染控制需求，减小陆域污染排放的入湖影响压力，紧密结合江西省生态环境管控实际，提出以“产业结构调整—污染过程控制”为主的污染减排调控措施及其参数阈值。具体分析如下。

（1）种植业调控。

依据《鄱阳湖生态环境综合整治三年行动计划（2018-2020 年）》要求，到 2020 年，农药、化肥施用量实现负增长，利用率均达到 45% 以上。《江西农业化肥污染治理专项行动方案》提出，到 2020 年，农药、化肥施用量实现零增长，利用率均达到 42% 以上。《江西秸秆综合利用与焚烧专项行动方案》要求，到 2020 年，秸秆综合利用率达到 90%。《江西省粮食生产“十三五”规划》要求，确保粮食生产耕地 3300 万亩，其中，水田面积 3000 万亩，到 2020 年，建成高标准农田面积 2825 万亩。

基于以上管控政策，考虑鄱阳湖流域（江西省）为中国农业主产区，调控须在确保耕地面积和粮食产量不减少情况下，以施肥减量为主要调控措施，促进流域种植业污染减排。参考张国荣（2009）相关研究成果（长江中下游双季稻高产田 P_2O_5 最佳使用量为 $130kg/hm^2$，水旱轮作高产田 P_2O_5 最佳施用量为 $145kg/hm^2$），确定种植业单位耕地面积磷肥施用量参数阈值为 $100\sim1000kg/hm^2$。

（2）畜禽养殖调控。

《鄱阳湖生态环境综合整治三年行动计划（2018–2020 年）》提出，“每个畜禽养殖县（市、区）至少建成 1 个无害化集中处理场。2020 年，全省畜禽养殖粪污综合利用率达到 85% 以上，畜禽规模养殖场粪污处理设施装备配套率达到 95% 以上。”根据《江西省生态环境保护“十三五”规划》，要求全面推进畜禽养殖禁养区、限养区和可养区“三区”划定；到 2020 年，全省 80% 以上规模化畜禽养殖场配套建设固体废物和废水储存处理设施，实施废弃物资源化利用。2019 年，江西省大力推进禁养区养殖场拆迁、关停、转产等工作，全省禁养区内确需关闭或搬迁的畜禽养殖场全部按要求完成了关停或拆迁，全省规模畜禽养殖场粪污处理设施配套率达 92.6%。

基于以上管控政策和现状，江西省已完成畜禽禁限养区划定，基本完成禁养区养殖场/户拆迁、关停、搬迁等工作，养殖场粪污处理设备基本配套完成。本研究选择从加强粪污综合利用、提升处理能力出发，考虑以畜禽粪污处理后直排率、畜禽粪污处理设施提标改造比例为调控参数，参数阈值区间均为［0，1］。

（3）城镇生活调控。

根据《江西省生态环境保护“十三五”规划》，要加快城镇污水处理设施建设与改造，对排入鄱阳湖湖体核心区、滨湖控制开发带及其他敏感区域的城镇污水处理设施实施提标改造，全面达到一级 A 排放标准；到 2020 年全省县城和城市污水处理率分别达到 85% 和 95% 左右。

基于以上管控政策，考虑城镇生活产污—收集—处理—排放全过程，选择污水厂提标改造、管网收集率提升、污水厂处理能力提升和雨污分流为主要的调控措施，相关调控参数及参数阈值详见表 6-8。

（4）水产养殖调控。

根据江西省农业农村厅联合生态环境厅等相关部门发布的《关于加快推进水产养殖业绿色发展的实施意见》，到 2022 年，水产养殖生产布局、养殖结构、科技创新、质量效益同步提升，基本形成与资源环境承载力相匹配、与生产生活生态相协调的水产养殖业绿色发展新格局。健康养殖面积达到 65% 以上。到 2035 年，水产养殖布局更趋科学合理。养殖尾水全面达标排放，产品优质、产地优美、装备一流、技术先进的养殖生产现代化基本实现。

基于以上管控政策，考虑到鄱阳湖流域水产养殖承载能力、尾水达标排放等相关基础数据资料缺乏，难以科学量化相关措施的调控效应，本研究重点从水产养殖结构优化角度，开展污染减排调控。通过全国污染源普查数据分析，发现鱼类养殖的总磷排放强度是虾蟹类和贝类等水产养殖品种的 2 ~ 4 倍。因此，本研究重点以优化水产养殖结构，减少鱼类养殖比例为抓手开展，参数阈值为［0，1］。

2）生态增容调控措施与参数阈值

大量研究表明，河湖滨岸带植被对面源污染负荷入河湖量具有明显削减作用。Hou 等（2019）的研究表明，在滦河流域滨岸带 1 ~ 10m 宽度不同植被覆盖条件下，6m 宽总磷去除可达 50%~60%，10m 宽可达 80%。李国栋等（2006）的研究表明，太湖滨岸 10m 宽生态草带对径流总氮和总磷的拦截效率分别为 42%~91% 和 30%~92%。

面向鄱阳湖总磷污染控制、水生态健康保障需求，基于鄱阳湖水生态承载力调控指标，以流域退耕还林、河湖滨岸缓冲带生态修复为核心抓手，通过流域林草覆盖修复、滨岸带植被覆盖调控改善水生态环境质量。本研究选择流域退耕还林面积、滨岸缓冲带植被覆盖比例为调控参数，从污染过程控制与水生生境保障两方面，推动水生态承载力提升。

3）承载力调控措施清单

综合以上调控措施及其参数阈值分析，系统衔接鄱阳湖生态环境突出问题、调控指标与流域生态环境管控政策方案实际，编制形成统筹“减排”与“增容”的鄱阳湖流域水生态承载力调控措施清单，如表 6-7 所示。

表 6-7　鄱阳湖流域水生态承载力调控措施清单

调控类别	调控对象	调控措施	调控参数	参数最差值	参数最优值
减排	种植业	施肥减量	单位耕地面积磷肥施用量/（kg/hm^2）	1000	100
	畜禽养殖	粪污综合利用	畜禽粪污处理后直排率	1	0
		处理设施提标	畜禽粪污处理设施提标改造比例	0	1
	城镇生活	污水厂提标改造	城镇生活污水厂一级 A 达标率	0	1
		管网收集率提升	城镇生活污水收集率	0	1
		污水厂处理能力提升	城镇生活污水入厂负荷处理系数	1	8
		雨污分流	城镇生活污水入厂负荷浓度系数（纯污水入厂总磷浓度设为 5.0mg/L）	0	1
	水产养殖	养殖结构调整	鱼类养殖比例	1	0
增容	生态修复	退耕还林	流域退耕还林面积	现状值	空间规划值
		岸线生态修复	滨岸缓冲带植被覆盖比例	0	1

6.5.2 调控潜力评估

1. 总体思路

1）评估内容

依据鄱阳湖流域水生态承载力调控措施清单（表6-7），以鄱阳湖总磷污染控制为核心目标，分别针对施肥减量、粪污综合利用等污染减排措施以及岸线生态修复增容措施，开展调控潜力模拟评估，分析各项调控措施对入湖总磷污染负荷的控制潜力和对承载力调控指标的改善效能。

2）技术路线

在维持现状社会经济发展情景和平水年（多年平均）自然情景条件下，以“系统模型构建—情景参数设置—情景模拟分析—调控潜力量化评估”为主线，依据所建立的水生态承载力控措施清单，建立各项调控措施对鄱阳湖入湖污染负荷/调控指标影响关系的调控关系模型；针对每种调控措施选择相关调控参数及其阈值区间，分别设置鄱阳湖流域调控情景参数集；依据各类调控措施相应的调控情景参数集，分别模拟分析各调控参数取值情景下入湖污染负荷/调控指标的响应状态；依据模拟分析结果，针对各类调控措施，评估量化相应调控参数对调控指标变化的敏感性，量化各调控措施对调控指标改善的效应，形成减排和增容调控潜力评估结果（图6-28）。

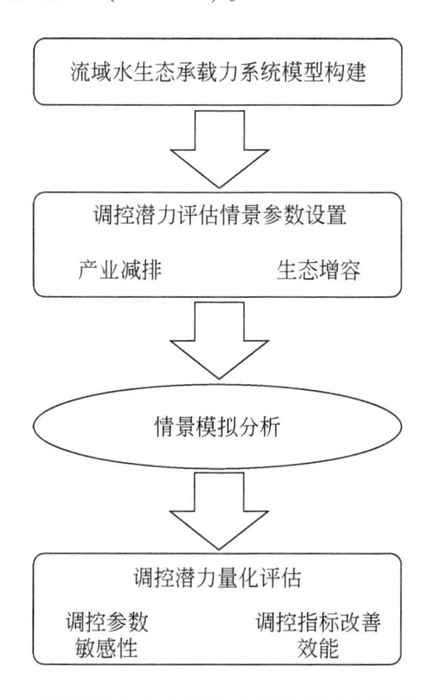

图6-28　鄱阳湖水生态承载力调控潜力评估技术路线

2. 产业减排调控潜力及效应评估

基于构建的鄱阳湖流域水生态承载力评估调控系统（HECCERS）模型与鄱阳湖流域承载力调控措施清单，开展各项调控措施的调控潜力评估情景参数设置、情景模拟分析和调控潜力量化评估。

1）情景参数设置

（1）技术方法。

依托 HECCERS 平台，利用系统模型的潜力评估模块功能（图 6-29），基于编制的鄱阳湖流域水生态承载力调控措施清单，选择潜力评估情景基准年（Base Year）和参数化模拟迭代次数（Run Times），对每种调控措施开展调控潜力评估情景参数化。

图 6-29　HECCERS 模型调控潜力评估模块界面

调控潜力评估情景参数化主要分为两步，具体如下。

第一步，提取流域基准年参数基准值。基于承载力系统模型基础数据库，分别针对所评估的调控措施提取调控参数的基准值（表 6-8）。不同参数的空间化尺度各异，如单位耕地面积磷肥施用量、畜禽粪污处理后直排率、畜禽粪污处理设施提标改造比例、城镇生活污水收集率、鱼类养殖比例均为区县尺度，即是针对每个区县计算提取相应参数基准值。

表 6-8 产业减排调控潜力评估措施参数化属性

调控措施	调控参数	代码名称	空间尺度	迭代次数
施肥减量	单位耕地面积磷肥施用量	FertAppCoeff	区县	10
粪污综合利用	畜禽粪污处理后直排率	ExcremReuRate	区县	10
处理设施提标	畜禽粪污处理设施提标改造比例	ExcremTreatFaciImprRate	区县	10
污水厂提标改造	城镇生活污水厂一级 A 达标率	UrbHHTreatPlan1ARate	污水厂	50
管网收集率提升	城镇生活污水收集率	UrbHHCollectdRate	区县	10
污水厂处理能力提升	城镇生活污水入厂负荷处理系数	UrbHHTreatCoeff	污水厂	10
雨污分流	城镇生活污水入厂负荷浓度系数	UrbHHTreatPolltCC	污水厂	10
养殖结构调整	鱼类养殖比例	AquaculFishProport	区县	10

第二步，潜力评估情景参数化。考虑潜力评估迭代次数越大模拟评估时间成本越高，从模拟评估效率优先角度出发，推荐模拟迭代次数（N）取 10 ~ 100。依据迭代次数值和各参数的阈值区间，设置 N 种模拟迭代情景（编号分别为 1 ~ N），将各空间上情景参数取值分为等差变化的参数值（N 个）。同时，比较各迭代情景编号对应参数值与相应基准值的大小，若情景参数值优于基准值，则情景参数值不变；若情景参数值劣于基准值，则情景参数值取基准值。模拟迭代情景参数值核定方法如下

$$P_{i,n}^{m}=p_0+\frac{(p_1-p_0)}{N-1}\times(n-1) \tag{6-2}$$

$$P_{i,n}'^{m}=\begin{cases}P_{i,n}^{m},P_{i,n}^{m}\text{优于}P_{i,\mathrm{B}}^{m}\\P_{i,\mathrm{B}}^{m},P_{i,n}^{m}\text{劣于}P_{i,\mathrm{B}}^{m}\end{cases} \tag{6-3}$$

式中，$P_{i,n}'^{m}$ 为模拟迭代情景 n 下空间区域 m 上调控参数 i 的取值；$P_{i,n}^{m}$ 为模拟迭代情景 n 下空间区域 m 上调控参数 i 的预设取值；p_0 和 p_1 分别为各参数的阈值下限和上限；$P_{i,\mathrm{B}}^{m}$ 为基准年空间区域 m 上调控参数 i 的基准值。

（2）潜力评估情景参数。

本方案承载力调控潜力评估选择 2017 年（平水年）为模拟基准年，设置情景迭代次数，依据以上情景参数化技术方法，对行业减排共计 8 个调控参数的情景设置结果如图 6-30 ~ 图 6-37 所示。

SS_PM.SAparamFertAppCoeff

	1	2	3	4	5	6	7	8	9	10	11	12	13
1	'县区名称'	'区县代码'	'基准值'	'sim1'	'sim2'	'sim3'	'sim4'	'sim5'	'sim6'	'sim7'	'sim8'	'sim9'	'sim10'
2	'CNAME'	'CCODE'	'BENCHM...	[]	[]	[]	[]	[]	[]	[]	[]	[]	[]
3	'东湖区'	360102	71.3520	71.3520	71.3520	71.3520	71.3520	71.3520	71.3520	71.3520	71.3520	71.3520	71.3520
4	'西湖区'	360103	0	0	0	0	0	0	0	0	0	0	0
5	'青云谱区'	360104	0	0	0	0	0	0	0	0	0	0	0
6	'湾里区'	360105	34.3006	34.3006	34.3006	34.3006	34.3006	34.3006	34.3006	34.3006	34.3006	34.3006	34.3006
7	'青山湖区'	360111	5.1563	5.1563	5.1563	5.1563	5.1563	5.1563	5.1563	5.1563	5.1563	5.1563	5.1563
8	'南昌县'	360121	102.2129	102.2129	102.2129	102.2129	102.2129	102.2129	102.2129	102.2129	102.2129	102.2129	100
9	'新建区'	360122	248.6828	248.6828	248.6828	248.6828	248.6828	248.6828	248.6828	248.6828	248.6828	190	100
10	'安义县'	360123	231.7110	231.7110	231.7110	231.7110	231.7110	231.7110	231.7110	231.7110	231.7110	190	100
11	'进贤县'	360124	100.0758	100.0758	100.0758	100.0758	100.0758	100.0758	100.0758	100.0758	100.0758	100.0758	100
12	'昌江区'	360202	108.5277	108.5277	108.5277	108.5277	108.5277	108.5277	108.5277	108.5277	108.5277	108.5277	100
13	'珠山区'	360203	2.9004e+04	910	820	730	640	550	460	370	280	190	100
14	'浮梁县'	360222	204.1299	204.1299	204.1299	204.1299	204.1299	204.1299	204.1299	204.1299	204.1299	190	100
15	'乐平市'	360281	37.0266	37.0266	37.0266	37.0266	37.0266	37.0266	37.0266	37.0266	37.0266	37.0266	37.0266
16	'安源区'	360302	24.1851	24.1851	24.1851	24.1851	24.1851	24.1851	24.1851	24.1851	24.1851	24.1851	24.1851
17	'湘东区'	360313	49.0158	49.0158	49.0158	49.0158	49.0158	49.0158	49.0158	49.0158	49.0158	49.0158	49.0158
18	'莲花县'	360321	31.7196	31.7196	31.7196	31.7196	31.7196	31.7196	31.7196	31.7196	31.7196	31.7196	31.7196
19	'上栗县'	360322	32.0073	32.0073	32.0073	32.0073	32.0073	32.0073	32.0073	32.0073	32.0073	32.0073	32.0073
20	'芦溪县'	360323	42.4010	42.4010	42.4010	42.4010	42.4010	42.4010	42.4010	42.4010	42.4010	42.4010	42.4010
21	'濂溪区'	360401	36.1432	36.1432	36.1432	36.1432	36.1432	36.1432	36.1432	36.1432	36.1432	36.1432	36.1432
22	'庐山市'	360402	0.0710	0.0710	0.0710	0.0710	0.0710	0.0710	0.0710	0.0710	0.0710	0.0710	0.0710
23	'浔阳区'	360403	6.0629	6.0629	6.0629	6.0629	6.0629	6.0629	6.0629	6.0629	6.0629	6.0629	6.0629
24	'九江县'	360421	80.7185	80.7185	80.7185	80.7185	80.7185	80.7185	80.7185	80.7185	80.7185	80.7185	80.7185
25	'武宁县'	360423	134.5614	134.5614	134.5614	134.5614	134.5614	134.5614	134.5614	134.5614	134.5614	134.5614	100
26	'修水县'	360424	297.7789	297.7789	297.7789	297.7789	297.7789	297.7789	297.7789	297.7789	280	190	100
27	'永修县'	360425	26.3266	26.3266	26.3266	26.3266	26.3266	26.3266	26.3266	26.3266	26.3266	26.3266	26.3266
28	'德安县'	360426	455.6954	455.6954	455.6954	455.6954	455.6954	455.6954	455.6954	370	280	190	100

图 6-30　鄱阳湖流域单位耕地面积磷肥施用量情景参数集

SS_PM.SAparamAquaculFishProport

	1	2	3	4	5	6	7	8	9	10	11	12	13
1	'县区名称'	'区县代码'	'基准值'	'sim1'	'sim2'	'sim3'	'sim4'	'sim5'	'sim6'	'sim7'	'sim8'	'sim9'	'sim10'
2	'CNAME'	'CCODE'	'BENCHM...	[]	[]	[]	[]	[]	[]	[]	[]	[]	[]
3	'东湖区'	360102	0.9951	0.9000	0.8000	0.7000	0.6000	0.5000	0.4000	0.3000	0.2000	0.1000	0
4	'西湖区'	360103	0	0	0	0	0	0	0	0	0	0	0
5	'青云谱区'	360104	0	0	0	0	0	0	0	0	0	0	0
6	'湾里区'	360105	0.9870	0.9000	0.8000	0.7000	0.6000	0.5000	0.4000	0.3000	0.2000	0.1000	0
7	'青山湖区'	360111	1	0.9000	0.8000	0.7000	0.6000	0.5000	0.4000	0.3000	0.2000	0.1000	0
8	'南昌县'	360121	0.8297	0.8297	0.8000	0.7000	0.6000	0.5000	0.4000	0.3000	0.2000	0.1000	0
9	'新建区'	360122	0.8648	0.8648	0.8000	0.7000	0.6000	0.5000	0.4000	0.3000	0.2000	0.1000	0
10	'安义县'	360123	0.9136	0.9000	0.8000	0.7000	0.6000	0.5000	0.4000	0.3000	0.2000	0.1000	0
11	'进贤县'	360124	0.8493	0.8493	0.8000	0.7000	0.6000	0.5000	0.4000	0.3000	0.2000	0.1000	0
12	'昌江区'	360202	1	0.9000	0.8000	0.7000	0.6000	0.5000	0.4000	0.3000	0.2000	0.1000	0
13	'珠山区'	360203	1	0.9000	0.8000	0.7000	0.6000	0.5000	0.4000	0.3000	0.2000	0.1000	0
14	'浮梁县'	360222	1	0.9000	0.8000	0.7000	0.6000	0.5000	0.4000	0.3000	0.2000	0.1000	0
15	'乐平市'	360281	1	0.9000	0.8000	0.7000	0.6000	0.5000	0.4000	0.3000	0.2000	0.1000	0
16	'安源区'	360302	0.9463	0.9000	0.8000	0.7000	0.6000	0.5000	0.4000	0.3000	0.2000	0.1000	0
17	'湘东区'	360313	0.9323	0.9000	0.8000	0.7000	0.6000	0.5000	0.4000	0.3000	0.2000	0.1000	0
18	'莲花县'	360321	0.9252	0.9000	0.8000	0.7000	0.6000	0.5000	0.4000	0.3000	0.2000	0.1000	0
19	'上栗县'	360322	0.9320	0.9000	0.8000	0.7000	0.6000	0.5000	0.4000	0.3000	0.2000	0.1000	0
20	'芦溪县'	360323	0.9040	0.9000	0.8000	0.7000	0.6000	0.5000	0.4000	0.3000	0.2000	0.1000	0
21	'濂溪区'	360401	0.9450	0.9000	0.8000	0.7000	0.6000	0.5000	0.4000	0.3000	0.2000	0.1000	0
22	'庐山市'	360402	1	0.9000	0.8000	0.7000	0.6000	0.5000	0.4000	0.3000	0.2000	0.1000	0
23	'浔阳区'	360403	0.9954	0.9000	0.8000	0.7000	0.6000	0.5000	0.4000	0.3000	0.2000	0.1000	0
24	'九江县'	360421	0.9517	0.9000	0.8000	0.7000	0.6000	0.5000	0.4000	0.3000	0.2000	0.1000	0
25	'武宁县'	360423	0.9683	0.9000	0.8000	0.7000	0.6000	0.5000	0.4000	0.3000	0.2000	0.1000	0
26	'修水县'	360424	0.8419	0.8419	0.8000	0.7000	0.6000	0.5000	0.4000	0.3000	0.2000	0.1000	0

图 6-31　鄱阳湖流域畜禽粪污处理后直排率情景参数集

SS_PM.SAparamExcremTreatFaciImprRate

	1	2	3	4	5	6	7	8	9	10	11	12	13
1	'县区名称'	'区县代码'	'基准值'	'sim1'	'sim2'	'sim3'	'sim4'	'sim5'	'sim6'	'sim7'	'sim8'	'sim9'	'sim10'
2	'CNAME'	'CCODE'	'BENCHM...	[]	[]	[]	[]	[]	[]	[]	[]	[]	[]
3	'东湖区'	360102	0	0.1000	0.2000	0.3000	0.4000	0.5000	0.6000	0.7000	0.8000	0.9000	1
4	'西湖区'	360103	0	0.1000	0.2000	0.3000	0.4000	0.5000	0.6000	0.7000	0.8000	0.9000	1
5	'青云谱区'	360104	0	0.1000	0.2000	0.3000	0.4000	0.5000	0.6000	0.7000	0.8000	0.9000	1
6	'湾里区'	360105	0	0.1000	0.2000	0.3000	0.4000	0.5000	0.6000	0.7000	0.8000	0.9000	1
7	'青山湖区'	360111	0	0.1000	0.2000	0.3000	0.4000	0.5000	0.6000	0.7000	0.8000	0.9000	1
8	'南昌县'	360121	0	0.1000	0.2000	0.3000	0.4000	0.5000	0.6000	0.7000	0.8000	0.9000	1
9	'新建区'	360122	0	0.1000	0.2000	0.3000	0.4000	0.5000	0.6000	0.7000	0.8000	0.9000	1
10	'安义县'	360123	0	0.1000	0.2000	0.3000	0.4000	0.5000	0.6000	0.7000	0.8000	0.9000	1
11	'进贤县'	360124	0	0.1000	0.2000	0.3000	0.4000	0.5000	0.6000	0.7000	0.8000	0.9000	1
12	'昌江区'	360202	0	0.1000	0.2000	0.3000	0.4000	0.5000	0.6000	0.7000	0.8000	0.9000	1
13	'珠山区'	360203	0	0.1000	0.2000	0.3000	0.4000	0.5000	0.6000	0.7000	0.8000	0.9000	1
14	'浮梁县'	360222	0	0.1000	0.2000	0.3000	0.4000	0.5000	0.6000	0.7000	0.8000	0.9000	1
15	'乐平市'	360281	0	0.1000	0.2000	0.3000	0.4000	0.5000	0.6000	0.7000	0.8000	0.9000	1
16	'安源区'	360302	0	0.1000	0.2000	0.3000	0.4000	0.5000	0.6000	0.7000	0.8000	0.9000	1
17	'湘东区'	360313	0	0.1000	0.2000	0.3000	0.4000	0.5000	0.6000	0.7000	0.8000	0.9000	1
18	'莲花县'	360321	0	0.1000	0.2000	0.3000	0.4000	0.5000	0.6000	0.7000	0.8000	0.9000	1
19	'上栗县'	360322	0	0.1000	0.2000	0.3000	0.4000	0.5000	0.6000	0.7000	0.8000	0.9000	1
20	'芦溪县'	360323	0	0.1000	0.2000	0.3000	0.4000	0.5000	0.6000	0.7000	0.8000	0.9000	1
21	'濂溪区'	360401	0	0.1000	0.2000	0.3000	0.4000	0.5000	0.6000	0.7000	0.8000	0.9000	1
22	'庐山市'	360402	0	0.1000	0.2000	0.3000	0.4000	0.5000	0.6000	0.7000	0.8000	0.9000	1
23	'浔阳区'	360403	0	0.1000	0.2000	0.3000	0.4000	0.5000	0.6000	0.7000	0.8000	0.9000	1
24	'九江县'	360421	0	0.1000	0.2000	0.3000	0.4000	0.5000	0.6000	0.7000	0.8000	0.9000	1
25	'武宁县'	360423	0	0.1000	0.2000	0.3000	0.4000	0.5000	0.6000	0.7000	0.8000	0.9000	1
26	'修水县'	360424	0	0.1000	0.2000	0.3000	0.4000	0.5000	0.6000	0.7000	0.8000	0.9000	1
27	'永修县'	360425	0	0.1000	0.2000	0.3000	0.4000	0.5000	0.6000	0.7000	0.8000	0.9000	1

图 6-32　鄱阳湖流域畜禽粪污处理设施提标改造比例情景参数集

SS_PM.SAparamUrbTrtMtPlant_1AR

	3	4	5	6	7	8	9
1	'单位名称'	'级别'	'所属区县'	'设计规模(...	'直接排入的...	'上一级河流...	'基准值'
2	'Name'	'Level'	'County'	'Designed ...	'IntoRiver'	'UpperRiver'	'BENCHM...
3	'南昌青山湖污水处理有限公...	'市级'	'青山湖区'	50	'赣江南支'	'赣江'	[1;0.8333;1...
4	'南昌市朝阳污水处理厂'	'市级'	'西湖区'	8	'抚河故道赣...	NaN	[1;0.8333;1...
5	'南昌市红谷滩鹏鹞污水处理...	'市级'	'青山湖区'	20	'乌沙河'	'赣江'	[1;0.8333;0...
6	'南昌市象湖污水处理厂'	'市级'	'青云谱区'	20	'桃花河'	'赣江'	[1;0.8333;1...
7	'昌海污水处理厂'	'县级'	'新建区'	1	'导排渠'	'无'	[1;0.8333;1...
8	'南昌县污水处理厂'	'县级'	'南昌县'	6	'莲塘排渍道'	'抚河'	[1;0.8333;1...
9	'望城污水处理厂'	'县级'	'新建区'	3	'乌沙河'	'赣江'	[1;1;1;0.83...
10	'安义县污水处理厂'	'县级'	'安义县'	1	'潦河'	NaN	[1;0.7500;1...
11	'进贤县污水处理厂'	'县级'	'进贤县'	4	'青岚湖'	'军山湖'	[1;0.8333;1...
12	'瑶湖污水处理厂'	'市级'	'南昌县'	4	'赣江南支'	'长江'	[1;0.6667;1...
13	'湾里区污水处理厂'	'县级'	'湾里区'	1.5000	'乌沙河'	'赣江'	[1;0.8333;1...
14	'南昌市航空城污水处理厂'	'市级'	'南昌县'	2	'焦头河'	'赣江南支'	[1;1;1;1]
15	'景德镇西瓜洲污水处理厂'	'市级'	'珠山区'	8	'昌江支流南...	'昌江'	[1;0.9167;1...
16	'景德镇市第二污水处理厂'	'市级'	'浮梁县'	4	'昌江'	NaN	[1;0.6667;1...
17	'浮梁县污水处理厂'	'县级'	'浮梁县'	1	'西河'	NaN	[1;0.8333;1...
18	'乐平市污水处理厂'	'县级'	'乐平市'	4	'乐安河'	' 乐安河'	[1;0.8333;1...
19	'萍乡市谢家滩污水处理厂'	'市级'	'安源区'	8	'萍水河'	NaN	[1;0.8333;1...
20	'萍乡市湘东区污水处理厂'	'县级'	'湘东区'	1	'萍水河'	'萍水河'	[1;0.8333;1...
21	'莲花县污水处理厂'	'县级'	'莲花县'	1.5000	'莲江'	'赣江流域禾...	[1;0.8333;1...
22	'上栗县污水处理厂'	'县级'	'上栗县'	1.5000	'栗水河'	NaN	[1;0.8333;1...
23	'芦溪县污水处理厂'	'县级'	'芦溪县'	1.5000	'芦溪袁河'	'宜春袁河'	[1;1;1;0.33...
24	'九江市鹤问湖污水处理厂'	'市级'	'濂溪区'	10	'长江'	'新开河'	[1;0.8333;1...
25	'九江市老鹳塘污水处理厂'	'市级'	'濂溪区'	6	'长江'	NaN	[1;0.8333;1...
26	'九江县污水处理厂'	'县级'	'九江县'	1	'蛟滩湖'	'八里湖'	[1;0.5833;1...
27	'武宁县污水处理厂'	'县级'	'武宁县'	2	'柘林湖'	'修河'	[1;0.8333;1...
28	'修水县污水处理厂'	'县级'	'修水县'	3	'修河'	'鄱阳湖'	[1;0.8333;1...
29	'永修县污水处理厂'	'县级'	'永修县'	1	'修河'	'潦河'	[1;0.8333;1...
30	'德安县污水处理厂'	'县级'	'德安县'	1.5000	'博阳河'	'博阳河环湖...	[1;0.8333;1...
31	'共青城污水处理厂'	'县级'	'共青城市'	1	'博阳河'	'鄱阳湖'	[1;0.8333;0...

	10	11	12	13	14	15	16	17	18	19
1	'sim1'	'sim2'	'sim3'	'sim4'	'sim5'	'sim6'	'sim7'	'sim8'	'sim9'	'sim10'
2	[]	[]	[]	[]	[]	[]	[]	[]	[]	[]
3	[1;0.8333;1...	[1;0.8333;1...	[1;0.8333;1...	[1;0.8333;1...	[1;0.8333;1...	[1;0.8333;1...	[1;0.8333;1...	[1;0.8333;1...	[1;0.9000;1...	[1;1;1;1]
4	[1;0.8333;1...	[1;0.8333;1...	[1;0.8333;1...	[1;0.8333;1...	[1;0.8333;1...	[1;0.8333;1...	[1;0.8333;1...	[1;0.8333;1...	[1;0.9000;1...	[1;1;1;1]
5	[1;0.8333;0...	[1;0.8333;0...	[1;0.8333;0...	[1;0.8333;0...	[1;0.8333;0...	[1;0.8333;0...	[1;0.8333;0...	[1;0.8333;0...	[1;0.9000;0...	[1;1;1;1]
6	[1;0.8333;1...	[1;0.8333;1...	[1;0.8333;1...	[1;0.8333;1...	[1;0.8333;1...	[1;0.8333;1...	[1;0.8333;1...	[1;0.8333;1...	[1;0.9000;1...	[1;1;1;1]
7	[1;0.8333;1...	[1;0.8333;1...	[1;0.8333;1...	[1;0.8333;1...	[1;0.8333;1...	[1;0.8333;1...	[1;0.8333;1...	[1;0.8333;1...	[1;0.9000;1...	[1;1;1;1]
8	[1;0.8333;1...	[1;0.8333;1...	[1;0.8333;1...	[1;0.8333;1...	[1;0.8333;1...	[1;0.8333;1...	[1;0.8333;1...	[1;0.8333;1...	[1;0.9000;1...	[1;1;1;1]
9	[1;1;1;0.83...	[1;1;1;0.83...	[1;1;1;0.83...	[1;1;1;0.83...	[1;1;1;0.83...	[1;1;1;0.83...	[1;1;1;0.83...	[1;1;1;0.83...	[1;1;1;0.90...	[1;1;1;1]
10	[1;0.7500;1...	[1;0.7500;1...	[1;0.7500;1...	[1;0.7500;1...	[1;0.7500;1...	[1;0.7500;1...	[1;0.7500;1...	[1;0.8000;1...	[1;0.9000;1...	[1;1;1;1]
11	[1;0.8333;1...	[1;0.8333;1...	[1;0.8333;1...	[1;0.8333;1...	[1;0.8333;1...	[1;0.8333;1...	[1;0.8333;1...	[1;0.8333;1...	[1;0.9000;1...	[1;1;1;1]
12	[1;0.6667;1...	[1;0.6667;1...	[1;0.6667;1...	[1;0.6667;1...	[1;0.6667;1...	[1;0.6667;1...	[1;0.7000;1...	[1;0.8000;1...	[1;0.9000;1...	[1;1;1;1]
13	[1;0.8333;1...	[1;0.8333;1...	[1;0.8333;1...	[1;0.8333;1...	[1;0.8333;1...	[1;0.8333;1...	[1;0.8333;1...	[1;0.8333;1...	[1;0.9000;1...	[1;1;1;1]
14	[1;1;1;1]	[1;1;1;1]	[1;1;1;1]	[1;1;1;1]	[1;1;1;1]	[1;1;1;1]	[1;1;1;1]	[1;1;1;1]	[1;1;1;1]	[1;1;1;1]
15	[1;0.9167;1...	[1;0.9167;1...	[1;0.9167;1...	[1;0.9167;1...	[1;0.9167;1...	[1;0.9167;1...	[1;0.9167;1...	[1;0.9167;1...	[1;0.9167;1...	[1;1;1;1]
16	[1;0.6667;1...	[1;0.6667;1...	[1;0.6667;1...	[1;0.6667;1...	[1;0.6667;1...	[1;0.6667;1...	[1;0.7000;1...	[1;0.8000;1...	[1;0.9000;1...	[1;1;1;1]
17	[1;0.8333;1...	[1;0.8333;1...	[1;0.8333;1...	[1;0.8333;1...	[1;0.8333;1...	[1;0.8333;1...	[1;0.8333;1...	[1;0.8333;1...	[1;0.9000;1...	[1;1;1;1]
18	[1;0.8333;1...	[1;0.8333;1...	[1;0.8333;1...	[1;0.8333;1...	[1;0.8333;1...	[1;0.8333;1...	[1;0.8333;1...	[1;0.8333;1...	[1;0.9000;1...	[1;1;1;1]
19	[1;0.8333;1...	[1;0.8333;1...	[1;0.8333;1...	[1;0.8333;1...	[1;0.8333;1...	[1;0.8333;1...	[1;0.8333;1...	[1;0.8333;1...	[1;0.9000;1...	[1;1;1;1]
20	[1;0.8333;1...	[1;0.8333;1...	[1;0.8333;1...	[1;0.8333;1...	[1;0.8333;1...	[1;0.8333;1...	[1;0.8333;1...	[1;0.8333;1...	[1;0.9000;1...	[1;1;1;1]
21	[1;0.8333;1...	[1;0.8333;1...	[1;0.8333;1...	[1;0.8333;1...	[1;0.8333;1...	[1;0.8333;1...	[1;0.8333;1...	[1;0.8333;1...	[1;0.9000;1...	[1;1;1;1]
22	[1;0.8333;1...	[1;0.8333;1...	[1;0.8333;1...	[1;0.8333;1...	[1;0.8333;1...	[1;0.8333;1...	[1;0.8333;1...	[1;0.8333;1...	[1;0.9000;1...	[1;1;1;1]
23	[1;1;1;0.33...	[1;1;1;0.33...	[1;1;1;0.33...	[1;1;1;0.40...	[1;1;1;0.50...	[1;1;1;0.60...	[1;1;1;0.70...	[1;1;1;0.80...	[1;1;1;0.90...	[1;1;1;1]
24	[1;0.8333;1...	[1;0.8333;1...	[1;0.8333;1...	[1;0.8333;1...	[1;0.8333;1...	[1;0.8333;1...	[1;0.8333;1...	[1;0.8333;1...	[1;0.9000;1...	[1;1;1;1]
25	[1;0.8333;1...	[1;0.8333;1...	[1;0.8333;1...	[1;0.8333;1...	[1;0.8333;1...	[1;0.8333;1...	[1;0.8333;1...	[1;0.8333;1...	[1;0.9000;1...	[1;1;1;1]
26	[1;0.5833;1...	[1;0.5833;1...	[1;0.5833;1...	[1;0.5833;1...	[1;0.5833;1...	[1;0.6000;1...	[1;0.7000;1...	[1;0.8000;1...	[1;0.9000;1...	[1;1;1;1]
27	[1;0.8333;1...	[1;0.8333;1...	[1;0.8333;1...	[1;0.8333;1...	[1;0.8333;1...	[1;0.8333;1...	[1;0.8333;1...	[1;0.8333;1...	[1;0.9000;1...	[1;1;1;1]
28	[1;0.8333;1...	[1;0.8333;1...	[1;0.8333;1...	[1;0.8333;1...	[1;0.8333;1...	[1;0.8333;1...	[1;0.8333;1...	[1;0.8333;1...	[1;0.9000;1...	[1;1;1;1]
29	[1;0.8333;1...	[1;0.8333;1...	[1;0.8333;1...	[1;0.8333;1...	[1;0.8333;1...	[1;0.8333;1...	[1;0.8333;1...	[1;0.8333;1...	[1;0.9000;1...	[1;1;1;1]
30	[1;0.8333;1...	[1;0.8333;1...	[1;0.8333;1...	[1;0.8333;1...	[1;0.8333;1...	[1;0.8333;1...	[1;0.8333;1...	[1;0.8333;1...	[1;0.9000;1...	[1;1;1;1]
31	[1;0.8333;0...	[1;0.8333;0...	[1;0.8333;0...	[1;0.8333;0...	[1;0.8333;0...	[1;0.8333;0...	[1;0.8333;0...	[1;0.8333;0...	[1;0.9000;0...	[1;1;1;1]

图 6-33　鄱阳湖流域城镇生活污水厂一级 A 达标率情景参数集

SS_PM.SAparamUrbHHCollectdRate

	1	2	3	4	5	6	7	8	9	10	11	12	13
1	'县区名称'	'区县代码'	'基准值'	'sim1'	'sim2'	'sim3'	'sim4'	'sim5'	'sim6'	'sim7'	'sim8'	'sim9'	'sim10'
2	'CNAME'	'CCODE'	'BENCHM...	[]	[]	[]	[]	[]	[]	[]	[]	[]	[]
3	'东湖区'	360102	0.9360	0.9360	0.9360	0.9360	0.9360	0.9360	0.9360	0.9360	0.9360	0.9360	1
4	'西湖区'	360103	0.9360	0.9360	0.9360	0.9360	0.9360	0.9360	0.9360	0.9360	0.9360	0.9360	1
5	'青云谱区'	360104	0.9360	0.9360	0.9360	0.9360	0.9360	0.9360	0.9360	0.9360	0.9360	0.9360	1
6	'湾里区'	360105	0.9360	0.9360	0.9360	0.9360	0.9360	0.9360	0.9360	0.9360	0.9360	0.9360	1
7	'青山湖区'	360111	0.9360	0.9360	0.9360	0.9360	0.9360	0.9360	0.9360	0.9360	0.9360	0.9360	1
8	'新建区'	360122	0.9360	0.9360	0.9360	0.9360	0.9360	0.9360	0.9360	0.9360	0.9360	0.9360	1
9	'南昌县'	360121	0.9360	0.9360	0.9360	0.9360	0.9360	0.9360	0.9360	0.9360	0.9360	0.9360	1
10	'安义县'	360123	0.9360	0.9360	0.9360	0.9360	0.9360	0.9360	0.9360	0.9360	0.9360	0.9360	1
11	'进贤县'	360124	0.9360	0.9360	0.9360	0.9360	0.9360	0.9360	0.9360	0.9360	0.9360	0.9360	1
12	'昌江区'	360202	0.8000	0.8000	0.8000	0.8000	0.8000	0.8000	0.8000	0.8000	0.8000	0.9000	1
13	'珠山区'	360203	0.8000	0.8000	0.8000	0.8000	0.8000	0.8000	0.8000	0.8000	0.8000	0.9000	1
14	'乐平市'	360281	0.8000	0.8000	0.8000	0.8000	0.8000	0.8000	0.8000	0.8000	0.8000	0.9000	1
15	'浮梁县'	360222	0.8000	0.8000	0.8000	0.8000	0.8000	0.8000	0.8000	0.8000	0.8000	0.9000	1
16	'安源区'	360302	0.7352	0.7352	0.7352	0.7352	0.7352	0.7352	0.7352	0.7352	0.8000	0.9000	1
17	'湘东区'	360313	0.7352	0.7352	0.7352	0.7352	0.7352	0.7352	0.7352	0.7352	0.8000	0.9000	1
18	'莲花县'	360321	0.7352	0.7352	0.7352	0.7352	0.7352	0.7352	0.7352	0.7352	0.8000	0.9000	1
19	'上栗县'	360322	0.7352	0.7352	0.7352	0.7352	0.7352	0.7352	0.7352	0.7352	0.8000	0.9000	1
20	'芦溪县'	360323	0.7352	0.7352	0.7352	0.7352	0.7352	0.7352	0.7352	0.7352	0.8000	0.9000	1
21	'濂溪区'	360401	0.6798	0.6798	0.6798	0.6798	0.6798	0.6798	0.6798	0.7000	0.8000	0.9000	1
22	'浔阳区'	360403	0.6798	0.6798	0.6798	0.6798	0.6798	0.6798	0.6798	0.7000	0.8000	0.9000	1
23	'九江县'	360421	0.6798	0.6798	0.6798	0.6798	0.6798	0.6798	0.6798	0.7000	0.8000	0.9000	1
24	'武宁县'	360423	0.6798	0.6798	0.6798	0.6798	0.6798	0.6798	0.6798	0.7000	0.8000	0.9000	1
25	'修水县'	360424	0.6798	0.6798	0.6798	0.6798	0.6798	0.6798	0.6798	0.7000	0.8000	0.9000	1
26	'永修县'	360425	0.6798	0.6798	0.6798	0.6798	0.6798	0.6798	0.6798	0.7000	0.8000	0.9000	1

图 6-34　鄱阳湖流域城镇生活污水收集率情景参数集

SS_PM.SAparamUrbHHTreatCoeff

	1	2	3	4	5	6	7	8	9	10	11	12	13
1	'县区名称'	'区县代码'	'基准值'	'sim1'	'sim2'	'sim3'	'sim4'	'sim5'	'sim6'	'sim7'	'sim8'	'sim9'	'sim10'
2	'CNAME'	'CCODE'	'BENCHM...	[]	[]	[]	[]	[]	[]	[]	[]	[]	[]
3	'东湖区'	360102	1	1.7000	2.4000	3.1000	3.8000	4.5000	5.2000	5.9000	6.6000	7.3000	8
4	'西湖区'	360103	1	1.7000	2.4000	3.1000	3.8000	4.5000	5.2000	5.9000	6.6000	7.3000	8
5	'青云谱区'	360104	1	1.7000	2.4000	3.1000	3.8000	4.5000	5.2000	5.9000	6.6000	7.3000	8
6	'湾里区'	360105	1	1.7000	2.4000	3.1000	3.8000	4.5000	5.2000	5.9000	6.6000	7.3000	8
7	'青山湖区'	360111	1	1.7000	2.4000	3.1000	3.8000	4.5000	5.2000	5.9000	6.6000	7.3000	8
8	'新建区'	360122	1	1.7000	2.4000	3.1000	3.8000	4.5000	5.2000	5.9000	6.6000	7.3000	8
9	'南昌县'	360121	1	1.7000	2.4000	3.1000	3.8000	4.5000	5.2000	5.9000	6.6000	7.3000	8
10	'安义县'	360123	1	1.7000	2.4000	3.1000	3.8000	4.5000	5.2000	5.9000	6.6000	7.3000	8
11	'进贤县'	360124	1	1.7000	2.4000	3.1000	3.8000	4.5000	5.2000	5.9000	6.6000	7.3000	8
12	'昌江区'	360202	1	1.7000	2.4000	3.1000	3.8000	4.5000	5.2000	5.9000	6.6000	7.3000	8
13	'珠山区'	360203	1	1.7000	2.4000	3.1000	3.8000	4.5000	5.2000	5.9000	6.6000	7.3000	8
14	'乐平市'	360281	1	1.7000	2.4000	3.1000	3.8000	4.5000	5.2000	5.9000	6.6000	7.3000	8
15	'浮梁县'	360222	1	1.7000	2.4000	3.1000	3.8000	4.5000	5.2000	5.9000	6.6000	7.3000	8
16	'安源区'	360302	1	1.7000	2.4000	3.1000	3.8000	4.5000	5.2000	5.9000	6.6000	7.3000	8
17	'湘东区'	360313	1	1.7000	2.4000	3.1000	3.8000	4.5000	5.2000	5.9000	6.6000	7.3000	8
18	'莲花县'	360321	1	1.7000	2.4000	3.1000	3.8000	4.5000	5.2000	5.9000	6.6000	7.3000	8
19	'上栗县'	360322	1	1.7000	2.4000	3.1000	3.8000	4.5000	5.2000	5.9000	6.6000	7.3000	8
20	'芦溪县'	360323	1	1.7000	2.4000	3.1000	3.8000	4.5000	5.2000	5.9000	6.6000	7.3000	8
21	'濂溪区'	360401	1	1.7000	2.4000	3.1000	3.8000	4.5000	5.2000	5.9000	6.6000	7.3000	8
22	'浔阳区'	360403	1	1.7000	2.4000	3.1000	3.8000	4.5000	5.2000	5.9000	6.6000	7.3000	8
23	'九江县'	360421	1	1.7000	2.4000	3.1000	3.8000	4.5000	5.2000	5.9000	6.6000	7.3000	8
24	'武宁县'	360423	1	1.7000	2.4000	3.1000	3.8000	4.5000	5.2000	5.9000	6.6000	7.3000	8
25	'修水县'	360424	1	1.7000	2.4000	3.1000	3.8000	4.5000	5.2000	5.9000	6.6000	7.3000	8
26	'永修县'	360425	1	1.7000	2.4000	3.1000	3.8000	4.5000	5.2000	5.9000	6.6000	7.3000	8
27	'德安县'	360426	1	1.7000	2.4000	3.1000	3.8000	4.5000	5.2000	5.9000	6.6000	7.3000	8
28	'都昌县'	360428	1	1.7000	2.4000	3.1000	3.8000	4.5000	5.2000	5.9000	6.6000	7.3000	8
29	'湖口县'	360429	1	1.7000	2.4000	3.1000	3.8000	4.5000	5.2000	5.9000	6.6000	7.3000	8
30	'彭泽县'	360430	1	1.7000	2.4000	3.1000	3.8000	4.5000	5.2000	5.9000	6.6000	7.3000	8

图 6-35　鄱阳湖流域城镇生活污水入厂负荷处理系数情景参数集

SS_PM.SAparamUrbHHTreatPolltCC

	3	4	5	6	7	8	9	10	11	12	13	14	15	16	17	18	19
1	'单位名称'	'级别'	'所属区县'	'设计规模(...	'直接排入的...	'上一级河流...	'基准值'	'sim1'	'sim2'	'sim3'	'sim4'	'sim5'	'sim6'	'sim7'	'sim8'	'sim9'	'sim10'
2	'Name'	'Level'	'County'	'Designed ...	'IntoRiver'	'UpperRiver'	'BENCHM...	[]	[]	[]	[]	[]	[]	[]	[]	[]	[]
3	'南昌青山湖污水处理有...	'市级'	'青山湖区'	50	'赣江南支'	'赣江'	[0.4084;0.3...	[0.4084;0.3...	[0.4084;0.3...	[0.4084;0.3...	[0.4084;0.4...	[0.5000;0.5...	[0.6000;0.6...	[0.7000;0.7...	[0.8000;0.8...	[0.9000;0.9...	[1;1;1;1]
4	'南昌市朝阳污水处理厂'	'市级'	'西湖区'	8	'抚河故道精...	NaN	[0.6001;0.3...	[0.6001;0.3...	[0.6001;0.3...	[0.6001;0.3...	[0.6001;0.4...	[0.6001;0.5...	[0.6001;0.6...	[0.7000;0.7...	[0.8000;0.8...	[0.9000;0.9...	[1;1;1;1]
5	'南昌市红谷滩鹏鹞污水...	'市级'	'青山湖区'	20	'乌沙河'	'赣江'	[0.7049;0.8...	[0.7049;0.8...	[0.7049;0.8...	[0.7049;0.8...	[0.7049;0.8...	[0.7049;0.8...	[0.7049;0.8...	[0.7049;0.8...	[0.8000;0.8...	[0.9000;0.9...	[1;1;1;1]
6	'南昌市象湖污水处理厂'	'市级'	'青云谱区'	20	'桃花河'	'赣江'	[0.4683;0.5...	[0.4683;0.5...	[0.4683;0.5...	[0.4683;0.5...	[0.4683;0.5...	[0.5000;0.5...	[0.6000;0.6...	[0.7000;0.7...	[0.8000;0.8...	[0.9000;0.9...	[1;1;1;1]
7	'黄海污水处理厂'	'县级'	'新建区'	1	'导排渠'	'无'	[0.3365;0.1...	[0.3365;0.1...	[0.3365;0.2...	[0.3365;0.3...	[0.4000;0.4...	[0.5000;0.5...	[0.6000;0.6...	[0.7000;0.7...	[0.8000;0.8...	[0.9000;0.9...	[1;1;1;1]
8	'南昌县污水处理厂'	'县级'	'南昌县'	6	'莲塘排渍道'	'抚河'	[0.3415;0.3...	[0.3415;0.3...	[0.3415;0.3...	[0.3415;0.3...	[0.4000;0.4...	[0.5000;0.5...	[0.6000;0.6...	[0.7000;0.7...	[0.8000;0.8...	[0.9000;0.9...	[1;1;1;1]
9	'望城污水处理厂'	'县级'	'新建区'	3	'乌沙河'	'赣江'	[0.3033;0.2...	[0.3033;0.2...	[0.3033;0.2...	[0.3033;0.3...	[0.4000;0.4...	[0.5000;0.5...	[0.6000;0.6...	[0.7000;0.7...	[0.8000;0.8...	[0.9000;0.9...	[1;1;1;1]
10	'安义县污水处理厂'	'县级'	'安义县'	1	'潦河'	NaN	[0.4905;0.3...	[0.4905;0.3...	[0.4905;0.3...	[0.4905;0.3...	[0.4905;0.4...	[0.5000;0.5...	[0.6000;0.6...	[0.7000;0.7...	[0.8000;0.8...	[0.9000;0.9...	[1;1;1;1]
11	'进贤县污水处理厂'	'县级'	'进贤县'	4	'青岚湖'	'军山湖'	[0.4646;0.3...	[0.4646;0.3...	[0.4646;0.3...	[0.4646;0.3...	[0.4646;0.4...	[0.5000;0.5...	[0.6000;0.6...	[0.7000;0.7...	[0.8000;0.8...	[0.9000;0.9...	[1;1;1;1]
12	'瑶湖污水处理厂'	'市级'	'南昌县'	4	'赣江南支'	'长江'	[0.1775;0.1...	[0.1775;0.1...	[0.2000;0.2...	[0.3000;0.3...	[0.4000;0.4...	[0.5000;0.5...	[0.6000;0.6...	[0.7000;0.7...	[0.8000;0.8...	[0.9000;0.9...	[1;1;1;1]
13	'湾里区污水处理厂'	'县级'	'湾里区'	1.5000	'乌沙河'	'赣江'	[0.3173;0.2...	[0.3173;0.2...	[0.3173;0.2...	[0.3173;0.3...	[0.4000;0.4...	[0.5000;0.5...	[0.6000;0.6...	[0.7000;0.7...	[0.8000;0.8...	[0.9000;0.9...	[1;1;1;1]
14	'南昌市航空城污水处理厂'	'市级'	'南昌县'	2	'黑头河'	'赣江南支'	[0;0;0;0]	[0.1000;0.1...	[0.2000;0.2...	[0.3000;0.3...	[0.4000;0.4...	[0.5000;0.5...	[0.6000;0.6...	[0.7000;0.7...	[0.8000;0.8...	[0.9000;0.9...	[1;1;1;1]
15	'景德镇西瓜洲污水处理厂'	'市级'	'珠山区'	8	'昌江支流南...	'昌江'	[0.3102;0.2...	[0.3102;0.2...	[0.3102;0.2...	[0.3102;0.3...	[0.4000;0.4...	[0.5000;0.5...	[0.6000;0.6...	[0.7000;0.7...	[0.8000;0.8...	[0.9000;0.9...	[1;1;1;1]
16	'景德镇市第二污水处理厂'	'市级'	'浮梁县'	4	'昌江'	NaN	[0.1468;0.1...	[0.1468;0.1...	[0.2000;0.2...	[0.3000;0.3...	[0.4000;0.4...	[0.5000;0.5...	[0.6000;0.6...	[0.7000;0.7...	[0.8000;0.8...	[0.9000;0.9...	[1;1;1;1]
17	'浮梁县污水处理厂'	'县级'	'浮梁县'	1	'西河'	NaN	[0.5524;0.4...	[0.5524;0.4...	[0.5524;0.4...	[0.5524;0.4...	[0.5524;0.4...	[0.5524;0.5...	[0.6000;0.6...	[0.7000;0.7...	[0.8000;0.8...	[0.9000;0.9...	[1;1;1;1]
18	'乐平市污水处理厂'	'县级'	'乐平市'	4	'乐安河'	' 乐安河'	[0.3550;0.3...	[0.3550;0.3...	[0.3550;0.3...	[0.3550;0.3...	[0.4000;0.4...	[0.5000;0.5...	[0.6000;0.6...	[0.7000;0.7...	[0.8000;0.8...	[0.9000;0.9...	[1;1;1;1]
19	'萍乡市谢家滩污水处理厂'	'市级'	'安源区'	8	'萍水河'	NaN	[0.2290;0.3...	[0.2290;0.3...	[0.2290;0.3...	[0.3000;0.3...	[0.4000;0.4...	[0.5000;0.5...	[0.6000;0.6...	[0.7000;0.7...	[0.8000;0.8...	[0.9000;0.9...	[1;1;1;1]
20	'萍乡市湘东区污水处理厂'	'县级'	'湘东区'	1	'萍水河'	'萍水河'	[0.2390;0.1...	[0.2390;0.1...	[0.2390;0.2...	[0.3000;0.3...	[0.4000;0.4...	[0.5000;0.5...	[0.6000;0.6...	[0.7000;0.7...	[0.8000;0.8...	[0.9000;0.9...	[1;1;1;1]
21	'莲花县污水处理厂'	'县级'	'莲花县'	1.5000	'莲江'	'赣江流域禾...	[0.4876;0.2...	[0.4876;0.2...	[0.4876;0.2...	[0.4876;0.3...	[0.4876;0.4...	[0.5000;0.5...	[0.6000;0.6...	[0.7000;0.7...	[0.8000;0.8...	[0.9000;0.9...	[1;1;1;1]
22	'上栗县污水处理厂'	'县级'	'上栗县'	1.5000	'栗水河'	NaN	[0.4907;0.5...	[0.4907;0.5...	[0.4907;0.5...	[0.4907;0.5...	[0.4907;0.5...	[0.5000;0.5...	[0.6000;0.6...	[0.7000;0.7...	[0.8000;0.8...	[0.9000;0.9...	[1;1;1;1]
23	'芦溪县污水处理厂'	'县级'	'芦溪县'	1.5000	'芦溪袁河'	'宜春袁河'	[0.4683;0.3...	[0.4683;0.3...	[0.4683;0.3...	[0.4683;0.3...	[0.4683;0.4...	[0.5000;0.5...	[0.6000;0.6...	[0.7000;0.7...	[0.8000;0.8...	[0.9000;0.9...	[1;1;1;1]
24	'九江市鹤问湖污水处理厂'	'市级'	'濂溪区'	10	'长江'	'新开河'	[0.6348;0.3...	[0.6348;0.3...	[0.6348;0.3...	[0.6348;0.3...	[0.6348;0.4...	[0.6348;0.5...	[0.6348;0.6...	[0.7000;0.7...	[0.8000;0.8...	[0.9000;0.9...	[1;1;1;1]
25	'九江市老鹳塘污水处理厂'	'市级'	'濂溪区'	6	'长江'	NaN	[0.5280;0.4...	[0.5280;0.4...	[0.5280;0.4...	[0.5280;0.4...	[0.5280;0.4...	[0.5280;0.5...	[0.6000;0.6...	[0.7000;0.7...	[0.8000;0.8...	[0.9000;0.9...	[1;1;1;1]
26	'九江县污水处理厂'	'县级'	'九江县'	1	'蛟滩湖'	'八里湖'	[0.3906;0.3...	[0.3906;0.3...	[0.3906;0.3...	[0.3906;0.3...	[0.4000;0.4...	[0.5000;0.5...	[0.6000;0.6...	[0.7000;0.7...	[0.8000;0.8...	[0.9000;0.9...	[1;1;1;1]
27	'武宁县污水处理厂'	'县级'	'武宁县'	2	'柘林湖'	'修河'	[0.5174;0.4...	[0.5174;0.4...	[0.5174;0.4...	[0.5174;0.4...	[0.5174;0.4...	[0.5174;0.5...	[0.6000;0.6...	[0.7000;0.7...	[0.8000;0.8...	[0.9000;0.9...	[1;1;1;1]

图 6-36　鄱阳湖流域城镇生活污水入厂负荷浓度系数情景参数集

SS_PM.SAparamAquaculFishProport

	1	2	3	4	5	6	7	8	9	10	11	12	13
1	'县区名称'	'区县代码'	'基准值'	'sim1'	'sim2'	'sim3'	'sim4'	'sim5'	'sim6'	'sim7'	'sim8'	'sim9'	'sim10'
2	'CNAME'	'CCODE'	'BENCHM...	[]	[]	[]	[]	[]	[]	[]	[]	[]	[]
3	'东湖区'	360102	0.9951	0.9000	0.8000	0.7000	0.6000	0.5000	0.4000	0.3000	0.2000	0.1000	0
4	'西湖区'	360103	0	0	0	0	0	0	0	0	0	0	0
5	'青云谱区'	360104	0	0	0	0	0	0	0	0	0	0	0
6	'湾里区'	360105	0.9870	0.9000	0.8000	0.7000	0.6000	0.5000	0.4000	0.3000	0.2000	0.1000	0
7	'青山湖区'	360111	1	0.9000	0.8000	0.7000	0.6000	0.5000	0.4000	0.3000	0.2000	0.1000	0
8	'南昌县'	360121	0.8297	0.8297	0.8000	0.7000	0.6000	0.5000	0.4000	0.3000	0.2000	0.1000	0
9	'新建区'	360122	0.8648	0.8648	0.8000	0.7000	0.6000	0.5000	0.4000	0.3000	0.2000	0.1000	0
10	'安义县'	360123	0.9136	0.9000	0.8000	0.7000	0.6000	0.5000	0.4000	0.3000	0.2000	0.1000	0
11	'进贤县'	360124	0.8493	0.8493	0.8000	0.7000	0.6000	0.5000	0.4000	0.3000	0.2000	0.1000	0
12	'昌江区'	360202	1	0.9000	0.8000	0.7000	0.6000	0.5000	0.4000	0.3000	0.2000	0.1000	0
13	'珠山区'	360203	1	0.9000	0.8000	0.7000	0.6000	0.5000	0.4000	0.3000	0.2000	0.1000	0
14	'浮梁县'	360222	1	0.9000	0.8000	0.7000	0.6000	0.5000	0.4000	0.3000	0.2000	0.1000	0
15	'乐平市'	360281	1	0.9000	0.8000	0.7000	0.6000	0.5000	0.4000	0.3000	0.2000	0.1000	0
16	'安源区'	360302	0.9463	0.9000	0.8000	0.7000	0.6000	0.5000	0.4000	0.3000	0.2000	0.1000	0
17	'湘东区'	360313	0.9323	0.9000	0.8000	0.7000	0.6000	0.5000	0.4000	0.3000	0.2000	0.1000	0
18	'莲花县'	360321	0.9252	0.9000	0.8000	0.7000	0.6000	0.5000	0.4000	0.3000	0.2000	0.1000	0
19	'上栗县'	360322	0.9320	0.9000	0.8000	0.7000	0.6000	0.5000	0.4000	0.3000	0.2000	0.1000	0
20	'芦溪县'	360323	0.9040	0.9000	0.8000	0.7000	0.6000	0.5000	0.4000	0.3000	0.2000	0.1000	0
21	'濂溪区'	360401	0.9450	0.9000	0.8000	0.7000	0.6000	0.5000	0.4000	0.3000	0.2000	0.1000	0
22	'庐山市'	360402	1	0.9000	0.8000	0.7000	0.6000	0.5000	0.4000	0.3000	0.2000	0.1000	0
23	'浔阳区'	360403	0.9954	0.9000	0.8000	0.7000	0.6000	0.5000	0.4000	0.3000	0.2000	0.1000	0
24	'九江县'	360421	0.9517	0.9000	0.8000	0.7000	0.6000	0.5000	0.4000	0.3000	0.2000	0.1000	0
25	'武宁县'	360423	0.9683	0.9000	0.8000	0.7000	0.6000	0.5000	0.4000	0.3000	0.2000	0.1000	0
26	'修水县'	360424	0.8419	0.8419	0.8000	0.7000	0.6000	0.5000	0.4000	0.3000	0.2000	0.1000	0
27	'永修县'	360425	0.9142	0.9000	0.8000	0.7000	0.6000	0.5000	0.4000	0.3000	0.2000	0.1000	0
28	'德安县'	360426	0.9037	0.9000	0.8000	0.7000	0.6000	0.5000	0.4000	0.3000	0.2000	0.1000	0
29	'都昌县'	360428	0.7964	0.7964	0.7964	0.7000	0.6000	0.5000	0.4000	0.3000	0.2000	0.1000	0
30	'湖口县'	360429	0.8993	0.8993	0.8000	0.7000	0.6000	0.5000	0.4000	0.3000	0.2000	0.1000	0

图 6-37　鄱阳湖流域鱼类养殖比例情景参数集

2）情景模拟分析

（1）种植业化肥减量效应。

经分析，鄱阳湖流域基准年所涉 100 个区县磷肥施用强度（单位耕地面积磷肥施用量）均值约为 443.6kg/hm^2。如图 6-38 所示，基准年鄱阳湖流域陆域入湖污染负荷总量约为 10 000t/a；随着单位耕地面积磷肥施用量限值降低（迭代编号增加），入湖负荷量开始呈轻微降低趋势，当流域单位耕地面积磷肥施用量限值控制在 300kg/hm² 以下时（迭代编号>7），入湖负荷量加速下降。流域入湖负荷降低的主要贡献源为种植面源，当流域磷肥施用强度控制到 100kg/hm² 以下可使入湖总磷负荷降低 1488.0t/a（削减约 14.7%）。

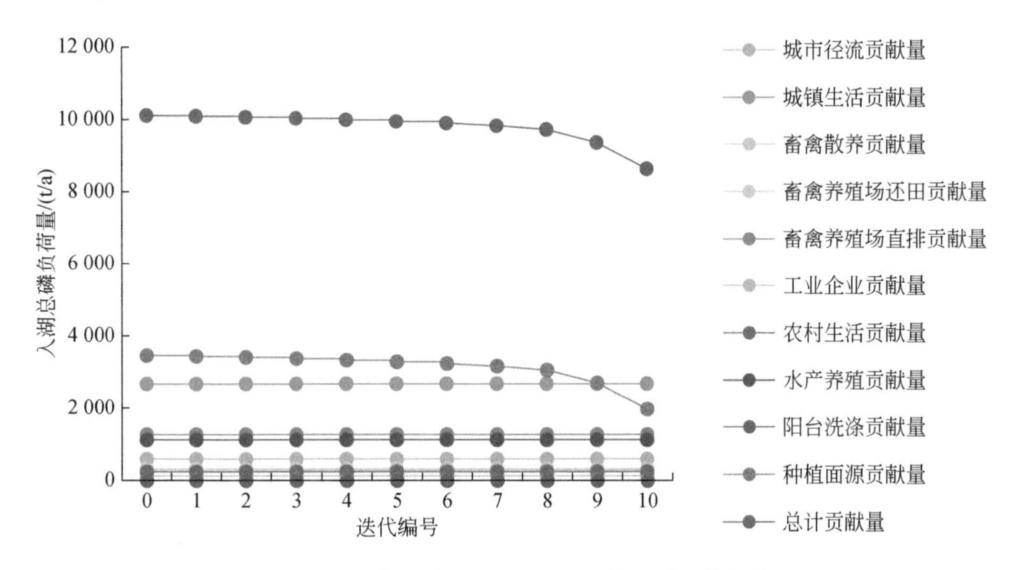

图 6-38　鄱阳湖流域种植业化肥减量情景效应模拟结果

（2）畜禽粪污综合利用效应。

如图 6-39 所示，基准年鄱阳湖流域畜禽粪污处理后直排率约为 0.1，随着流域所涉各区县畜禽粪污处理后直排率限值降低（迭代编号增加），入湖总磷负荷量开始并未有响应，

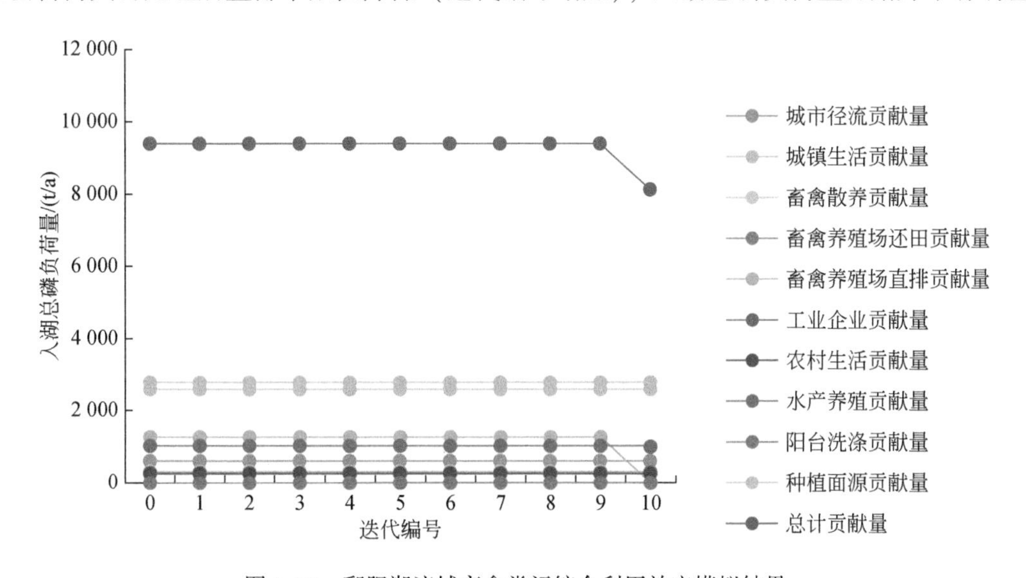

图 6-39　鄱阳湖流域畜禽粪污综合利用效应模拟结果

当流域畜禽粪污处理后直排率限值控制在 0. 1 以下时（迭代编号>10），入湖总磷负荷量下降明显。流域入湖总磷负荷降低的主要贡献源为畜禽养殖场直排负荷变化，当流域畜禽粪污处理后直排率控制在 0 时可使入湖总磷负荷降低 1341. 3t/a（削减约 13. 5%）。

（3）畜禽粪污处理提标效应。

如图 6-40 所示，因提标成本高，基准年鄱阳湖流域畜禽粪污处理设施提标改造比例接近 0，陆域入湖总磷污染负荷约为 10 000t/a；随着流域所涉各区县畜禽粪污处理设施提标改造比例限值增加（迭代编号增加），入湖总磷负荷量呈线性逐渐降低。流域入湖总磷负荷降低的主要贡献源为畜禽养殖场直排负荷变化，当流域畜禽粪污处理设施提标改造比例控制到 1 时可使入湖总磷负荷降低 1168. 8t/a（削减约 11. 7%）。

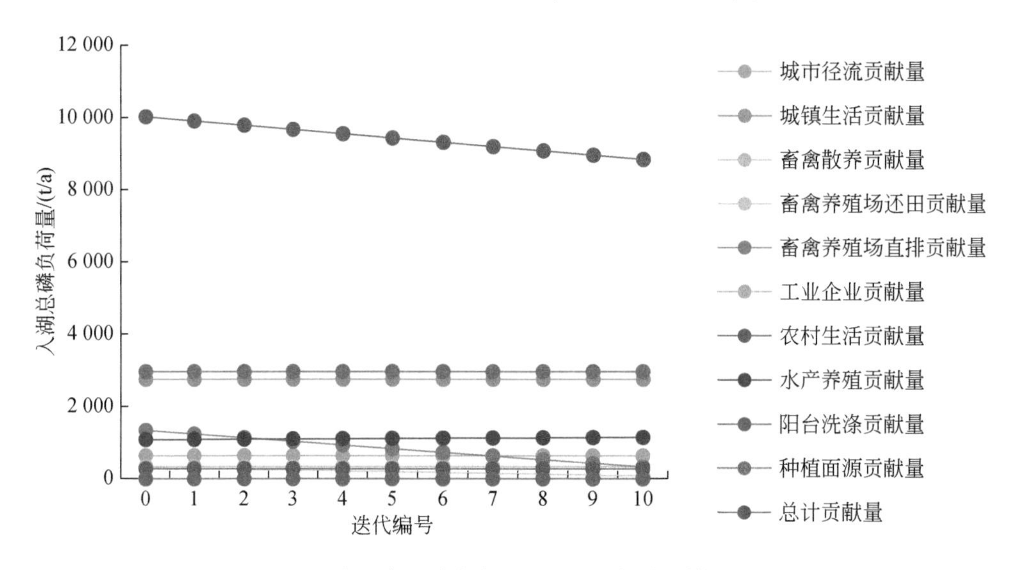

图 6-40　鄱阳湖流域畜禽粪污处理提标效应模拟结果

（4）城镇生活污水处理提标效应。

如图 6-41 所示，基准年流域城镇生活污水厂一级 A 达标率仅为 0. 42，相应流域陆域城镇生活入湖总磷污染负荷约为 2740. 0t/a。随着流域所涉各区县城镇生活污水厂一级 A 达标率限值提高（迭代编号增加），入湖总磷负荷量开始响应并不明显，随着流域污水厂一级 A 达标率限值增加，入湖总磷负荷量呈加速下降变化态势；当一级 A 达标率控制在 0. 8 以上时（迭代编号>40），入湖总磷负荷量下降明显。流域入湖负荷降低的主要贡献源为城镇生活负荷变化，当流域城镇生活污水处理厂一级 A 达标率控制到 1 时可使入湖总磷负荷降低 32. 1t/a（削减约 0. 3%）。

（5）城镇生活污水收集率提升效应。

如图 6-42 所示，基准年流域城镇生活污水收集率为 0. 71，相应城镇生活入湖总磷负荷约为 2681. 0t/a。随着流域所涉各区县城镇生活污水收集率限值提高（迭代编号增加），入湖总磷负荷量开始并未有明显响应，随着流域城镇生活污水收集率最低限值增加到 0. 5 以上，入湖总磷负荷量呈下降变化态势；当城镇生活污水处理厂总磷指标一级 A 达标率控

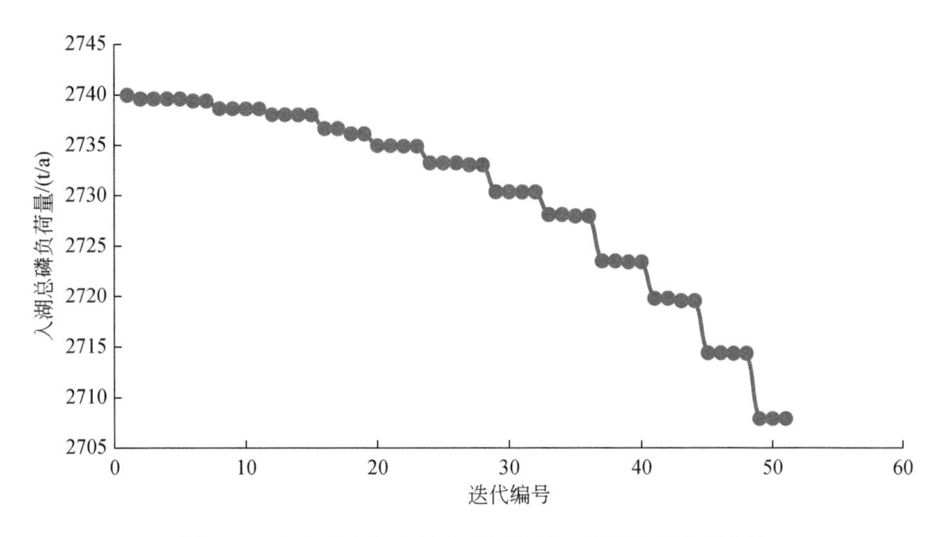

图 6-41　鄱阳湖流域城镇生活污水处理提标效应模拟结果

制在 0.8 以上时（迭代编号>9），入湖总磷负荷量下降明显。流域入湖总磷负荷降低的主要贡献源为城镇生活负荷变化，当流域城镇生活污水收集率控制到 1 时可使入湖总磷负荷降低 3.1t/a（削减流域入湖总磷负荷的 0.03%）。

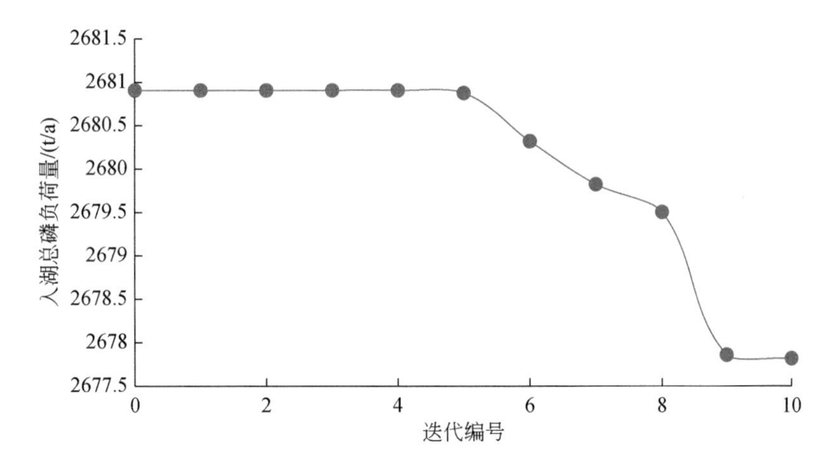

图 6-42　鄱阳湖流域城镇生活污水收集率提升效应模拟结果

（6）城镇生活污水处理能力提升效应。

如图 6-43 所示，基准年鄱阳湖流域陆域入湖总磷污染负荷约为 10 000t/a；随着流域所涉各区县城镇生活污水厂处理能力限值提高（迭代编号增加），入湖总磷负荷量开始呈加速下降态势，随着流域城镇生活污水厂处理能力提升为基准年的 5 倍以上（迭代编号>5），入湖总磷负荷量下降趋于平缓。流域入湖总磷负荷降低的主要贡献源为城镇生活负荷变化，当流域城镇生活污水厂处理能力达到基准年的 8 倍时（迭代编号=10），可使入湖总磷负荷降低 1356.7t/a（削减流域入湖总磷负荷的 13.4%）。

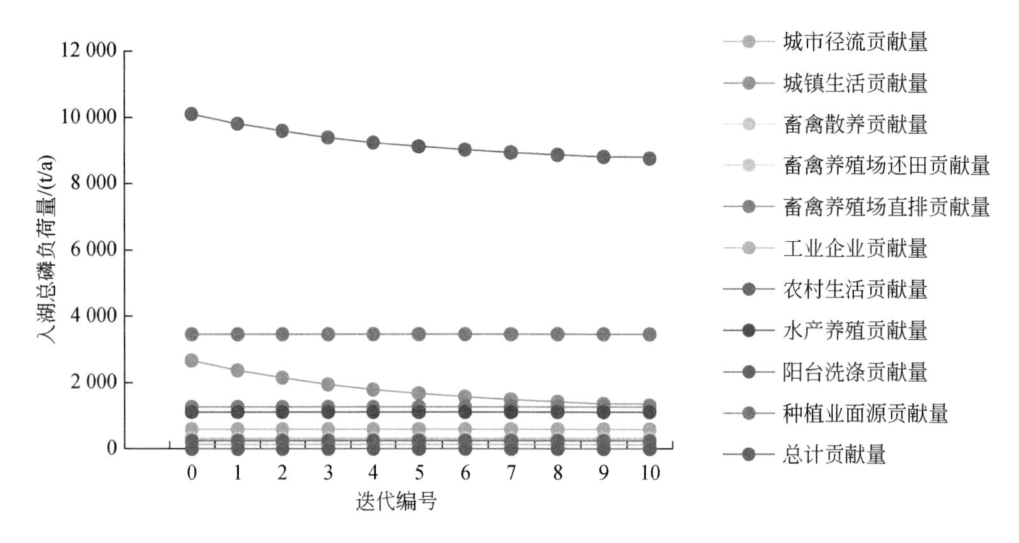

图 6-43 鄱阳湖流域城镇生活污水处理能力提升效应模拟结果

(7) 城镇雨污分流效应。

如图 6-44 所示，基准年鄱阳湖流域陆域城镇生活入湖总磷负荷约为 2740. 0t/a；随着流域所涉各区县城镇雨污分流开展，城镇生活污水厂入厂总磷浓度值提高（迭代编号增加），入湖总磷负荷量开始并未有明显响应，但当流域城镇生活污水厂入厂总磷浓度值增加到 1. 5mg/L 以上（迭代编号>3），入湖总磷负荷量呈线性下降态势。流域入湖总磷负荷降低的主要贡献源为城镇生活负荷变化，随着城镇雨污分流深入开展，当流域城镇生活污水厂入厂总磷浓度值增加到 5. 0mg/L 时，可使陆域入湖总磷负荷降低 636. 3t/a（削减流域入湖总磷负荷的 6. 4%）。

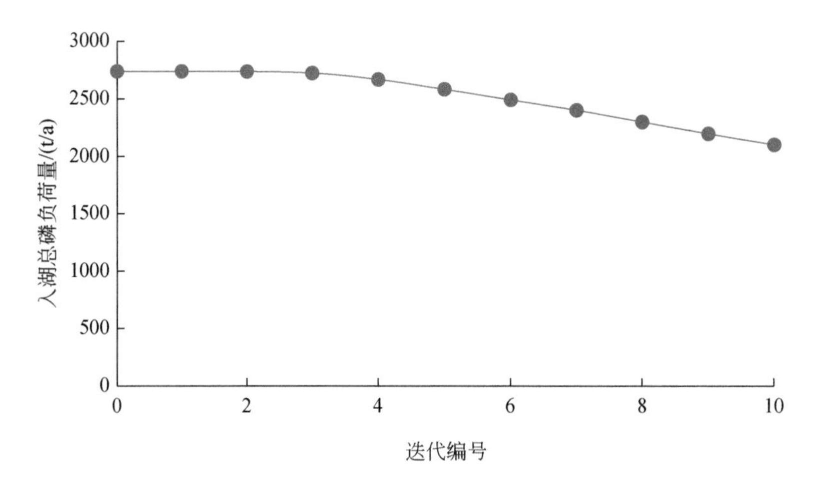

图 6-44 鄱阳湖流域城镇雨污分流效应模拟结果

（8）水产养殖结构优化效应。

如图6-45所示，基准年鄱阳湖流域水产养殖业中，鱼类养殖比例占0.9，相应流域入湖总磷负荷量约为10 000t/a；随着流域所涉各区县水产养殖结构优化，鱼类养殖比例限值降低（迭代编号增加），入湖总磷负荷量开始并未呈现明显下降态势，随着流域鱼类养殖比例降低到0.7以下（迭代编号>3），入湖总磷负荷量呈线性下降趋势。流域入湖负荷降低的主要贡献源为水产养殖负荷变化，当流域各区县鱼类养殖比例为0时（迭代编号=10），可使入湖总磷负荷降低669.3t/a（削减约6.7%）。

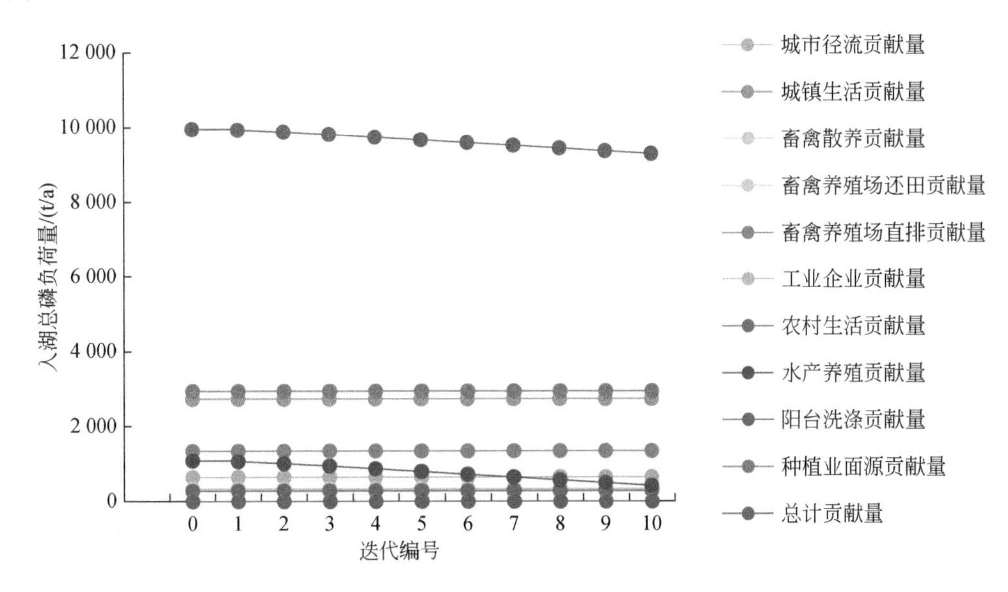

图6-45　鄱阳湖流域水产养殖结构优化效应模拟结果

3）潜力量化评估

基于各项产业减排调控措施调控潜力情景模拟分析结果，进一步评估比较调控参数阈值区间内各项调控措施对入湖总磷负荷影响潜力，为综合调控方案的制定提供参考。

如图6-46和图6-47所示，8种产业减排调控措施的调控潜力值各异。其中，在单位耕地面积磷肥施用量控制到100kg/hm^{2}以下时，施肥减量措施调控潜力值最大，占比22%。从针对城镇生活污染减排的4项调控措施的单独表现看，污水厂处理能力提升具有最大潜力（占比20%），其次是雨污分流（占比10%），其他两项调控措施调控潜力十分有限（合计占比约1%）。这表明，当前鄱阳湖流域城镇生活污染治理的主要矛盾在于污水处理能力不足和雨污合流问题，导致溢流直排严重（2017年各市生活污水处理率均值为72.6%），特别是吉安市和上饶市城镇生活污水处理率不足50%；因此，单纯的开展城镇生活污水厂一级A提标改造和管网建设提高收集率对城镇生活污染减排的影响效应不佳。在畜禽养殖污染调控方面，通过提高粪污综合利用率减少粪便直排和加强粪污处理设施升级改造均有较好的污染减排效应，潜力占比分别达到20%和17%。相比于畜禽养殖，水产养殖结构优化潜力相对偏低，占比10%。

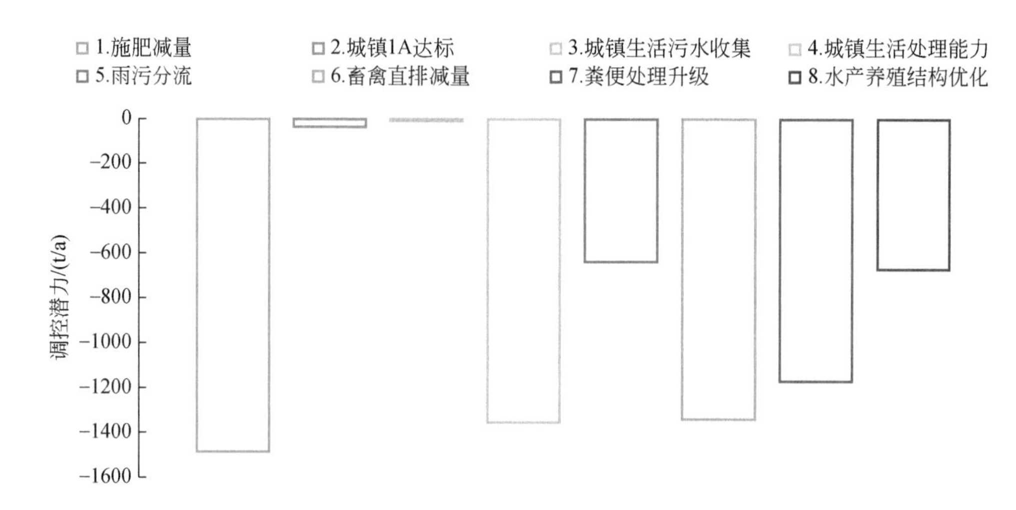

图 6-46　鄱阳湖流域产业减排调控潜力评估比较

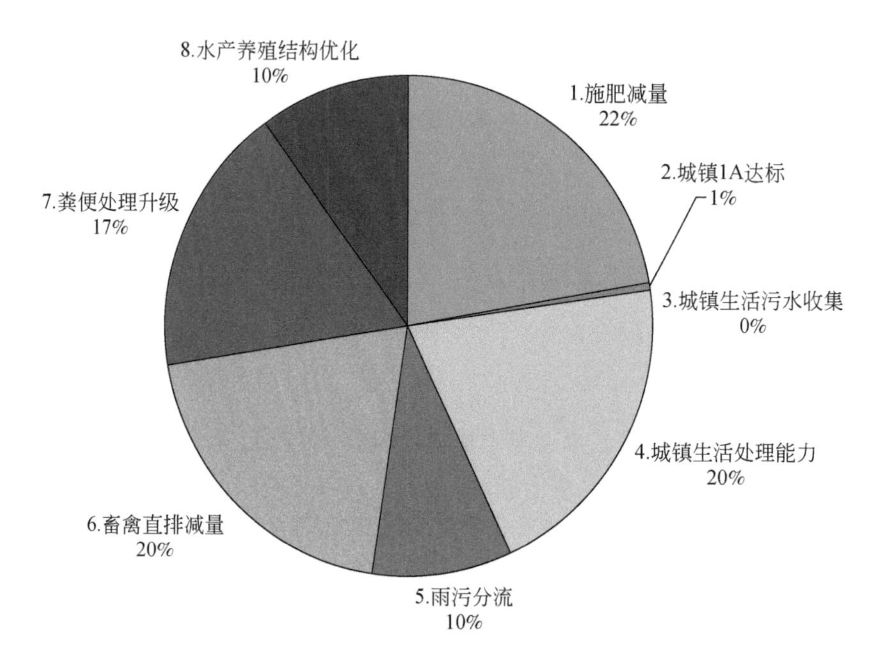

图 6-47　鄱阳湖流域产业减排调控潜力比例

进一步分析子流域尺度产业减排调控潜力分布情况（图 6-48）可知，鄱阳湖流域产业减排调控潜力主要集中在滨湖区和赣江流域。其中，滨湖区多数子流域产业减排潜力可达 200t/a 以上；赣江集水区产业减排调控潜力分布在中游吉安市等农业产区和下游南昌市城镇生活区，污染产业减排调控潜力最高可达 300t/a。此外，抚河集水区中下游抚州市所涉区域和饶河中下游个别子流域产业减排调控潜力较高。

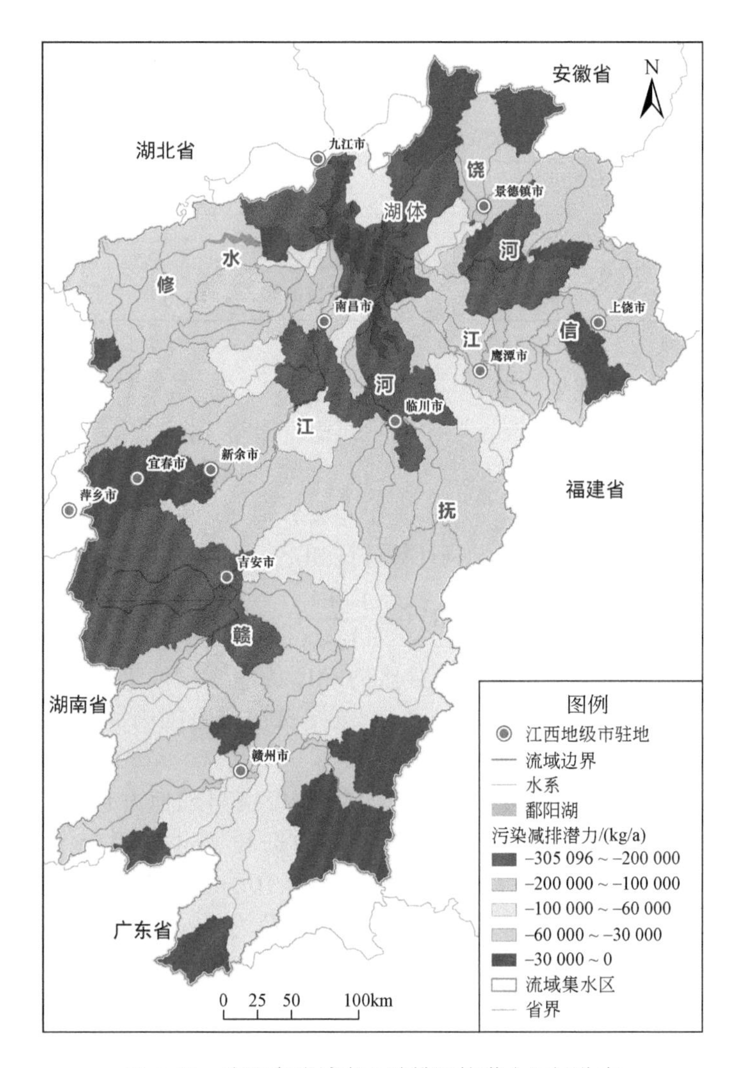

图6-48　鄱阳湖流域产业减排调控潜力空间分布

3. 生态增容调控潜力及效应评估

1）情景参数设置

（1）技术方法。

依托HECCERS模型平台，利用系统模型的潜力评估（Potential Evaluation）模块功能，基于编制的鄱阳湖流域水生态承载力调控措施清单，选择潜力评估情景基准年（Base Year）和参数化模拟迭代次数（Run Times），对生态增容措施开展调控潜力评估情景参数化。调控潜力评估情景参数化如下。

第一，提取流域基准年参数基准值。基于承载力系统模型基础数据库，针对所评估的生态增容调控措施提取调控参数的基准值。本研究主要针对退耕还林、岸线生态修复两项生态修复措施，开展调控潜力评估，相关参数化属性如表6-9所示。考虑相关措施对应流域面源污染负荷截留消纳和维持水生态系统功能方面的重要作用，针对鄱阳湖流域 86 个子流域分布计算提取滨岸缓冲带植被覆盖比例基准值。

表 6-9　行业减排调控潜力评估措施参数化属性表

调控措施	调控参数	调控措施	空间尺度	迭代次数
生态修复	退耕还林	流域退耕还林面积	子流域	5000
	岸线生态修复	滨岸缓冲带植被覆盖比例	子流域	10

根据《江西国土空间规划（2016—2030 年）》中“三区三线”的规划，城镇发展边界的面积为 5101km^2，远大于现有城镇用地的面积；同时，随着未来社会经济的发展，城镇的污染会进一步加剧。而城镇用地较难进行空间优化调控，其污染削减已从产业减排的角度考虑。因此，流域退耕还林调控潜力评估主要针对耕地和林草地进行。

各子流域滨岸缓冲带植被覆盖比例计算方法如下

$$\mathrm{RVC}=\frac{A_{林}+A_{草}}{A_{缓冲带}} \tag{6-4}$$

式中，RVC 为子流域滨岸缓冲带植被覆盖比例；$A_{林}$为滨岸缓冲带范围内林地面积（包括林地、灌木林地、疏林地、其他林地）；$A_{草}$为滨岸缓冲带范围内草地面积（包括高、中、低覆盖度草地）；$A_{缓冲带}$为缓冲带总面积。

鄱阳湖流域河湖缓冲带范围参考国内外前期研究资料和地方管理实践经验确定。本方案中，基于 2018 年 30m 分辨率土地利用栅格数据和 ArcGIS 平台，提取了包括河渠、湖泊、水库在内的水域范围，并筛选水体面积大于 10km^2的湖库共计 29 个（滨湖区 19 个、五河集水区 10 个）作为缓冲带范围确定的依据。进一步，分区确定河湖滨岸缓冲带范围：在滨湖区，以湖体水面边界以外 2km 划定缓冲带范围，对河渠缓冲区界定为水面线以外 1km 范围；在五河集水区，湖库和五河干渠滨岸缓冲区范围界定为水域边界以外 1km。

经计算，鄱阳湖流域河湖滨岸缓冲带植被覆盖比例如图 6-49 所示。分析知，总体上鄱阳湖流域各子流域滨岸缓冲带平均植被覆盖比例不高，仅为 39. 2%；各城市区所涉河湖滨岸缓冲带植被覆盖比例普遍较低，特别在滨湖区、赣江中下游、抚河下游、信江中下游水体滨岸缓冲带林草覆盖比例较低（小于 40%）。与鄱阳湖入湖总磷负荷贡献分布特征相比发现，流域河湖滨岸缓冲带林草覆盖低的区域贡献了较高的入湖总磷负荷，特别对于滨湖区、赣江中下游等区域，入湖污染负荷贡献高、河湖滨岸缓冲带植被覆盖低，呈现产业排污压力大、生态容量承载力不足的特征，不利于鄱阳湖流域可持续发展。

第二，潜力评估情景参数化。考虑潜力评估迭代次数越大模拟评估时间成本越高，从模拟评估效率优先角度出发，设定模拟迭代次数（N）取 10。依据迭代次数值和各参数的阈值区间，设置 N 种模拟迭代情景（编号分别为 1 ~ N），将各空间上情景参数取值分为等差变化的参数值（N 个）。同时，比较各迭代情景编号对应参数值与相应基准值的大小，若情景参数值优于基准值，则情景参数值不变；若情景参数值劣于基准值，

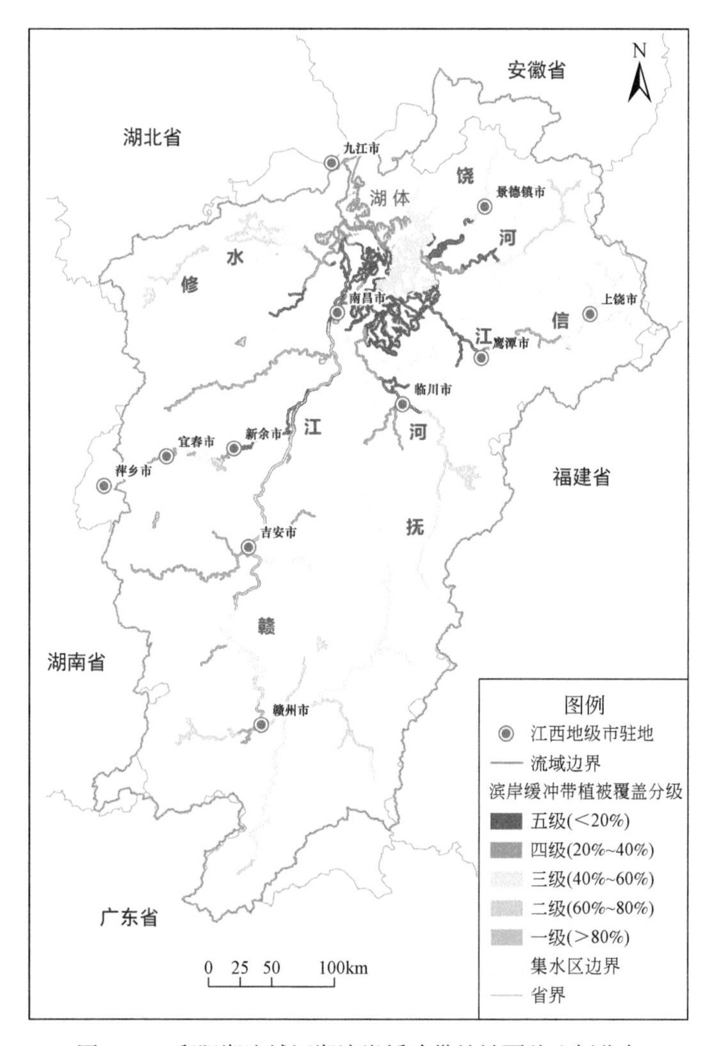

图 6-49 鄱阳湖流域河湖滨岸缓冲带植被覆盖比例分布

则情景参数值取基准值。模拟迭代情景参数值核定方法同产业减排调控潜力评估相关内容。

（2）潜力评估情景参数。

与产业减排调控潜力评估相同，本方案生态增容调控潜力评估选择 2017 年（平水年）为模拟基准年，模型参数见表 6-10，依据以上情景参数化技术方法，滨岸缓冲带植被覆盖

表 6-10 模型参数表

年份	耕地	林草地	城镇用地	河网密度系数	降雨系数	一级河流衰减系数	二级河流衰减系数
2017	0. 84	0. 19	17. 38	13. 56	-0. 000 16	0. 101	0. 104

比例调控参数情景设置结果如图 6-50 所示。

SS_PM.SAparamRipVCR

	1	2	3	4	5	6	7	8	9	10	11	12	13
1	'OBJECTID'	'SUBBCODE'	'BENCHM...	'sim1'	'sim2'	'sim3'	'sim4'	'sim5'	'sim6'	'sim7'	'sim8'	'sim9'	'sim10'
2	1	1101	0.3205	0.3205	0.3205	0.3205	0.4000	0.5000	0.6000	0.7000	0.8000	0.9000	1
3	2	1103	0.2814	0.2814	0.2814	0.3000	0.4000	0.5000	0.6000	0.7000	0.8000	0.9000	1
4	3	1112	0.1882	0.1882	0.2000	0.3000	0.4000	0.5000	0.6000	0.7000	0.8000	0.9000	1
5	4	1105	0.0600	0.1000	0.2000	0.3000	0.4000	0.5000	0.6000	0.7000	0.8000	0.9000	1
6	5	1107	0.1179	0.1179	0.2000	0.3000	0.4000	0.5000	0.6000	0.7000	0.8000	0.9000	1
7	6	1108	0.1148	0.1148	0.2000	0.3000	0.4000	0.5000	0.6000	0.7000	0.8000	0.9000	1
8	7	1132	0.2010	0.2010	0.2010	0.3000	0.4000	0.5000	0.6000	0.7000	0.8000	0.9000	1
9	8	1134	0.2835	0.2835	0.2835	0.3000	0.4000	0.5000	0.6000	0.7000	0.8000	0.9000	1
10	9	1110	0.1669	0.1669	0.2000	0.3000	0.4000	0.5000	0.6000	0.7000	0.8000	0.9000	1
11	10	1106	0.0542	0.1000	0.2000	0.3000	0.4000	0.5000	0.6000	0.7000	0.8000	0.9000	1
12	11	1174	0.3114	0.3114	0.3114	0.3114	0.4000	0.5000	0.6000	0.7000	0.8000	0.9000	1
13	12	1111	0.4780	0.4780	0.4780	0.4780	0.4780	0.5000	0.6000	0.7000	0.8000	0.9000	1
14	13	1113	0.2481	0.2481	0.2481	0.3000	0.4000	0.5000	0.6000	0.7000	0.8000	0.9000	1
15	14	1114	0.1948	0.1948	0.2000	0.3000	0.4000	0.5000	0.6000	0.7000	0.8000	0.9000	1
16	15	1115	0.2944	0.2944	0.2944	0.3000	0.4000	0.5000	0.6000	0.7000	0.8000	0.9000	1
17	16	1121	0.1722	0.1722	0.2000	0.3000	0.4000	0.5000	0.6000	0.7000	0.8000	0.9000	1
18	17	5011	0	0.1000	0.2000	0.3000	0.4000	0.5000	0.6000	0.7000	0.8000	0.9000	1
19	18	501	0.5495	0.5495	0.5495	0.5495	0.5495	0.5495	0.6000	0.7000	0.8000	0.9000	1
20	19	50	0.2430	0.2430	0.2430	0.3000	0.4000	0.5000	0.6000	0.7000	0.8000	0.9000	1
21	20	10	0.1656	0.1656	0.2000	0.3000	0.4000	0.5000	0.6000	0.7000	0.8000	0.9000	1
22	21	101	0.2695	0.2695	0.2695	0.3000	0.4000	0.5000	0.6000	0.7000	0.8000	0.9000	1
23	22	1011	0.2910	0.2910	0.2910	0.3000	0.4000	0.5000	0.6000	0.7000	0.8000	0.9000	1
24	23	10111	0.2885	0.2885	0.2885	0.3000	0.4000	0.5000	0.6000	0.7000	0.8000	0.9000	1
25	24	1012	0.1765	0.1765	0.2000	0.3000	0.4000	0.5000	0.6000	0.7000	0.8000	0.9000	1
26	25	1013	0.1779	0.1779	0.2000	0.3000	0.4000	0.5000	0.6000	0.7000	0.8000	0.9000	1
27	26	1.0121e+11	0.4040	0.4040	0.4040	0.4040	0.4040	0.5000	0.6000	0.7000	0.8000	0.9000	1
28	27	101211	0.0430	0.1000	0.2000	0.3000	0.4000	0.5000	0.6000	0.7000	0.8000	0.9000	1
29	28	10121	0.0691	0.1000	0.2000	0.3000	0.4000	0.5000	0.6000	0.7000	0.8000	0.9000	1
30	29	1.0121e+10	0.2580	0.2580	0.2580	0.3000	0.4000	0.5000	0.6000	0.7000	0.8000	0.9000	1

图 6-50　鄱阳湖流域滨岸缓冲带植被覆盖比例情景参数集

退耕还林潜力评估模型中，相关参数如表 6-10 所示。

2）情景模拟评估

基于鄱阳湖流域土地利用现状及规划，在“三区三线”框架下，利用 SPARROW 模型计算得到各流域退耕还林后对总磷污染的削减量。表 6-11 显示的是各集水区退耕还林调控潜力，其中赣江流域的调控潜力最大，为 294 666kg/a。退耕还林措施下，鄱阳湖“五河七口”以上流域总磷总调控潜力为 443 311kg/a。

表 6-11　各集水区退耕还林调控潜力

集水区	赣江	抚河	信江	乐安河-饶河支流	昌江-饶河支流	修水	潦河-修水支流	总负荷
退耕还林潜力/（kg/a）	294 666	54 439	47 487	10 633	3 517	21 441	11 128	443 311

如图 6-51 所示，基准年鄱阳湖流域陆域入湖总磷负荷约为 10 000t/a；随着河湖滨岸缓冲带植被覆盖比例的逐渐恢复（随迭代编号增加植被覆盖比例增大），入湖总磷负荷量开始呈缓慢降低趋势，当流域河湖滨岸缓冲带植被覆盖比例控制在 0.3 以上时（迭代编号

>3)，入湖总磷负荷量加速下降。这表明流域河湖滨岸缓冲带植被覆盖比例小于 0.3 时对入湖总磷负荷影响不明显，植被覆盖比例在大于 0.4 后对入湖总磷负荷削减效应逐渐增强。流域入湖总磷负荷降低的主要贡献源为种植业、畜禽养殖、农村生活等面源，当全面恢复流域河湖滨岸缓冲带植被覆盖后（达到 1，迭代编号为 10）可使入湖总磷负荷降低 3546.1t/a（削减 35.0%）。

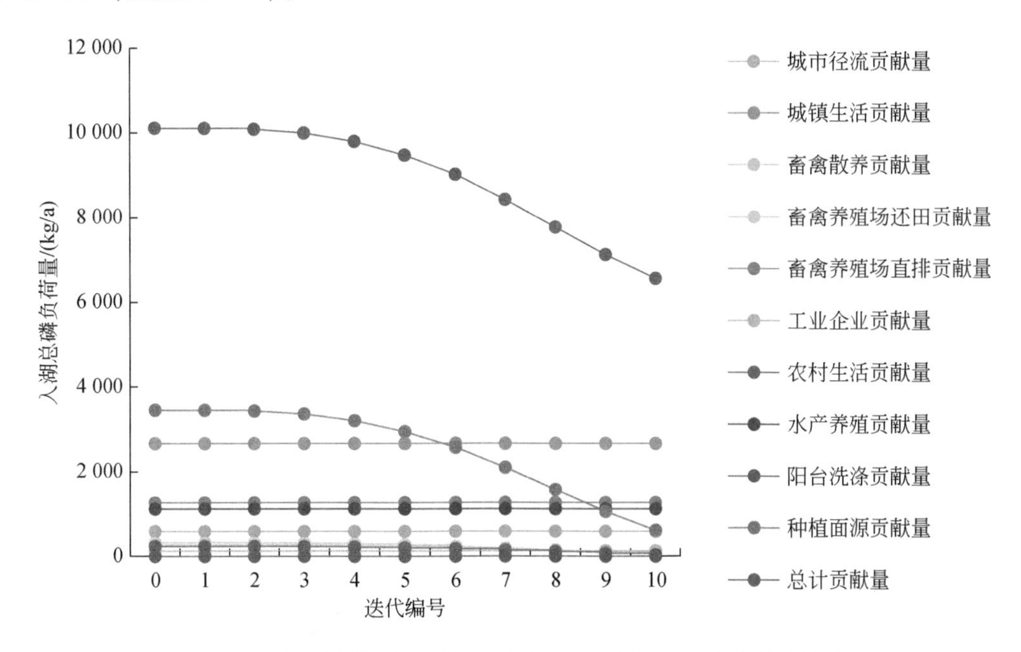

图 6-51　鄱阳湖流域河湖滨岸缓冲带生态修复情景效应模拟结果

3）潜力量化评估

基于生态增容调控措施调控潜力情景模拟分析结果，进一步评估分析调控参数阈值区间内调控措施对入湖总磷负荷影响潜力，为综合调控方案的制定提供参考。

如图 6-52 所示，退耕还林调控潜力最大的区域集中在赣江中下游和抚河流域所在的鄱阳湖流域中部地区，西北部的修水流域也有较高的退耕还林潜力。而鄱阳湖流域东北部的饶河流域和信江流域（除信江上游部分区域外）退耕还林调控潜力均较小。因此，未来退耕还林的重点区选择，应该以上述调控潜力空间分布为依据进行科学的选择。

如图 6-53 所示，鄱阳湖流域河湖滨岸缓冲带生态修复调控措施的调控潜力值在空间上存在明显差异性。分析知，鄱阳湖流域生态增容潜力主要集中在滨湖区和赣江流域。其中，滨湖区湖体东北和西南若干子流域生态增容潜力可达 200t/a；赣江集水区生态增容潜力主要分布在中游吉安市等农业生产区和下游南昌市相关子流域，污染减排潜力可达 200t/a；此外，抚河集水区中下游抚州市所涉区域、饶河集水区下游、滨湖区北部和东南部相关子流域生态增容潜力较高（70～130t/a）。其他五河上游集水区普遍生态增容潜力较小（<40t/a）。

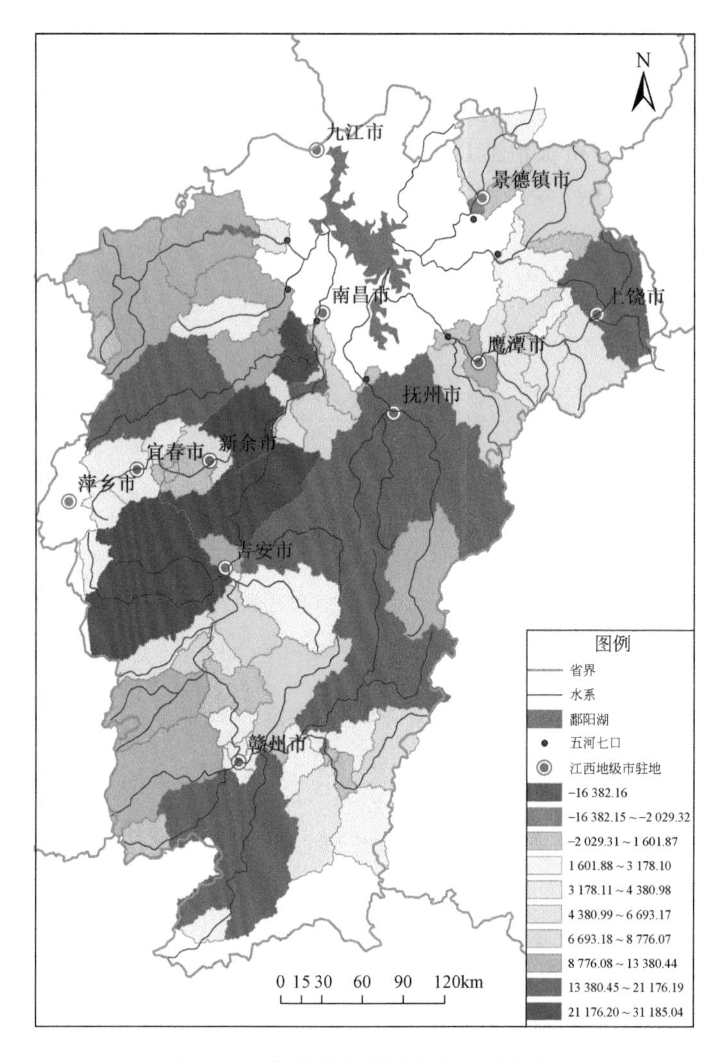

图 6-52　退耕还林调控潜力空间分布

6.6　水生态承载力综合调控

应用流域水生态承载力综合调控技术（详见第 5 章），以“调控目标制定—综合调控情景设置—情景模拟优化—可达性分析—综合调控方案制定”为主线开展鄱阳湖流域水生态承载力综合调控，提出鄱阳湖流域水生态承载力优化调控总体方案、总磷总量分配方案及承载力分区管控方案。

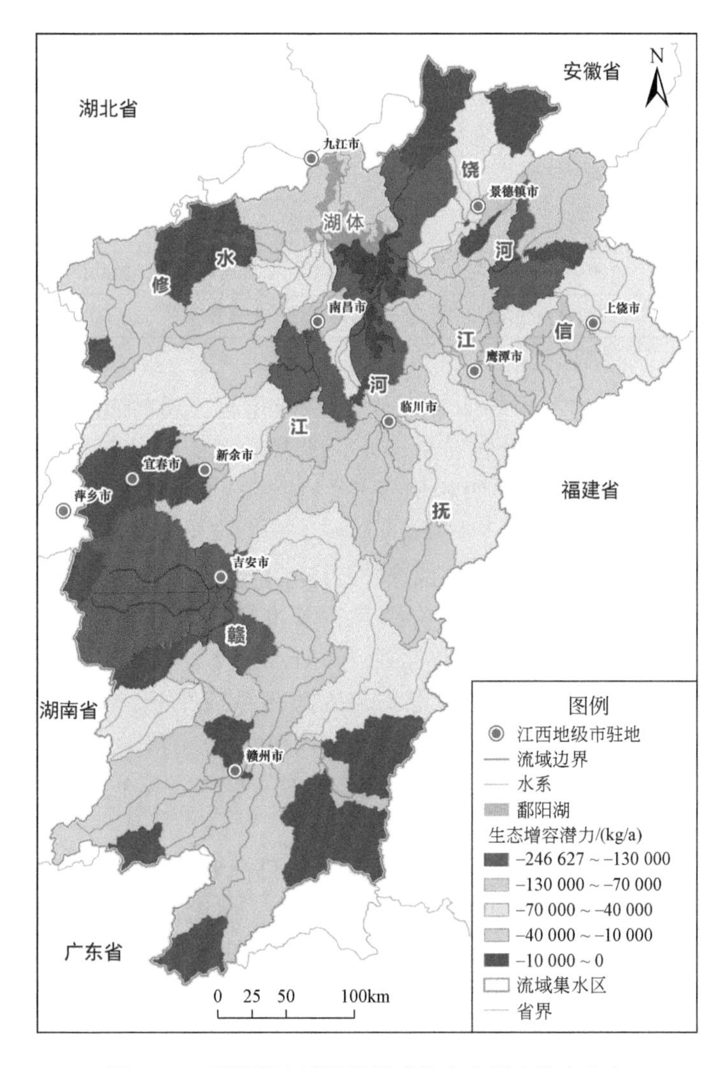

图 6-53 鄱阳湖流域滨岸缓冲带生态增容潜力分布

6.6.1 调控目标制定

围绕鄱阳湖流域水生态承载力调控指标体系和流域水生态环境突出问题，采取先易后难、衔接管理和分期制定原则和要求，考虑近期以提高水环境相关调控指标为主，远期在保障水环境质量条件下实现水生态主要调控指标明显改善。调控期以 2020 ~ 2025 年为近期、2025 ~ 2030 年为远期，制定具体调控目标，如表 6-12 所示。

表 6-12　鄱阳湖流域水生态承载力调控目标

调控导向		调控指标	调控要素	调控目标	
				近期（2020～2025 年）	远期（2025～2030 年）
水环境	水环境净化	水环境质量指数	陆域总磷入湖负荷量/（t/a）	<6834. 0	<6834. 0
水生态	水生生境修复	退耕还林面积	退耕还林面积/km^2	3226. 1	5135. 9
		岸线植被覆盖度	河湖滨岸缓冲带植被覆盖度	0. 60	0. 80

如表 6-12 所示，针对不同的承载力关键调控指标，选择相应主要调控要素，以调控要素为纽带，开展承载力调控。针对不同调控要素，围绕鄱阳湖总磷污染问题管控需求，通过调研分析确定近远期相应调控目标。各调控要素的调控目标制定阐述如下。

（1）鄱阳湖流域陆域总磷入湖负荷量调控目标制定。

依据鄱阳湖流域磷污染源模拟评价结果，基准年（2017 年）流域陆域总磷入湖负荷量为 10 118. 4t，湖体污染源直排量约为 981. 0t。依据 2017 年（平水年）鄱阳湖流域年径流量 1563 亿 m^3 核算，在考虑均匀混合稀释条件下，本研究入湖总磷负荷对应水质浓度为：（10 118. 4+981. 0）×10/1563/1000＝0. 071mg/L。该结果与 2017 年鄱阳湖湖体实测总磷浓度 0. 078mg/L 偏差较小（误差为-9%），认为入湖负荷与水质浓度关系可靠。

据此，进一步依据当前鄱阳湖水环境质量考核目标要求，按照《地表水环境质量标准》（GB 3838—2002）的湖库Ⅲ类水质浓度要求，鄱阳湖湖体总磷达标浓度不高于 0. 05mg/L，根据以上考虑均匀混合稀释条件下入湖负荷与水质响应关系，分析鄱阳湖水环境容量，以鄱阳湖流域基准年（2017 年）径流量 1563 亿 m^3 核算，入湖总磷负荷应小于 7815t/a。依据鄱阳湖流域磷污染源模拟评价结果，鄱阳湖湖体内源（包括底泥释放、大气沉降、船舶码头、采砂等）直接入湖总磷污染负荷为 981. 0t/a。因此，需控制陆域入湖污染负荷总量小于 6834. 0t/a。

（2）退耕还林调控目标制定。

由于总磷超标为目前鄱阳湖流域主要的环境问题，同时研究区域原有土地利用耕地面积（33 166km^2）与“三区三线”规划农业空间面积（26 714km^2）存在差异，加之林草地本身调控潜力较低，因此考虑通过退耕还林和提高河湖滨岸缓冲带植被覆盖度等措施削减“五河七口”以上流域入湖的总磷负荷。退耕还林调控目标以江西省“三区三线”规划农业空间面积与现状耕地面积差值为上线阈值，考虑退耕还林调控潜力评估结果，近期退耕面积目标设为 3226. 1km^2，远期累计退耕面积目标为 5135. 9km^2。

（3）河湖滨岸缓冲带植被覆盖度调控目标制定。

依据对鄱阳湖流域河湖滨岸缓冲带植被覆盖度分析结果，总体上鄱阳湖流域各子流域滨岸缓冲带平均植被覆盖度不高；各城市区所涉河湖滨岸缓冲带植被覆盖度普遍较低，特别在滨湖区、赣江中下游、抚河下游、信江中下游水体河湖滨岸缓冲带植被覆盖度较低（小于0.40）。按照“先量质后生态”逐步提高调控目标原则，考虑鄱阳湖流域实际，设定近远期河湖滨岸缓冲带植被覆盖度调控目标分别为：0.60（二级）和0.80（一级），推动江西省生态文明示范区建设。

6.6.2 综合调控情景设置

1. 调控措施与参数阈值

依据调控潜力评估结果，分析鄱阳湖流域水生态承载力调控潜力和可操作性，结合流域实际，确定综合调控参数阈值。

（1）施肥减量。

施肥减量对流域水生态承载力调控效应较好，调控潜力占比达到22.2%。然而，目前江西省化肥污染治理专项方案仍以实现化肥施用量零增长为主，短期内施肥减量化推行有一定难度，可操作性判断为中等。结合基准年流域各区县单位耕地面积磷肥施用量状况，依据相应潜力模拟分析结果，考虑措施的有效性和可操作性，确定其参数取值区间为100～600kg/hm^2。

（2）畜禽粪污综合利用。

通过加强畜禽粪污综合利用减小畜禽养殖直排率，对流域水生态承载力调控潜力较大（占比20.0%）。根据江西省生态环境整治相关政策，畜禽粪污综合利用实现减量化直排，仍是流域畜禽养殖污染治理的重要措施，具有较强的可操作性。结合基准年流域各区县畜禽粪污综合利用状况，依据相应潜力模拟分析结果，考虑措施的有效性和可操作性，确定其参数取值区间为0.05～0.1。

（3）畜禽粪污处理设施提标。

畜禽粪污处理设施提标改造（应用膜处理技术）表现出较好的流域水生态承载力调控潜力（占比17.5%）。然而，考虑到江西省畜禽养殖产业发展受成本影响大，提升粪污处理能力成本投入高，如无政府扶持，养殖场自身难以支撑高额的处理设施运行费用，政策执行难度较大，环境治理效益难以保障。结合流域畜禽养殖粪污治理实际，依据相应潜力模拟分析结果，考虑措施的有效性和可操作性，确定其参数取值区间为0.2～0.5。

（4）城镇污水厂提标改造。

单纯通过城镇污水厂提标改造（达到一级A标准），对流域水生态承载力调控潜力较弱（占比0.5%）。然而，考虑到一级A提标是江西省城镇生活污染治理主要政策措施之一，前期政策要求2020年实现城镇生活污水处理厂全面一级A达标。结合流域城镇生活污染治理实际，依据相应潜力模拟分析结果，考虑措施的有效性和可操作性，确定其参数取值为1.0。

（5）城镇管网收集率提升。

因污水厂处理能力有限，单纯通过城镇污水管网建设，提升污水收集率，对流域水生态承载力调控潜力较差。然而，考虑到管网建设是江西省城镇生活污染治理主要政策措施之一，提升城镇生活污水收集率是实现从源头到排口全过程治理的重要一环，有必要在综合调控中加以考虑。结合流域城镇生活污染治理实际，依据相应潜力模拟分析结果，考虑措施的有效性和可操作性，确定其参数取值区间为0.7～0.9。

（6）污水厂处理能力提升。

通过城镇污水处理厂建设，增加污水处理规模，对流域水生态承载力调控潜力较好，占比20.3%。考虑到当前流域城镇生活污染治理主要矛盾为污水厂处理能力不足，导致溢流排放量大，污水厂处理削减负荷有限，有必要在综合调控中对污水厂处理能力建设加以重点考虑。然而，污水处理厂扩建工程成本投入高，规划建设有一定难度，结合流域城镇生活污染治理实际，依据相应潜力模拟分析结果，考虑措施的有效性和可操作性，确定其参数取值区间为1.0～1.5。

（7）雨污分流。

通过加强雨污分流，增加污水处理厂入厂浓度，对流域水生态承载力调控具有一定的潜力，占比9.5%。考虑到当前流域城镇生活污水管网以雨污合流制为主，降雨期雨水混入，导致入厂流量大浓度和低负荷，溢流排放入河湖污染负荷量大，有必要在综合调控中对雨污分流措施加以考虑。然而，雨污分流工程建设有一定难度，结合流域城镇生活污染治理实际，依据相应潜力模拟分析结果，考虑措施的有效性和可操作性，确定其参数取值区间为0.5～1.0。

（8）水产养殖结构调整。

通过水产养殖结构调控，降低鱼类养殖比例，对流域水生态承载力调控具有一定的潜力，占比10.0%。考虑到当前流域水产养殖结构以鱼类养殖为主（占比90%），污染负荷排放强度较其他水产类型（如虾蟹等）更大，有必要在综合调控中对水产养殖结构优化措施加以考虑。结合流域水产养殖污染治理实际，依据相应潜力模拟分析结果，考虑措施的有效性和可操作性，确定其参数取值区间为0.5～0.9。

（9）退耕还林。

研究区域原有土地利用耕地面积为33 166km^2，流域“三区三线”规划农业空间面积为26 714km^2。因此，生态空间保有面积参数以江西省“三区三线”规划农业空间面积为限制，确定其参数取值区间为26 714～33 166km^2。

（10）岸线生态修复。

通过河湖岸线生态修复，提高河湖滨岸缓冲带植被覆盖比例，对流域水生态承载力调控具有最大的潜力，占比34.6%。考虑到岸线生态修复为当前流域水生态环境空间管控的重要措施之一，对面源污染防治和改善水生生境具有重要作用，本项目在综合调控中对岸线生态修复措施加以重点考虑。结合流域当前农业空间保有情况、河湖滨岸缓冲带植被覆盖实际状况，依据相应潜力模拟分析结果，考虑措施的有效性和可操作性，确定其参数取值区间为0.4～0.9。

综合以上分析，本项目承载力综合调控过程中，确定相关调控措施及参数清单如表6-13所示。

表 6-13 鄱阳湖流域水生态承载力综合调控措施及参数阈值

调控类别	调控措施	调控参数	潜力评估阈值		调控潜力占比/%	可操作性	综合调控阈值	
			最差	最优			最差	最优
污染减排	施肥减量	单位耕地面积磷肥施用量/(kg/hm^2)	1000	100	22.2	中	600	100
	粪污综合利用	畜禽粪污处理后直排率	1	0	20.0	强	0.1	0.05
	处理设施提标	畜禽粪污处理设施提标改造比例	0	1	17.5	弱	0.2	0.5
	污水厂提标改造	城镇生活污水厂一级 A 达标率	0	1	0.5	强	1	1
	管网收集率提升	城镇生活污水收集率	0	1	0.0	强	0.7	0.9
	污水厂处理能力提升	城镇生活污水入厂负荷处理系数	1	8	20.3	中	1	1.5
	雨污分流	城镇生活污水入厂负荷浓度系数	0	1	9.5	中	0.5	1
	养殖结构调整	鱼类养殖比例	1	0	10.0	中	0.9	0.5
生态增容	退耕还林	农业空间保有面积/km^2	33 166	26 714	0.01	中	33 166	26 714
	岸线生态修复	滨岸缓冲带植被覆盖比例	0	1	34.6	中	0.4	0.9

2. 情景参数设置

依托 HECCERS 平台，利用系统模型的综合优化调控模块功能（图 6-54），包括社会经济压力预测（Pressure Prediction）和系统模拟优化（Optimization）功能。其中，社会经济压力预测依托水污染源评估模型（WAPSAT），选择驱动数据路径、模拟预测起始年（Start year）、结束年（End year），导入预测基础数据（Load Inputs），在近远期社会经济发展预测数据驱动下，系统模拟预测（Prediction）流域产排污—入湖污染过程，为优化调控提供背景场。

按照鄱阳湖流域水生态承载力调控近远期时间设置，为尽量减少模拟时间成本同时体现近远期综合调控效果，本方案情景模拟背景场时间段定为 2025 ~ 2030 年，同时设置各调控参数阈值，并综合考虑调控潜力和模拟时间成本，设置各调控参数的情景取值个数，如图 6-55 所示。

图 6-54　系统模型综合优化调控模块界面

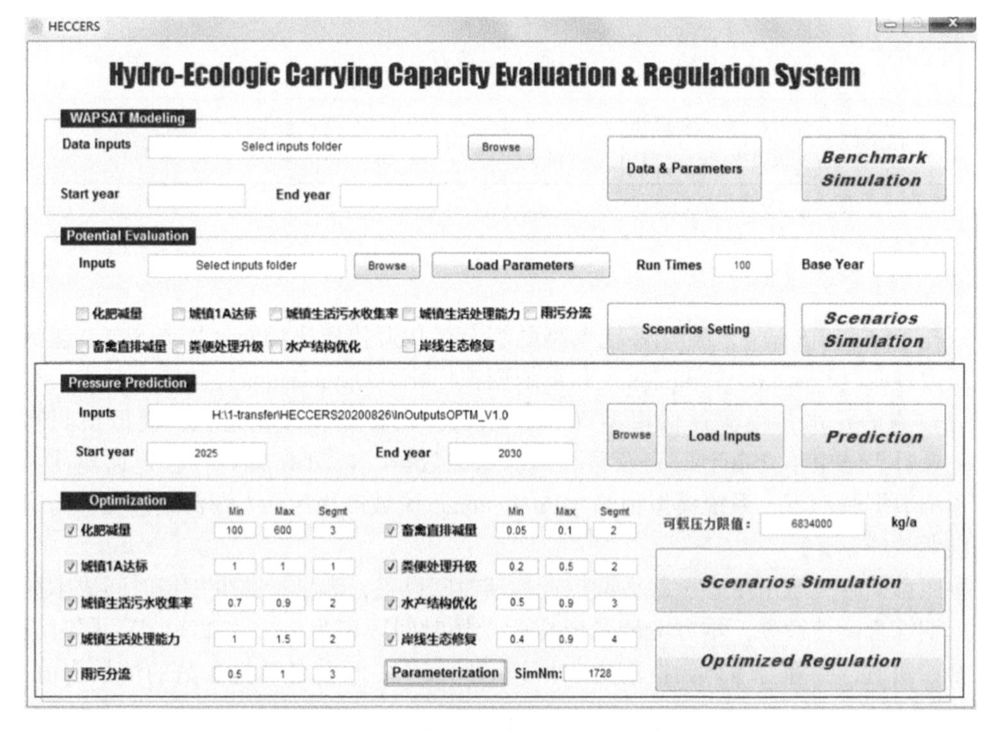

图 6-55　HECCERS 模型综合优化调控界面参数取值情况

可见，本方案对调控敏感性强、调控潜力较大的参数，设置情景取值个数较多（取 3 ~ 4），对调控确定性较强的参数，如城镇生活污水厂一级 A 达标率，设置情景取值个数较少（取1 ~ 2），这使得综合调控情景方案总数达到 1728 个，即在综合优化模拟过程中模拟迭代次数为 1728 次。相关模拟迭代情景参数设置结果见图 6-56 ~ 图 6-64。

SS_PM.SAparamFertAppCoeff

	1	2	3	4	5	6	7	8	9	10	11	12	13	14	15	16	17	18	19	
1	'县区名称'	'区县代码'	'基准值'	'OPTMsim1'	'OPTMsim2'	'OPTMsim3'	'OPTMsim4'	'OPTMsim5'	'OPTMsim6'	'OPTMsim7'	'OPTMsim8'	'OPTMsim9'	'OPTMsim...	'OPTMsim...	'OPTMsim...	'OPTMsim...	'OPTMsim...	'OPTMsim...	'OPTMsim...	'OPT
2	'CNAME'	'CCODE'	'BENCHM...	[]	[]	[]	[]	[]	[]	[]	[]	[]	[]	[]	[]	[]	[]	[]	[]	[]
3	'东湖区'	360102	71.3520	71.3520	71.3520	71.3520	71.3520	71.3520	71.3520	71.3520	71.3520	71.3520	71.3520	71.3520	71.3520	71.3520	71.3520	71.3520	71.3520	71.3
4	'西湖区'	360103	0	0	0	0	0	0	0	0	0	0	0	0	0	0	0	0	0	0
5	'青云谱区'	360104	0	0	0	0	0	0	0	0	0	0	0	0	0	0	0	0	0	0
6	'湾里区'	360105	34.3006	34.3006	34.3006	34.3006	34.3006	34.3006	34.3006	34.3006	34.3006	34.3006	34.3006	34.3006	34.3006	34.3006	34.3006	34.3006	34.3006	34.3
7	'青山湖区'	360111	5.1563	5.1563	5.1563	5.1563	5.1563	5.1563	5.1563	5.1563	5.1563	5.1563	5.1563	5.1563	5.1563	5.1563	5.1563	5.1563	5.1563	5.15
8	'南昌县'	360121	102.2129	102.2129	102.2129	100	102.2129	102.2129	100	102.2129	102.2129	100	102.2129	102.2129	100	102.2129	102.2129	100	102.2129	102.
9	'新建区'	360122	248.6828	248.6828	248.6828	100	248.6828	248.6828	100	248.6828	248.6828	100	248.6828	248.6828	100	248.6828	248.6828	100	248.6828	248.
10	'安义县'	360123	231.7110	231.7110	231.7110	100	231.7110	231.7110	100	231.7110	231.7110	100	231.7110	231.7110	100	231.7110	231.7110	100	231.7110	231.
11	'进贤县'	360124	100.0758	100.0758	100.0758	100	100.0758	100.0758	100	100.0758	100.0758	100	100.0758	100.0758	100	100.0758	100.0758	100	100.0758	100.
12	'昌江区'	360202	108.5277	108.5277	108.5277	100	108.5277	108.5277	100	108.5277	108.5277	100	108.5277	108.5277	100	108.5277	108.5277	100	108.5277	108.
13	'珠山区'	360203	2.9004e+04	600	350	100	600	350	100	600	350	100	600	350	100	600	350	100	600	350
14	'浮梁县'	360222	204.1299	204.1299	204.1299	100	204.1299	204.1299	100	204.1299	204.1299	100	204.1299	204.1299	100	204.1299	204.1299	100	204.1299	204.
15	'乐平市'	360281	37.0266	37.0266	37.0266	37.0266	37.0266	37.0266	37.0266	37.0266	37.0266	37.0266	37.0266	37.0266	37.0266	37.0266	37.0266	37.0266	37.0266	37.0
16	'安源区'	360302	24.1851	24.1851	24.1851	24.1851	24.1851	24.1851	24.1851	24.1851	24.1851	24.1851	24.1851	24.1851	24.1851	24.1851	24.1851	24.1851	24.1851	24.1
17	'湘东区'	360313	49.0158	49.0158	49.0158	49.0158	49.0158	49.0158	49.0158	49.0158	49.0158	49.0158	49.0158	49.0158	49.0158	49.0158	49.0158	49.0158	49.0158	49.0
18	'莲花县'	360321	31.7196	31.7196	31.7196	31.7196	31.7196	31.7196	31.7196	31.7196	31.7196	31.7196	31.7196	31.7196	31.7196	31.7196	31.7196	31.7196	31.7196	31.7
19	'上栗县'	360322	32.0073	32.0073	32.0073	32.0073	32.0073	32.0073	32.0073	32.0073	32.0073	32.0073	32.0073	32.0073	32.0073	32.0073	32.0073	32.0073	32.0073	32.0
20	'芦溪县'	360323	42.4010	42.4010	42.4010	42.4010	42.4010	42.4010	42.4010	42.4010	42.4010	42.4010	42.4010	42.4010	42.4010	42.4010	42.4010	42.4010	42.4010	42.4
21	'濂溪区'	360401	36.1432	36.1432	36.1432	36.1432	36.1432	36.1432	36.1432	36.1432	36.1432	36.1432	36.1432	36.1432	36.1432	36.1432	36.1432	36.1432	36.1432	36.1
22	'庐山市'	360402	0.0710	0.0710	0.0710	0.0710	0.0710	0.0710	0.0710	0.0710	0.0710	0.0710	0.0710	0.0710	0.0710	0.0710	0.0710	0.0710	0.0710	0.07
23	'浔阳区'	360403	6.0629	6.0629	6.0629	6.0629	6.0629	6.0629	6.0629	6.0629	6.0629	6.0629	6.0629	6.0629	6.0629	6.0629	6.0629	6.0629	6.0629	6.06
24	'九江县'	360421	80.7185	80.7185	80.7185	80.7185	80.7185	80.7185	80.7185	80.7185	80.7185	80.7185	80.7185	80.7185	80.7185	80.7185	80.7185	80.7185	80.7185	80.7
25	'武宁县'	360423	134.5614	134.5614	134.5614	100	134.5614	134.5614	100	134.5614	134.5614	100	134.5614	134.5614	100	134.5614	134.5614	100	134.5614	134.
26	'修水县'	360424	297.7789	297.7789	297.7789	100	297.7789	297.7789	100	297.7789	297.7789	100	297.7789	297.7789	100	297.7789	297.7789	100	297.7789	297.
27	'永修县'	360425	26.3266	26.3266	26.3266	26.3266	26.3266	26.3266	26.3266	26.3266	26.3266	26.3266	26.3266	26.3266	26.3266	26.3266	26.3266	26.3266	26.3266	26.3
28	'德安县'	360426	455.6954	455.6954	350	100	455.6954	350	100	455.6954	350	100	455.6954	350	100	455.6954	350	100	455.6954	350
29	'都昌县'	360428	92.6186	92.6186	92.6186	92.6186	92.6186	92.6186	92.6186	92.6186	92.6186	92.6186	92.6186	92.6186	92.6186	92.6186	92.6186	92.6186	92.6186	92.6
30	'湖口县'	360429	360.2466	360.2466	350	100	360.2466	350	100	360.2466	350	100	360.2466	350	100	360.2466	350	100	360.2466	350
31	'彭泽县'	360430	97.0478	97.0478	97.0478	97.0478	97.0478	97.0478	97.0478	97.0478	97.0478	97.0478	97.0478	97.0478	97.0478	97.0478	97.0478	97.0478	97.0478	97.0
32	'瑞昌市'	360481	32.2851	32.2851	32.2851	32.2851	32.2851	32.2851	32.2851	32.2851	32.2851	32.2851	32.2851	32.2851	32.2851	32.2851	32.2851	32.2851	32.2851	32.2
33	'共青城市'	360482	161.2952	161.2952	161.2952	100	161.2952	161.2952	100	161.2952	161.2952	100	161.2952	161.2952	100	161.2952	161.2952	100	161.2952	161.
34	'渝水区'	360502	32.9934	32.9934	32.9934	32.9934	32.9934	32.9934	32.9934	32.9934	32.9934	32.9934	32.9934	32.9934	32.9934	32.9934	32.9934	32.9934	32.9934	32.9

图 6-56　鄱阳湖流域单位耕地面积磷肥施用量情景参数集

SS_PM.SAparamExcremDirRRate

	1	2	3	4	5	6	7	8	9	10	11	12	13	14	15	16	17	18	19	
1	'县区名称'	'区县代码'	'基准值'	'OPTMsim1'	'OPTMsim2'	'OPTMsim3'	'OPTMsim4'	'OPTMsim5'	'OPTMsim6'	'OPTMsim7'	'OPTMsim8'	'OPTMsim9'	'OPTMsim...	'OPTMsim...	'OPTMsim...	'OPTMsim...	'OPTMsim...	'OPTMsim...	'OPTMsim...	'OPT
2	'CNAME'	'CCODE'	'BENCHM...	[]	[]	[]	[]	[]	[]	[]	[]	[]	[]	[]	[]	[]	[]	[]	[]	[]
3	'东湖区'	360102	0.1000	0.1000	0.1000	0.1000	0.1000	0.1000	0.1000	0.1000	0.1000	0.1000	0.1000	0.1000	0.1000	0.0500	0.0500	0.0500	0.0500	0.05
4	'西湖区'	360103	0.1000	0.1000	0.1000	0.1000	0.1000	0.1000	0.1000	0.1000	0.1000	0.1000	0.1000	0.1000	0.1000	0.0500	0.0500	0.0500	0.0500	0.05
5	'青云谱区'	360104	0.1000	0.1000	0.1000	0.1000	0.1000	0.1000	0.1000	0.1000	0.1000	0.1000	0.1000	0.1000	0.1000	0.0500	0.0500	0.0500	0.0500	0.05
6	'湾里区'	360105	0.1000	0.1000	0.1000	0.1000	0.1000	0.1000	0.1000	0.1000	0.1000	0.1000	0.1000	0.1000	0.1000	0.0500	0.0500	0.0500	0.0500	0.05
7	'青山湖区'	360111	0.1000	0.1000	0.1000	0.1000	0.1000	0.1000	0.1000	0.1000	0.1000	0.1000	0.1000	0.1000	0.1000	0.0500	0.0500	0.0500	0.0500	0.05
8	'南昌县'	360121	0.1000	0.1000	0.1000	0.1000	0.1000	0.1000	0.1000	0.1000	0.1000	0.1000	0.1000	0.1000	0.1000	0.0500	0.0500	0.0500	0.0500	0.05
9	'新建区'	360122	0.1000	0.1000	0.1000	0.1000	0.1000	0.1000	0.1000	0.1000	0.1000	0.1000	0.1000	0.1000	0.1000	0.0500	0.0500	0.0500	0.0500	0.05
10	'安义县'	360123	0.1000	0.1000	0.1000	0.1000	0.1000	0.1000	0.1000	0.1000	0.1000	0.1000	0.1000	0.1000	0.1000	0.0500	0.0500	0.0500	0.0500	0.05
11	'进贤县'	360124	0.1000	0.1000	0.1000	0.1000	0.1000	0.1000	0.1000	0.1000	0.1000	0.1000	0.1000	0.1000	0.1000	0.0500	0.0500	0.0500	0.0500	0.05
12	'昌江区'	360202	0.1000	0.1000	0.1000	0.1000	0.1000	0.1000	0.1000	0.1000	0.1000	0.1000	0.1000	0.1000	0.1000	0.0500	0.0500	0.0500	0.0500	0.05
13	'珠山区'	360203	0.1000	0.1000	0.1000	0.1000	0.1000	0.1000	0.1000	0.1000	0.1000	0.1000	0.1000	0.1000	0.1000	0.0500	0.0500	0.0500	0.0500	0.05
14	'浮梁县'	360222	0.1000	0.1000	0.1000	0.1000	0.1000	0.1000	0.1000	0.1000	0.1000	0.1000	0.1000	0.1000	0.1000	0.0500	0.0500	0.0500	0.0500	0.05
15	'乐平市'	360281	0.1000	0.1000	0.1000	0.1000	0.1000	0.1000	0.1000	0.1000	0.1000	0.1000	0.1000	0.1000	0.1000	0.0500	0.0500	0.0500	0.0500	0.05
16	'安源区'	360302	0.1000	0.1000	0.1000	0.1000	0.1000	0.1000	0.1000	0.1000	0.1000	0.1000	0.1000	0.1000	0.1000	0.0500	0.0500	0.0500	0.0500	0.05
17	'湘东区'	360313	0.1000	0.1000	0.1000	0.1000	0.1000	0.1000	0.1000	0.1000	0.1000	0.1000	0.1000	0.1000	0.1000	0.0500	0.0500	0.0500	0.0500	0.05
18	'莲花县'	360321	0.1000	0.1000	0.1000	0.1000	0.1000	0.1000	0.1000	0.1000	0.1000	0.1000	0.1000	0.1000	0.1000	0.0500	0.0500	0.0500	0.0500	0.05
19	'上栗县'	360322	0.1000	0.1000	0.1000	0.1000	0.1000	0.1000	0.1000	0.1000	0.1000	0.1000	0.1000	0.1000	0.1000	0.0500	0.0500	0.0500	0.0500	0.05
20	'芦溪县'	360323	0.1000	0.1000	0.1000	0.1000	0.1000	0.1000	0.1000	0.1000	0.1000	0.1000	0.1000	0.1000	0.1000	0.0500	0.0500	0.0500	0.0500	0.05
21	'濂溪区'	360401	0.1000	0.1000	0.1000	0.1000	0.1000	0.1000	0.1000	0.1000	0.1000	0.1000	0.1000	0.1000	0.1000	0.0500	0.0500	0.0500	0.0500	0.05
22	'庐山市'	360402	0.1000	0.1000	0.1000	0.1000	0.1000	0.1000	0.1000	0.1000	0.1000	0.1000	0.1000	0.1000	0.1000	0.0500	0.0500	0.0500	0.0500	0.05
23	'浔阳区'	360403	0.1000	0.1000	0.1000	0.1000	0.1000	0.1000	0.1000	0.1000	0.1000	0.1000	0.1000	0.1000	0.1000	0.0500	0.0500	0.0500	0.0500	0.05
24	'九江县'	360421	0.1000	0.1000	0.1000	0.1000	0.1000	0.1000	0.1000	0.1000	0.1000	0.1000	0.1000	0.1000	0.1000	0.0500	0.0500	0.0500	0.0500	0.05
25	'武宁县'	360423	0.1000	0.1000	0.1000	0.1000	0.1000	0.1000	0.1000	0.1000	0.1000	0.1000	0.1000	0.1000	0.1000	0.0500	0.0500	0.0500	0.0500	0.05
26	'修水县'	360424	0.1000	0.1000	0.1000	0.1000	0.1000	0.1000	0.1000	0.1000	0.1000	0.1000	0.1000	0.1000	0.1000	0.0500	0.0500	0.0500	0.0500	0.05
27	'永修县'	360425	0.1000	0.1000	0.1000	0.1000	0.1000	0.1000	0.1000	0.1000	0.1000	0.1000	0.1000	0.1000	0.1000	0.0500	0.0500	0.0500	0.0500	0.05
28	'德安县'	360426	0.1000	0.1000	0.1000	0.1000	0.1000	0.1000	0.1000	0.1000	0.1000	0.1000	0.1000	0.1000	0.1000	0.0500	0.0500	0.0500	0.0500	0.05
29	'都昌县'	360428	0.1000	0.1000	0.1000	0.1000	0.1000	0.1000	0.1000	0.1000	0.1000	0.1000	0.1000	0.1000	0.1000	0.0500	0.0500	0.0500	0.0500	0.05
30	'湖口县'	360429	0.1000	0.1000	0.1000	0.1000	0.1000	0.1000	0.1000	0.1000	0.1000	0.1000	0.1000	0.1000	0.1000	0.0500	0.0500	0.0500	0.0500	0.05
31	'彭泽县'	360430	0.1000	0.1000	0.1000	0.1000	0.1000	0.1000	0.1000	0.1000	0.1000	0.1000	0.1000	0.1000	0.1000	0.0500	0.0500	0.0500	0.0500	0.05
32	'瑞昌市'	360481	0.1000	0.1000	0.1000	0.1000	0.1000	0.1000	0.1000	0.1000	0.1000	0.1000	0.1000	0.1000	0.1000	0.0500	0.0500	0.0500	0.0500	0.05
33	'共青城市'	360482	0.1000	0.1000	0.1000	0.1000	0.1000	0.1000	0.1000	0.1000	0.1000	0.1000	0.1000	0.1000	0.1000	0.0500	0.0500	0.0500	0.0500	0.05
34	'渝水区'	360502	0.1000	0.1000	0.1000	0.1000	0.1000	0.1000	0.1000	0.1000	0.1000	0.1000	0.1000	0.1000	0.1000	0.0500	0.0500	0.0500	0.0500	0.05

图 6-57　鄱阳湖流域畜禽粪污处理后直排率情景参数集

SS_PM.SAparamExcremTreatFacilmprRate

	1	2	3	4	5	6	7	8	9	10	11	12	13	14	15	16	17	18	19	
1	'县区名称'	'区县代码'	'基准值'	'OPTMsim1'	'OPTMsim2'	'OPTMsim3'	'OPTMsim4'	'OPTMsim5'	'OPTMsim6'	'OPTMsim7'	'OPTMsim8'	'OPTMsim9'	'OPTMsim...	'OPTMsim...	'OPTMsim...	'OPTMsim...	'OPTMsim...	'OPTMsim...	'OPTMsim...	'OPT
2	'CNAME'	'CCODE'	'BENCHM...	[]	[]	[]	[]	[]	[]	[]	[]	[]	[]	[]	[]	[]	[]	[]	[]	[]
3	'东湖区'	360102	0	0.2000	0.2000	0.2000	0.2000	0.2000	0.2000	0.2000	0.2000	0.2000	0.2000	0.2000	0.2000	0.2000	0.2000	0.2000	0.2000	0.20
4	'西湖区'	360103	0	0.2000	0.2000	0.2000	0.2000	0.2000	0.2000	0.2000	0.2000	0.2000	0.2000	0.2000	0.2000	0.2000	0.2000	0.2000	0.2000	0.20
5	'青云谱区'	360104	0	0.2000	0.2000	0.2000	0.2000	0.2000	0.2000	0.2000	0.2000	0.2000	0.2000	0.2000	0.2000	0.2000	0.2000	0.2000	0.2000	0.20
6	'湾里区'	360105	0	0.2000	0.2000	0.2000	0.2000	0.2000	0.2000	0.2000	0.2000	0.2000	0.2000	0.2000	0.2000	0.2000	0.2000	0.2000	0.2000	0.20
7	'青山湖区'	360111	0	0.2000	0.2000	0.2000	0.2000	0.2000	0.2000	0.2000	0.2000	0.2000	0.2000	0.2000	0.2000	0.2000	0.2000	0.2000	0.2000	0.20
8	'南昌县'	360121	0	0.2000	0.2000	0.2000	0.2000	0.2000	0.2000	0.2000	0.2000	0.2000	0.2000	0.2000	0.2000	0.2000	0.2000	0.2000	0.2000	0.20
9	'新建区'	360122	0	0.2000	0.2000	0.2000	0.2000	0.2000	0.2000	0.2000	0.2000	0.2000	0.2000	0.2000	0.2000	0.2000	0.2000	0.2000	0.2000	0.20
10	'安义县'	360123	0	0.2000	0.2000	0.2000	0.2000	0.2000	0.2000	0.2000	0.2000	0.2000	0.2000	0.2000	0.2000	0.2000	0.2000	0.2000	0.2000	0.20
11	'进贤县'	360124	0	0.2000	0.2000	0.2000	0.2000	0.2000	0.2000	0.2000	0.2000	0.2000	0.2000	0.2000	0.2000	0.2000	0.2000	0.2000	0.2000	0.20
12	'昌江区'	360202	0	0.2000	0.2000	0.2000	0.2000	0.2000	0.2000	0.2000	0.2000	0.2000	0.2000	0.2000	0.2000	0.2000	0.2000	0.2000	0.2000	0.20
13	'珠山区'	360203	0	0.2000	0.2000	0.2000	0.2000	0.2000	0.2000	0.2000	0.2000	0.2000	0.2000	0.2000	0.2000	0.2000	0.2000	0.2000	0.2000	0.20
14	'浮梁县'	360222	0	0.2000	0.2000	0.2000	0.2000	0.2000	0.2000	0.2000	0.2000	0.2000	0.2000	0.2000	0.2000	0.2000	0.2000	0.2000	0.2000	0.20
15	'乐平市'	360281	0	0.2000	0.2000	0.2000	0.2000	0.2000	0.2000	0.2000	0.2000	0.2000	0.2000	0.2000	0.2000	0.2000	0.2000	0.2000	0.2000	0.20
16	'安源区'	360302	0	0.2000	0.2000	0.2000	0.2000	0.2000	0.2000	0.2000	0.2000	0.2000	0.2000	0.2000	0.2000	0.2000	0.2000	0.2000	0.2000	0.20
17	'湘东区'	360313	0	0.2000	0.2000	0.2000	0.2000	0.2000	0.2000	0.2000	0.2000	0.2000	0.2000	0.2000	0.2000	0.2000	0.2000	0.2000	0.2000	0.20
18	'莲花县'	360321	0	0.2000	0.2000	0.2000	0.2000	0.2000	0.2000	0.2000	0.2000	0.2000	0.2000	0.2000	0.2000	0.2000	0.2000	0.2000	0.2000	0.20
19	'上栗县'	360322	0	0.2000	0.2000	0.2000	0.2000	0.2000	0.2000	0.2000	0.2000	0.2000	0.2000	0.2000	0.2000	0.2000	0.2000	0.2000	0.2000	0.20
20	'芦溪县'	360323	0	0.2000	0.2000	0.2000	0.2000	0.2000	0.2000	0.2000	0.2000	0.2000	0.2000	0.2000	0.2000	0.2000	0.2000	0.2000	0.2000	0.20
21	'濂溪区'	360401	0	0.2000	0.2000	0.2000	0.2000	0.2000	0.2000	0.2000	0.2000	0.2000	0.2000	0.2000	0.2000	0.2000	0.2000	0.2000	0.2000	0.20
22	'庐山市'	360402	0	0.2000	0.2000	0.2000	0.2000	0.2000	0.2000	0.2000	0.2000	0.2000	0.2000	0.2000	0.2000	0.2000	0.2000	0.2000	0.2000	0.20
23	'浔阳区'	360403	0	0.2000	0.2000	0.2000	0.2000	0.2000	0.2000	0.2000	0.2000	0.2000	0.2000	0.2000	0.2000	0.2000	0.2000	0.2000	0.2000	0.20
24	'九江县'	360421	0	0.2000	0.2000	0.2000	0.2000	0.2000	0.2000	0.2000	0.2000	0.2000	0.2000	0.2000	0.2000	0.2000	0.2000	0.2000	0.2000	0.20
25	'武宁县'	360423	0	0.2000	0.2000	0.2000	0.2000	0.2000	0.2000	0.2000	0.2000	0.2000	0.2000	0.2000	0.2000	0.2000	0.2000	0.2000	0.2000	0.20
26	'修水县'	360424	0	0.2000	0.2000	0.2000	0.2000	0.2000	0.2000	0.2000	0.2000	0.2000	0.2000	0.2000	0.2000	0.2000	0.2000	0.2000	0.2000	0.20
27	'永修县'	360425	0	0.2000	0.2000	0.2000	0.2000	0.2000	0.2000	0.2000	0.2000	0.2000	0.2000	0.2000	0.2000	0.2000	0.2000	0.2000	0.2000	0.20
28	'德安县'	360426	0	0.2000	0.2000	0.2000	0.2000	0.2000	0.2000	0.2000	0.2000	0.2000	0.2000	0.2000	0.2000	0.2000	0.2000	0.2000	0.2000	0.20
29	'都昌县'	360428	0	0.2000	0.2000	0.2000	0.2000	0.2000	0.2000	0.2000	0.2000	0.2000	0.2000	0.2000	0.2000	0.2000	0.2000	0.2000	0.2000	0.20
30	'湖口县'	360429	0	0.2000	0.2000	0.2000	0.2000	0.2000	0.2000	0.2000	0.2000	0.2000	0.2000	0.2000	0.2000	0.2000	0.2000	0.2000	0.2000	0.20
31	'彭泽县'	360430	0	0.2000	0.2000	0.2000	0.2000	0.2000	0.2000	0.2000	0.2000	0.2000	0.2000	0.2000	0.2000	0.2000	0.2000	0.2000	0.2000	0.20
32	'瑞昌市'	360481	0	0.2000	0.2000	0.2000	0.2000	0.2000	0.2000	0.2000	0.2000	0.2000	0.2000	0.2000	0.2000	0.2000	0.2000	0.2000	0.2000	0.20
33	'共青城市'	360482	0	0.2000	0.2000	0.2000	0.2000	0.2000	0.2000	0.2000	0.2000	0.2000	0.2000	0.2000	0.2000	0.2000	0.2000	0.2000	0.2000	0.20
34	'渝水区'	360502	0	0.2000	0.2000	0.2000	0.2000	0.2000	0.2000	0.2000	0.2000	0.2000	0.2000	0.2000	0.2000	0.2000	0.2000	0.2000	0.2000	0.20

图 6-58 鄱阳湖流域畜禽粪污处理设施提标改造比例情景参数集

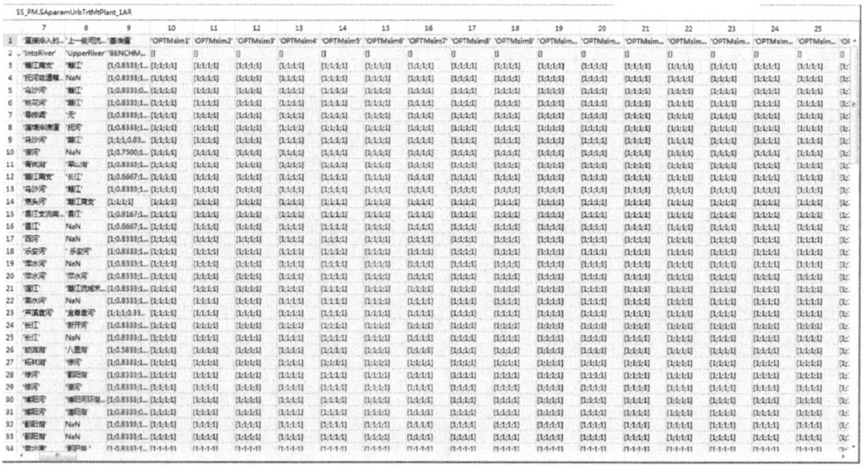

SS_PM.SAparamUrbTrtMtPlant_1AR

	7	8	9	10	11	12	13	14	15	16	17	18	19	20	21	22	23	24	25	
1	'直接排入的...	'上一级河流...	'基准值'	'OPTMsim1'	'OPTMsim2'	'OPTMsim3'	'OPTMsim4'	'OPTMsim5'	'OPTMsim6'	'OPTMsim7'	'OPTMsim8'	'OPTMsim9'	'OPTMsim...	'OPTMsim...	'OPTMsim...	'OPTMsim...	'OPTMsim...	'OPTMsim...	'OPTMsim...	'O
2	'IntoRiver'	'UpperRiver'	'BENCHM...	[]	[]	[]	[]	[]	[]	[]	[]	[]	[]	[]	[]	[]	[]	[]	[]	[]
3	'赣江南支'	'赣江'	[1;0.8333;1...	[1;1;1;1]	[1;1;1;1]	[1;1;1;1]	[1;1;1;1]	[1;1;1;1]	[1;1;1;1]	[1;1;1;1]	[1;1;1;1]	[1;1;1;1]	[1;1;1;1]	[1;1;1;1]	[1;1;1;1]	[1;1;1;1]	[1;1;1;1]	[1;1;1;1]	[1;1;1;1]	[1;
4	'抚河故道箱...	NaN	[1;0.8333;1...	[1;1;1;1]	[1;1;1;1]	[1;1;1;1]	[1;1;1;1]	[1;1;1;1]	[1;1;1;1]	[1;1;1;1]	[1;1;1;1]	[1;1;1;1]	[1;1;1;1]	[1;1;1;1]	[1;1;1;1]	[1;1;1;1]	[1;1;1;1]	[1;1;1;1]	[1;1;1;1]	[1;
5	'乌沙河'	'赣江'	[1;0.8333;0...	[1;1;1;1]	[1;1;1;1]	[1;1;1;1]	[1;1;1;1]	[1;1;1;1]	[1;1;1;1]	[1;1;1;1]	[1;1;1;1]	[1;1;1;1]	[1;1;1;1]	[1;1;1;1]	[1;1;1;1]	[1;1;1;1]	[1;1;1;1]	[1;1;1;1]	[1;1;1;1]	[1;
6	'桃花河'	'赣江'	[1;0.8333;1...	[1;1;1;1]	[1;1;1;1]	[1;1;1;1]	[1;1;1;1]	[1;1;1;1]	[1;1;1;1]	[1;1;1;1]	[1;1;1;1]	[1;1;1;1]	[1;1;1;1]	[1;1;1;1]	[1;1;1;1]	[1;1;1;1]	[1;1;1;1]	[1;1;1;1]	[1;1;1;1]	[1;
7	'导排渠'	'无'	[1;0.8333;1...	[1;1;1;1]	[1;1;1;1]	[1;1;1;1]	[1;1;1;1]	[1;1;1;1]	[1;1;1;1]	[1;1;1;1]	[1;1;1;1]	[1;1;1;1]	[1;1;1;1]	[1;1;1;1]	[1;1;1;1]	[1;1;1;1]	[1;1;1;1]	[1;1;1;1]	[1;1;1;1]	[1;
8	'雷港排渍渠'	'抚河'	[1;0.8333;1...	[1;1;1;1]	[1;1;1;1]	[1;1;1;1]	[1;1;1;1]	[1;1;1;1]	[1;1;1;1]	[1;1;1;1]	[1;1;1;1]	[1;1;1;1]	[1;1;1;1]	[1;1;1;1]	[1;1;1;1]	[1;1;1;1]	[1;1;1;1]	[1;1;1;1]	[1;1;1;1]	[1;
9	'乌沙河'	'赣江'	[1;1;1;0.83...	[1;1;1;1]	[1;1;1;1]	[1;1;1;1]	[1;1;1;1]	[1;1;1;1]	[1;1;1;1]	[1;1;1;1]	[1;1;1;1]	[1;1;1;1]	[1;1;1;1]	[1;1;1;1]	[1;1;1;1]	[1;1;1;1]	[1;1;1;1]	[1;1;1;1]	[1;1;1;1]	[1;
10	'潦河'	NaN	[1;0.7500;1...	[1;1;1;1]	[1;1;1;1]	[1;1;1;1]	[1;1;1;1]	[1;1;1;1]	[1;1;1;1]	[1;1;1;1]	[1;1;1;1]	[1;1;1;1]	[1;1;1;1]	[1;1;1;1]	[1;1;1;1]	[1;1;1;1]	[1;1;1;1]	[1;1;1;1]	[1;1;1;1]	[1;
11	'青岚湖'	'军山湖'	[1;0.8333;1...	[1;1;1;1]	[1;1;1;1]	[1;1;1;1]	[1;1;1;1]	[1;1;1;1]	[1;1;1;1]	[1;1;1;1]	[1;1;1;1]	[1;1;1;1]	[1;1;1;1]	[1;1;1;1]	[1;1;1;1]	[1;1;1;1]	[1;1;1;1]	[1;1;1;1]	[1;1;1;1]	[1;
12	'赣江南支'	'长江'	[1;0.6667;1...	[1;1;1;1]	[1;1;1;1]	[1;1;1;1]	[1;1;1;1]	[1;1;1;1]	[1;1;1;1]	[1;1;1;1]	[1;1;1;1]	[1;1;1;1]	[1;1;1;1]	[1;1;1;1]	[1;1;1;1]	[1;1;1;1]	[1;1;1;1]	[1;1;1;1]	[1;1;1;1]	[1;
13	'乌沙河'	'赣江'	[1;0.8333;1...	[1;1;1;1]	[1;1;1;1]	[1;1;1;1]	[1;1;1;1]	[1;1;1;1]	[1;1;1;1]	[1;1;1;1]	[1;1;1;1]	[1;1;1;1]	[1;1;1;1]	[1;1;1;1]	[1;1;1;1]	[1;1;1;1]	[1;1;1;1]	[1;1;1;1]	[1;1;1;1]	[1;
14	'燕头河'	'赣江南支'	[1;1;1;1]	[1;1;1;1]	[1;1;1;1]	[1;1;1;1]	[1;1;1;1]	[1;1;1;1]	[1;1;1;1]	[1;1;1;1]	[1;1;1;1]	[1;1;1;1]	[1;1;1;1]	[1;1;1;1]	[1;1;1;1]	[1;1;1;1]	[1;1;1;1]	[1;1;1;1]	[1;1;1;1]	[1;
15	'昌江支流南...	'昌江'	[1;0.9167;1...	[1;1;1;1]	[1;1;1;1]	[1;1;1;1]	[1;1;1;1]	[1;1;1;1]	[1;1;1;1]	[1;1;1;1]	[1;1;1;1]	[1;1;1;1]	[1;1;1;1]	[1;1;1;1]	[1;1;1;1]	[1;1;1;1]	[1;1;1;1]	[1;1;1;1]	[1;1;1;1]	[1;
16	'昌江'	NaN	[1;0.6667;1...	[1;1;1;1]	[1;1;1;1]	[1;1;1;1]	[1;1;1;1]	[1;1;1;1]	[1;1;1;1]	[1;1;1;1]	[1;1;1;1]	[1;1;1;1]	[1;1;1;1]	[1;1;1;1]	[1;1;1;1]	[1;1;1;1]	[1;1;1;1]	[1;1;1;1]	[1;1;1;1]	[1;
17	'西河'	NaN	[1;0.8333;1...	[1;1;1;1]	[1;1;1;1]	[1;1;1;1]	[1;1;1;1]	[1;1;1;1]	[1;1;1;1]	[1;1;1;1]	[1;1;1;1]	[1;1;1;1]	[1;1;1;1]	[1;1;1;1]	[1;1;1;1]	[1;1;1;1]	[1;1;1;1]	[1;1;1;1]	[1;1;1;1]	[1;
18	'乐安河'	' 乐安河'	[1;0.8333;1...	[1;1;1;1]	[1;1;1;1]	[1;1;1;1]	[1;1;1;1]	[1;1;1;1]	[1;1;1;1]	[1;1;1;1]	[1;1;1;1]	[1;1;1;1]	[1;1;1;1]	[1;1;1;1]	[1;1;1;1]	[1;1;1;1]	[1;1;1;1]	[1;1;1;1]	[1;1;1;1]	[1;
19	'萍水河'	NaN	[1;0.8333;1...	[1;1;1;1]	[1;1;1;1]	[1;1;1;1]	[1;1;1;1]	[1;1;1;1]	[1;1;1;1]	[1;1;1;1]	[1;1;1;1]	[1;1;1;1]	[1;1;1;1]	[1;1;1;1]	[1;1;1;1]	[1;1;1;1]	[1;1;1;1]	[1;1;1;1]	[1;1;1;1]	[1;
20	'萍水河'	'萍水河'	[1;0.8333;1...	[1;1;1;1]	[1;1;1;1]	[1;1;1;1]	[1;1;1;1]	[1;1;1;1]	[1;1;1;1]	[1;1;1;1]	[1;1;1;1]	[1;1;1;1]	[1;1;1;1]	[1;1;1;1]	[1;1;1;1]	[1;1;1;1]	[1;1;1;1]	[1;1;1;1]	[1;1;1;1]	[1;
21	'袁江'	'赣江流域未...	[1;0.8333;1...	[1;1;1;1]	[1;1;1;1]	[1;1;1;1]	[1;1;1;1]	[1;1;1;1]	[1;1;1;1]	[1;1;1;1]	[1;1;1;1]	[1;1;1;1]	[1;1;1;1]	[1;1;1;1]	[1;1;1;1]	[1;1;1;1]	[1;1;1;1]	[1;1;1;1]	[1;1;1;1]	[1;
22	'栗水河'	NaN	[1;0.8333;1...	[1;1;1;1]	[1;1;1;1]	[1;1;1;1]	[1;1;1;1]	[1;1;1;1]	[1;1;1;1]	[1;1;1;1]	[1;1;1;1]	[1;1;1;1]	[1;1;1;1]	[1;1;1;1]	[1;1;1;1]	[1;1;1;1]	[1;1;1;1]	[1;1;1;1]	[1;1;1;1]	[1;
23	'芦溪袁河'	'宜春袁河'	[1;1;1;0.33...	[1;1;1;1]	[1;1;1;1]	[1;1;1;1]	[1;1;1;1]	[1;1;1;1]	[1;1;1;1]	[1;1;1;1]	[1;1;1;1]	[1;1;1;1]	[1;1;1;1]	[1;1;1;1]	[1;1;1;1]	[1;1;1;1]	[1;1;1;1]	[1;1;1;1]	[1;1;1;1]	[1;
24	'长江'	'新开河'	[1;0.8333;1...	[1;1;1;1]	[1;1;1;1]	[1;1;1;1]	[1;1;1;1]	[1;1;1;1]	[1;1;1;1]	[1;1;1;1]	[1;1;1;1]	[1;1;1;1]	[1;1;1;1]	[1;1;1;1]	[1;1;1;1]	[1;1;1;1]	[1;1;1;1]	[1;1;1;1]	[1;1;1;1]	[1;
25	'长江'	NaN	[1;0.8333;1...	[1;1;1;1]	[1;1;1;1]	[1;1;1;1]	[1;1;1;1]	[1;1;1;1]	[1;1;1;1]	[1;1;1;1]	[1;1;1;1]	[1;1;1;1]	[1;1;1;1]	[1;1;1;1]	[1;1;1;1]	[1;1;1;1]	[1;1;1;1]	[1;1;1;1]	[1;1;1;1]	[1;
26	'琵琶湖'	'八里湖'	[1;0.5833;1...	[1;1;1;1]	[1;1;1;1]	[1;1;1;1]	[1;1;1;1]	[1;1;1;1]	[1;1;1;1]	[1;1;1;1]	[1;1;1;1]	[1;1;1;1]	[1;1;1;1]	[1;1;1;1]	[1;1;1;1]	[1;1;1;1]	[1;1;1;1]	[1;1;1;1]	[1;1;1;1]	[1;
27	'柘林湖'	'修河'	[1;0.8333;1...	[1;1;1;1]	[1;1;1;1]	[1;1;1;1]	[1;1;1;1]	[1;1;1;1]	[1;1;1;1]	[1;1;1;1]	[1;1;1;1]	[1;1;1;1]	[1;1;1;1]	[1;1;1;1]	[1;1;1;1]	[1;1;1;1]	[1;1;1;1]	[1;1;1;1]	[1;1;1;1]	[1;
28	'修河'	'鄱阳湖'	[1;0.8333;1...	[1;1;1;1]	[1;1;1;1]	[1;1;1;1]	[1;1;1;1]	[1;1;1;1]	[1;1;1;1]	[1;1;1;1]	[1;1;1;1]	[1;1;1;1]	[1;1;1;1]	[1;1;1;1]	[1;1;1;1]	[1;1;1;1]	[1;1;1;1]	[1;1;1;1]	[1;1;1;1]	[1;
29	'修河'	'潦河'	[1;0.8333;1...	[1;1;1;1]	[1;1;1;1]	[1;1;1;1]	[1;1;1;1]	[1;1;1;1]	[1;1;1;1]	[1;1;1;1]	[1;1;1;1]	[1;1;1;1]	[1;1;1;1]	[1;1;1;1]	[1;1;1;1]	[1;1;1;1]	[1;1;1;1]	[1;1;1;1]	[1;1;1;1]	[1;
30	'博阳河'	'博阳河环湖...	[1;0.8333;1...	[1;1;1;1]	[1;1;1;1]	[1;1;1;1]	[1;1;1;1]	[1;1;1;1]	[1;1;1;1]	[1;1;1;1]	[1;1;1;1]	[1;1;1;1]	[1;1;1;1]	[1;1;1;1]	[1;1;1;1]	[1;1;1;1]	[1;1;1;1]	[1;1;1;1]	[1;1;1;1]	[1;
31	'博阳河'	'鄱阳湖'	[1;0.8333;0...	[1;1;1;1]	[1;1;1;1]	[1;1;1;1]	[1;1;1;1]	[1;1;1;1]	[1;1;1;1]	[1;1;1;1]	[1;1;1;1]	[1;1;1;1]	[1;1;1;1]	[1;1;1;1]	[1;1;1;1]	[1;1;1;1]	[1;1;1;1]	[1;1;1;1]	[1;1;1;1]	[1;
32	'鄱阳湖'	NaN	[1;0.8333;1...	[1;1;1;1]	[1;1;1;1]	[1;1;1;1]	[1;1;1;1]	[1;1;1;1]	[1;1;1;1]	[1;1;1;1]	[1;1;1;1]	[1;1;1;1]	[1;1;1;1]	[1;1;1;1]	[1;1;1;1]	[1;1;1;1]	[1;1;1;1]	[1;1;1;1]	[1;1;1;1]	[1;
33	'鄱阳湖'	NaN	[1;0.8333;1...	[1;1;1;1]	[1;1;1;1]	[1;1;1;1]	[1;1;1;1]	[1;1;1;1]	[1;1;1;1]	[1;1;1;1]	[1;1;1;1]	[1;1;1;1]	[1;1;1;1]	[1;1;1;1]	[1;1;1;1]	[1;1;1;1]	[1;1;1;1]	[1;1;1;1]	[1;1;1;1]	[1;
34	[illegible]	'鄱阳湖 '	[1;0.8333;1...	[1;1;1;1]	[1;1;1;1]	[1;1;1;1]	[1;1;1;1]	[1;1;1;1]	[1;1;1;1]	[1;1;1;1]	[1;1;1;1]	[1;1;1;1]	[1;1;1;1]	[1;1;1;1]	[1;1;1;1]	[1;1;1;1]	[1;1;1;1]	[1;1;1;1]	[1;1;1;1]	[1;

图 6-59 鄱阳湖流域城镇生活污水厂一级 A 达标率情景参数集

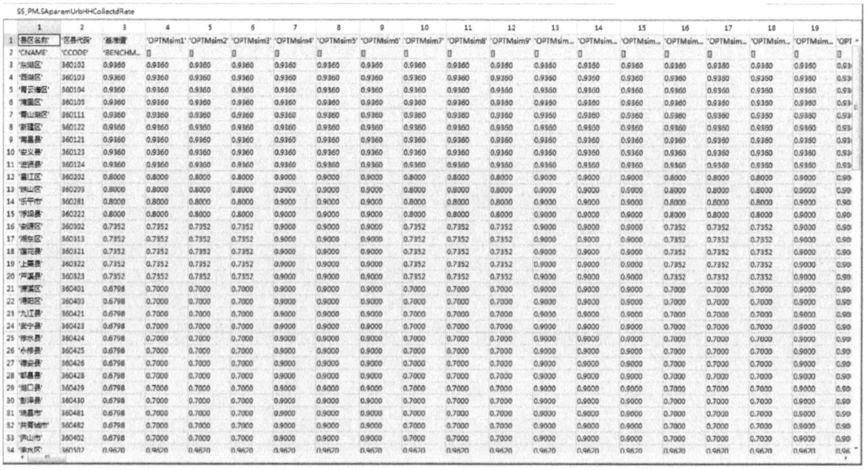

SS_PM.SAparamUrbHHCollectdRate

	1	2	3	4	5	6	7	8	9	10	11	12	13	14	15	16	17	18	19	
1	'县区名称'	'区县代码'	'基准值'	'OPTMsim1'	'OPTMsim2'	'OPTMsim3'	'OPTMsim4'	'OPTMsim5'	'OPTMsim6'	'OPTMsim7'	'OPTMsim8'	'OPTMsim9'	'OPTMsim...	'OPTMsim...	'OPTMsim...	'OPTMsim...	'OPTMsim...	'OPTMsim...	'OPTMsim...	'OPT
2	'CNAME'	'CCODE'	'BENCHM...	[]	[]	[]	[]	[]	[]	[]	[]	[]	[]	[]	[]	[]	[]	[]	[]	[]
3	'东湖区'	360102	0.9360	0.9360	0.9360	0.9360	0.9360	0.9360	0.9360	0.9360	0.9360	0.9360	0.9360	0.9360	0.9360	0.9360	0.9360	0.9360	0.9360	0.93
4	'西湖区'	360103	0.9360	0.9360	0.9360	0.9360	0.9360	0.9360	0.9360	0.9360	0.9360	0.9360	0.9360	0.9360	0.9360	0.9360	0.9360	0.9360	0.9360	0.93
5	'青云谱区'	360104	0.9360	0.9360	0.9360	0.9360	0.9360	0.9360	0.9360	0.9360	0.9360	0.9360	0.9360	0.9360	0.9360	0.9360	0.9360	0.9360	0.9360	0.93
6	'湾里区'	360105	0.9360	0.9360	0.9360	0.9360	0.9360	0.9360	0.9360	0.9360	0.9360	0.9360	0.9360	0.9360	0.9360	0.9360	0.9360	0.9360	0.9360	0.93
7	'青山湖区'	360111	0.9360	0.9360	0.9360	0.9360	0.9360	0.9360	0.9360	0.9360	0.9360	0.9360	0.9360	0.9360	0.9360	0.9360	0.9360	0.9360	0.9360	0.93
8	'新建区'	360122	0.9360	0.9360	0.9360	0.9360	0.9360	0.9360	0.9360	0.9360	0.9360	0.9360	0.9360	0.9360	0.9360	0.9360	0.9360	0.9360	0.9360	0.93
9	'南昌县'	360121	0.9360	0.9360	0.9360	0.9360	0.9360	0.9360	0.9360	0.9360	0.9360	0.9360	0.9360	0.9360	0.9360	0.9360	0.9360	0.9360	0.9360	0.93
10	'安义县'	360123	0.9360	0.9360	0.9360	0.9360	0.9360	0.9360	0.9360	0.9360	0.9360	0.9360	0.9360	0.9360	0.9360	0.9360	0.9360	0.9360	0.9360	0.93
11	'进贤县'	360124	0.9360	0.9360	0.9360	0.9360	0.9360	0.9360	0.9360	0.9360	0.9360	0.9360	0.9360	0.9360	0.9360	0.9360	0.9360	0.9360	0.9360	0.93
12	'昌江区'	360202	0.8000	0.8000	0.8000	0.8000	0.9000	0.9000	0.9000	0.8000	0.8000	0.8000	0.9000	0.9000	0.9000	0.8000	0.8000	0.8000	0.9000	0.90
13	'珠山区'	360203	0.8000	0.8000	0.8000	0.8000	0.9000	0.9000	0.9000	0.8000	0.8000	0.8000	0.9000	0.9000	0.9000	0.8000	0.8000	0.8000	0.9000	0.90
14	'乐平市'	360281	0.8000	0.8000	0.8000	0.8000	0.9000	0.9000	0.9000	0.8000	0.8000	0.8000	0.9000	0.9000	0.9000	0.8000	0.8000	0.8000	0.9000	0.90
15	'浮梁县'	360222	0.8000	0.8000	0.8000	0.8000	0.9000	0.9000	0.9000	0.8000	0.8000	0.8000	0.9000	0.9000	0.9000	0.8000	0.8000	0.8000	0.9000	0.90
16	'安源区'	360302	0.7352	0.7352	0.7352	0.7352	0.9000	0.9000	0.9000	0.7352	0.7352	0.7352	0.9000	0.9000	0.9000	0.7352	0.7352	0.7352	0.9000	0.90
17	'湘东区'	360313	0.7352	0.7352	0.7352	0.7352	0.9000	0.9000	0.9000	0.7352	0.7352	0.7352	0.9000	0.9000	0.9000	0.7352	0.7352	0.7352	0.9000	0.90
18	'莲花县'	360321	0.7352	0.7352	0.7352	0.7352	0.9000	0.9000	0.9000	0.7352	0.7352	0.7352	0.9000	0.9000	0.9000	0.7352	0.7352	0.7352	0.9000	0.90
19	'上栗县'	360322	0.7352	0.7352	0.7352	0.7352	0.9000	0.9000	0.9000	0.7352	0.7352	0.7352	0.9000	0.9000	0.9000	0.7352	0.7352	0.7352	0.9000	0.90
20	'芦溪县'	360323	0.7352	0.7352	0.7352	0.7352	0.9000	0.9000	0.9000	0.7352	0.7352	0.7352	0.9000	0.9000	0.9000	0.7352	0.7352	0.7352	0.9000	0.90
21	'濂溪区'	360401	0.6798	0.7000	0.7000	0.7000	0.9000	0.9000	0.9000	0.7000	0.7000	0.7000	0.9000	0.9000	0.9000	0.7000	0.7000	0.7000	0.9000	0.90
22	'浔阳区'	360403	0.6798	0.7000	0.7000	0.7000	0.9000	0.9000	0.9000	0.7000	0.7000	0.7000	0.9000	0.9000	0.9000	0.7000	0.7000	0.7000	0.9000	0.90
23	'九江县'	360421	0.6798	0.7000	0.7000	0.7000	0.9000	0.9000	0.9000	0.7000	0.7000	0.7000	0.9000	0.9000	0.9000	0.7000	0.7000	0.7000	0.9000	0.90
24	'武宁县'	360423	0.6798	0.7000	0.7000	0.7000	0.9000	0.9000	0.9000	0.7000	0.7000	0.7000	0.9000	0.9000	0.9000	0.7000	0.7000	0.7000	0.9000	0.90
25	'修水县'	360424	0.6798	0.7000	0.7000	0.7000	0.9000	0.9000	0.9000	0.7000	0.7000	0.7000	0.9000	0.9000	0.9000	0.7000	0.7000	0.7000	0.9000	0.90
26	'永修县'	360425	0.6798	0.7000	0.7000	0.7000	0.9000	0.9000	0.9000	0.7000	0.7000	0.7000	0.9000	0.9000	0.9000	0.7000	0.7000	0.7000	0.9000	0.90
27	'德安县'	360426	0.6798	0.7000	0.7000	0.7000	0.9000	0.9000	0.9000	0.7000	0.7000	0.7000	0.9000	0.9000	0.9000	0.7000	0.7000	0.7000	0.9000	0.90
28	'都昌县'	360428	0.6798	0.7000	0.7000	0.7000	0.9000	0.9000	0.9000	0.7000	0.7000	0.7000	0.9000	0.9000	0.9000	0.7000	0.7000	0.7000	0.9000	0.90
29	'湖口县'	360429	0.6798	0.7000	0.7000	0.7000	0.9000	0.9000	0.9000	0.7000	0.7000	0.7000	0.9000	0.9000	0.9000	0.7000	0.7000	0.7000	0.9000	0.90
30	'彭泽县'	360430	0.6798	0.7000	0.7000	0.7000	0.9000	0.9000	0.9000	0.7000	0.7000	0.7000	0.9000	0.9000	0.9000	0.7000	0.7000	0.7000	0.9000	0.90
31	'瑞昌市'	360481	0.6798	0.7000	0.7000	0.7000	0.9000	0.9000	0.9000	0.7000	0.7000	0.7000	0.9000	0.9000	0.9000	0.7000	0.7000	0.7000	0.9000	0.90
32	'共青城市'	360482	0.6798	0.7000	0.7000	0.7000	0.9000	0.9000	0.9000	0.7000	0.7000	0.7000	0.9000	0.9000	0.9000	0.7000	0.7000	0.7000	0.9000	0.90
33	'庐山市'	360402	0.6798	0.7000	0.7000	0.7000	0.9000	0.9000	0.9000	0.7000	0.7000	0.7000	0.9000	0.9000	0.9000	0.7000	0.7000	0.7000	0.9000	0.90
34	'渝水区'	360502	0.9620	0.9620	0.9620	0.9620	0.9620	0.9620	0.9620	0.9620	0.9620	0.9620	0.9620	0.9620	0.9620	0.9620	0.9620	0.9620	0.9620	0.96

图 6-60 鄱阳湖流域城镇生活污水收集率情景参数集

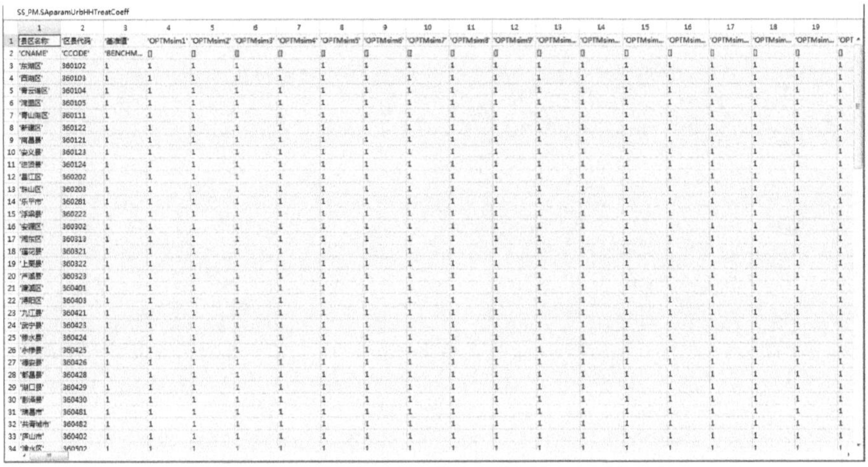

SS_PM.SAparamUrbHHTreatCoeff

	1	2	3	4	5	6	7	8	9	10	11	12	13	14	15	16	17	18	19	
1	'县区名称'	'区县代码'	'基准值'	'OPTMsim1'	'OPTMsim2'	'OPTMsim3'	'OPTMsim4'	'OPTMsim5'	'OPTMsim6'	'OPTMsim7'	'OPTMsim8'	'OPTMsim9'	'OPTMsim...	'OPTMsim...	'OPTMsim...	'OPTMsim...	'OPTMsim...	'OPTMsim...	'OPTMsim...	'OPT
2	'CNAME'	'CCODE'	'BENCHM...	[]	[]	[]	[]	[]	[]	[]	[]	[]	[]	[]	[]	[]	[]	[]	[]	[]
3	'东湖区'	360102	1	1	1	1	1	1	1	1	1	1	1	1	1	1	1	1	1	1
4	'西湖区'	360103	1	1	1	1	1	1	1	1	1	1	1	1	1	1	1	1	1	1
5	'青云谱区'	360104	1	1	1	1	1	1	1	1	1	1	1	1	1	1	1	1	1	1
6	'湾里区'	360105	1	1	1	1	1	1	1	1	1	1	1	1	1	1	1	1	1	1
7	'青山湖区'	360111	1	1	1	1	1	1	1	1	1	1	1	1	1	1	1	1	1	1
8	'新建区'	360122	1	1	1	1	1	1	1	1	1	1	1	1	1	1	1	1	1	1
9	'南昌县'	360121	1	1	1	1	1	1	1	1	1	1	1	1	1	1	1	1	1	1
10	'安义县'	360123	1	1	1	1	1	1	1	1	1	1	1	1	1	1	1	1	1	1
11	'进贤县'	360124	1	1	1	1	1	1	1	1	1	1	1	1	1	1	1	1	1	1
12	'昌江区'	360202	1	1	1	1	1	1	1	1	1	1	1	1	1	1	1	1	1	1
13	'珠山区'	360203	1	1	1	1	1	1	1	1	1	1	1	1	1	1	1	1	1	1
14	'乐平市'	360281	1	1	1	1	1	1	1	1	1	1	1	1	1	1	1	1	1	1
15	'浮梁县'	360222	1	1	1	1	1	1	1	1	1	1	1	1	1	1	1	1	1	1
16	'安源区'	360302	1	1	1	1	1	1	1	1	1	1	1	1	1	1	1	1	1	1
17	'湘东区'	360313	1	1	1	1	1	1	1	1	1	1	1	1	1	1	1	1	1	1
18	'莲花县'	360321	1	1	1	1	1	1	1	1	1	1	1	1	1	1	1	1	1	1
19	'上栗县'	360322	1	1	1	1	1	1	1	1	1	1	1	1	1	1	1	1	1	1
20	'芦溪县'	360323	1	1	1	1	1	1	1	1	1	1	1	1	1	1	1	1	1	1
21	'濂溪区'	360401	1	1	1	1	1	1	1	1	1	1	1	1	1	1	1	1	1	1
22	'浔阳区'	360403	1	1	1	1	1	1	1	1	1	1	1	1	1	1	1	1	1	1
23	'九江县'	360421	1	1	1	1	1	1	1	1	1	1	1	1	1	1	1	1	1	1
24	'武宁县'	360423	1	1	1	1	1	1	1	1	1	1	1	1	1	1	1	1	1	1
25	'修水县'	360424	1	1	1	1	1	1	1	1	1	1	1	1	1	1	1	1	1	1
26	'永修县'	360425	1	1	1	1	1	1	1	1	1	1	1	1	1	1	1	1	1	1
27	'德安县'	360426	1	1	1	1	1	1	1	1	1	1	1	1	1	1	1	1	1	1
28	'都昌县'	360428	1	1	1	1	1	1	1	1	1	1	1	1	1	1	1	1	1	1
29	'湖口县'	360429	1	1	1	1	1	1	1	1	1	1	1	1	1	1	1	1	1	1
30	'彭泽县'	360430	1	1	1	1	1	1	1	1	1	1	1	1	1	1	1	1	1	1
31	'瑞昌市'	360481	1	1	1	1	1	1	1	1	1	1	1	1	1	1	1	1	1	1
32	'共青城市'	360482	1	1	1	1	1	1	1	1	1	1	1	1	1	1	1	1	1	1
33	'庐山市'	360402	1	1	1	1	1	1	1	1	1	1	1	1	1	1	1	1	1	1
34	'渝水区'	360502	1	1	1	1	1	1	1	1	1	1	1	1	1	1	1	1	1	1

图 6-61　鄱阳湖流域城镇生活污水入厂负荷处理系数情景参数集

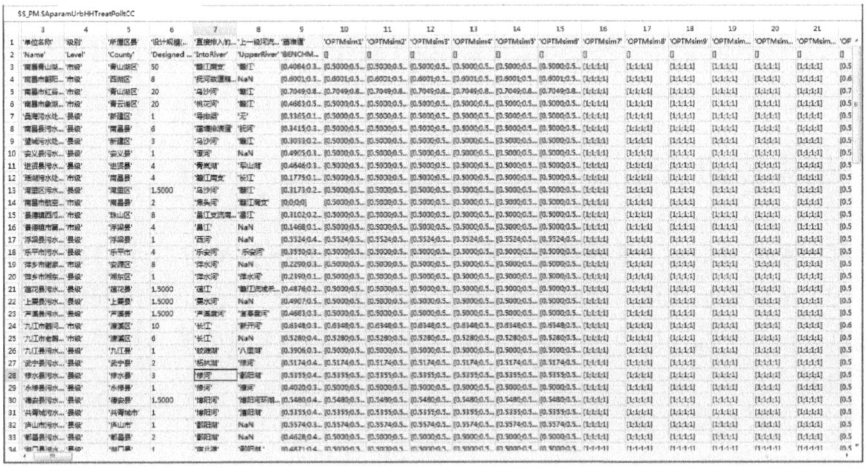

SS_PM.SAparamUrbHHTreatPolltCC

	3	4	5	6	7	8	9	10	11	12	13	14	15	16	17	18	19	20	21	
1	'单位名称'	'级别'	'所属区县'	'设计规模(...	'直接排入的...	'上一级河流...	'基准值'	'OPTMsim1'	'OPTMsim2'	'OPTMsim3'	'OPTMsim4'	'OPTMsim5'	'OPTMsim6'	'OPTMsim7'	'OPTMsim8'	'OPTMsim9'	'OPTMsim...	'OPTMsim...	'OPTMsim...	'OP
2	'Name'	'Level'	'County'	'Designed ...	'IntoRiver'	'UpperRiver'	'BENCHM...	[]	[]	[]	[]	[]	[]	[]	[]	[]	[]	[]	[]	[]
3	'南昌青山湖...	'市级'	'青山湖区'	50	'赣江南支'	'赣江'	[0.4084;0.3...	[0.5000;0.5...	[0.5000;0.5...	[0.5000;0.5...	[0.5000;0.5...	[0.5000;0.5...	[0.5000;0.5...	[1;1;1;1]	[1;1;1;1]	[1;1;1;1]	[1;1;1;1]	[1;1;1;1]	[1;1;1;1]	[0.5
4	'南昌市朝阳...	'市级'	'西湖区'	8	'抚河故道箱...	NaN	[0.6001;0.3...	[0.6001;0.5...	[0.6001;0.5...	[0.6001;0.5...	[0.6001;0.5...	[0.6001;0.5...	[0.6001;0.5...	[1;1;1;1]	[1;1;1;1]	[1;1;1;1]	[1;1;1;1]	[1;1;1;1]	[1;1;1;1]	[0.6
5	'南昌市红谷...	'市级'	'青山湖区'	20	'乌沙河'	'赣江'	[0.7049;0.8...	[0.7049;0.8...	[0.7049;0.8...	[0.7049;0.8...	[0.7049;0.8...	[0.7049;0.8...	[0.7049;0.8...	[1;1;1;1]	[1;1;1;1]	[1;1;1;1]	[1;1;1;1]	[1;1;1;1]	[1;1;1;1]	[0.7
6	'南昌市象湖...	'市级'	'青云谱区'	20	'桃花河'	'赣江'	[0.4683;0.5...	[0.5000;0.5...	[0.5000;0.5...	[0.5000;0.5...	[0.5000;0.5...	[0.5000;0.5...	[0.5000;0.5...	[1;1;1;1]	[1;1;1;1]	[1;1;1;1]	[1;1;1;1]	[1;1;1;1]	[1;1;1;1]	[0.5
7	'昌南污水处...	'县级'	'新建区'	1	'导排渠'	'无'	[0.3165;0.1...	[0.5000;0.5...	[0.5000;0.5...	[0.5000;0.5...	[0.5000;0.5...	[0.5000;0.5...	[0.5000;0.5...	[1;1;1;1]	[1;1;1;1]	[1;1;1;1]	[1;1;1;1]	[1;1;1;1]	[1;1;1;1]	[0.5
8	'南昌县污水...	'县级'	'南昌县'	6	'莲塘排渍道'	'抚河'	[0.3415;0.3...	[0.5000;0.5...	[0.5000;0.5...	[0.5000;0.5...	[0.5000;0.5...	[0.5000;0.5...	[0.5000;0.5...	[1;1;1;1]	[1;1;1;1]	[1;1;1;1]	[1;1;1;1]	[1;1;1;1]	[1;1;1;1]	[0.5
9	'望城污水处...	'县级'	'新建区'	3	'乌沙河'	'赣江'	[0.3033;0.2...	[0.5000;0.5...	[0.5000;0.5...	[0.5000;0.5...	[0.5000;0.5...	[0.5000;0.5...	[0.5000;0.5...	[1;1;1;1]	[1;1;1;1]	[1;1;1;1]	[1;1;1;1]	[1;1;1;1]	[1;1;1;1]	[0.5
10	'安义县污水...	'县级'	'安义县'	1	'潦河'	NaN	[0.4905;0.3...	[0.5000;0.5...	[0.5000;0.5...	[0.5000;0.5...	[0.5000;0.5...	[0.5000;0.5...	[0.5000;0.5...	[1;1;1;1]	[1;1;1;1]	[1;1;1;1]	[1;1;1;1]	[1;1;1;1]	[1;1;1;1]	[0.5
11	'进贤县污水...	'县级'	'进贤县'	4	'青岚湖'	'军山湖'	[0.4646;0.3...	[0.5000;0.5...	[0.5000;0.5...	[0.5000;0.5...	[0.5000;0.5...	[0.5000;0.5...	[0.5000;0.5...	[1;1;1;1]	[1;1;1;1]	[1;1;1;1]	[1;1;1;1]	[1;1;1;1]	[1;1;1;1]	[0.5
12	'瑶湖污水处...	'市级'	'南昌县'	4	'赣江南支'	'长江'	[0.1775;0.1...	[0.5000;0.5...	[0.5000;0.5...	[0.5000;0.5...	[0.5000;0.5...	[0.5000;0.5...	[0.5000;0.5...	[1;1;1;1]	[1;1;1;1]	[1;1;1;1]	[1;1;1;1]	[1;1;1;1]	[1;1;1;1]	[0.5
13	'湾里区污水...	'县级'	'湾里区'	1.5000	'乌沙河'	'赣江'	[0.3173;0.2...	[0.5000;0.5...	[0.5000;0.5...	[0.5000;0.5...	[0.5000;0.5...	[0.5000;0.5...	[0.5000;0.5...	[1;1;1;1]	[1;1;1;1]	[1;1;1;1]	[1;1;1;1]	[1;1;1;1]	[1;1;1;1]	[0.5
14	'南昌市航空...	'市级'	'南昌县'	2	'柴头河'	'赣江南支'	[0;0;0;0]	[0.5000;0.5...	[0.5000;0.5...	[0.5000;0.5...	[0.5000;0.5...	[0.5000;0.5...	[0.5000;0.5...	[1;1;1;1]	[1;1;1;1]	[1;1;1;1]	[1;1;1;1]	[1;1;1;1]	[1;1;1;1]	[0.5
15	'景德镇西瓜...	'市级'	'珠山区'	8	'昌江支流南...	'昌江'	[0.3102;0.2...	[0.5000;0.5...	[0.5000;0.5...	[0.5000;0.5...	[0.5000;0.5...	[0.5000;0.5...	[0.5000;0.5...	[1;1;1;1]	[1;1;1;1]	[1;1;1;1]	[1;1;1;1]	[1;1;1;1]	[1;1;1;1]	[0.5
16	'景德镇市富...	'市级'	'浮梁县'	4	'昌江'	NaN	[0.1468;0.1...	[0.5000;0.5...	[0.5000;0.5...	[0.5000;0.5...	[0.5000;0.5...	[0.5000;0.5...	[0.5000;0.5...	[1;1;1;1]	[1;1;1;1]	[1;1;1;1]	[1;1;1;1]	[1;1;1;1]	[1;1;1;1]	[0.5
17	'浮梁县污水...	'县级'	'浮梁县'	1	'西河'	NaN	[0.5524;0.4...	[0.5524;0.5...	[0.5524;0.5...	[0.5524;0.5...	[0.5524;0.5...	[0.5524;0.5...	[0.5524;0.5...	[1;1;1;1]	[1;1;1;1]	[1;1;1;1]	[1;1;1;1]	[1;1;1;1]	[1;1;1;1]	[0.5
18	'乐平市污水...	'县级'	'乐平市'	4	'乐安河'	'乐安河'	[0.3550;0.3...	[0.5000;0.5...	[0.5000;0.5...	[0.5000;0.5...	[0.5000;0.5...	[0.5000;0.5...	[0.5000;0.5...	[1;1;1;1]	[1;1;1;1]	[1;1;1;1]	[1;1;1;1]	[1;1;1;1]	[1;1;1;1]	[0.5
19	'萍乡市谢家...	'市级'	'安源区'	8	'萍水河'	NaN	[0.2290;0.3...	[0.5000;0.5...	[0.5000;0.5...	[0.5000;0.5...	[0.5000;0.5...	[0.5000;0.5...	[0.5000;0.5...	[1;1;1;1]	[1;1;1;1]	[1;1;1;1]	[1;1;1;1]	[1;1;1;1]	[1;1;1;1]	[0.5
20	'萍乡市湘东...	'县级'	'湘东区'	1	'萍水河'	'萍水河'	[0.2390;0.1...	[0.5000;0.5...	[0.5000;0.5...	[0.5000;0.5...	[0.5000;0.5...	[0.5000;0.5...	[0.5000;0.5...	[1;1;1;1]	[1;1;1;1]	[1;1;1;1]	[1;1;1;1]	[1;1;1;1]	[1;1;1;1]	[0.5
21	'莲花县污水...	'县级'	'莲花县'	1.5000	'莲江'	'赣江流域禾...	[0.4876;0.2...	[0.5000;0.5...	[0.5000;0.5...	[0.5000;0.5...	[0.5000;0.5...	[0.5000;0.5...	[0.5000;0.5...	[1;1;1;1]	[1;1;1;1]	[1;1;1;1]	[1;1;1;1]	[1;1;1;1]	[1;1;1;1]	[0.5
22	'上栗县污水...	'县级'	'上栗县'	1.5000	'栗水河'	NaN	[0.4907;0.5...	[0.5000;0.5...	[0.5000;0.5...	[0.5000;0.5...	[0.5000;0.5...	[0.5000;0.5...	[0.5000;0.5...	[1;1;1;1]	[1;1;1;1]	[1;1;1;1]	[1;1;1;1]	[1;1;1;1]	[1;1;1;1]	[0.5
23	'芦溪县污水...	'县级'	'芦溪县'	1.5000	'芦溪袁河'	'宜春袁河'	[0.4683;0.3...	[0.5000;0.5...	[0.5000;0.5...	[0.5000;0.5...	[0.5000;0.5...	[0.5000;0.5...	[0.5000;0.5...	[1;1;1;1]	[1;1;1;1]	[1;1;1;1]	[1;1;1;1]	[1;1;1;1]	[1;1;1;1]	[0.5
24	'九江市鹤问...	'市级'	'濂溪区'	10	'长江'	'新开河'	[0.6348;0.3...	[0.6348;0.5...	[0.6348;0.5...	[0.6348;0.5...	[0.6348;0.5...	[0.6348;0.5...	[0.6348;0.5...	[1;1;1;1]	[1;1;1;1]	[1;1;1;1]	[1;1;1;1]	[1;1;1;1]	[1;1;1;1]	[0.6
25	'九江市老鹳...	'市级'	'濂溪区'	6	'长江'	NaN	[0.5280;0.4...	[0.5280;0.5...	[0.5280;0.5...	[0.5280;0.5...	[0.5280;0.5...	[0.5280;0.5...	[0.5280;0.5...	[1;1;1;1]	[1;1;1;1]	[1;1;1;1]	[1;1;1;1]	[1;1;1;1]	[1;1;1;1]	[0.5
26	'九江县污水...	'县级'	'九江县'	1	'赛城湖'	'八里湖'	[0.3906;0.3...	[0.5000;0.5...	[0.5000;0.5...	[0.5000;0.5...	[0.5000;0.5...	[0.5000;0.5...	[0.5000;0.5...	[1;1;1;1]	[1;1;1;1]	[1;1;1;1]	[1;1;1;1]	[1;1;1;1]	[1;1;1;1]	[0.5
27	'武宁县污水...	'县级'	'武宁县'	2	'柘林湖'	'修河'	[0.5174;0.4...	[0.5174;0.5...	[0.5174;0.5...	[0.5174;0.5...	[0.5174;0.5...	[0.5174;0.5...	[0.5174;0.5...	[1;1;1;1]	[1;1;1;1]	[1;1;1;1]	[1;1;1;1]	[1;1;1;1]	[1;1;1;1]	[0.5
28	'修水县污水...	'县级'	'修水县'	3	'修河'	'鄱阳湖'	[0.5355;0.4...	[0.5355;0.5...	[0.5355;0.5...	[0.5355;0.5...	[0.5355;0.5...	[0.5355;0.5...	[0.5355;0.5...	[1;1;1;1]	[1;1;1;1]	[1;1;1;1]	[1;1;1;1]	[1;1;1;1]	[1;1;1;1]	[0.5
29	'永修县污水...	'县级'	'永修县'	1	'修河'	'修河'	[0.4020;0.3...	[0.5000;0.5...	[0.5000;0.5...	[0.5000;0.5...	[0.5000;0.5...	[0.5000;0.5...	[0.5000;0.5...	[1;1;1;1]	[1;1;1;1]	[1;1;1;1]	[1;1;1;1]	[1;1;1;1]	[1;1;1;1]	[0.5
30	'德安县污水...	'县级'	'德安县'	1.5000	'博阳河'	'博阳河环湖...	[0.5480;0.4...	[0.5480;0.5...	[0.5480;0.5...	[0.5480;0.5...	[0.5480;0.5...	[0.5480;0.5...	[0.5480;0.5...	[1;1;1;1]	[1;1;1;1]	[1;1;1;1]	[1;1;1;1]	[1;1;1;1]	[1;1;1;1]	[0.5
31	'共青城污水...	'县级'	'共青城市'	1	'博阳河'	'鄱阳湖'	[0.5355;0.4...	[0.5355;0.5...	[0.5355;0.5...	[0.5355;0.5...	[0.5355;0.5...	[0.5355;0.5...	[0.5355;0.5...	[1;1;1;1]	[1;1;1;1]	[1;1;1;1]	[1;1;1;1]	[1;1;1;1]	[1;1;1;1]	[0.5
32	'庐山市污水...	'县级'	'庐山市'	1	'鄱阳湖'	NaN	[0.5574;0.3...	[0.5574;0.5...	[0.5574;0.5...	[0.5574;0.5...	[0.5574;0.5...	[0.5574;0.5...	[0.5574;0.5...	[1;1;1;1]	[1;1;1;1]	[1;1;1;1]	[1;1;1;1]	[1;1;1;1]	[1;1;1;1]	[0.5
33	'都昌县污水...	'县级'	'都昌县'	2	'鄱阳湖'	NaN	[0.4628;0.4...	[0.5000;0.5...	[0.5000;0.5...	[0.5000;0.5...	[0.5000;0.5...	[0.5000;0.5...	[0.5000;0.5...	[1;1;1;1]	[1;1;1;1]	[1;1;1;1]	[1;1;1;1]	[1;1;1;1]	[1;1;1;1]	[0.5
34	'湖口县污水...	'县级'	'湖口县'	1	'南北港'	'鄱阳湖'	[0.4871;0.4...	[0.5000;0.5...	[0.5000;0.5...	[0.5000;0.5...	[0.5000;0.5...	[0.5000;0.5...	[0.5000;0.5...	[1;1;1;1]	[1;1;1;1]	[1;1;1;1]	[1;1;1;1]	[1;1;1;1]	[1;1;1;1]	[0.5

图 6-62　鄱阳湖流域城镇生活污水入厂负荷浓度系数情景参数集

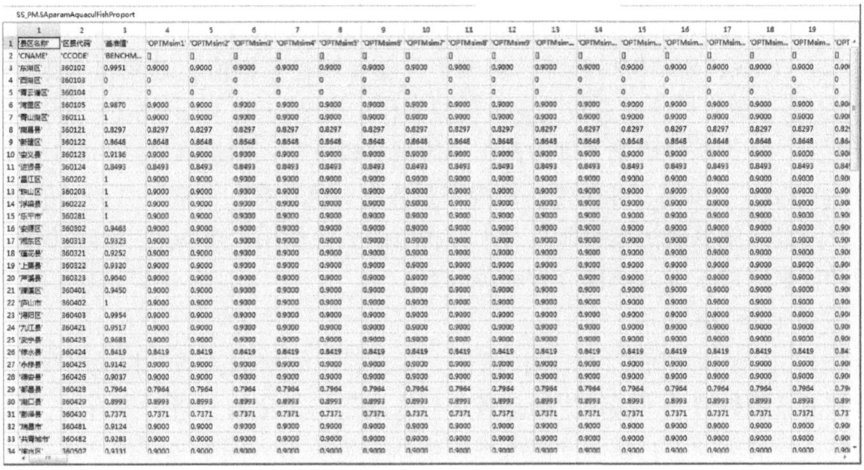

SS_PM.SAparamAquaculFishProport

	1	2	3	4	5	6	7	8	9	10	11	12	13	14	15	16	17	18	19	
1	'县区名称'	'区县代码'	'基准值'	'OPTMsim1'	'OPTMsim2'	'OPTMsim3'	'OPTMsim4'	'OPTMsim5'	'OPTMsim6'	'OPTMsim7'	'OPTMsim8'	'OPTMsim9'	'OPTMsim...	'OPTMsim...	'OPTMsim...	'OPTMsim...	'OPTMsim...	'OPTMsim...	'OPTMsim...	'OPT
2	'CNAME'	'CCODE'	'BENCHM...	[]	[]	[]	[]	[]	[]	[]	[]	[]	[]	[]	[]	[]	[]	[]	[]	[]
3	'东湖区'	360102	0.9951	0.9000	0.9000	0.9000	0.9000	0.9000	0.9000	0.9000	0.9000	0.9000	0.9000	0.9000	0.9000	0.9000	0.9000	0.9000	0.9000	0.90
4	'西湖区'	360103	0	0	0	0	0	0	0	0	0	0	0	0	0	0	0	0	0	0
5	'青云谱区'	360104	0	0	0	0	0	0	0	0	0	0	0	0	0	0	0	0	0	0
6	'湾里区'	360105	0.9870	0.9000	0.9000	0.9000	0.9000	0.9000	0.9000	0.9000	0.9000	0.9000	0.9000	0.9000	0.9000	0.9000	0.9000	0.9000	0.9000	0.90
7	'青山湖区'	360111	1	0.9000	0.9000	0.9000	0.9000	0.9000	0.9000	0.9000	0.9000	0.9000	0.9000	0.9000	0.9000	0.9000	0.9000	0.9000	0.9000	0.90
8	'南昌县'	360121	0.8297	0.8297	0.8297	0.8297	0.8297	0.8297	0.8297	0.8297	0.8297	0.8297	0.8297	0.8297	0.8297	0.8297	0.8297	0.8297	0.8297	0.82
9	'新建区'	360122	0.8648	0.8648	0.8648	0.8648	0.8648	0.8648	0.8648	0.8648	0.8648	0.8648	0.8648	0.8648	0.8648	0.8648	0.8648	0.8648	0.8648	0.86
10	'安义县'	360123	0.9136	0.9000	0.9000	0.9000	0.9000	0.9000	0.9000	0.9000	0.9000	0.9000	0.9000	0.9000	0.9000	0.9000	0.9000	0.9000	0.9000	0.90
11	'进贤县'	360124	0.8493	0.8493	0.8493	0.8493	0.8493	0.8493	0.8493	0.8493	0.8493	0.8493	0.8493	0.8493	0.8493	0.8493	0.8493	0.8493	0.8493	0.84
12	'昌江区'	360202	1	0.9000	0.9000	0.9000	0.9000	0.9000	0.9000	0.9000	0.9000	0.9000	0.9000	0.9000	0.9000	0.9000	0.9000	0.9000	0.9000	0.90
13	'珠山区'	360203	1	0.9000	0.9000	0.9000	0.9000	0.9000	0.9000	0.9000	0.9000	0.9000	0.9000	0.9000	0.9000	0.9000	0.9000	0.9000	0.9000	0.90
14	'浮梁县'	360222	1	0.9000	0.9000	0.9000	0.9000	0.9000	0.9000	0.9000	0.9000	0.9000	0.9000	0.9000	0.9000	0.9000	0.9000	0.9000	0.9000	0.90
15	'乐平市'	360281	1	0.9000	0.9000	0.9000	0.9000	0.9000	0.9000	0.9000	0.9000	0.9000	0.9000	0.9000	0.9000	0.9000	0.9000	0.9000	0.9000	0.90
16	'安源区'	360302	0.9463	0.9000	0.9000	0.9000	0.9000	0.9000	0.9000	0.9000	0.9000	0.9000	0.9000	0.9000	0.9000	0.9000	0.9000	0.9000	0.9000	0.90
17	'湘东区'	360313	0.9323	0.9000	0.9000	0.9000	0.9000	0.9000	0.9000	0.9000	0.9000	0.9000	0.9000	0.9000	0.9000	0.9000	0.9000	0.9000	0.9000	0.90
18	'莲花县'	360321	0.9252	0.9000	0.9000	0.9000	0.9000	0.9000	0.9000	0.9000	0.9000	0.9000	0.9000	0.9000	0.9000	0.9000	0.9000	0.9000	0.9000	0.90
19	'上栗县'	360322	0.9320	0.9000	0.9000	0.9000	0.9000	0.9000	0.9000	0.9000	0.9000	0.9000	0.9000	0.9000	0.9000	0.9000	0.9000	0.9000	0.9000	0.90
20	'芦溪县'	360323	0.9040	0.9000	0.9000	0.9000	0.9000	0.9000	0.9000	0.9000	0.9000	0.9000	0.9000	0.9000	0.9000	0.9000	0.9000	0.9000	0.9000	0.90
21	'濂溪区'	360401	0.9450	0.9000	0.9000	0.9000	0.9000	0.9000	0.9000	0.9000	0.9000	0.9000	0.9000	0.9000	0.9000	0.9000	0.9000	0.9000	0.9000	0.90
22	'庐山市'	360402	1	0.9000	0.9000	0.9000	0.9000	0.9000	0.9000	0.9000	0.9000	0.9000	0.9000	0.9000	0.9000	0.9000	0.9000	0.9000	0.9000	0.90
23	'浔阳区'	360403	0.9954	0.9000	0.9000	0.9000	0.9000	0.9000	0.9000	0.9000	0.9000	0.9000	0.9000	0.9000	0.9000	0.9000	0.9000	0.9000	0.9000	0.90
24	'九江县'	360421	0.9517	0.9000	0.9000	0.9000	0.9000	0.9000	0.9000	0.9000	0.9000	0.9000	0.9000	0.9000	0.9000	0.9000	0.9000	0.9000	0.9000	0.90
25	'武宁县'	360423	0.9683	0.9000	0.9000	0.9000	0.9000	0.9000	0.9000	0.9000	0.9000	0.9000	0.9000	0.9000	0.9000	0.9000	0.9000	0.9000	0.9000	0.90
26	'修水县'	360424	0.8419	0.8419	0.8419	0.8419	0.8419	0.8419	0.8419	0.8419	0.8419	0.8419	0.8419	0.8419	0.8419	0.8419	0.8419	0.8419	0.8419	0.84
27	'永修县'	360425	0.9142	0.9000	0.9000	0.9000	0.9000	0.9000	0.9000	0.9000	0.9000	0.9000	0.9000	0.9000	0.9000	0.9000	0.9000	0.9000	0.9000	0.90
28	'德安县'	360426	0.9037	0.9000	0.9000	0.9000	0.9000	0.9000	0.9000	0.9000	0.9000	0.9000	0.9000	0.9000	0.9000	0.9000	0.9000	0.9000	0.9000	0.90
29	'都昌县'	360428	0.7964	0.7964	0.7964	0.7964	0.7964	0.7964	0.7964	0.7964	0.7964	0.7964	0.7964	0.7964	0.7964	0.7964	0.7964	0.7964	0.7964	0.79
30	'湖口县'	360429	0.8993	0.8993	0.8993	0.8993	0.8993	0.8993	0.8993	0.8993	0.8993	0.8993	0.8993	0.8993	0.8993	0.8993	0.8993	0.8993	0.8993	0.89
31	'彭泽县'	360430	0.7371	0.7371	0.7371	0.7371	0.7371	0.7371	0.7371	0.7371	0.7371	0.7371	0.7371	0.7371	0.7371	0.7371	0.7371	0.7371	0.7371	0.73
32	'瑞昌市'	360481	0.9124	0.9000	0.9000	0.9000	0.9000	0.9000	0.9000	0.9000	0.9000	0.9000	0.9000	0.9000	0.9000	0.9000	0.9000	0.9000	0.9000	0.90
33	'共青城市'	360482	0.9283	0.9000	0.9000	0.9000	0.9000	0.9000	0.9000	0.9000	0.9000	0.9000	0.9000	0.9000	0.9000	0.9000	0.9000	0.9000	0.9000	0.90
34	'渝水区'	360502	0.9331	0.9000	0.9000	0.9000	0.9000	0.9000	0.9000	0.9000	0.9000	0.9000	0.9000	0.9000	0.9000	0.9000	0.9000	0.9000	0.9000	0.90

图 6-63　鄱阳湖流域鱼类养殖比例情景参数集

SS_PM.SAparamRipVCR

	1	2	3	4	5	6	7	8	9	10	11	12	13	14	15	16	17	18	19
1	'OBJECTID'	'SUBBCODE'	'BENCHM...	'OPTMsim1'	'OPTMsim2'	'OPTMsim3'	'OPTMsim4'	'OPTMsim5'	'OPTMsim6'	'OPTMsim7'	'OPTMsim8'	'OPTMsim9'	'OPTMsim...	'OPTMsim...	'OPTMsim...	'OPTMsim...	'OPTMsim...	'OPTMsim...	'OPTMsim...
2	1	1101	0.3205	0.4000	0.4000	0.4000	0.4000	0.4000	0.4000	0.4000	0.4000	0.4000	0.4000	0.4000	0.4000	0.4000	0.4000	0.4000	0.4000
3	2	1103	0.2814	0.4000	0.4000	0.4000	0.4000	0.4000	0.4000	0.4000	0.4000	0.4000	0.4000	0.4000	0.4000	0.4000	0.4000	0.4000	0.4000
4	3	1112	0.1882	0.4000	0.4000	0.4000	0.4000	0.4000	0.4000	0.4000	0.4000	0.4000	0.4000	0.4000	0.4000	0.4000	0.4000	0.4000	0.4000
5	4	1105	0.0600	0.4000	0.4000	0.4000	0.4000	0.4000	0.4000	0.4000	0.4000	0.4000	0.4000	0.4000	0.4000	0.4000	0.4000	0.4000	0.4000
6	5	1107	0.1179	0.4000	0.4000	0.4000	0.4000	0.4000	0.4000	0.4000	0.4000	0.4000	0.4000	0.4000	0.4000	0.4000	0.4000	0.4000	0.4000
7	6	1108	0.1148	0.4000	0.4000	0.4000	0.4000	0.4000	0.4000	0.4000	0.4000	0.4000	0.4000	0.4000	0.4000	0.4000	0.4000	0.4000	0.4000
8	7	1132	0.2010	0.4000	0.4000	0.4000	0.4000	0.4000	0.4000	0.4000	0.4000	0.4000	0.4000	0.4000	0.4000	0.4000	0.4000	0.4000	0.4000
9	8	1134	0.2835	0.4000	0.4000	0.4000	0.4000	0.4000	0.4000	0.4000	0.4000	0.4000	0.4000	0.4000	0.4000	0.4000	0.4000	0.4000	0.4000
10	9	1110	0.1669	0.4000	0.4000	0.4000	0.4000	0.4000	0.4000	0.4000	0.4000	0.4000	0.4000	0.4000	0.4000	0.4000	0.4000	0.4000	0.4000
11	10	1106	0.0542	0.4000	0.4000	0.4000	0.4000	0.4000	0.4000	0.4000	0.4000	0.4000	0.4000	0.4000	0.4000	0.4000	0.4000	0.4000	0.4000
12	11	1174	0.3114	0.4000	0.4000	0.4000	0.4000	0.4000	0.4000	0.4000	0.4000	0.4000	0.4000	0.4000	0.4000	0.4000	0.4000	0.4000	0.4000
13	12	1111	0.4780	0.4780	0.4780	0.4780	0.4780	0.4780	0.4780	0.4780	0.4780	0.4780	0.4780	0.4780	0.4780	0.4780	0.4780	0.4780	0.4780
14	13	1113	0.2481	0.4000	0.4000	0.4000	0.4000	0.4000	0.4000	0.4000	0.4000	0.4000	0.4000	0.4000	0.4000	0.4000	0.4000	0.4000	0.4000
15	14	1114	0.1948	0.4000	0.4000	0.4000	0.4000	0.4000	0.4000	0.4000	0.4000	0.4000	0.4000	0.4000	0.4000	0.4000	0.4000	0.4000	0.4000
16	15	1115	0.2944	0.4000	0.4000	0.4000	0.4000	0.4000	0.4000	0.4000	0.4000	0.4000	0.4000	0.4000	0.4000	0.4000	0.4000	0.4000	0.4000
17	16	1121	0.1722	0.4000	0.4000	0.4000	0.4000	0.4000	0.4000	0.4000	0.4000	0.4000	0.4000	0.4000	0.4000	0.4000	0.4000	0.4000	0.4000
18	17	5011	0	0.4000	0.4000	0.4000	0.4000	0.4000	0.4000	0.4000	0.4000	0.4000	0.4000	0.4000	0.4000	0.4000	0.4000	0.4000	0.4000
19	18	501	0.5495	0.5495	0.5495	0.5495	0.5495	0.5495	0.5495	0.5495	0.5495	0.5495	0.5495	0.5495	0.5495	0.5495	0.5495	0.5495	0.5495
20	19	50	0.2430	0.4000	0.4000	0.4000	0.4000	0.4000	0.4000	0.4000	0.4000	0.4000	0.4000	0.4000	0.4000	0.4000	0.4000	0.4000	0.4000
21	20	10	0.1656	0.4000	0.4000	0.4000	0.4000	0.4000	0.4000	0.4000	0.4000	0.4000	0.4000	0.4000	0.4000	0.4000	0.4000	0.4000	0.4000
22	21	101	0.2695	0.4000	0.4000	0.4000	0.4000	0.4000	0.4000	0.4000	0.4000	0.4000	0.4000	0.4000	0.4000	0.4000	0.4000	0.4000	0.4000
23	22	1011	0.2910	0.4000	0.4000	0.4000	0.4000	0.4000	0.4000	0.4000	0.4000	0.4000	0.4000	0.4000	0.4000	0.4000	0.4000	0.4000	0.4000
24	23	10111	0.2885	0.4000	0.4000	0.4000	0.4000	0.4000	0.4000	0.4000	0.4000	0.4000	0.4000	0.4000	0.4000	0.4000	0.4000	0.4000	0.4000
25	24	1012	0.1765	0.4000	0.4000	0.4000	0.4000	0.4000	0.4000	0.4000	0.4000	0.4000	0.4000	0.4000	0.4000	0.4000	0.4000	0.4000	0.4000
26	25	1013	0.1779	0.4000	0.4000	0.4000	0.4000	0.4000	0.4000	0.4000	0.4000	0.4000	0.4000	0.4000	0.4000	0.4000	0.4000	0.4000	0.4000
27	26	1.0121e+11	0.4040	0.4040	0.4040	0.4040	0.4040	0.4040	0.4040	0.4040	0.4040	0.4040	0.4040	0.4040	0.4040	0.4040	0.4040	0.4040	0.4040
28	27	101211	0.0430	0.4000	0.4000	0.4000	0.4000	0.4000	0.4000	0.4000	0.4000	0.4000	0.4000	0.4000	0.4000	0.4000	0.4000	0.4000	0.4000
29	28	10121	0.0691	0.4000	0.4000	0.4000	0.4000	0.4000	0.4000	0.4000	0.4000	0.4000	0.4000	0.4000	0.4000	0.4000	0.4000	0.4000	0.4000
30	29	1.0121e+10	0.2580	0.4000	0.4000	0.4000	0.4000	0.4000	0.4000	0.4000	0.4000	0.4000	0.4000	0.4000	0.4000	0.4000	0.4000	0.4000	0.4000
31	30	1.0121e+12	0.3499	0.4000	0.4000	0.4000	0.4000	0.4000	0.4000	0.4000	0.4000	0.4000	0.4000	0.4000	0.4000	0.4000	0.4000	0.4000	0.4000
32	31	1.0121e+09	0.5226	0.5226	0.5226	0.5226	0.5226	0.5226	0.5226	0.5226	0.5226	0.5226	0.5226	0.5226	0.5226	0.5226	0.5226	0.5226	0.5226
33	32	1012111	0.3564	0.4000	0.4000	0.4000	0.4000	0.4000	0.4000	0.4000	0.4000	0.4000	0.4000	0.4000	0.4000	0.4000	0.4000	0.4000	0.4000

图 6-64　鄱阳湖流域滨岸缓冲带植被覆盖比例情景参数集

6.6.3　情景模拟优化

基于鄱阳湖流域承载力调控情景参数，利用 HECCERS 模型对总计 1728 个综合调控情景方案进行了情景模拟优化。依据模拟结果，围绕鄱阳湖总磷污染突出问题和本项目调控对象，重点分析海量综合调控情景方案下鄱阳湖流域总磷入湖负荷的调控效应。具体模拟结果分析如下。

（1）综合调控效应分析。

经 HECCERS 模型对所有综合调控情景方案开展系统模拟，基于相关结果对鄱阳湖流域调控前和海量调控情景下总磷负荷入湖量进行比较分析。分析知，2025～2030 年在社会经济发展驱动下，鄱阳湖流域总磷负荷入湖量比 2017 年增加 3000t/a 以上，最高可达到 13 494 582kg/a。在各项调控措施综合影响下，随着调控参数值相继调整优化（模拟迭代编号增加），综合调控对流域总磷入湖负荷控制作用逐渐加强。如图 6-65 所示，随着综合调控力度加强，最优调控情景下可使鄱阳湖流域总磷负荷入湖量降低到 5 317 591kg/a，削减比例可达 60.6%。可知，相关综合调控情景方案对优化鄱阳湖流域社会经济系统产排污活动，以及降低入湖总磷污染负荷具有十分积极的调控作用，可为着力解决湖体总磷污染突出问题和提高流域承载力提供有效解决方案。

（2）城镇生活调控效应。

经 HECCERS 模型对所有综合调控情景方案开展系统模拟，基于相关结果对鄱阳湖流域调控前和海量调控情景下城镇生活总磷负荷入湖量进行比较分析。分析知，2025～2030 年在社会经济发展驱动下，鄱阳湖流域城镇生活总磷负荷入湖量每年比 2017 年增加 1200 多吨，总量可达到 3 956 930kg/a。在城镇生活污水厂提标改造一级 A 达标率、管网收集

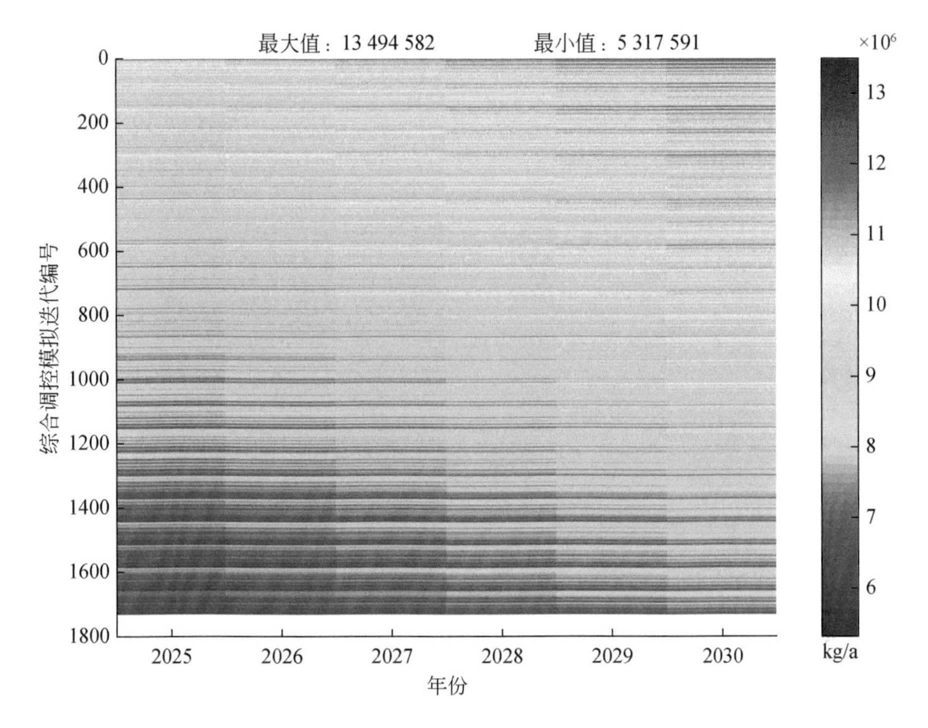

图6-65　鄱阳湖流域总磷入湖综合调控效应模拟结果（第一行为调控前背景值）

率提升、污水厂处理能力提升和雨污分流等调控措施综合影响下，随着各调控参数值相继调整优化（模拟迭代编号增加），流域城镇生活总磷负荷入湖逐渐得到控制。如图6-66所示，随着调控力度加强，最优调控情景下可使鄱阳湖流域城镇生活总磷负荷入湖量降低到1 948 489kg/a，削减比例可达50.8%。可知，相关调控情景方案对优化鄱阳湖流域城镇生活产排污，以及降低入湖总磷负荷具有积极作用。

（3）种植面源调控效应。

经HECCERS模型对所有综合调控方案开展系统模拟，基于相关结果对鄱阳湖流域调控前和海量调控情景下种植面源总磷负荷入湖量进行比较分析。分析知，2025～2030年在社会经济发展驱动下，鄱阳湖流域种植面源总磷负荷入湖量比2017年增加近300t/a，总量可达到3 760 754kg/a。在施肥减量、岸线生态修复等调控措施综合影响下，随着各调控参数值相继调整优化（模拟迭代编号增加），流域种植面源总磷负荷入湖逐渐得到控制。如图6-67所示，岸线生态修复对鄱阳湖流域种植面源污染控制具有明显影响。本方案中，滨岸缓冲带植被覆盖比例调控阈值范围为0.4～0.9，共分4级取值，结果表明随着生态修复参数取值提高，流域种植面源总磷负荷入湖量呈阶梯式下降，最优调控情景下可使鄱阳湖流域种植面源总磷负荷入湖量降低到562 619kg/a，削减入湖总磷负荷比例可达86.0%。可知，相关调控情景方案对优化鄱阳湖流域种植面源入湖总磷负荷具有积极作用。

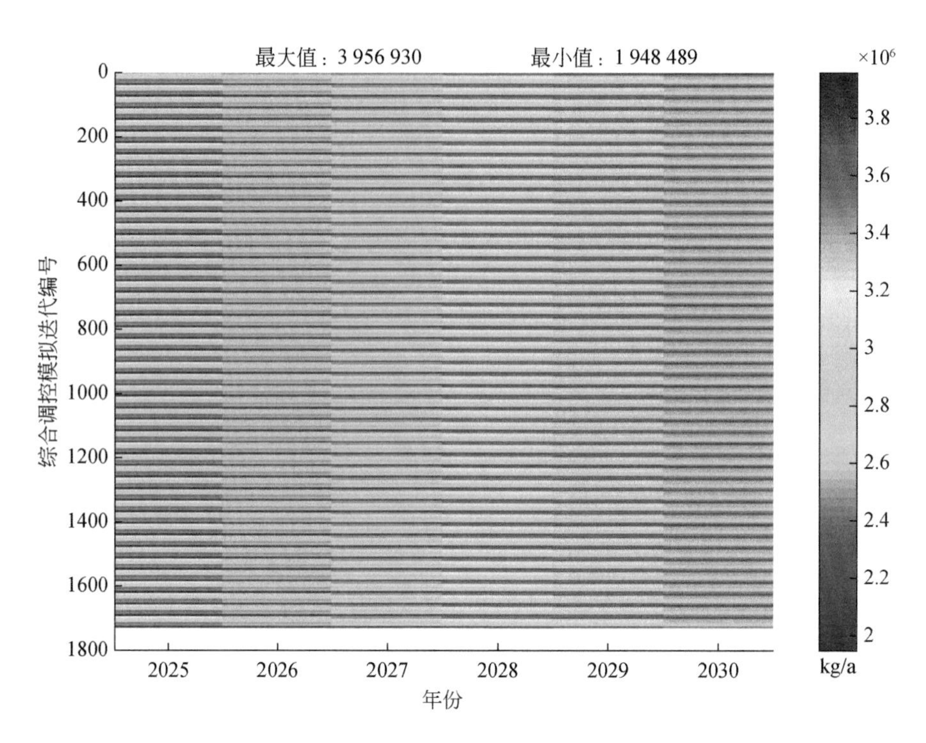

图 6-66　鄱阳湖流域城镇生活调控效应模拟结果（第一行为调控前背景值）

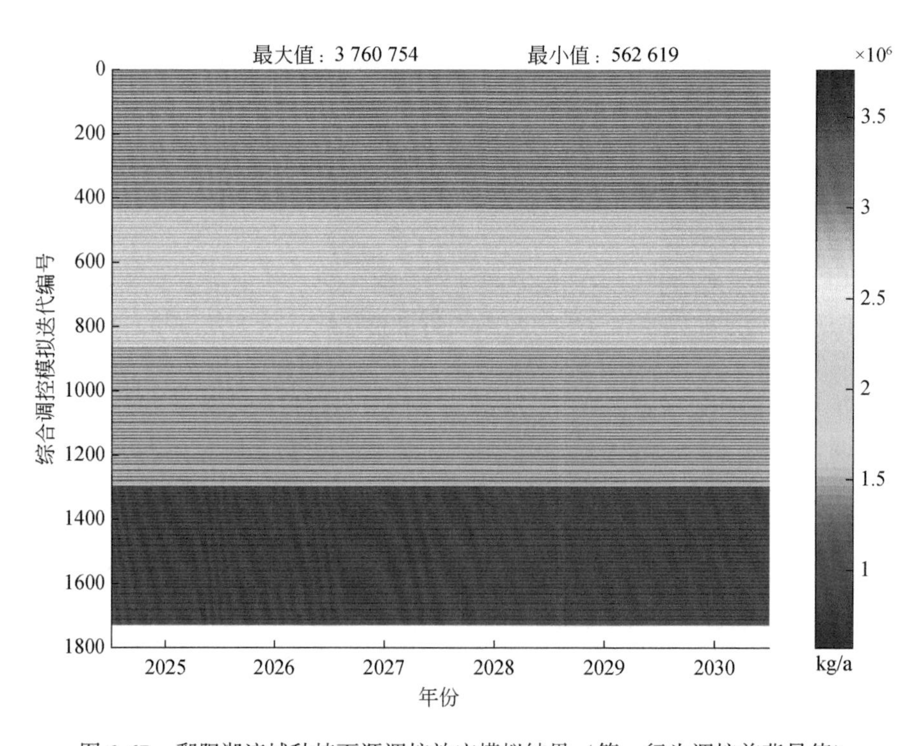

图 6-67　鄱阳湖流域种植面源调控效应模拟结果（第一行为调控前背景值）

（4）畜禽养殖调控效应。

经 HECCERS 模型对所有综合调控情景方案开展系统模拟，基于相关结果对鄱阳湖流域调控前和海量调控情景下畜禽养殖总磷负荷入湖量进行比较分析。分析知，2025～2030 年在社会经济发展驱动下，鄱阳湖流域畜禽养殖总磷负荷入湖量比 2017 年增加 800t/a，总量可达到 2 693 131kg/a。在粪污综合利用、处理设施提标、岸线生态修复等调控措施综合影响下，随着各调控参数值相继调整优化（模拟迭代编号增加），流域畜禽养殖总磷负荷入湖量逐渐得到控制。如图 6-68 所示，随着调控力度加强，最优调控情景下可使鄱阳湖流域畜禽养殖总磷负荷入湖量降低到 682 277kg/a，削减比例可达 74.7%。可知，相关调控情景方案对优化鄱阳湖流域畜禽养殖产排污，以及降低入湖总磷负荷具有积极作用。

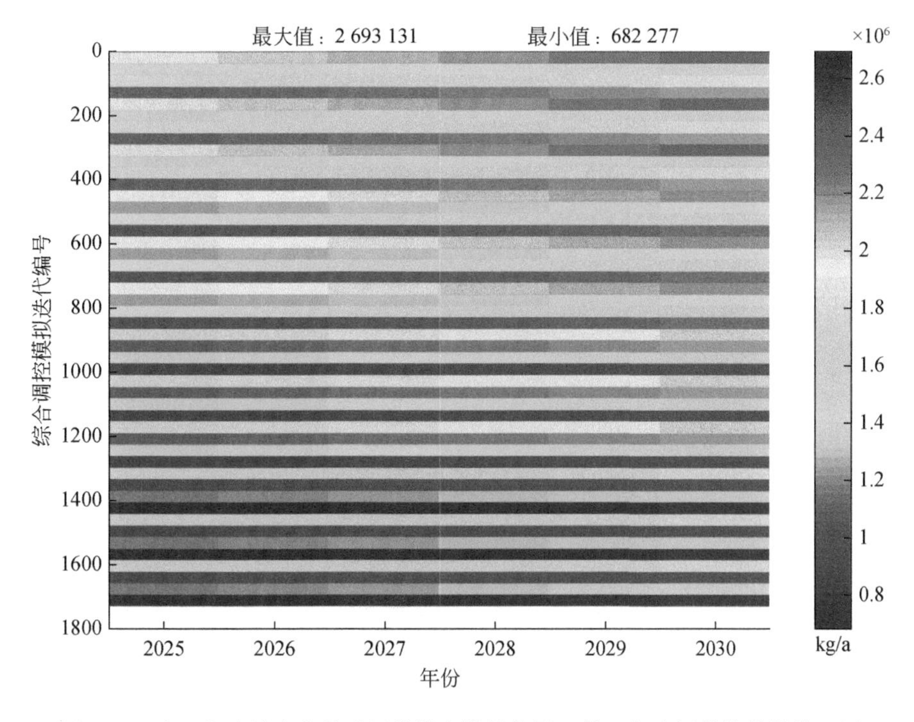

图 6-68　鄱阳湖流域畜禽养殖调控效应模拟结果（第一行为调控前背景值）图

（5）水产养殖调控效应。

经 HECCERS 模型对所有综合调控方案开展系统模拟，基于相关结果对鄱阳湖流域调控前和海量调控情景下水产养殖总磷负荷入湖量进行比较分析。分析知，2025～2030 年在社会经济发展驱动下，鄱阳湖流域水产养殖总磷负荷入湖量比 2017 年增加 800t/a，总量可达到 1 981 078kg/a。在水产养殖结构优化措施影响下，随着调控参数值调整优化（模拟迭代编号增加），流域水产养殖总磷负荷入湖量明显得到控制。如图 6-69 所示，随着本方案两级调控参数取值下降，在鱼类养殖比例下降到 0.5 的调控情景下，鄱阳湖流域水产养殖总磷负荷入湖量明显降低到 1 156 024kg/a，削减比例可达 41.6%。可知，相关调控情景方案对优化鄱阳湖流域水产养殖产排污，以及降低入湖总磷污染负荷具有积极作用。

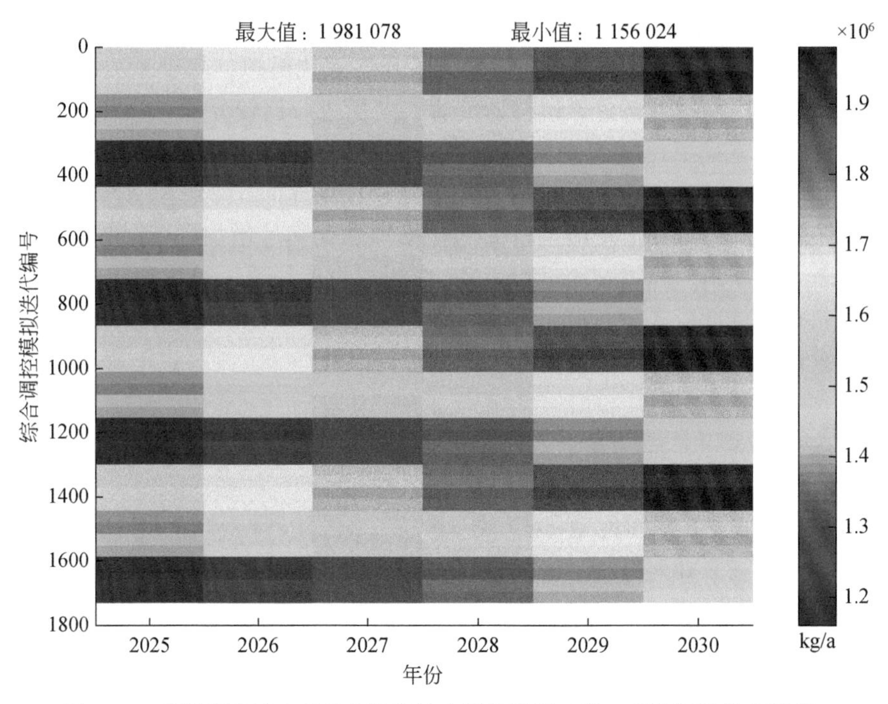

图 6-69　鄱阳湖流域水产养殖调控效应模拟结果（第一行为调控前背景值）

6.6.4　可达性分析

1. 总体思路

依据综合调控情景模拟结果，以为鄱阳湖总磷污染突出问题提供解决方案为核心目标，以入湖总量调控目标可达为优先前提，兼顾岸线生态修复目标可达开展综合调控可达性分析。

（1）入湖总量调控目标可达为优先前提。以改善鄱阳湖流域水环境质量为核心目标，考虑将入湖总量调控目标可达性作为流域承载力综合调控可达的优先前提，首先开展入湖总量调控目标可达性分析，选择相应目标可达的备选方案清单。

（2）兼顾岸线生态修复目标。在入湖总量调控目标可达方案中，进一步分析岸线植被覆盖度是否恢复到近远期生态修复目标。筛选满足目标可达方案纳入备选方案库，为方案优选制定提供参考。

2. 入湖总量调控目标可达性分析

基于 1728 次综合模拟迭代结果，分析综合调控影响下鄱阳湖流域入湖总磷负荷量目标可达性。如图 6-70 所示，经对比各综合调控情景下入湖总磷负荷量与调控目标限值，统计得到在近期（2020 ~ 2025 年）可达到入湖总量调控目标的综合调控情景方案有 233

套，在远期（2025～2030 年）可达入湖总量调控目标的综合调控情景方案有 19 套。

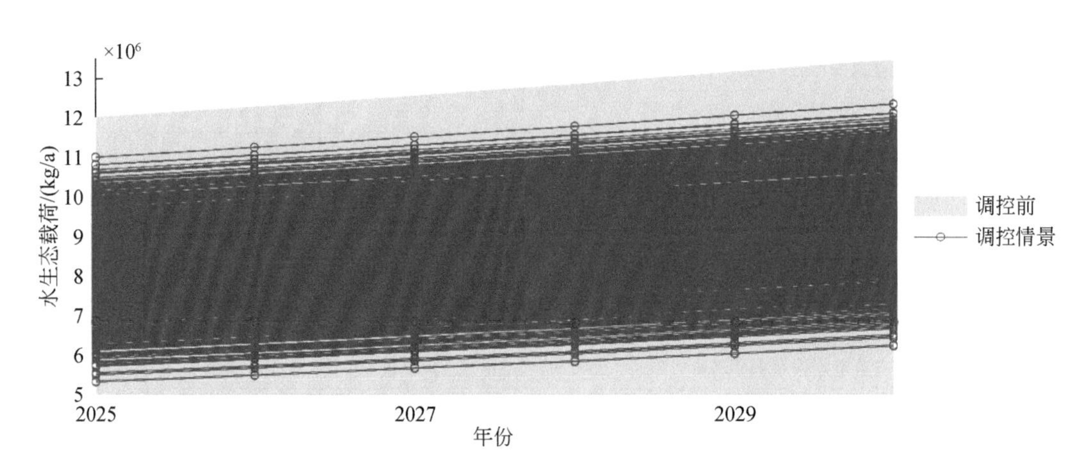

图 6-70　鄱阳湖流域综合调控迭代模拟结果（2025～2030 年）（红色虚线为目标限值）

近期（2020～2025 年）共计 233 套综合调控情景方案均可使鄱阳湖入湖总磷负荷量达到总量控制限值，入湖总磷负荷范围可控制在 5317. 6～6831. 3t/a（图 6-71）。进一步统计可达情景中各参数取值范围，统计结果如表 6-14 所示。分析知，相关目标可达情景参数基本涉及各种预设的可能取值，可作为方案优选的依据。

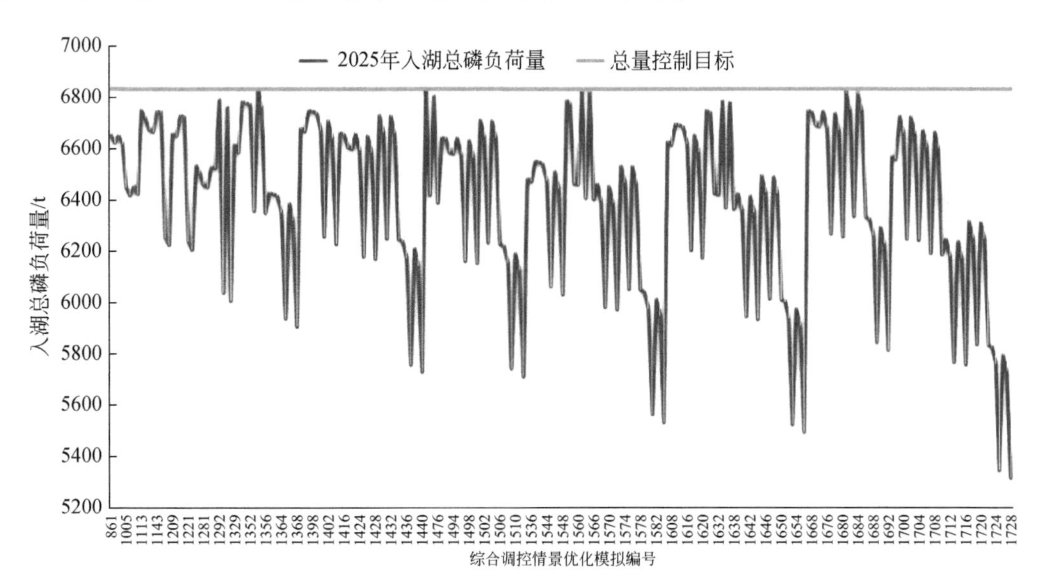

图 6-71　鄱阳湖流域综合调控近期总量调控目标可达情景

表 6-14　近期入湖总量目标可达调控情景方案参数统计表

目标可达取值范围	最差值	中值	最优值
单位耕地面积磷肥施用量/(kg/hm^2)	600. 00	350. 00	100. 00

续表

目标可达取值范围	最差值	中值	最优值
畜禽粪污处理后直排率	0.10	—	0.05
畜禽粪污处理设施提标改造比例	0.20	—	0.50
城镇生活污水厂一级 A 达标率	1.00	—	1.00
城镇生活污水收集率	0.70	—	0.90
城镇生活入厂负荷处理系数	1.00	—	1.50
城镇生活入厂负荷浓度系数	0.50	0.75	1.00
鱼类养殖比例	0.90	0.70	0.50
农业空间保有面积/km^2	26 714	26 714	26 714
滨岸缓冲带植被覆盖比例	0.57	0.73	0.90

远期（2025～2030 年）共计有 17 套综合调控情景方案均可使鄱阳湖入湖总磷负荷量达到总量控制限值，入湖总磷负荷范围可控制在 6259.1～6807.4t/a（图 6-72）。进一步统计可达情景中各参数取值范围，统计结果如表 6-15 所示。分析知，远期由于社会经济排污压力增强，相关目标可达情景下，调控参数取值较近期（2020～2025 年）达标情景参数更加趋严，特别是对雨污分流、养殖结构调整和岸线生态修复等措施需进一步加强，以达到远期总磷入湖总量调控目标限值。相关参数取值情况可作为近远期综合调控方案优选的重要依据。

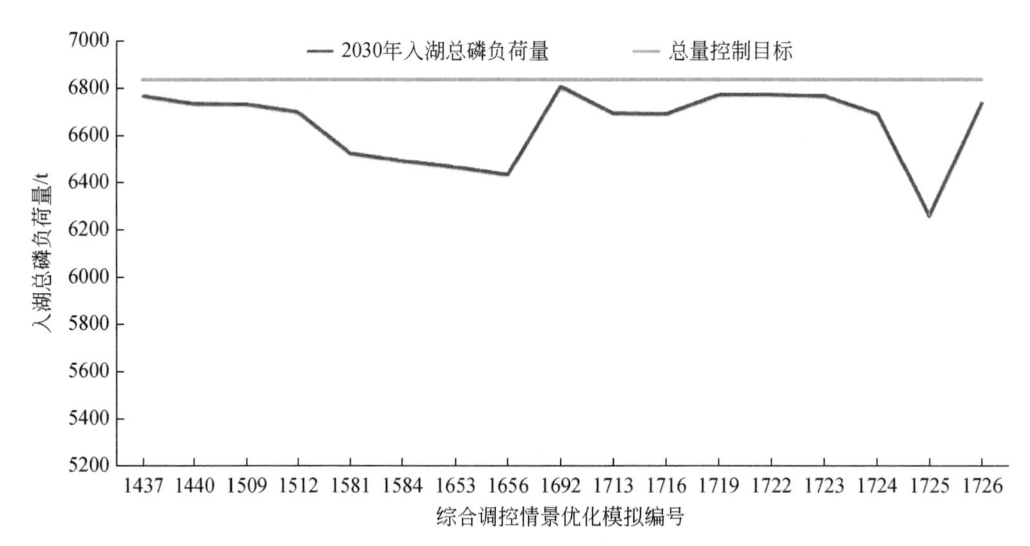

图 6-72　鄱阳湖流域综合调控远期总量调控目标可达情景

表 6-15　远期入湖总量目标可达调控情景方案参数统计表

调控参数	最差值	中值	最优值
单位耕地面积磷肥施用量/（kg/hm^2）	600.00	350.00	100.00

续表

调控参数	最差值	中值	最优值
畜禽粪污处理后直排率	0.10	—	0.05
畜禽粪污处理设施提标改造比例	0.20	—	0.50
城镇生活污水厂一级 A 达标率	1.00	—	1.00
城镇生活污水收集率	0.70	0.75	0.90
城镇生活入厂负荷处理系数	1.00	—	1.50
城镇生活入厂负荷浓度系数	0.75	—	1.00
鱼类养殖比例	0.70	—	0.50
农业空间保有面积/km^2	26 714	26 714	26 714
滨岸缓冲带植被覆盖比例	0.90	—	0.90

3. 滨岸缓冲带生态修复目标可达性分析

基于以上总量目标可达方案，进一步分析河湖滨岸缓冲带生态修复目标可达情况。经对比各综合调控情景下岸线生态修复目标限值，统计得到在近期（2020～2025 年）可达入湖总磷调控目标的综合调控情景方案有 231 套，在远期（2025～2030 年）可达到入湖总磷调控目标的综合调控情景方案有 19 套。

其中，近期（2020～2025 年）岸线生态修复目标可达情景中，滨岸缓冲带植被覆盖比例取值范围为 0.73～0.90（图 6-73），远期（2025～2030 年）岸线生态修复目标可达情景中，滨岸缓冲带植被覆盖比例取值稳定为 0.90。这表明，在本项目预设的调控情景方案下，若要所有调控目标均可达，需达到近远期退耕还林目标，近期需通过河湖滨岸带生态修复使滨岸缓冲带植被覆盖比例达到 0.73，远期宜达到 0.90 以上。基于以上分析，进一步整理形成鄱阳湖流域承载力调控目标可达的近期和远期备选情景方案及参数库。

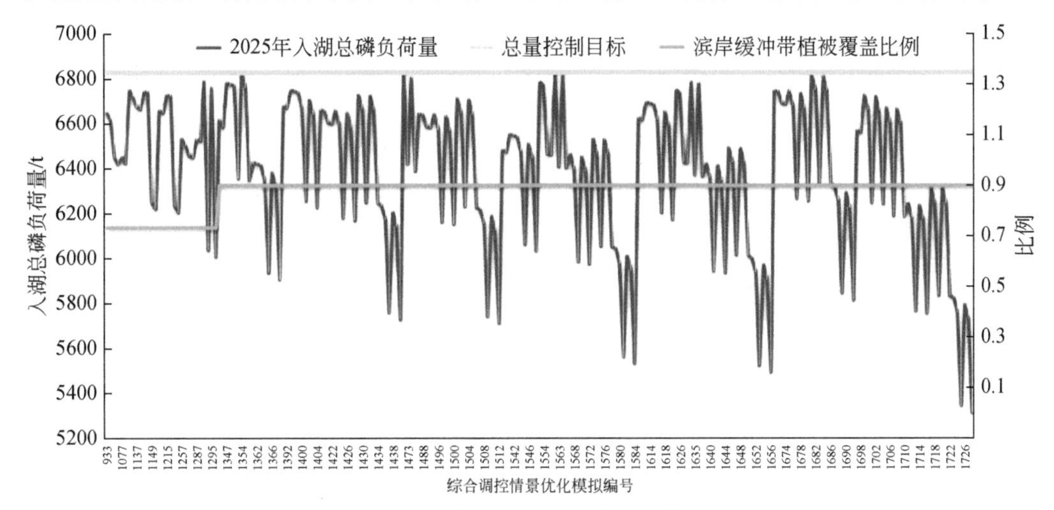

图 6-73　鄱阳湖流域综合调控近期岸线生态修复目标可达情景

6.6.5 综合调控方案制定

1. 总体调控方案优选

1）近期方案（2020～2025年）

在备选方案库中，考虑先易后难、循序渐进原则，依据调控措施优选参数表中各项措施的实施难易程度和优先级别，近期综合调控方案拟重点推动针对城镇生活、种植面源和畜禽养殖污染防治相关的高优先级调控措施的实施，着力解决鄱阳湖总磷污染问题，保障鄱阳湖流域水环境质量改善。基于近期备选调控方案库及调控参数取值范围统计结果，优选备选方案中参考情景方案，进一步适当优化调控参数取值确定近期（2020～2025年）鄱阳湖流域水生态承载力调控方案，相关措施与参数如表6-16所示。

表6-16 鄱阳湖流域水生态承载力调控近期（2020～2025年）方案参数表

调控对象	调控措施	调控参数	目标值	说明
种植业	施肥减量	单位耕地面积磷肥施用量/（kg/hm^2）	300.00	削减磷肥施用量
畜禽养殖	粪污综合利用	畜禽粪污处理后直排率	0.05	畜禽粪污资源化利用率达到95%
	处理设施提标	畜禽粪污处理设施提标改造比例	0.40	40%的畜禽养殖场粪污处理设施实现膜处理
城镇生活	污水厂提标改造	城镇生活污水厂一级A达标率	1.00	城镇生活污水处理厂一级A达标率100%
	管网收集率提升	城镇生活污水收集率	0.90	各区县城镇生活污水收集率提高到90%以上
	污水厂处理能力提升	城镇生活污水入厂负荷处理系数	1.50	城镇污水处理厂处理规模增加50%
	雨污分流	城镇生活污水入厂负荷浓度系数	1.00	100%实现雨污分流
水产养殖	养殖结构调整	鱼类养殖比例	0.50	调整水产养殖结构，使鱼类养殖比例降到50%以下
水生生境	退耕还林	流域退耕还林面积/km^2	3226.10	推进退耕还林3226.1km^2，转换为林草地
	岸线生态修复	滨岸缓冲带植被覆盖比例	0.72	加强生态修复，使河湖滨岸缓冲带植被覆盖比例提升到72%

依据以上优选方案，鄱阳湖流域水生态承载力近期预计调控结果如图6-74所示。结果表明，尽管在社会经济快速发展条件下，通过系列调控政策措施推行可保证实现鄱阳湖流域入湖总磷负荷总量调控目标和河湖滨岸缓冲带生态修复目标。具体调控政策措施如下。

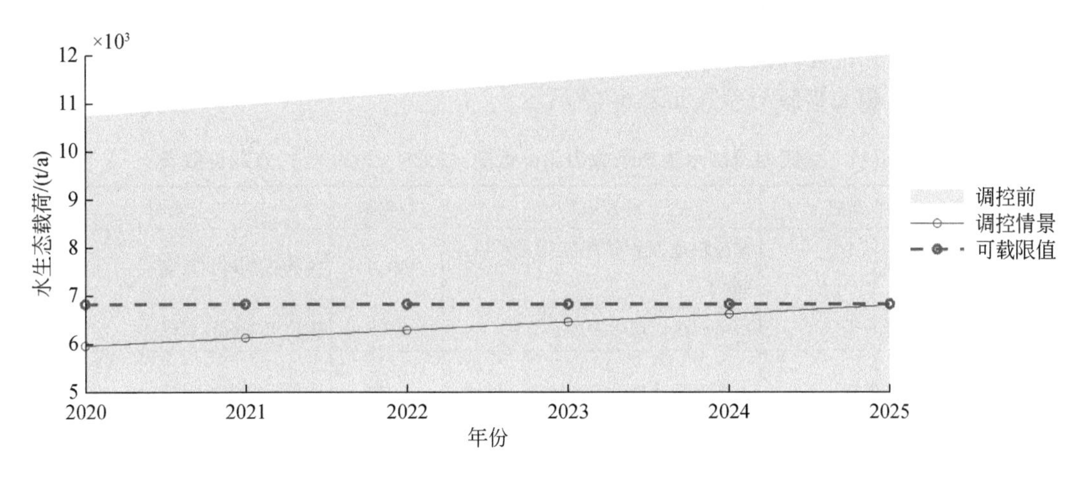

图 6-74　鄱阳湖流域水生态承载力近期（2020 ~ 2025 年）调控方案预计调控结果

（1）种植面源防治。

大力削减种植业磷肥施用量，到 2025 年施用量控制在 300kg/hm^2 以下。

（2）城镇生活污染控制。

提升处理能力：对污水处理能力不足地区，开展城镇污水处理厂新建或扩建，到 2025 年城镇生活污水处理规模需增加 50%。

雨污分流改造：大力开展城镇管网雨污分流工作，到 2025 年全面实现城镇管网雨污分流改造。

达标排放：实现城镇生活污水厂一级 A 达标率 100%。

提升收集率：到 2025 年各区县城镇生活污水收集率达到 90% 以上。

（3）畜禽养殖污染控制。

粪污资源化利用：进一步加强畜禽粪污资源化利用，到 2025 年资源化利用率达到 95% 以上。

处理设施升级：开展畜禽养殖场粪污处理设施升级改造，到 2025 年实现 40% 的畜禽养殖场粪污处理设施实现膜处理。

（4）水产养殖污染控制。

养殖结构优化：开展流域水产养殖结构优化调整，到 2025 年使鱼类养殖比例降到 50% 以下。

（5）流域生态修复增容。

退耕还林：推进退耕还林，到 2025 年，退耕面积达到 3226.1km^2，转换为林草地。

岸线生态修复：到 2025 年使流域河湖滨岸缓冲带植被覆盖比例总体提升到 72% 以上。

2）远期方案（2025 ~ 2030 年）

在近期调控方案确定基础上，分析各项措施的实施难易程度和优先级，远期综合调控方案拟持续推动城镇生活、种植面源和畜禽养殖污染防治措施的实施，同时着力加强鄱阳湖流域生态修复增容，重点通过河湖滨岸缓冲带生态修复，推动鄱阳湖流域水生态系统健康发展。基于远期备选调控方案库及调控参数取值范围统计结果，优选方案库中参考情景方案，进一步适当优化调控参数目标值确定远期（2025～2030年）鄱阳湖流域水生态承载力调控方案，相关措施与参数如表6-17所示。

表6-17 鄱阳湖流域水生态承载力调控近期（2025～2030年）方案参数表

调控对象	调控措施	调控参数	目标值	说明
种植业	施肥减量	单位耕地面积磷肥施用量/（kg/hm^2）	300.00	维持近期调控目标
畜禽养殖	粪污综合利用	畜禽粪污处理后直排率	0.05	维持近期调控目标
	处理设施提标	畜禽粪污处理设施提标改造比例	0.40	维持近期调控目标
城镇生活	污水厂提标改造	城镇生活污水厂一级A达标率	1.00	维持近期调控目标
	管网收集率提升	城镇生活污水收集率	0.90	维持近期调控目标
	污水厂处理能力提升	城镇生活污水入厂负荷处理系数	1.80	城镇污水处理厂处理规模较基准年增加80%
	雨污分流	城镇生活污水入厂负荷浓度系数	1.00	维持近期调控目标
水产养殖	养殖结构调整	鱼类养殖比例	0.50	维持近期调控目标
水生生境	退耕还林	流域退耕还林面积/km^2	5153.90	持续管控农业空间，退耕还林面积累计达到5153.9km^2
	岸线生态修复	滨岸缓冲带植被覆盖比例	0.85	进一步加强生态修复，使滨岸缓冲带植被覆盖比例提升到85%

依据以上远期优选方案，鄱阳湖流域承载力远期预计调控结果如图6-75所示。结果表明，2025～2030年在社会经济快速发展驱动下，通过持续推进污染减排且针对城镇化发展和生态文明建设需求进一步加强城镇生活污水处理和河湖滨岸缓冲带生态修复，可在鄱阳湖流域水生态承载力调控目标可达条件下，推动水生态系统功能持续改善。具体调控政策措施如下。

（1）种植面源防治。

持续管控种植业磷肥施用量，维持在300kg/hm^2以下。

（2）城镇生活污染控制。

进一步提升处理能力：对污水处理能力不足地区，持续开展城镇污水处理厂新建或扩建，到2030年城镇生活污水处理规模需增加80%。

在管网建设运维过程中，保证雨污分流持续落实到位。

加强监管，保障城镇生活污水厂一级A达标率100%。

持续开展新增污水收纳工作，保证各区县城镇生活污水收集率达到90%以上。

（3）畜禽养殖污染控制。

①持续开展粪污资源化利用，维持资源化利用率达在95%以上。②保障升级粪污处理设施达标运行，保证畜禽养殖场处理设施提标改造比例在40%以上。

（4）水产养殖污染控制。

加强管控水产养殖结构，保障鱼类养殖占比在50%以下。

（5）流域生态修复增容。

持续管控农业空间：到2030年，持续管控农业空间，累计退耕还林面积达到5153.9km²；

持续推进岸线生态修复：到2030年使流域河湖滨岸缓冲带植被覆盖比例总体提升到85%以上。

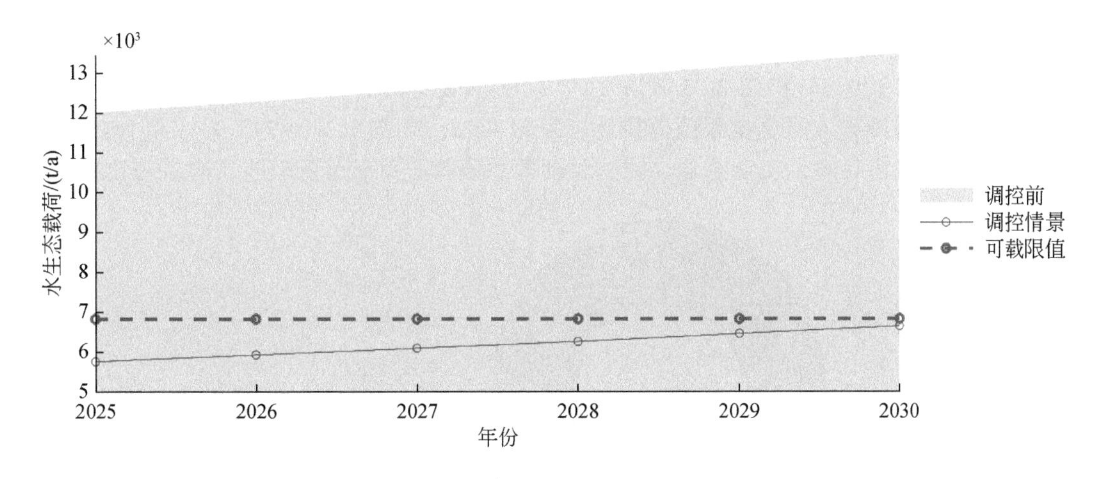

图6-75 鄱阳湖流域承载力远期（2025～2030年）调控方案预计调控结果

2. 分区调控方案制定

1）总量分配

依据确定的总体调控方案，采用鄱阳湖流域水生态承载力系统模型，以入湖总磷污染负荷总量调控目标为关键约束，模拟量化分区总量控制限值，确定区县与子流域尺度总量控制方案。具体分配结果如下。

（1）近期总磷污染负荷总量分配（2020～2025年）。

A. 集水区尺度。

依据近期调控方案量化确定了鄱阳湖流域及各集水区总磷污染排放入河负荷总量分配成果。近期（2020～2025年），若要保证鄱阳湖总磷污染问题得到控制，需将流域涉磷污染源排放入河负荷总量控制在10 921.0t/a以下。其中，按集水区分配结果看（图6-76），赣江总量分配负荷最大，为4759.6t/a，占比44%；其次是滨湖区，总量控制限值为2777.5t/a，占比25%；其他集水区总量分配比例相对较小，信江占比10%、抚河占比7%、修水占比9%、饶河占比5%。

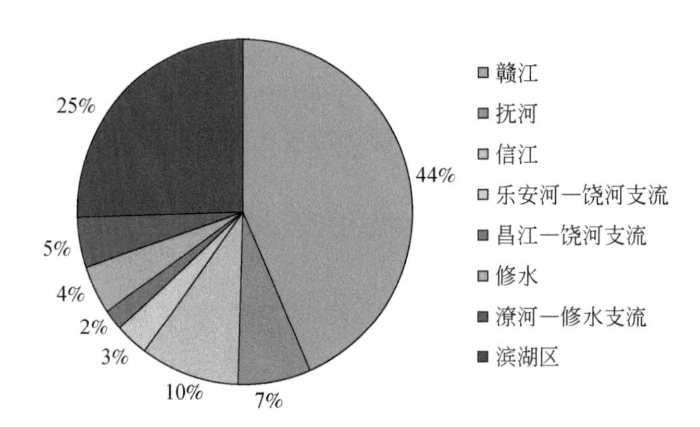

图 6-76 鄱阳湖流域近期总磷排放总量分配情况（分集水区）

从污染源总量分配看（图 6-77、表 6-18），鄱阳湖流域近期总磷排放总量分配主要集中在城镇生活（30%）、种植面源（26%）、畜禽养殖（16%）和水产养殖（16%）四大污染行业，总磷排放入河总量限值分别为：3150.4t/a、2705.5t/a、1745.9t/a 和 1645.6t/a。其他污染源如城市径流、工业企业、农村生活等总磷排放总量分配较少，合计占比 12%。

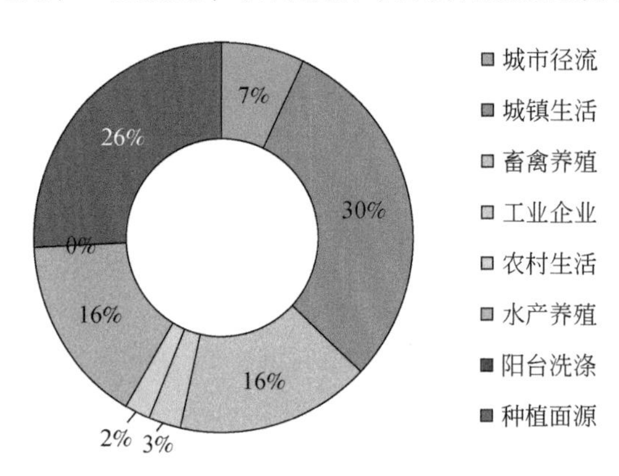

图 6-77 鄱阳湖流域近期总磷排放总量分配情况（分污染源）

表 6-18 鄱阳湖流域近期总磷污染排放入河总量分配（集水区、污染源）

（单位：t/a）

名称	城市径流	城镇生活	畜禽养殖	工业企业	农村生活	水产养殖	阳台洗涤	种植面源	合计
赣江	352.9	1 283.4	1 031.3	93.6	134.6	538.8	1.8	1 259.3	4 759.6
抚河	62.2	115.8	166.6	22.1	11.2	86.9	0.3	255.0	749.5
信江	59.8	438.2	126.4	17.2	15.8	116.2	0.6	241.1	1 062.7
乐安河-饶河支流	9.7	75.6	16.0	21.8	4.4	16.7	0.1	101.7	333.0
昌江-饶河支流	22.6	53.9	13.1	0.3	1.9	2.9	0.1	61.5	223.5
修水	23.2	116.7	93.2	5.1	16.5	53.0	0.1	100.7	497.6
潦河-修水支流	16.9	228.0	87.1	2.9	10.9	69.2	0.1	86.7	517.6
滨湖区	181.2	838.8	212.1	120.4	36.7	762.0	0.9	599.4	2 777.5
流域总计	728.6	3 150.4	1 745.9	283.3	232.0	1 645.6	4.0	2 705.5	10 921.0

B. 子流域尺度。

各子流域近期（2020～2025 年）总磷排放总量分配结果如图 6-78 所示。分析知，流域总磷排放总量控制限值的高值区主要集中在湖区和各集水区的上游区相关子流域，可达 300t/a。湖区总磷排放总量分配高的主要原因是湖区为鄱阳湖经济圈核心区，产业发达，需分配较高的总量排放空间；在赣江上游赣州市、赣江中游吉安市、信江上饶市、修水上游等相关子流域分配总量较大，主要原因是相关区域处于各集水区上游区离湖区较远，污染负荷贡献相对较小，可预留较大总磷排放空间。此外，在赣江中游吉安市和下游南昌市、抚河中下游等区域相关子流域总磷排放总量分配限值相对较高，可达 170～300t/a。

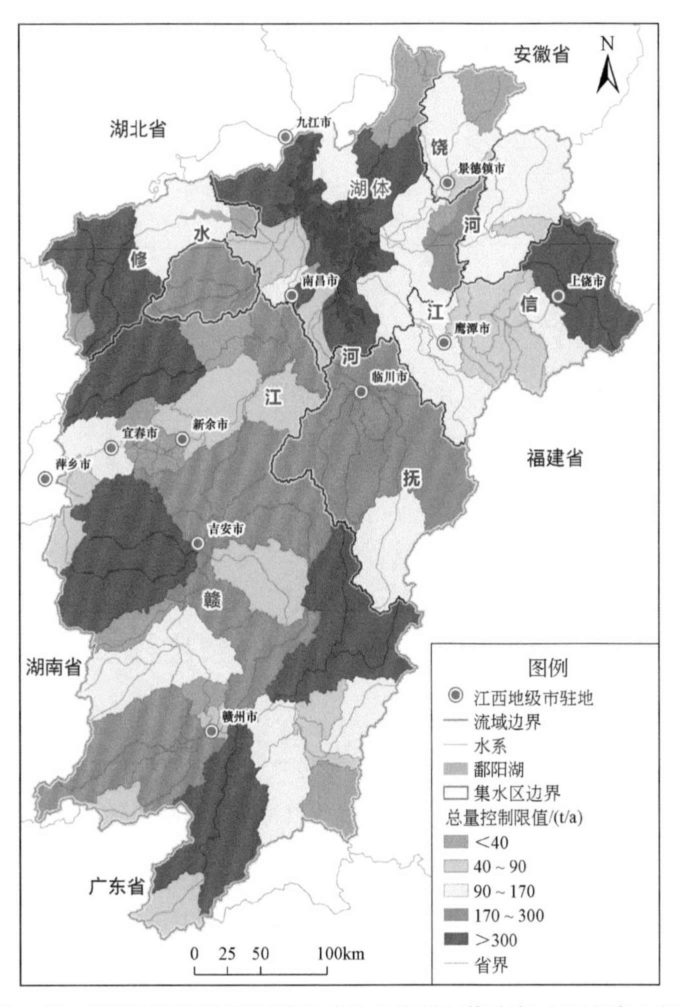

图 6-78　鄱阳湖流域近期总磷排放总量控制限值分布（子流域尺度）

各子流域近期（2020～2025 年）城镇生活总磷排放总量分配结果如图 6-79 所示。分析知，流域总磷排放总量限值的高值区主要集中在南昌市、上饶市、吉安市等城区相关子流域，可达 240t/a；其次是赣州市、九江市、景德镇市、修水中上游等相关子流域，城镇生活总磷排放总量控制限值可达 60～120t/a。赣江下游和中游非城区、湖体周边非城区、抚河、信江中下游等相关子流域城镇生活总磷排放总量控制限值相对较小（<60t/a）。

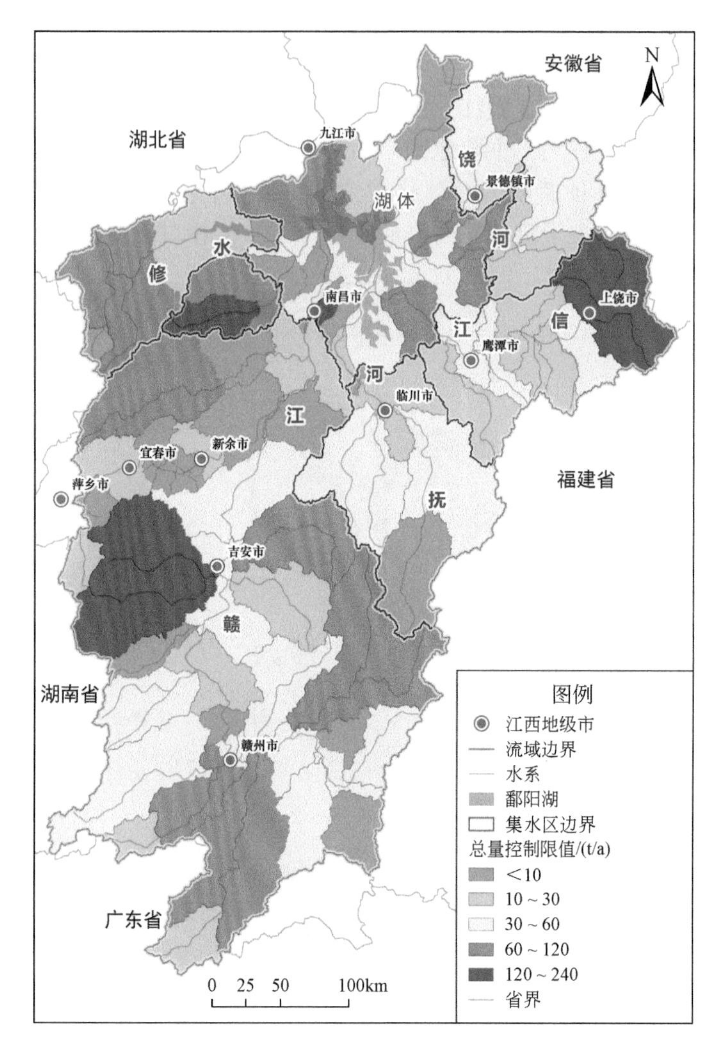

图 6-79 鄱阳湖流域近期城镇生活总磷排放负荷控制限值分布（子流域尺度）

各子流域近期（2020～2025 年）种植面源总磷排放总量分配结果如图 6-80 所示。分析知，流域总磷排放总量限值的高值区主要集中在赣江中下游（吉安市、新余市、南昌市）、赣江上游（赣州市）、信江上游（上饶市）和湖区东北部等相关子流域，可达 134t/a；其次是抚河、修水上游、饶河中游等区域相关子流域，种植面源总磷排放总量控制限值可达 44～75t/a。湖区西北部、信江中下游、饶河上游、修水下游和赣江中上游相关子流域种植面源总磷排放总量控制限值相对较小（<44t/a）。

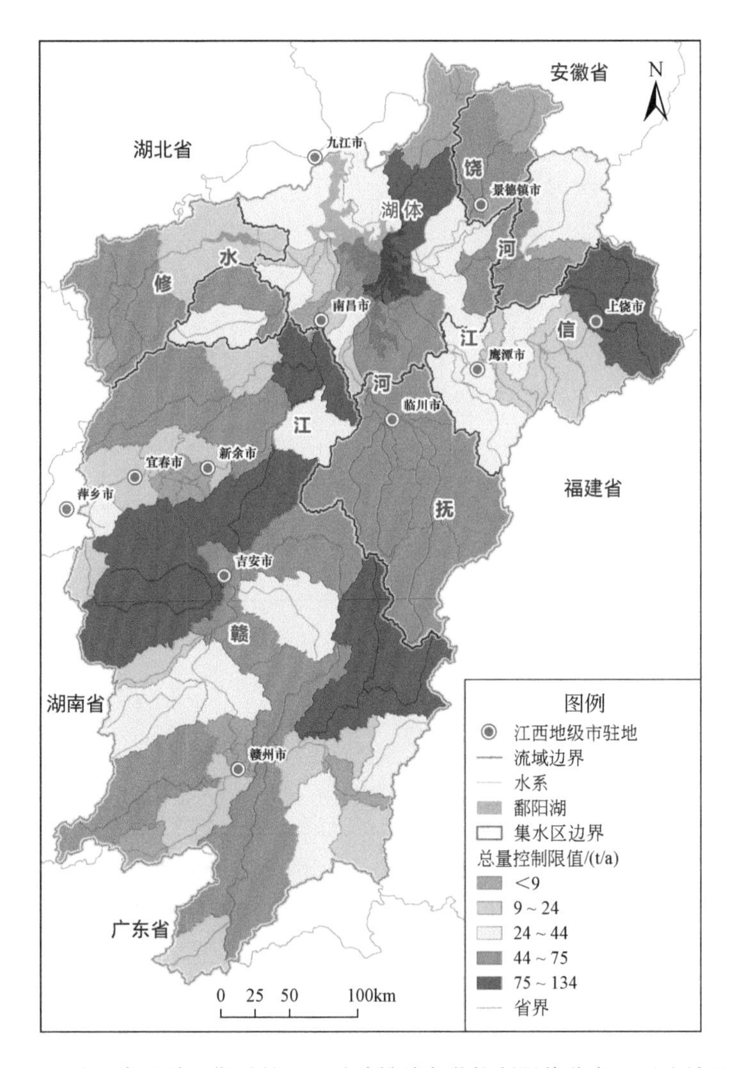

图 6-80　鄱阳湖流域近期种植面源总磷排放负荷控制限值分布（子流域尺度）

各子流域近期（2020 ~ 2025 年）畜禽养殖总磷排放总量负荷分配结果如图 6-81 所示。分析知，畜禽养殖总磷排放总量限值的高值区主要集中在赣江流域（吉安市、赣州市和宜春市等）相关子流域，可达 138t/a；其次是修水中上游、抚河中下游和赣江中上游部分子流域，畜禽养殖总磷排放总量控制限值可达 42 ~ 80t/a。滨湖区、饶河和信江相关子流域畜禽养殖总磷排放总量控制限值相对较小（<42t/a）。

各子流域近期（2020 ~ 2025 年）水产养殖总磷排放总量分配结果如图 6-82 所示。分析知，水产养殖总磷排放总量限值的高值区主要集中在滨湖区鄱阳湖周边相关子流域，可达 125 ~ 243t/a；其次是信江上游、赣江上游等部分子流域，水产养殖总磷排放总量控制限值达 46 ~ 125t/a。修水、赣江中上游（吉安市、赣州市）、赣江下游（南昌市）等相关子流域水产养殖总磷排放总量控制限值相对较小（<46t/a）。

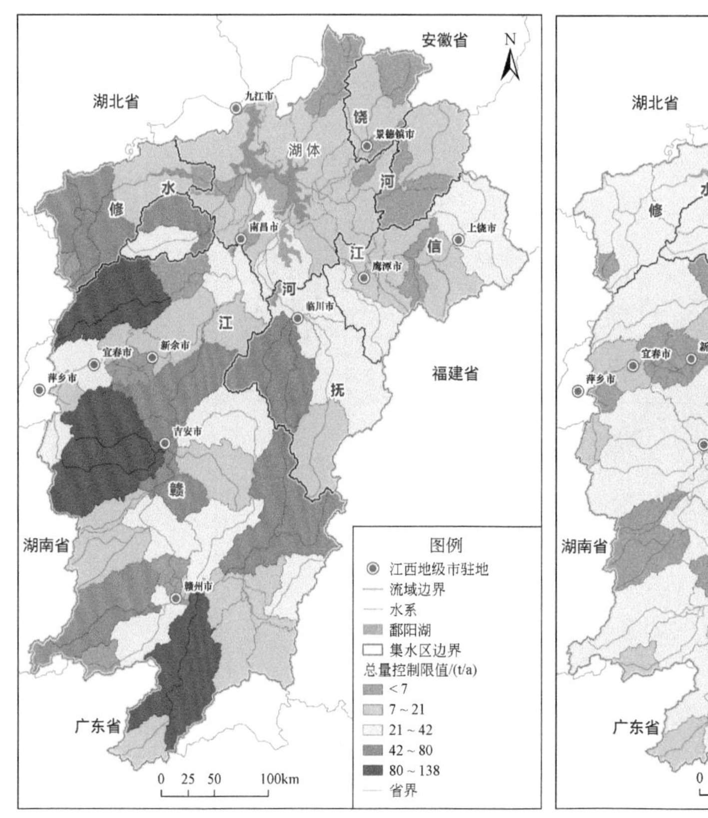

图 6-81　鄱阳湖流域近期畜禽养殖总磷排放负荷控制限值分布（子流域尺度）

图 6-82　鄱阳湖流域近期水产养殖总磷排放负荷控制限值分布（子流域尺度）

（2）远期总磷污染负荷总量分配（2025～2030 年）。

A. 集水区尺度。

依据远期调控方案量化确定了鄱阳湖流域及各集水区总磷污染排放入河负荷总量分配成果（图 6-83、表 6-19）。远期（2025～2030 年）拟将流域总磷负荷总量控制在 10 323.5t/a 以下，比近期总磷载荷总磷减少 171.8t/a。分析知，按集水区分配结果看，近远期各集水区总磷总量分配限值基本相当，结构相近。其中，赣江总量分配负荷最大，为 4615.3t/a，占比 44.7%；其次是滨湖区，总量控制限值为 2791.0t/a，占比 44.7%；其他集水区总量分配比例相对较小，信江占比 9.5%、抚河占比 6.2%、修水占比 9.1%、饶河占比 3.5%。

从污染来源总量分配看，鄱阳湖流域近远期总磷排放总量分配结构相似，主要集中在城镇生活（34.1%）、种植面源（17.3%）、畜禽养殖（17.0%）、水产养殖（19.8%）四大污染行业（图 6-83）。相比而言，远期城镇生活和水产养殖总磷排放总量限值较近期分别增加 372.3t/a 和 393.9t/a，种植面源和农村生活总磷排放负荷总量限值分别减少 922.5t/a 和 87.9t/a，畜禽养殖总磷排放总量限值基本持平。这与流域城镇化持续深化，城镇生活排污需求增长，并深入推进生态建设强化种植面源管控的流域绿色发展趋势相匹配。

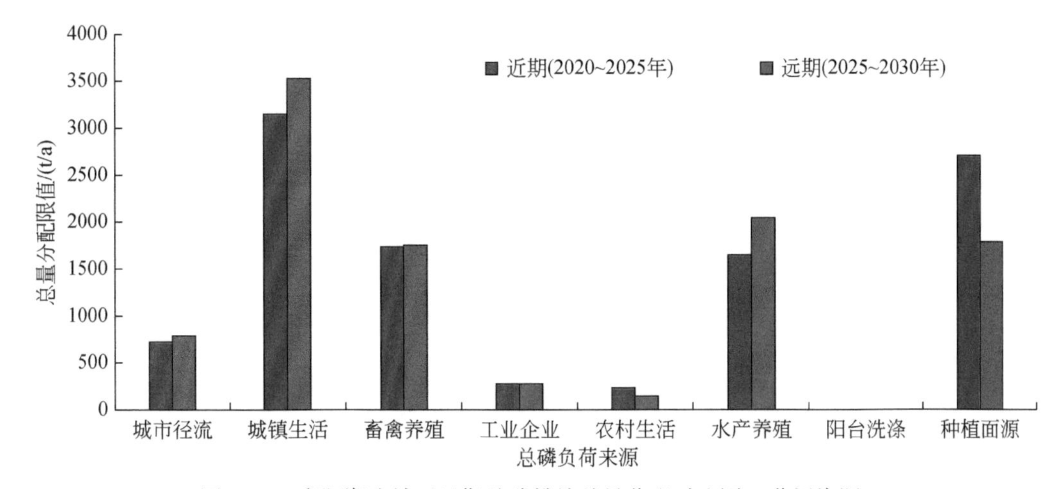

图 6-83　鄱阳湖流域近远期总磷排放总量分配对比图（分污染源）

表 6-19　鄱阳湖流域远期总磷污染排放入河总量分配（集水区、污染源）

名称	城市径流	城镇生活	畜禽养殖	工业企业	农村生活	水产养殖	阳台洗涤	种植面源	合计
赣江	383.1	1 467.1	1 052.6	93.6	86.9	668.9	2.0	861.1	4 615.3
抚河	69.4	117.5	162.7	22.1	6.3	108.4	0.4	156.7	643.5
信江	65.5	479.2	125.2	17.2	8.4	143.8	0.7	143.9	983.9
乐安河-饶河支流	10.5	81.1	15.3	21.8	2.4	20.7	0.1	63.2	215.1
昌江-饶河支流	24.9	56.3	12.3	0.3	1.1	3.7	0.1	41.0	139.7
修水	25.0	140.7	91.2	5.1	10.0	65.7	0.1	66.2	404.0
潦河-修水支流	18.1	269.0	90.3	2.8	6.7	85.7	0.2	58.2	531.0
滨湖区	194.5	911.7	205.8	120.4	22.3	942.7	1.0	392.6	2 791.0
流域总计	791.0	3 522.6	1 755.4	283.3	144.1	2 039.6	4.6	1 782.9	10 323.5

B. 子流域区尺度。

各子流域远期（2025～2030 年）总磷排放总量分配结果如图 6-84 所示。分析知，远期总磷排放总量控制限值在子流域尺度上的空间分配结构和近期基本一致。流域总磷排放总量控制限值的高值区主要集中在湖区和各集水区的上游区相关子流域，可达 487t/a。此外，在赣江中上游（赣州市、吉安市）和下游南昌市、抚河中下游等区域相关子流域总量分配限值相对较高，可达 100～300t/a。

各子流域远期（2025～2030 年）城镇生活总磷排放总量分配结果和近期基本保持一致，如图 6-85 所示。分析知，流域总磷排放总量控制限值的高值区主要集中在南昌市、上饶市、吉安市等城区相关子流域，可达 252t/a；其次是赣州市、九江市、景德镇市、修水中上游等相关子流域，城镇生活总磷排放总量控制限值可达 70～150t/a。赣江下游和中游非城区、湖体周边非城区、抚河、信江中下游等相关子流域城镇生活总磷排放总量控制限值相对较小（<70t/a）。

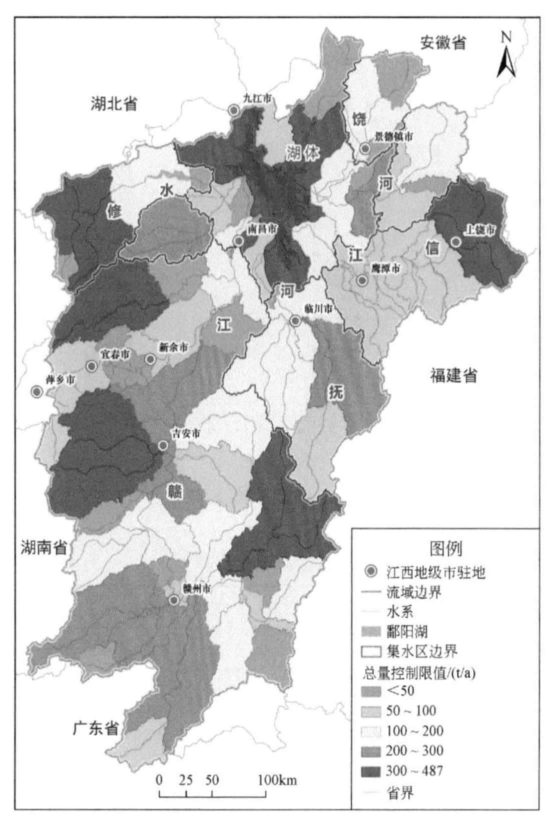

图 6-84　鄱阳湖流域远期总磷排放总量控制限值分布（子流域尺度）

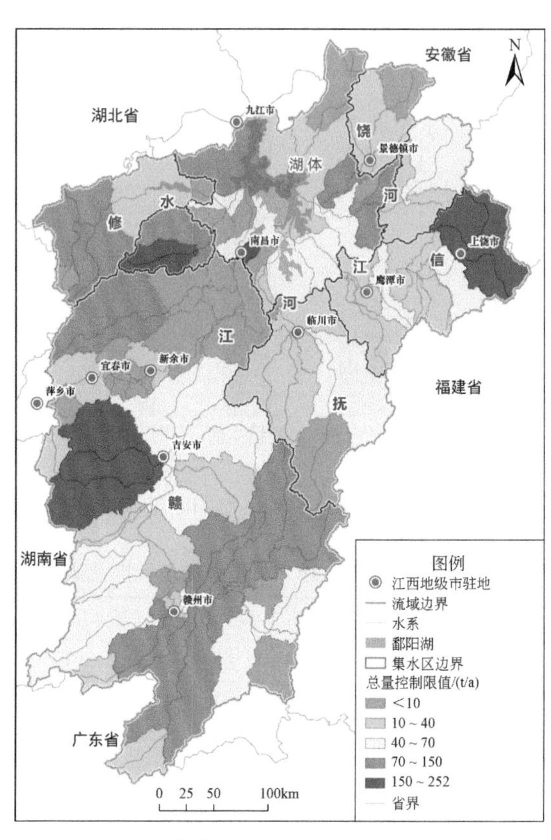

图 6-85　鄱阳湖流域远期城镇生活总磷排放负荷控制限值分布（子流域尺度）

各子流域远期（2025 ~ 2030 年）种植面源总磷排放总量分配结果和近期空间分布结构相近，如图 6-86 所示。分析知，流域总磷排放总量限值的高值区主要集中在赣江中下游（吉安市、新余市、南昌市）、赣江上游（赣州市）、信江上游（上饶市）、抚河中游和湖区东北、西南部等相关子流域，可达 83t/a；其次是抚河大部分区域、修水上游、饶河中游等区域相关子流域，种植面源总磷排放总量控制限值可达 30 ~ 42t/a。湖区西北和东南部、信江中下游、饶河上游、修水下游和赣江中上游相关子流域种植面源总磷排放总量控制限值相对较小（<30t/a）。

各子流域远期（2025 ~ 2030 年）畜禽养殖总磷排放总量分配结果和近期基本一致，如图 6-87 所示。分析知，畜禽养殖总磷排放总量控制限值的高值区主要集中在赣江流域（吉安市、赣州市和宜春市等）相关子流域，可达 142t/a；其次是修水中上游、抚河中下游、信江上游和赣江中上游部分子流域，畜禽养殖总磷排放总量控制限值达 42 ~ 78t/a。滨湖区、饶河和信江中下游相关子流域畜禽养殖总磷排放总量控制限值相对较小（<42t/a）。

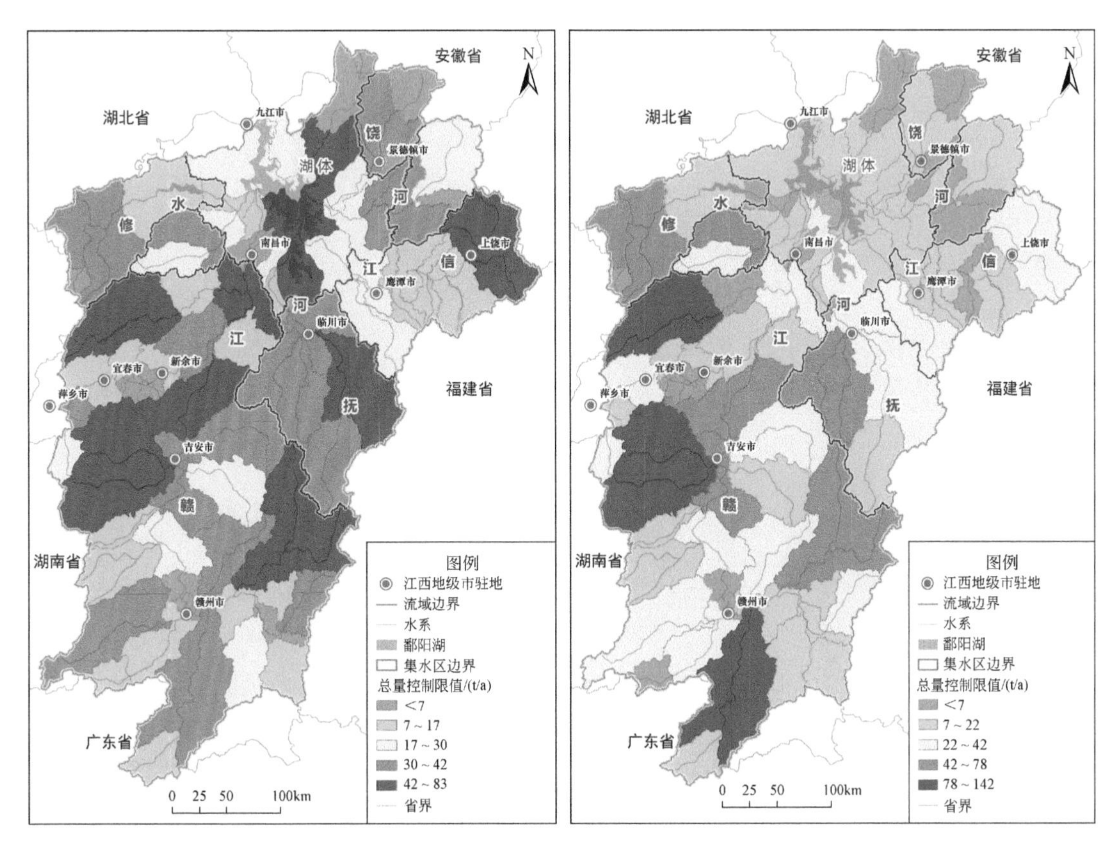

图 6-86 鄱阳湖流域远期种植面源总磷排放负荷控制限值分布（子流域尺度）

图 6-87 鄱阳湖流域远期畜禽养殖总磷排放负荷控制限值分布（子流域尺度）

各子流域远期（2025～2030 年）水产养殖总磷排放总量控制限值分布和近期基本一致，如图 6-88 所示。分析知，水产养殖总磷排放总量控制限值的高值区主要集中在滨湖区鄱阳湖周边子流域，可达 155～300t/a；其次是信江上游、赣江上游等部分子流域，水产养殖总磷排放总量控制限值可达 57～155t/a。修水、赣江中上游（吉安市、赣州市）、赣江下游（南昌市）等相关子流域水产养殖总磷排放总量控制限值相对较小（<57t/a）。

2）分区管控

基于鄱阳湖流域各子流域总磷排放入河负荷总量分配结果和近远期综合调控措施，进一步开展管控区分类并确定鄱阳湖流域水生态承载力分区管控细化方案。

（1）水生态载荷现状与管控区分类。

分析鄱阳湖流域水生态载荷（总磷）现状可知（图 6-89），2020 年鄱阳湖流域高载荷区域主要分布在湖体周边、赣江中游（吉安市）、赣江上游（赣州市）、信江上游（上饶市）等相关 7 个子流域，载荷范围为 500～896t/a；赣江、抚河中下游、修水中上游和滨湖区有 14 个子流域载荷较高，为 300～500t/a；其他，如赣江上下游、抚河上游、信江中下游、饶河、修水下游和滨湖区等相关子流域水生态载荷较小，为 300t/a 以下。

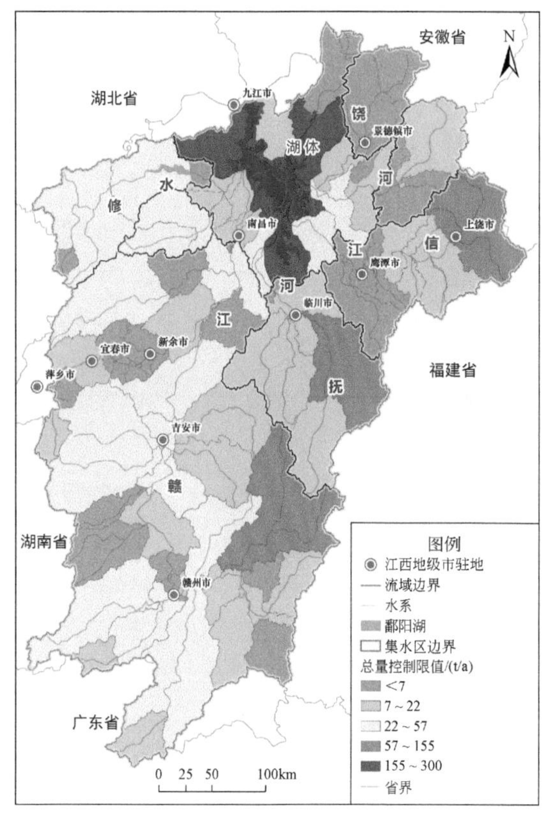

图 6-88　鄱阳湖流域远期水产养殖总磷排放负荷控制限值分布（子流域尺度）

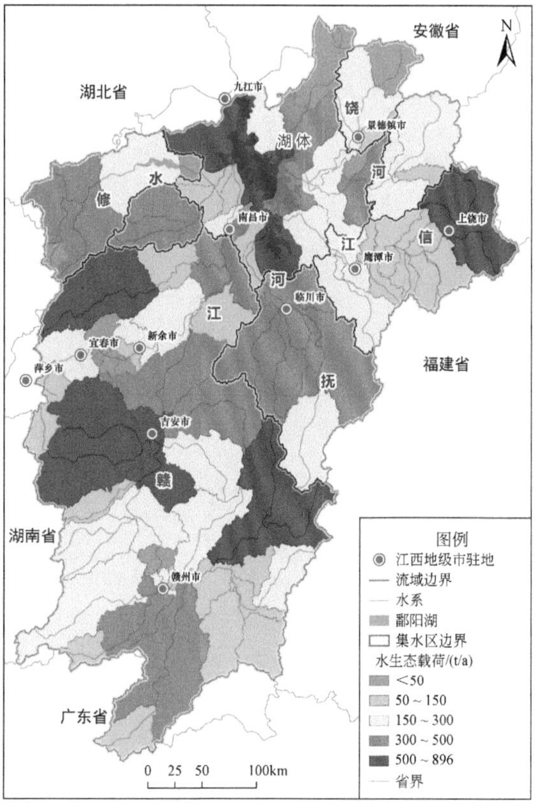

图 6-89　鄱阳湖流域水生态载荷现状分布

依据总磷分配方案，为使 2020 ~ 2030 年鄱阳湖流域达到各子流域总磷控制限值要求，进一步分析各子流域应调减的水生态载荷，并按照水生态载荷调减量划分了重点管控（-400 ~ -200t/a）、中等管控（-200 ~ -75t/a）和一般管控（-75 ~ 0t/a）三类管控区，如图 6-90 所示。可知，重点管控区主要涉及赣江流域中下游（吉安市、南昌市、新余市、宜春市等）、抚河下游（抚州市）和信江上游（上饶市），共计 9 个子流域（占比 10.5%，图 6-91）；中等管控区涉及滨湖区湖体周边（南昌市、九江市、上饶市）、赣江上游、赣江下游（宜春市、新余市）、抚河中上游、信江下游（鹰潭市）、饶河中下游（景德镇市）、修水中上游等相关子流域共计 28 个（占比 32.6%）；此外，有一般管控区 49 个（占比 56.9%），散布于赣江、信江、饶河、修水的中上游和滨湖区若干子流域。

（2）近期分区管控细化方案（2020 ~ 2025 年）。

基于近期鄱阳湖流域综合调控优选方案，重点推动城镇生活、种植面源、畜禽养殖、水产养殖污染防治，着力解决鄱阳湖总磷污染问题，保障鄱阳湖流域水环境质量改善。以下具体分析各项调控措施分区实施细化方案。

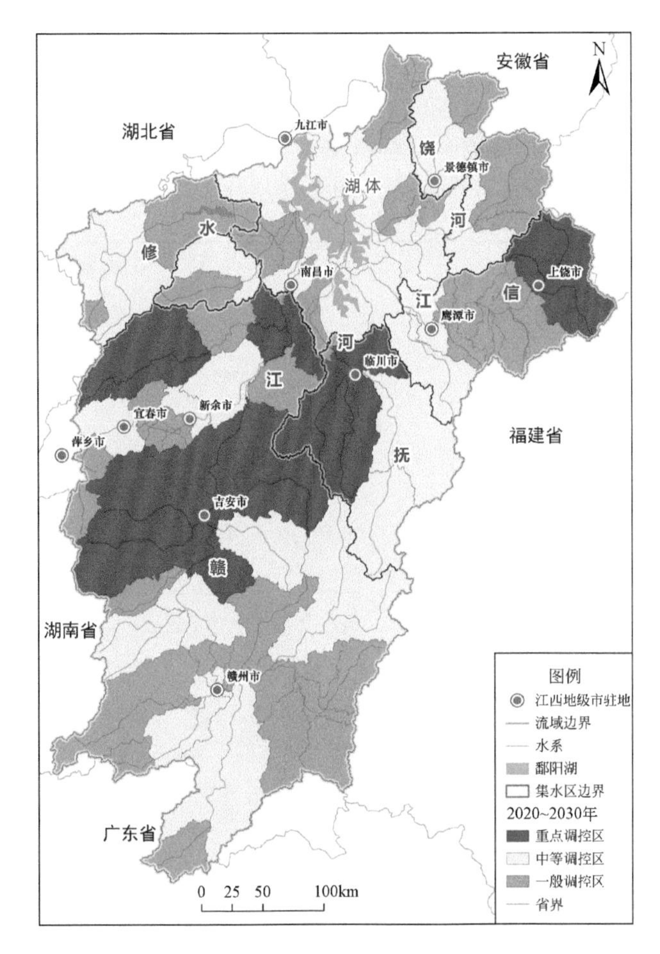

图 6-90　鄱阳湖流域分类管控区分布

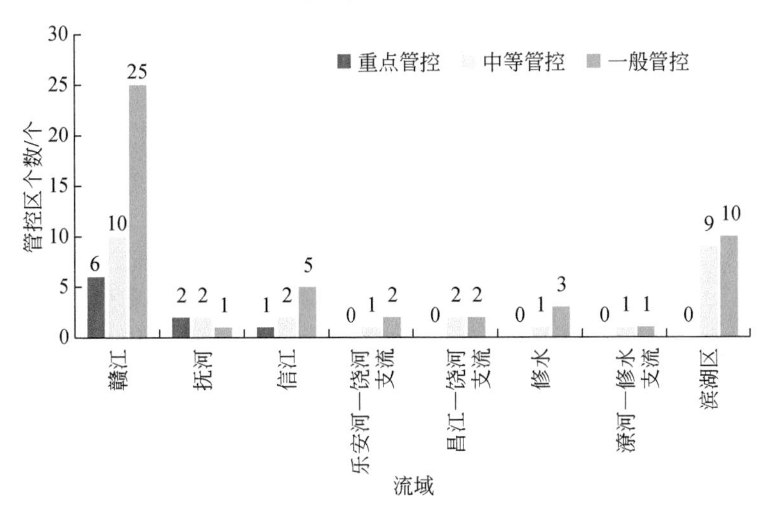

图 6-91　鄱阳湖流域管控区分类情况

A. 种植面源防治。

如图 6-92 所示，在近期调控方案下，基于各区县单位耕地面积磷肥施用量调控目标，依据现有水平，分析各区县需在近期完成的磷肥施用量调减量，并划定重点调控区（强度调减 650～930kg/hm^2）、中等调控区（强度调减 380～650kg/hm^2）、一般调控区（强度调减 0～380kg/hm^2）和维持区（不作调减）四类管控分区。

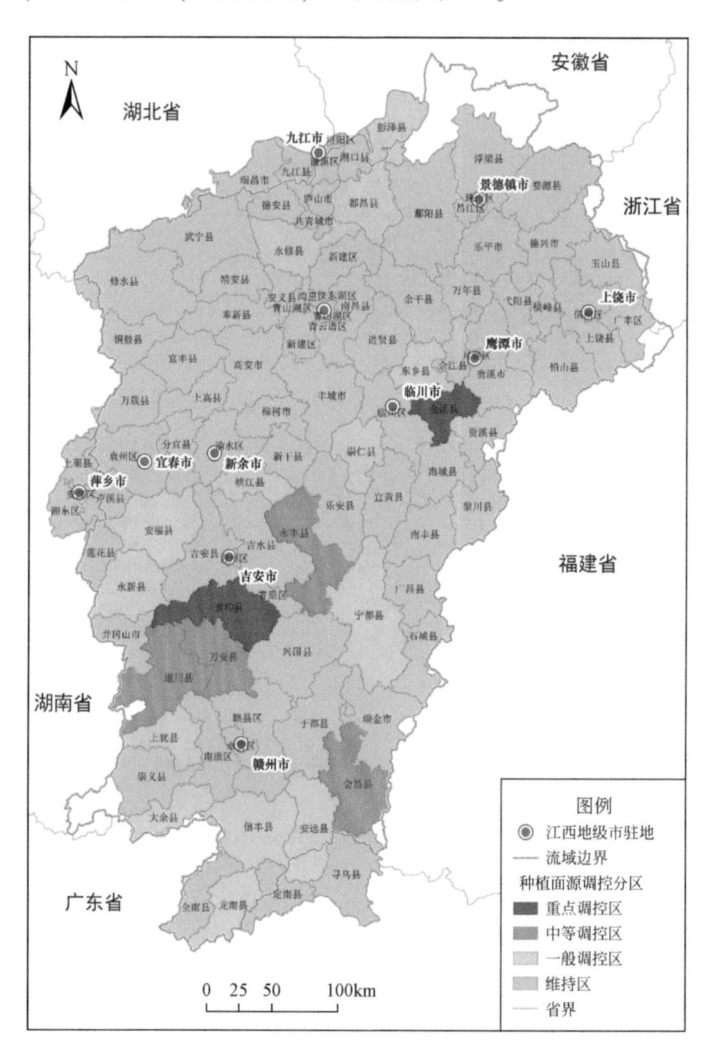

图 6-92 鄱阳湖流域（江西省）种植面源调控分区（按区县）

B. 城镇生活污染控制。

第一，提升处理能力：对污水处理能力不足地区，开展城镇污水处理厂新建或扩建，到 2025 年城镇生活污水处理规模需增加 50%。

依据以上调控措施，流域内所涉 106 个城镇污水处理厂处理能力均提升了 50%，可有效增加生活污水处理率，减少溢流。

第二，雨污分流改造：大力开展城镇管网雨污分流工作，到 2025 年全面实现城镇管网雨污分流改造。

依据以上调控措施，对流域内所涉 106 个城镇污水处理厂展开雨污分流改造。按照不同的调控强度，可分为重点调控、中等调控和一般调控三类调控级别。分析图 6-93 知，需重点加强雨污分流工作的主要涉及南昌市、九江市、抚州市、吉安市等地的城镇污水厂，属于中等调控级别的污水处理厂主要分布在流域北部；属于一般调控级别的污水处理厂较少。

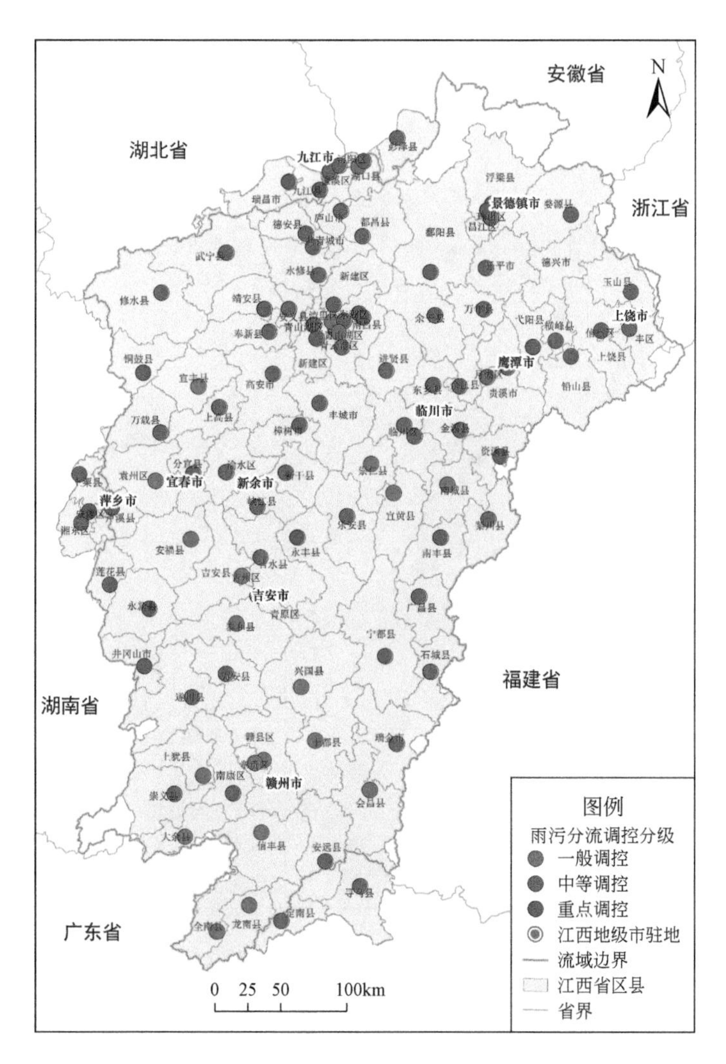

图 6-93　鄱阳湖流域（江西省）城镇生活污水处理厂管网雨污分流调控分级

第三，达标排放：全面实现城镇生活污水厂一级 A 达标率 100%。

依据以上调控措施，对流域内所涉 106 个城镇污水处理厂开展一级 A 提标改造。按照达标率提升大小，可分为重点调控（达标率提升 0.75 ~ 1.0）、中等调控（达标率提升

0.33～0.75）和一般调控（达标率提升0～0.33）三类调控级别。分析图6-94知，需加强一级A提标改造工作的主要涉及赣江中上游地区（宜春市、新余市、吉安市、赣州市）、抚州市等地的相关城镇污水厂；属于一般调控级别的污水处理厂主要分布于流域下游（滨湖区附近），涉及鄱阳湖经济圈范围。

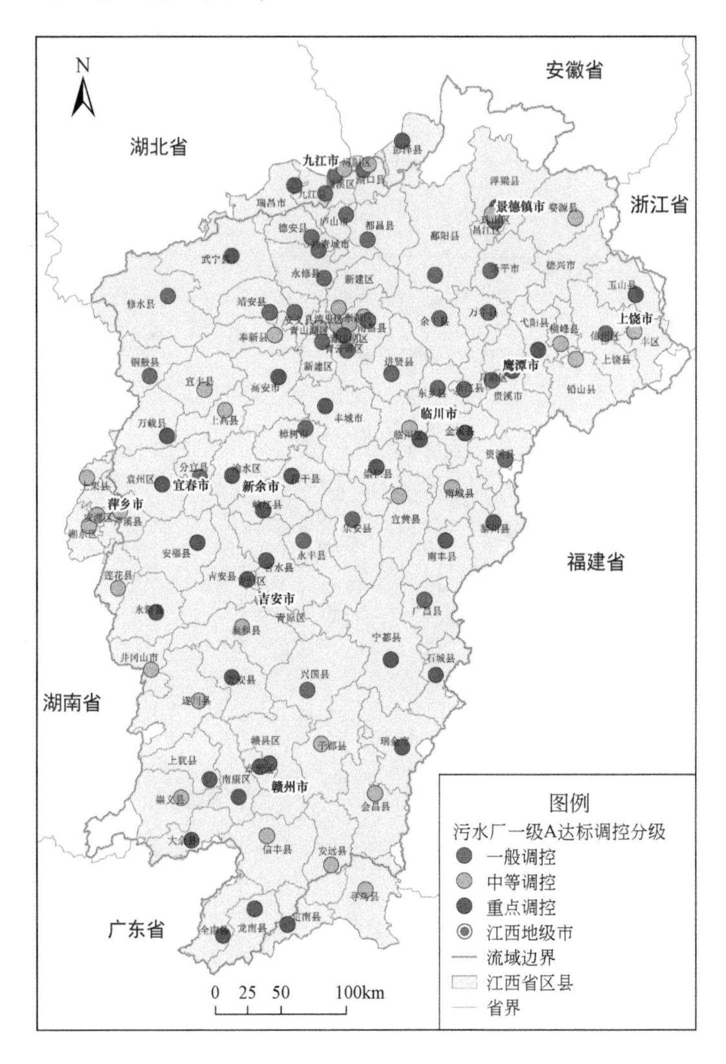

图6-94　鄱阳湖流域（江西省）城镇生活污水处理厂提标改造分级

第四，提升收集率：到2025年各区县城镇生活污水收集率达到90%以上。

依据以上调控措施，对江西省所涉100个区县开展管网建设，提升城镇生活污水收集率。按照收集率提升大小，可分为重点调控（收集率提升0.30～0.45）、中等调控（收集率提升0.15～0.30）、一般调控（收集率提升0～0.15）和维持现状四类调控级别。分析图6-95知，需重点推进污水收集工作的区县主要涉及赣江中上游地区（吉安市、赣州市）、上饶市、景德镇市（婺源县）等；九江市和萍乡市所涉区县处于中等调控等级；属于一般调控级别的区县主要分布于赣江下游、抚州市和景德镇市；南昌市和新余市城镇生活污水收集较好，可维持现状。

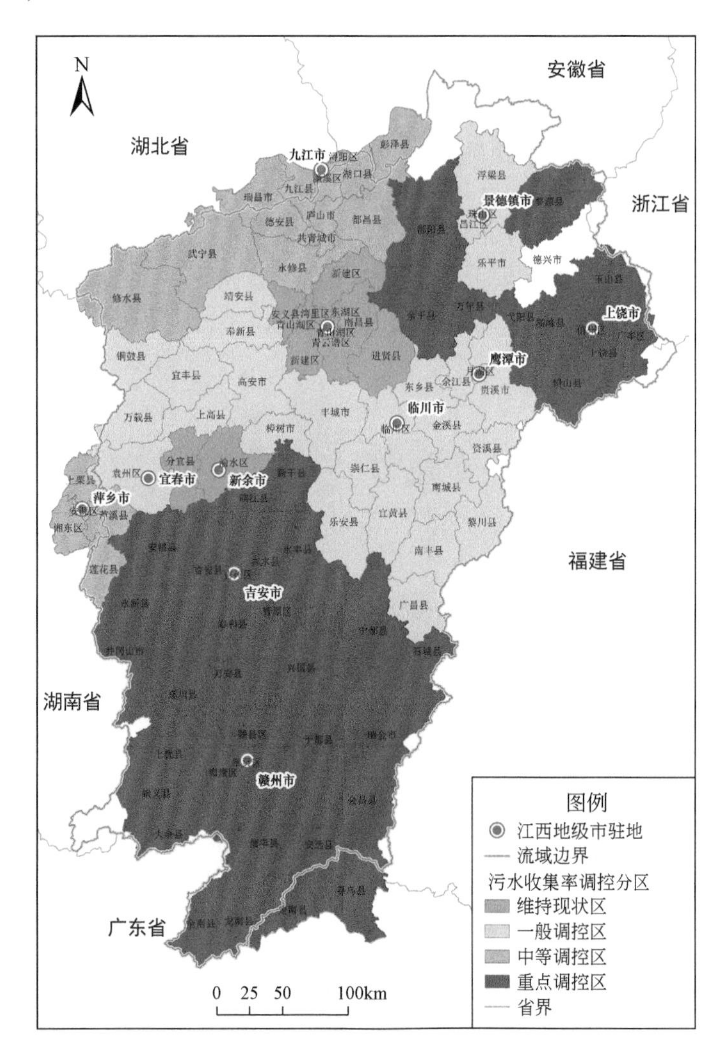

图 6-95 鄱阳湖流域（江西省）城镇生活污水收集率调控分区

C. 畜禽养殖污染控制。

第一，粪污资源化利用：进一步加强畜禽粪污资源化利用，到 2025 年资源化利用率达到 95% 以上。

第二，处理设施升级：开展畜禽养殖场粪污处理设施升级改造，到 2025 年实现 40% 的畜禽养殖场处理设施提标改造。

依据以上调控措施，对江西省所涉 100 个区县开展畜禽养殖粪污资源化利用，减少直排率，且推进处理设施升级改造。其中，各区县调控均实现直排率降低到 0. 05，养殖场粪污处理设施提标改造达 40% 。

D. 水产养殖污染控制。

养殖结构优化：开展流域水产养殖结构优化调整，到 2025 年使鱼类养殖比例降到 50% 以下。

依据以上调控措施，对江西省所涉 100 个区县开展水产养殖结构优化，着力减少高污染鱼类养殖比例。按照鱼类养殖比例调减大小，可分为重点调控（调减 0.45 ~ 0.50）、中等调控（调减 0.35 ~ 0.45）、一般调控（调减 0 ~ 0.35）和维持现状四类调控级别。分析图 6-96 知，需重点推进水产养殖结构调整的区县主要涉及赣江中上游地区（吉安市、赣州市）、抚州市、景德镇市、九江市等；宜春市、新余市和南昌市涉区县处于中等调控等级；属于一般调控等级的区县主要分布于赣江下游、抚州市和滨湖区内若干区县。

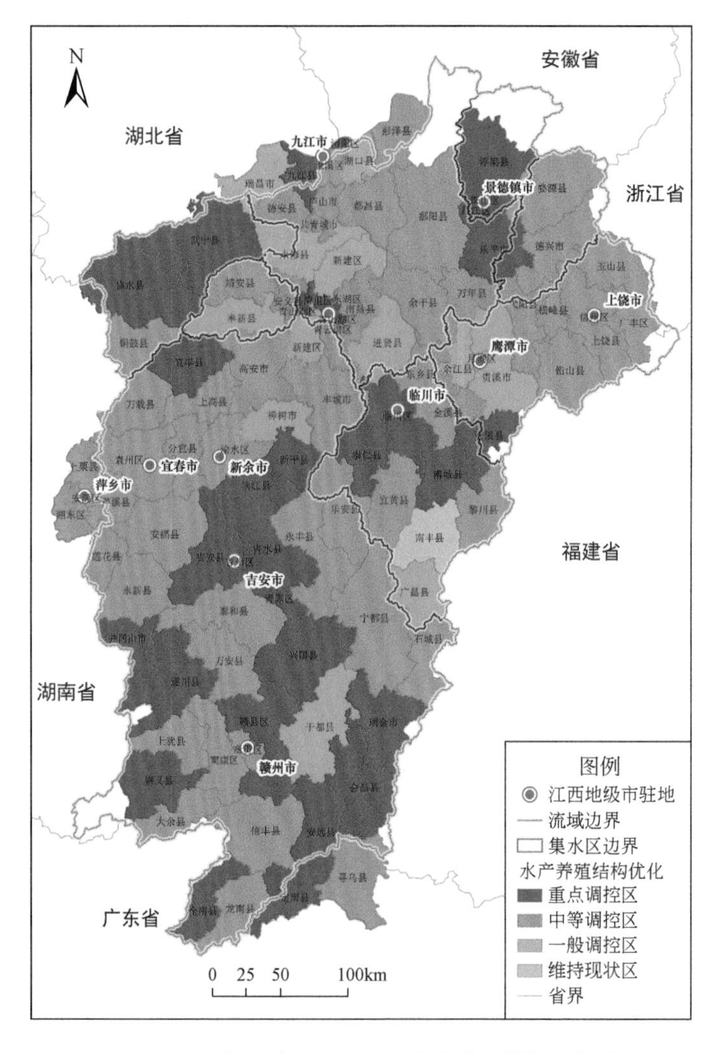

图 6-96 鄱阳湖流域（江西省）水产养殖结构调控分区

E. 流域生态修复增容。

退耕还林：推进退耕还林，到 2025 年，退耕还林面积达到 3226.1km²，转换为林草地。

根据优化结果，近期“五河七口”以上集水区，共有 34 个子流域为优先退耕还林调控区域，主要集中在赣江上游（赣州市）、信江下游、修水下游等区域，如图 6-97 所示。图 6-97 中，颜色较深的区域即为需要优先调控的区域。

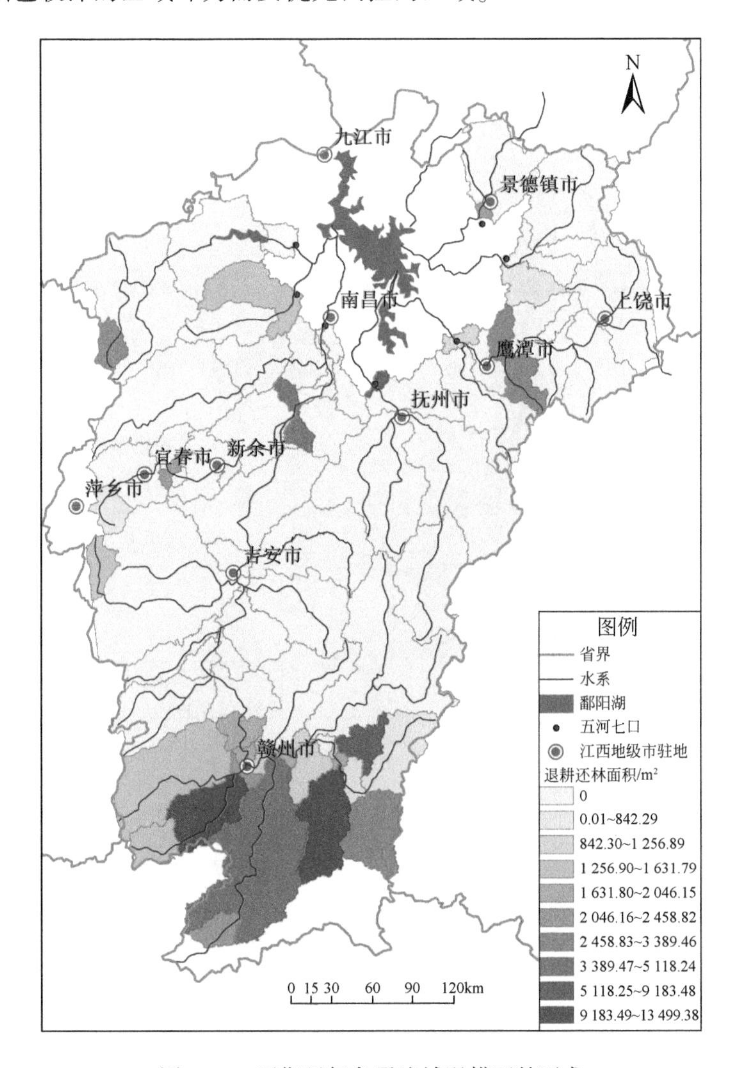

图 6-97　近期目标各子流域退耕还林要求

岸线生态修复：到 2025 年使流域河湖滨岸缓冲带植被覆盖比例总体提升到 72% 以上。

依据以上调控措施，对江西省所涉 86 个子流域开展滨岸带植被覆盖调控，着力改善植被覆盖比例，以提升面源过程控制能力和水生生境质量。按照需提升植被覆盖比例大小，可分为重点调控（调减 0.5 ~ 0.72）、中等调控（调减 0.3 ~ 0.5）、一般调控（收集率提升 0 ~0.3）和维持现状四类调控级别。分析图 6-98 知，需重点加强岸线植被覆盖修复的区域主要涉及滨湖区南部、信江下游、抚河下游、赣江下游若干子流域；赣江中下游（吉安市、新余市、南昌市）、信江中游和滨湖区北部处于中等调控等级；其他包括“五河”上游子流域等区域岸线植被覆盖比例较高，调控迫切性不高，处于一般调控等级或维持现状即可。

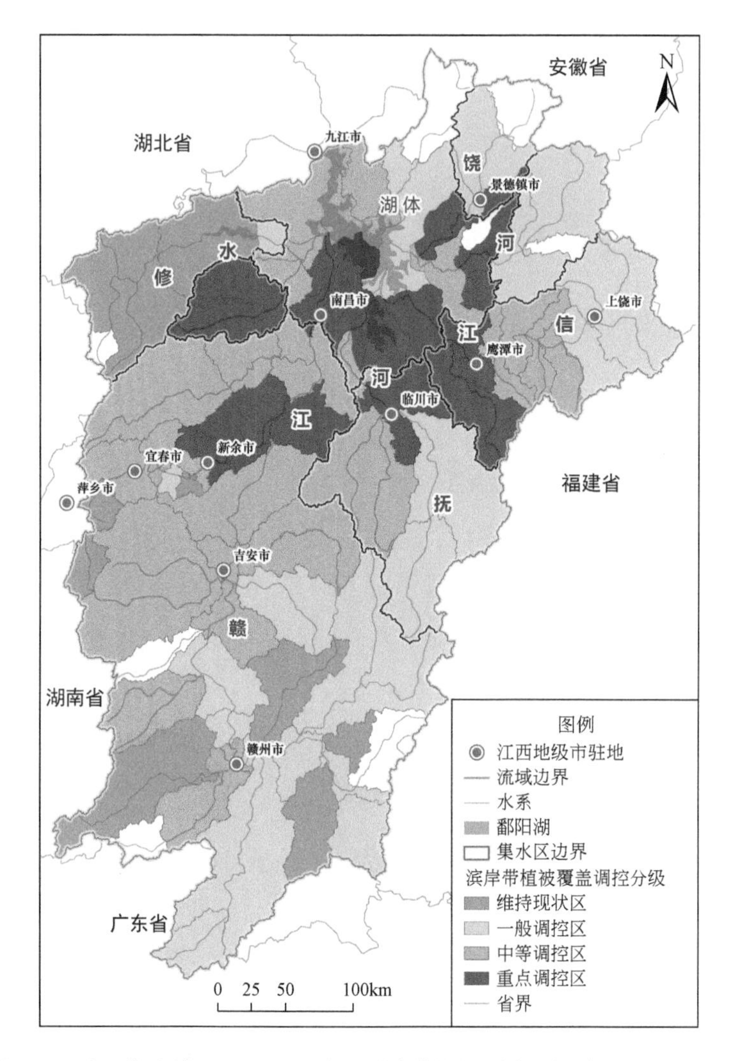

图 6-98 鄱阳湖流域（江西省）滨岸缓冲带植被覆盖调控分区（按子流域）

（3）远期分区管控细化方案（2025 ~2030 年）。

依据优选的远期调控方案，2025 ~2030 年主要在持续保持总磷污染减排力度条件下，针对城镇化发展和生态文明建设需求进一步加强城镇生活污水处理和河湖滨岸缓冲带生态修复，推动水生态系统功能持续改善。以下重点对城镇生活和岸线生态修复两项管控措施增量开展分区分析。

A. 城镇生活污染控制。

进一步提升处理能力：对污水处理能力不足地区，持续开展城镇污水处理厂新建或扩建，到2030年城镇生活污水处理规模需增加80%。

B. 流域生态修复增容。

持续管控农业空间：到2030年，持续管控农业空间，累计退耕还林面积达到5153.9km^2。

根据优化结果，近期“五河七口”以上集水区，共有47个子流域为优先退耕还林调控区域，主要集中在赣江中上游（赣州市）、信江下游、修水下游等区域，如图6-99所示。图6-99中，颜色较深的区域即为需要优先调控的区域。

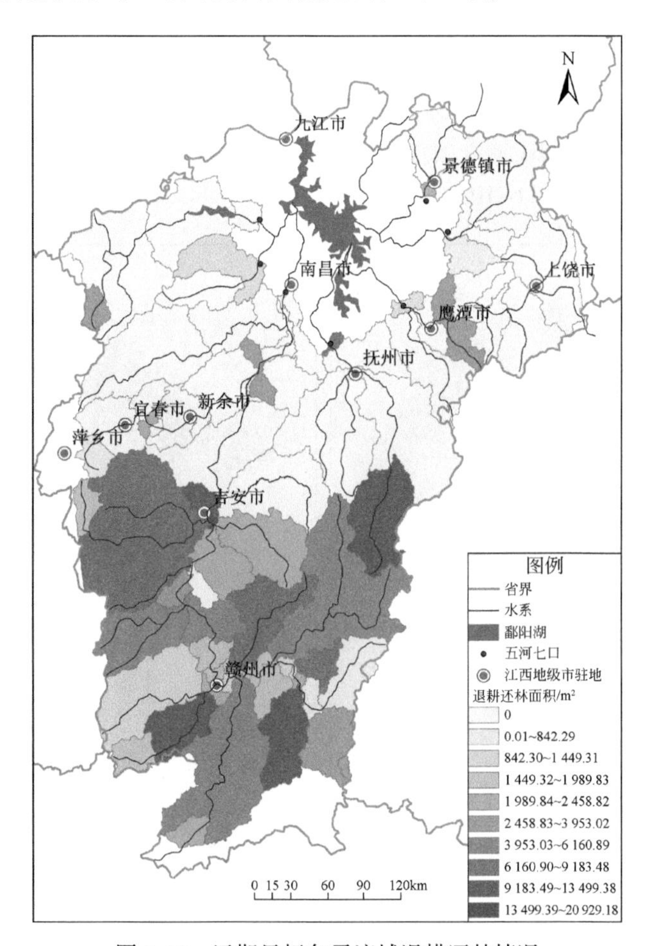

图6-99 远期目标各子流域退耕还林情况

持续推进岸线生态修复：到2030年，流域河湖滨岸缓冲带植被覆盖比例总体提升到85%以上。

依据以上调控措施，流域内所涉106个城镇污水处理厂处理能力均进一步提升0.3倍，可有效增加生活污水处理率，减少溢流；同时，在岸线植被覆盖比例达到0.72的基础上，进一步将流域岸线植被覆盖比例提升到0.85，为河湖水生态提供优质生境空间，打造鄱阳湖流域“五河”生态廊道，深入推进江西省生态文明示范区建设。

6.6.6 承载力调控效应

1. 专项承载力调控分析

通过上述问题诊断，在各个调控影响下的主要超载指标分析的基础上，进一步分别分析水环境和水生态专项承载力时空演变规律。

1）水环境专项承载力调控情况

由上述水环境专项承载力评估分析可以得到，城镇生活污水相关指数以及水环境质量指数成为限制水环境专项承载力得分的关键因素。利用水生态承载力指标体系模型，对调控后的2025年、2030年水环境专项承载力进行预测评估。以下是江西省各市各县区水环境专项承载力得分情况（图6-100～图6-102）。

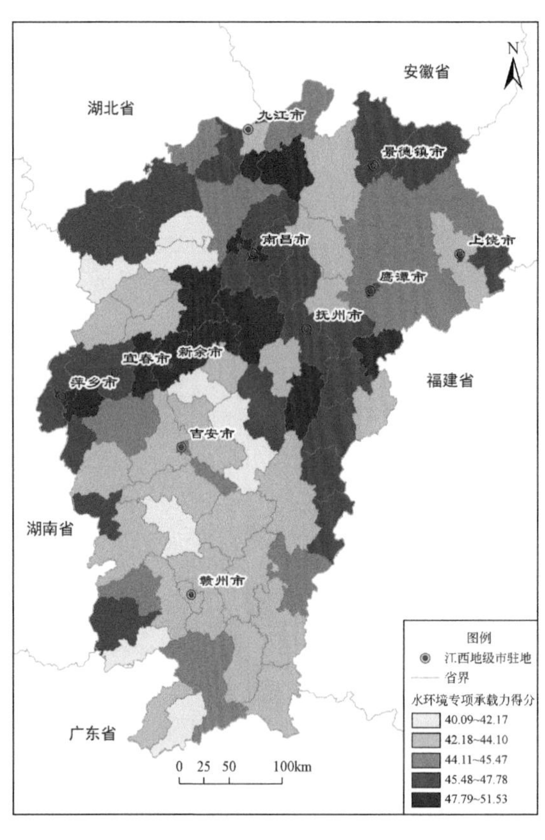

图6-100　2025年江西省调控后水环境专项承载力得分空间分布情况

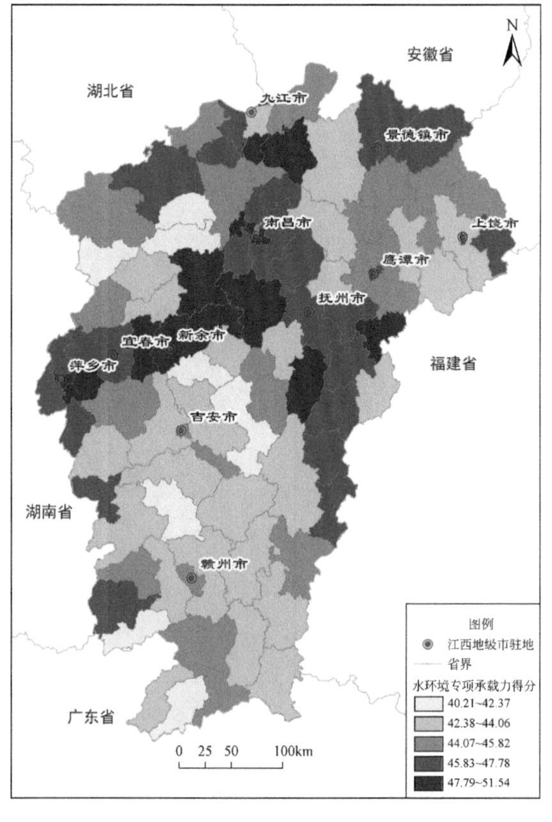

图6-101　2030年江西省调控后水环境专项承载力得分空间分布情况

由图 6-100 ~ 图 6-102 可知，根据相应模型预测得到的水环境专项承载力得分在进行调控之后得分有明显提升，说明在现有的社会经济发展条件下进行调控，会有效提升水环境专项承载力得分。整体来看，滨湖区周边的水环境专项承载力得分普遍较高，说明在各种调控措施的综合作用下，水环境专项承载力得分有了更进一步的提升。同时，赣东地区的水环境专项承载力得分同比增长率较高，说明调控措施的实施使得水环境质量有了很大程度的提升。

水环境质量指数得分提高在水环境专项承载力得分提高中占比较大。由于水环境质量指数的“一票否决制”，其对水生态综合承载力的承载状态影响较大。而在调控之后，水环境质量指数的得分均有很大程度的提升，减少了因为水环境质量指数的“一票否决制”而造成的部分地区水生态综合承载力超载的状态。尤其是滨湖区地区，水环境专项承载力得分较高是因为水环境质量指数得分较高，因而对水环境质量指数的调控对提高水环境专项承载力得分是卓有成效的。

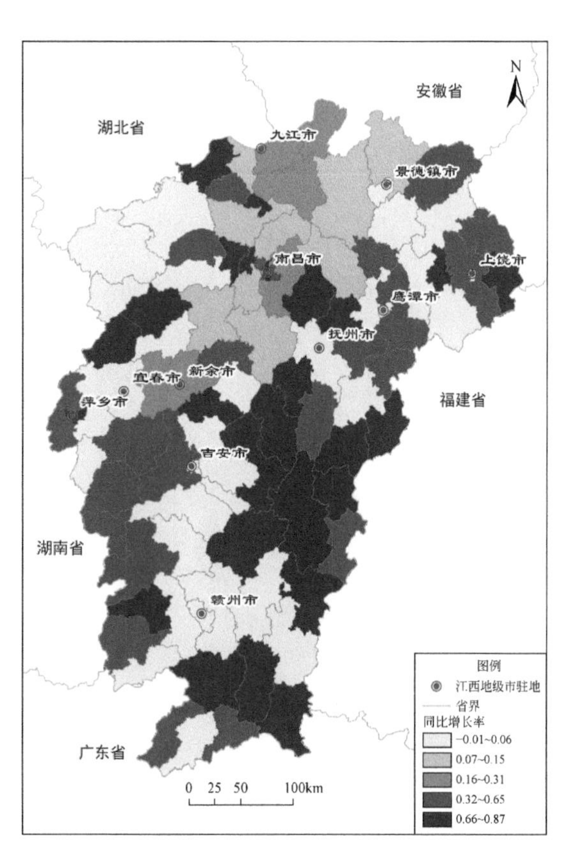

图 6-102　2030 年江西省水环境专项承载力得分同比增长率空间分布情况（较 2017 年）

同时由于工业污染物排放总量以及城镇生活污水污染物排放总量是随着社会经济发展在逐渐增加的，若加以控制，使之维持在一定的水平，则随着工业增加值以及第三产业增加值的增加，工业污染物排放强度以及城镇生活污水污染物排放强度得分会提高，有利于水环境专项承载力分数的增加。尤其是城镇生活污水污染物排放强度的调控潜力巨大，对水环境的影响也较大，因此加强对城镇生活污水总量和浓度的控制是至关重要的。

针对调控措施中的农用化肥磷肥的削减比例以及总磷减排，对江西省的水生态综合承载力进行了调控后的评估。评估之后发现，单位耕地面积化肥施用量以及单位面积畜禽养殖量评分略有提升，说明采取的调控措施是有效的，而调控力度还可以在此基础上更加深入。

2）水生态专项承载力调控情况

由水生态专项承载力评估分析可以得到，岸线植被覆盖度、水域面积指数以及河流连通性成为限制水生态专项承载力得分的关键因素。全省岸线植被覆盖度平均得分由 2020

年的39.23分增加到2025年的72分，再由2025年的72分增加到2030年的90分。鄱阳湖周边地区岸线植被覆盖度得分有较大幅度的提升，2025年同比增长83.53%，2030年同比增长25%。

利用水生态承载力指标体系模型，对2025年、2030年水生态专项承载力进行预测评估。结果表明，水生态专项承载力得分在进行调控之后出现明显的变化。鄱阳湖周边地区的水生态专项承载力得分普遍较高，同时江西省中部地区水生态专项承载力得分基本保持稳定，说明结合预测的社会经济发展情况，对岸线植被覆盖度进行相应的调控可以很好地提升水生态专项承载力的得分，也从侧面印证了岸线植被覆盖度是水生态专项承载力的重要限制因素之一。以下是江西省各市各县区水生态专项承载力得分情况（图6-103～图6-105）。

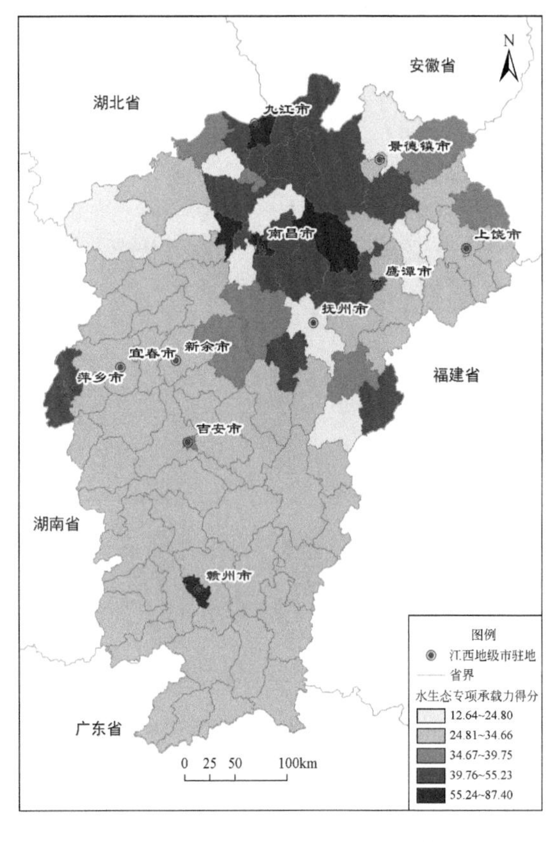

图6-103　2025年江西省调控后水生态专项承载力得分空间分布情况

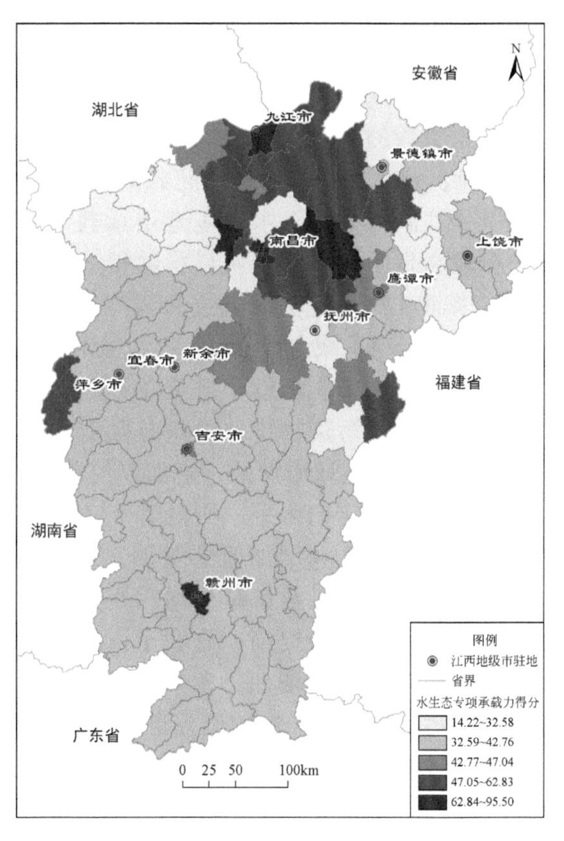

图6-104　2030年江西省调控后水生态专项承载力得分空间分布情况

2. 综合承载力提升分析

结合社会经济发展产排污预测结果以及《鄱阳湖生态环境综合整治三年行动计划(2018–2020年)》、《江西省水利发展“十三五”规划》等相关规划类文件，运用水生态承载力指标体系模型，对2020年、2025年、2030年江西省水生态承载力进行预测评估，评估结果见图6-106～图6-109。

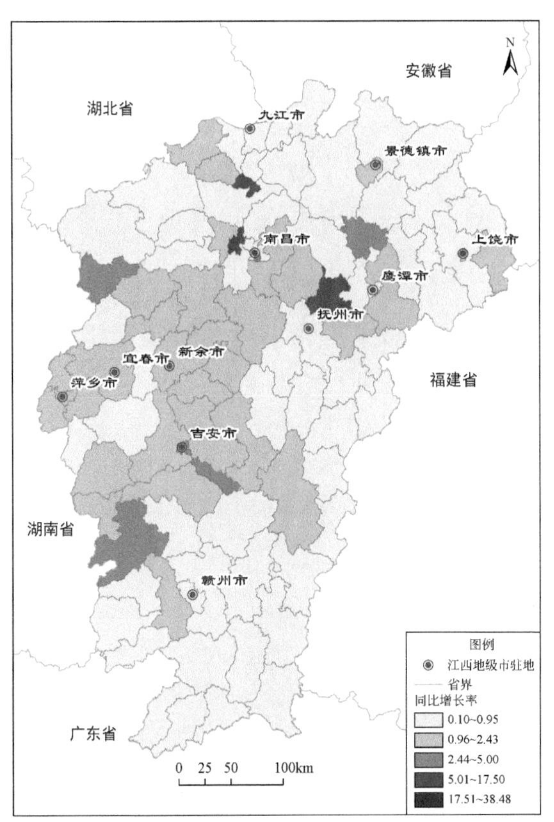

图 6-105 2030 年江西省水生态专项承载力得分同比增长率空间分布情况（较 2017 年）

图 6-106 2025 年江西省调控后水生态综合承载力得分空间分布情况

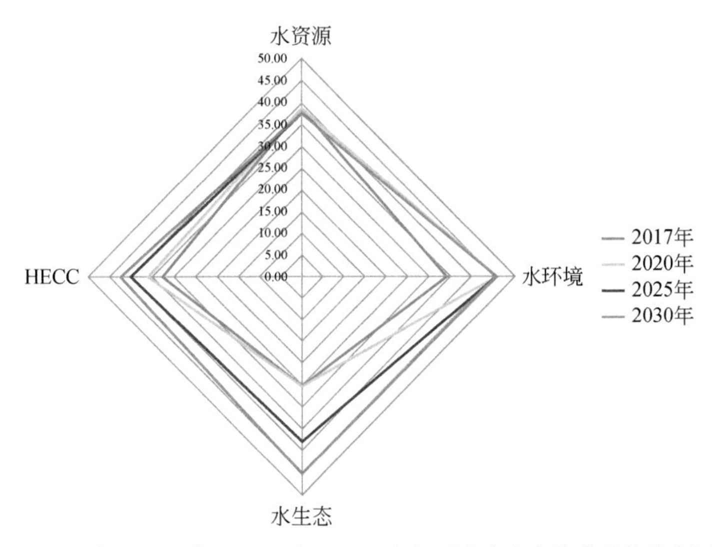

图 6-107 2017 年、2020 年、2025 年、2030 年江西省水生态综合承载状态评估结果

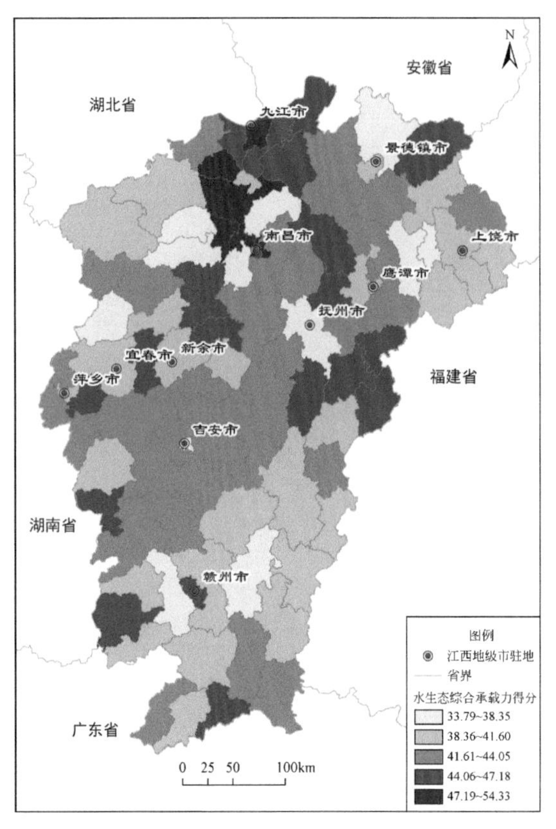

图 6-108　2030 年江西省调控后水生态综合承载力得分空间分布情况

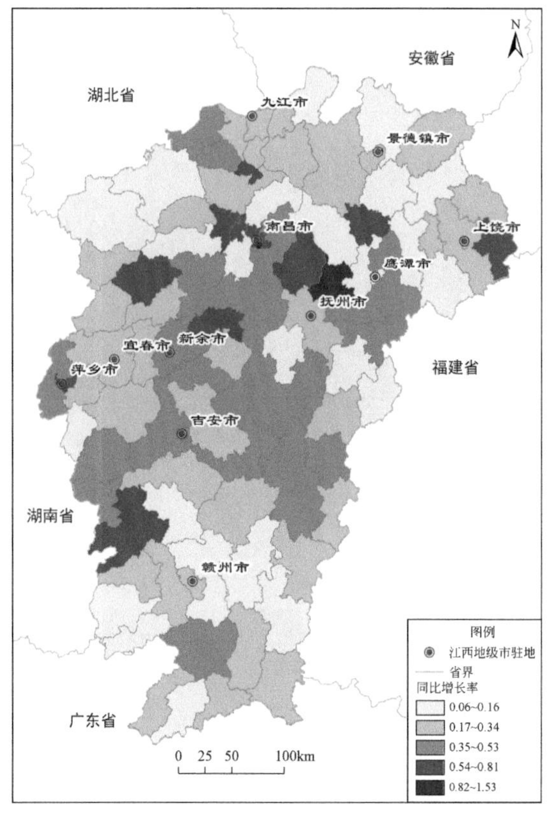

图 6-109　2030 年江西省各县区水生态综合承载力得分同比增长率空间分布情况（与 2017 年相比）

综上分析可知，2020～2030 年，在综合调控方案实施情景下，大部分地区的水生态综合承载力得分逐渐增加。总体而言，鄱阳湖周边地区水生态综合承载力得分将明显高于其他地区，赣北地区的评分高于赣南地区。调控方案实施后全省水生态综合承载力处在临界承载或基本可载水平，且承载力得分表现出稳步提升态势，体现了调控方案实施的有效性。

6.7 小　　结

6.7.1　主要结论

（1）问题诊断：鄱阳湖流域水生态环境呈超载或临界承载状态，主要超载因素为高强度排污和生境退化，形成以鄱阳湖为中心的总磷污染集中暴发区，成为鄱阳湖突出问题短板。

（2）调控潜力：产业减排潜力方面，种植业施肥减量措施调控潜力值最大，城镇生活污染治理亟须加强污水处理能力提升和雨污分流；产业减排潜力主要集中在滨湖区和赣江流域。河湖滨岸缓冲带生态修复增容对降低总磷入湖负荷和改善水生生境具有巨大潜力，全面恢复滨岸带林草覆盖可削减 35% 入湖总磷负荷，调控潜力较大的区域是滨湖区、赣江中下游（吉安市、南昌市）、抚河下游和饶河中下游。

（3）综合调控：提出的以“发展情景预测—调控措施选择—综合调控情景设置—调控系统分析—目标可达性分析—成本效益分析—调控方案制定”为主线的流域综合调控技术路线具有科学性、系统性和先进性，有助于提升流域综合治理能力；优选的近远期调控方案及其配套分区管控方案对鄱阳湖流域水生态环境综合管控具有参考价值。

6.7.2 管控建议

（1）管控目标：建议聚焦总磷污染防控需求，分近期（2020 ~ 2025 年）和远期（2025 ~ 2030 年）制定总磷排放总量控制目标、分区控制目标和各分区行业控制目标（城镇生活、种植面源、畜禽养殖和水产养殖）。流域总磷排放总量建议限制在 11 000t/a 以下。

（2）管控分区：依据综合调控效应和潜力，划分重点管控区、中等管控区、一般管控区。优先针对重点管控区实施相应的具有高调控潜力的污染减排和生态增容措施，优化管控效率。

（3）种植业调控：关注吉安市、抚州市等重点调控区，大力削减种植业磷肥施用量，到 2025 年施用量控制在 300kg/hm^{2}以下。

（4）城镇生活调控：优先新建或扩建污水处理厂，城镇生活污水处理规模需增加 50% ~80%；全面实现城镇管网雨污分流改造、一级 A 提标改造、管网建设（收集率需达 90% 以上）。

（5）养殖业调控：畜禽粪污资源化利用率需达到 95% 以上，实现 40% 的畜禽养殖场处理设施提标改造；开展流域水产养殖结构优化调整，使鱼类养殖比例降到 50% 以下。

（6）流域生态修复：关注赣江中上游、信江下游、修水下游等区域，按照“三区三线”规划，逐步开展退耕还林还草，大力提升林草覆盖率。

（7）岸线生态修复：重点关注滨湖区和“五河”中下游地区，加快恢复河湖滨岸缓冲带植被覆盖比例，依据实际情况提升到 85% 以上。

第7章 太湖流域典型区（常州市）水生态承载力评估调控

7.1 区域概况

常州市位于31°09′N～32°04′N、119°08′E～120°12′E，处于江苏省南部，是长江三角洲的重要城市之一。全市总面积43.85万hm^2，属于北亚热带季风区，气候温和，年日照时数达2108.6h，雨量充足，丰水年年降水量达1243.8mm，其中5～9月为汛期，具梅雨、暴雨及台风雨，汛期降水量达870.3mm，降水空间分布差异不大，从南部到北部有轻微递增趋势。常州市行政区域划分为五个市辖区及一个县级市，分别为金坛区、武进区、新北区、天宁区、钟楼区及溧阳市。常州市是一座有3200多年历史的文化古城，作为中国优秀旅游城市，其风景秀丽，名胜古迹众多，拥有千余处历史文物及历史建筑，含数个国家历史文化名镇和国家历史文化名村，大运河常州段更是世界级遗产项目。常州市、苏州市及无锡市被建设为苏锡常都市圈，肩负着长江三角洲区域融合发展的重任。常州市人口保持稳定增长趋势，经济稳健发展，2017年地区生产总值达6622.3亿元，位居江苏省第五。

常州市内河道众多，河网密布，全市有大小河道共计2226条，总长度为4671.2km，水域面积占全市总面积的12%。为满足人类发展需求，河道出现人为改造及侵占的情况，使得水域面积呈下降趋势。同时，常州市处于平原地区，地势低且河道坡度小，使河道普遍流速缓慢不畅，导致河道自净能力降低，水环境容量不足，河道水质变差。此外，常州市城市化建设使市内的不透水面增多，加之河道宣泄不畅，雨季时洪涝灾害易发。自1991年遭遇两次特大洪水侵袭后，常州市开始为解决洪涝灾害对河道加以建设闸坝进行引排水调节。闸坝的建设令河网的结构发生改变，河网连通性受阻，河水流动性差、水质恶化，而直到目前洪涝灾害问题仍未被完全解决。可见，常州市的水环境、水生态总体形势不容乐观。

据《2017年常州市水资源公报》以及《常州统计年鉴2017》记载，全市废污水排放总量为4.87亿t，主要为工业废污水及生活污水，其中生活污水排放总量最多，占废污水排放总量的55.9%，达2.72亿t，工业废污水排放总量为2.15亿t（不含电力）。常州市总体水环境质量不理想，河流水功能区水质达标率为58.5%，市内大多数河道水质评价结果为Ⅳ～劣Ⅴ类，其中五日生化需氧量、氨氮及COD为主要的超标评价指标。湖库水质大都为轻度及中度富营养化。深层地下水水质达标率为100%，浅层地下水水质达标率为81%。除此之外，汛期常州市骨干河道还出现多次洪水现象。研究表明，常州市具有流域污染负荷较高、基础设施建设滞后、生态驳岸不完善的问题。其中，河道的污染来自农业及畜禽养殖业产生的污染物，沿岸居民生活污水处理不当，以及机械、化工等行业偷排漏排。同时，常州市污水处理能力有限、污水管网的建设也未完善。在高度城镇化的影响下，市内大部分区域及部分河道两岸均硬质化，令植物缓冲作用减少，地面上的污染物将直接由雨水冲刷入河，进一步增加河道水体污染。

综上，常州市污染物排放量较大，地表水污染严重，洪涝灾害频发，对常州市社会经济的稳健发展造成不利影响。

7.2 技术应用思路

结合常州市社会经济和水生态环境特征，集成应用水生态承载力评估与调控技术体系，以水生态承载力评估与问题诊断、模拟预测、调控潜力评估和优化调控为主线，开展常州市水生态承载力调控，制定太湖典型区水生态承载力调控方案（图7-1）。

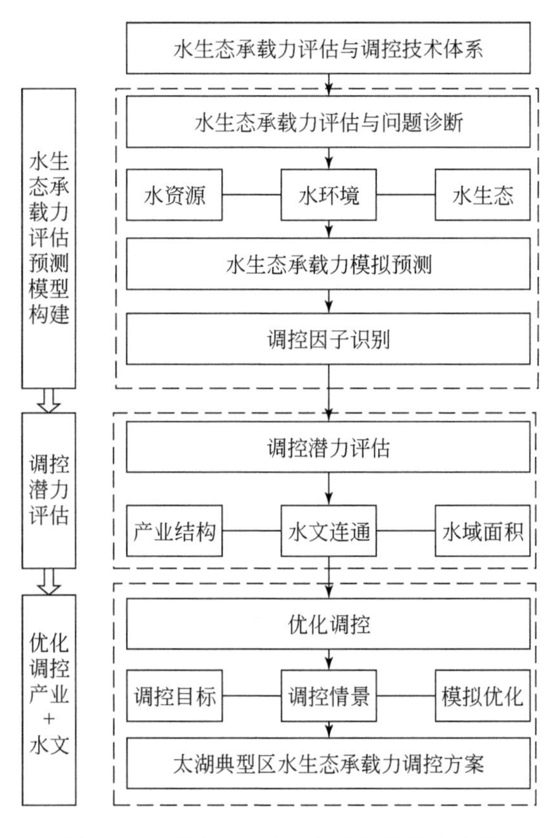

图7-1 常州市水生态承载力调控技术路线

（1）水生态承载力评估与问题诊断。基于水生态承载力评估诊断技术，从水资源、水环境、水生态多要素，评估常州市水生态承载力现状，识别主要超载区域和关键超载要素。

（2）水生态承载力模拟预测。以常州市为典型区，应用水生态承载力系统模型方法，构建水生态承载力预测模型，开展水生态承载力演变趋势模拟预测，进一步识别关键敏感调控因子。

（3）水生态承载力调控潜力评估。应用水生态承载力调控潜力评估技术方法，重点针对常州市产业结构、水文连通和水域面积三个方面开展承载力调控潜力模拟评估，识别各类措施的承载力调控能效。

（4）水生态承载力优化调控。应用水生态承载力优化调控技术方法，基于常州市水生态承载力的调控目标、调控情景、模拟优化，制定常州市典型区水生态承载力调控方案。

7.3 水生态承载力评估

结合研究区实际，应用水生态承载力评估诊断技术，构建常州市水生态承载力评估模型（WREE），结合专家咨询和文献调研，确定“三水”相关指标权重，如表 7-1 所示。

表 7-1 水生态承载力评估指标体系

专项指标	分项指标	权重	评估指标		权重
水资源（A）	水资源禀赋指数（A1）	0.5	人均水资源量（A1-1）		1
	水资源利用指数（A2）	0.5	万元 GDP 用水量（A2-1）		0.3
			水资源开发利用率（A2-2）		0.2
			用水总量控制红线达标率（A2-3）		0.5
水环境（B）	水环境纳污指数（B1）	0.4	工业污染强度指数（B1-1）	工业 COD 排放强度（B1-1-1）	0.1
				工业氨氮排放强度（B1-1-2）	0.1
				工业总氮排放强度（B1-1-3）	0.1
				工业总磷排放强度（B1-1-4）	0.1
			农业污染强度指数（B1-2）	单位耕地面积化肥施用量（B1-2-1）	0.06
				农业 COD 排放强度（B1-2-2）	0.06
				农业氨氮排放强度（B1-2-3）	0.06
				农业总氮排放强度（B1-2-4）	0.06
				农业总磷排放强度（B1-2-5）	0.06
			城镇污染强度指数（B1-3）	城镇生活污水 COD 排放强度（B1-3-1）	0.075
				城镇生活污水氨氮排放强度（B1-3-2）	0.075
				城镇生活污水总氮排放强度（B1-3-3）	0.075
				城镇生活污水总磷排放强度（B1-3-4）	0.075
	水环境净化指数（B2）	0.6	水环境质量指数（B2-1）		1

续表

专项指标	分项指标	权重	评估指标	权重
水生态（C）	水生生境指数（C1）	0.5	林草覆盖率（C1-1）	0.2
			水域面积指数（C1-2）	0.25
			河流连通性（C1-3）	0.25
			生态基流保障率（C1-4）	0.3
	水生生物指数（C2）	0.5	河湖库综合指数（C2-1）	0.4
			藻类完整性指数（C2-2）	0.25
			大型底栖动物完整性指数（C2-3）	0.35

7.3.1 水生态承载力专项评估

1. 水资源专项评估结果

评估各区指标分值，并分析水资源存在的主要问题。结果表明，常州市万元 GDP 用水量分值整体状态较好，处于安全承载状态，且有逐步向好趋势。常州市水资源开发利用率较高，导致开发利用率分值处于严重超载状态。专项评分结果表明（图 7-2），2016 年评估区水资源专项评分总体处于临界承载状态，其中金坛区与溧阳市为安全承载状态；天宁区水资源评分较低为 34.97，处于超载状态；常州市水资源专项评分趋势为先上升后下降再上升，但是总体向好。因此，各区域在发展过程中，应做好水资源利用规划，并发展水资源利用技术，使水资源达到最佳承载状态。

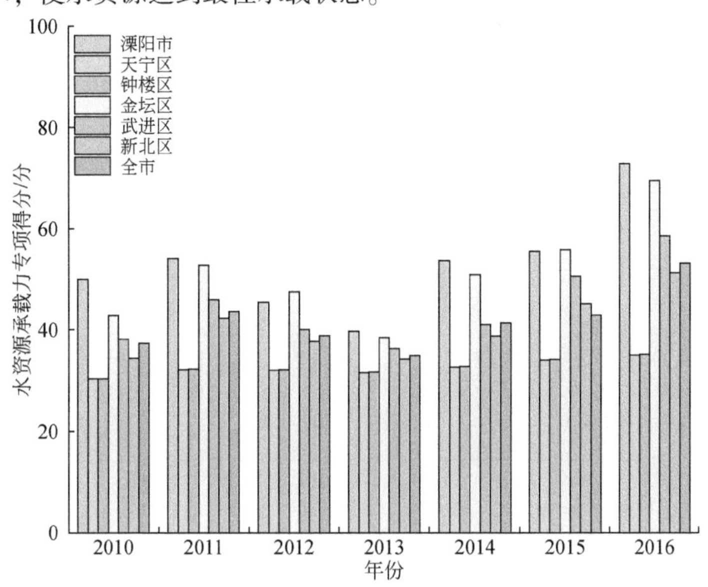

图 7-2 常州市水资源承载力专项评分

2. 水环境专项评估结果

由水环境评分指标体系计算各分项指标的得分值。常州市 2010 ~ 2016 年工业 COD、氨氮、总氮和总磷排放强度指标得分较高（>80 分），同时各项得分表现出稳中有升的态势，总体处于最佳承载状态。农业污染强度评分结果表明，常州市单位耕地面积化肥施用量及农业总磷排放强度处于最佳承载范围，并保持稳定状态。常州市农业 COD、氨氮及总氮排放强度均为安全承载范围，且处于逐步上升阶段。但是 2015 年以来天宁区的农业 COD、氨氮和总磷排放强度评分较低，为严重超载状态，可能与常州市的区划调整相关。城镇污染强度得分结果表明，常州市全市 2010 ~ 2016 年的污染物排放强度大幅下降，且天宁区、钟楼区等老城区的污染排放改善更为明显。总体而言，全市城镇生活污水 COD 排放强度由安全承载状态逐步发展为最佳承载状态，城镇生活污水氨氮排放强度和城镇生活污水总氮排放强度由临界承载状态发展到最佳承载状态。

水环境承载力专项评分结果表明（图 7-3），常州市水环境整体处于临界承载状态，新北区达到安全承载状态。2010 ~ 2016 年评分值上升了 12.3%，但在 2015 ~ 2016 年有下降趋势。分析水环境纳污指数可知，常州市各区的工业污染、农业污染和城镇污染均处于安全承载以上状态，其中工业污染和城镇污染已经达到最佳承载状态。通过分析水环境净化指数可知，常州市水环境质量整体处于严重超载状态；其中新北区为临界承载状态，其他各区水环境质量虽然缓慢改善但是仍处于严重超载状态。因此，常州市水环境承载力的关键制约因素为河湖水环境质量。为使水环境承载力达到安全承载状态，应加强河湖环境质量管理，加大水环境治理力度，提升水质目标。

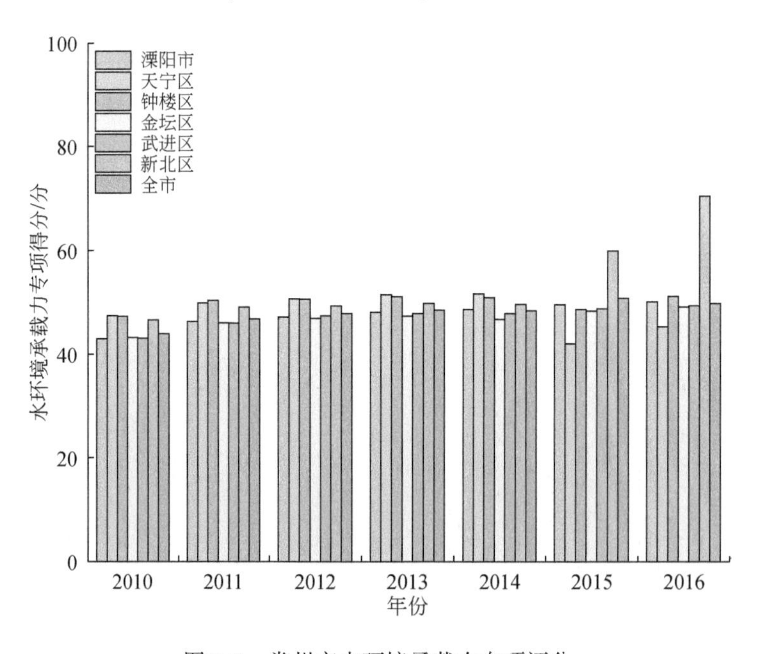

图 7-3　常州市水环境承载力专项评分

3. 水生态专项评估结果

经过水生态指标评分方法计算得到水生生境指数和水生生物指数各项指标承载力分值。常州市林草覆盖率为严重超载状态，大型底栖动物完整性指数为超载状态，水域面积指数、河湖库综合指数和藻类完整性指数为临界承载状态，河流连通性为安全承载状态（钟楼区、武进区和新北区的河流连通性为严重超载状态）。

分析水生态承载力专项分值（图7-4），常州市水生态承载力处于临界承载状态，但是呈逐步下降趋势。其中，钟楼区的水生态承载力为超载状态，应加以关注；溧阳市和金坛区等郊区为安全承载状态。

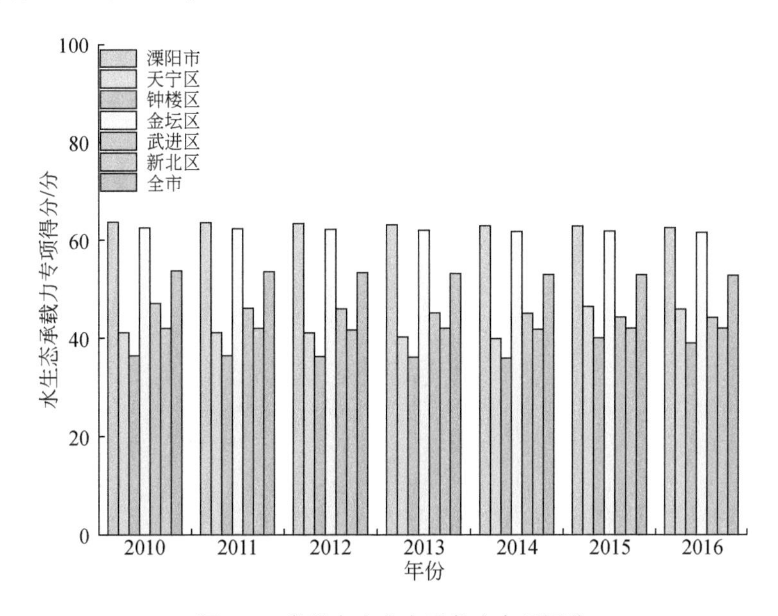

图7-4　常州市水生态承载力专项评分

7.3.2　水生态承载力综合评估

1. 行政区评估结果

水生态承载力综合评分结果（表7-2，图7-5）表明，常州市水生态承载力评分总体呈波动上升趋势，各区的水生态承载力在2010～2016年总体呈上升趋势。但2016年评估区水生态承载力总体处于临界承载状态。其中，溧阳市达到安全承载状态，金坛区和市区未达到安全承载状态；天宁区、钟楼区水生态承载力评分分别为42.01和41.81，处于临界承载状态。

表 7-2　水生态承载力综合评分

控制单元名称	2010 年	2011 年	2012 年	2013 年	2014 年	2015 年	2016 年
溧阳市	51.92	54.28	51.66	49.99	54.74	55.59	61.49
天宁区	39.64	41.06	41.23	41.10	41.40	40.79	42.02
钟楼区	38.04	39.66	39.60	39.60	39.85	40.92	41.81
金坛区	49.37	53.54	52.04	49.06	52.93	55.10	59.82
武进区	42.73	45.99	44.45	43.08	44.60	47.85	50.69
新北区	40.94	44.42	42.85	41.96	43.38	48.99	54.52
全市	44.85	47.84	46.55	45.36	47.42	48.66	51.73

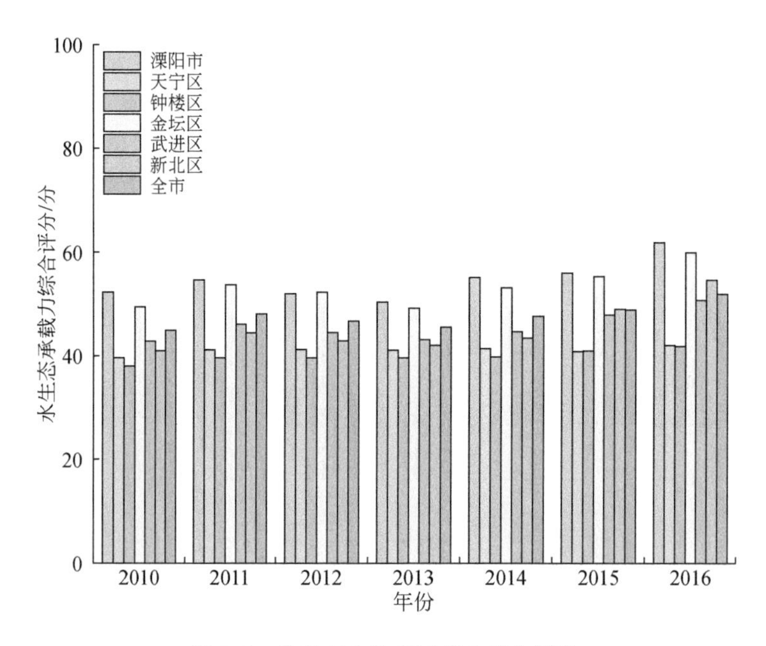

图 7-5　常州市水生态承载力综合评分

2. 功能区评估结果

为明确常州市各水生态功能区综合承载力，结合《江苏省太湖流域水生态环境功能区划》，对常州市各水生态功能区综合承载力进行评估。水生态环境功能分区，是依据河流生态学中的格局与尺度理论，反映流域水生态系统在不同空间尺度下的分布格局，并基于流域水生态系统空间特征差异，结合人类活动影响因素而提出的一种分区方法。它是水环境管理从水质目标管理向水生态健康管理拓展的基础管理单元，是确定流域水生态保护与水质管理目标的基础。水专项在“十一五”期间开展了水生态环境功能分区研究，完成了全国十大流域水生态一级、二级分区的划分，并重点划分了太湖、辽河两大流域三级分区；“十二五”期间在太湖流域又进一步开展了三级水生态功能分区的示范与应用研究。

在此基础上，江苏省结合本省实际情况，初步构建了江苏省太湖流域水生态环境功能分区管理体系，实施分区、分类、分级、分期的环境目标管理，推进环境管理实现“四个转变”：从保护水资源的利用功能向保护水生态服务功能转变；从单一水质目标管理向水质、水生态双重管理转变；从目标总量控制向容量总量控制转变；从水陆并行管理向水陆统筹管理转变，促进流域水生态系统健康与社会经济协调可持续发展。分区的原则主要遵循水质与水生态保护并重原则；生态保护与生态修复并举原则；各类环境区划统筹兼顾原则；区间差异化与区内相似性原则；流域与行政区界相结合原则；水生生物资源合理利用、持续发展原则；管理手段多元化原则和功能区界动态更新原则。基于以上原则，该规划将江苏省水生态功能区划分为四级，具体如下。

生态Ⅰ级区：生态系统保持自然生态状态，具有健全的生态功能，需全面保护的区域。

生态Ⅱ级区：水生态系统保持较好生态状态，具有较健全的生态功能，需重点保护的区域。

生态Ⅲ级区：水生态系统保持一般生态状态，部分生态功能受到威胁，需重点修复的区域。

生态Ⅳ级区：水生态系统保持较低生态状态，能发挥一定程度生态功能，需全面修复的区域。

水生态环境功能分区是水环境管理从水质目标管理向水生态健康管理拓展的基础管理单元，是确定流域水生态保护与水质管理目标的基础。依据《江苏省太湖流域水生态环境功能区划》常州市共有生态Ⅰ级区 2 个，生态Ⅱ级区 4 个，生态Ⅲ级区 8 个，生态Ⅳ级区 2 个（表 7-3）。由于功能区数据不足，为计算各功能区的水生态承载力，首先界定各功能区分别隶属的行政区，根据生态功能区面积及管控级别，结合以上所计算的各行政区的水生态综合承载力值，设置目标函数，利用 LINGO 软件分别计算得到各功能区的水生态承载力值，如表 7-4 所示。

表 7-3　常州市水生态功能分区

分区编号	辖区	名称
Ⅰ-01	金坛区	金坛洮湖（又称长荡湖）重要物种保护-水文调节功能区
Ⅰ-02	溧阳市	溧阳南部重要生境维持-水源涵养功能区
Ⅱ-01	金坛区	镇江东部水环境维持-水源涵养功能区
Ⅱ-02	武进区	滆湖西岸水环境维持-水质净化功能区
Ⅱ-07	武进区	滆湖重要物种保护-水文调节功能区
Ⅱ-09	武进区	太湖湖心区重要物种保护-水文调节功能区
Ⅲ-03	新北区	丹武重要生境维持-水质净化功能区
Ⅲ-04	金坛区	金坛城镇重要生境维持-水质净化功能区
Ⅲ-05	溧阳市	溧高重要生境维持-水文调节功能区
Ⅲ-06	溧阳市	溧阳城镇重要生境维持-水文调节功能区

续表

分区编号	辖区	名称
Ⅲ-08	新北区	江阴西部水环境维持-水质净化功能区
Ⅲ-09	武进区	滆湖东岸水环境维持-水质净化功能区
Ⅲ-12	武进区	竺山湖北岸重要生境维持-水文调节功能区
Ⅲ-20	武进区	太湖西部湖区重要生境维持-水文调节功能区
Ⅳ-02	武进区 新北区 天宁区	常州城市水环境维持-水文调节功能区
Ⅳ-03	武进区 天宁区	锡武城镇水环境维持-水质净化功能区

表 7-4　常州市水生态功能区水生态承载力

编号	辖区	2010 年	2011 年	2012 年	2013 年	2014 年	2015 年	2016 年
Ⅰ-01	金坛区	51.05	55.35	53.8	50.73	54.7	56.95	61.82
Ⅰ-02	溧阳市	58.22	55.41	55.41	53.64	58.71	59.61	65.89
Ⅱ-01	金坛区	51.05	55.35	53.8	50.73	54.7	56.95	61.82
Ⅱ-02	武进区	46.33	52.31	48.63	45.78	48.76	56.57	61.34
Ⅱ-07	武进区	43.26	47.11	45.09	43.39	45.22	49.49	52.75
Ⅱ-09	武进区	43.26	47.11	45.09	43.39	45.22	49.49	52.75
Ⅲ-03	新北区	40.96	44.44	42.88	41.98	43.4	49.01	54.54
Ⅲ-04	金坛区	47.96	52	50.55	47.66	51.4	53.51	58.09
Ⅲ-05	溧阳市	53.62	51.04	51.04	49.41	54.07	54.91	60.69
Ⅲ-06	溧阳市	53.62	51.04	51.04	49.41	54.08	54.91	60.69
Ⅲ-08	新北区	40.96	44.44	42.88	41.98	43.4	49.01	54.54
Ⅲ-09	武进区	40	41	41.23	41.1	41.4	40.83	42.06
Ⅲ-12	武进区	40	41	41.23	41.1	41.4	40.83	42.06
Ⅲ-20	武进区	43.26	47.11	45.09	43.39	45.22	49.49	52.75
Ⅳ-02	武进区 新北区 天宁区	38.04	39.66	39.6	39.6	39.85	39.92	39.81
Ⅳ-03	武进区 天宁区	39.64	41.06	41.23	41.1	41.4	40.83	42.06

由以上常州市水生态功能分区承载力可知，功能区Ⅰ-01、Ⅰ-02、Ⅱ-01、Ⅱ-02、Ⅲ-05、Ⅲ-06 自 2010 年以后，各区的水生态承载力整体呈现上升趋势，到 2016 年达到安全承载范围。功能区Ⅲ-04 虽然一直处于临界承载状态，但是该区域环境在逐步改善中。

功能区Ⅱ-07、Ⅱ-09、Ⅲ-03、Ⅲ-08、Ⅲ-20 同样一直处于临界承载状态，并且在逐步恢复改善中，该区域Ⅱ类功能区应作为改善的重点。功能区Ⅲ-09、Ⅲ-12、Ⅳ-03 由超载状态逐步恢复至临界承载状态。功能区Ⅳ-02 一直处于超载状态，是恢复的重点。

综合以上水资源承载力、水环境承载力和水生态承载力得到研究区水生态综合承载力，由承载力综合评分表知，常州市 2010 ~ 2016 年水生态均为临界承载状态，但是在逐步改善，7 年间提升了 15%。溧阳市已经率先由临界承载状态提升为安全承载状态，其中金坛区的Ⅱ-01 和Ⅰ-01 功能区也达到安全承载状态。天宁区、钟楼区等中心城区也由最初的超载状态逐步改善为临界承载状态。但是常武地区的Ⅳ-02 功能区仍处于超载状态，应给予重点关注。承载力改善过程中应重点关注评分较低的分项指标。例如，水资源指标体系中水资源开发利用率承载状态较低，处于超载状态，应逐步缩小水资源的开发，加大节水力度，并在水资源回用技术方面增加投资，提高水资源利用效率；水环境指标体系中水环境质量承载状态处于严重超载状态，应严格把控各断面水质，提高环境质量管理措施，污染严重断面使用水质提升技术，做好产业升级规划，将生态调度等措施应用于水环境质量改善过程中；水生态指标体系中林草覆盖率为严重超载状态，常州市为了经济发展，建设了大量的城市设施，导致植被面积相对不足，应重点关注河岸带等与水生生物生存相关的环境状况，扩大河岸带植被绿化面积；水域面积指数与河流连通性总体为临界承载状态，但是中心城区处于严重超载状态，且随着经济发展，呈现出逐步下降趋势，应当给予合理的水域面积规划，做好河流连通调控措施，保障水生生物适宜的生存环境。

3. 问题诊断

通过对常州市各区的水资源、水环境、水生态承载力进行评估，得到各区限制水生态综合承载力的关键因素。其中，溧阳市水域面积指数处于临界承载状态，水资源开发量利用率、水环境质量指数、林草覆盖率处于超载状态，其他指标达到安全承载及以上状态；天宁区的水资源开发利用率、单位耕地面积化肥施用量、农业 COD 排放强度、农业氨氮排放强度、农业总氮排放强度、水环境质量指数、林草覆盖率、河湖库综合指数及大型底栖动物完整性指数均为超载及以下状态。钟楼区的水资源开发利用率、单位耕地面积化肥施用量、水环境质量指数、林草覆盖率、河流连通性及大型底栖动物完整性指数等均处于超载及以下状态。金坛区的水资源开发利用率、水环境质量指数、林草覆盖率等处于超载及以下状态，农业 COD 排放强度等处于临界承载状态。武进区的水资源开发利用率、水环境质量指数、林草覆盖率及河流连通性等均处于超载及以下状态。新北区的水资源开发利用率、水环境质量指数、林草覆盖率、水域面积指数、河流连通性及大型底栖动物完整性指数等均处于超载及以下状态。因此，常州市各区在水生态承载力调控过程中应重点关注以上关键指标，设置情景模拟，优化调控参数，得到最佳水生态承载力方案。

7.4 水生态承载力模拟预测

7.4.1 常州市水生态承载力预测模型构建

应用基于系统动力学的水生态承载力评估模型（WREE）开展常州市水生态承载力预测模型构建和模拟预测①。

1. 水生态承载力预测模型边界条件设定

常州市水生态承载力涉及社会、经济、人口、水环境、水生态等多个子系统。在WREE评估过程中以行政区划为边界。因此，VENSIM的空间边界为常州市下辖区县，并分为溧阳市、金坛区、武进区、钟楼区、天宁区和新北区共六个边界约束条件。模型的时间边界设定为2010～2030年。其中，2010～2016年为模型真实检验时间段，2017～2035年为规划预测时间段，设置模型时间步长为1年，模型运行时长为20年。

2. 水生态承载力预测模型检验及率定

1）模型检验

模型检验主要是为了验证模型的有效性，因此，模型检验是模型系统构建完成后的重要步骤。系统动力学模型的检验方法有直观检验、运行自检、历史检验和敏感度分析等方法。

模型构建过程中已经通过VENSIM软件自带的“check model”（检查模块）及“units check”（单元检查模块）两个自检功能模块，说明模型结构合理，因果逻辑关系准确、数学函数公式正确，符合系统模型结构和因果反馈回路，模型运行流畅。

水生态承载力系统动力学模型核心是通过WREE构建承载力评分预测系统，本书选取仿真步长为1年，2010～2016年为历史检验年，将常州市各研究区系统动力学模拟的水生态综合承载力与WREE水生态综合承载力结果对比分析。模型历史检验结果如表7-5～表7-10所示，其中变量误差计算公式为：误差=（|WREE−SD|/WREE）×100%。

表7-5 溧阳市水生态综合承载力误差统计

年份	WREE	SD	误差/%
2010	52.24	50.15	4.00
2011	54.60	53.20	2.56
2012	51.97	50.89	2.08

① Bu J H, Li C H, Wang X et al. 2020. Assessment and prediction of water ecological carrying capacity in Changzhou City, China. Journal of Cleaner Production, 277: 123988.

卜久贺，李春晖，马婉玉，等. 2022. 区域水生态承载力的评估方法. 2020101949137.

续表

年份	WREE	SD	误差/%
2013	50.31	49.39	1.83
2014	55.06	54.72	0.62
2015	55.91	55.92	0.02
2016	61.80	61.65	0.24

表 7-6　天宁区水生态综合承载力误差统计

年份	WREE	SD	误差/%
2010	39.64	39.93	0.73
2011	41.06	41.56	1.22
2012	41.23	41.59	0.87
2013	41.10	41.40	0.73
2014	41.40	41.60	0.48
2015	40.83	40.96	0.32
2016	42.06	42.31	0.59

表 7-7　钟楼区水生态综合承载力误差统计

年份	WREE	SD	误差/%
2010	38.04	37.17	2.29
2011	39.66	38.41	3.15
2012	39.60	38.23	3.46
2013	39.60	37.99	4.07
2014	39.85	38.34	3.79
2015	40.92	38.66	5.52
2016	41.81	43.00	2.85

表 7-8　金坛区水生态综合承载力误差统计

年份	WREE	SD	误差/%
2010	49.52	51.13	3.25
2011	53.69	54.63	1.75
2012	52.19	53.09	1.72
2013	49.21	50.00	1.61
2014	53.07	54.24	2.20
2015	55.25	56.00	1.36
2016	59.97	60.55	0.97

表 7-9　武进区水生态综合承载力误差统计

年份	WREE	SD	误差/%
2010	42.77	41.74	2.41
2011	46.03	44.98	2.28
2012	44.48	43.7	1.75
2013	43.11	42.29	1.90
2014	44.63	43.83	1.79
2015	47.88	47.29	1.23
2016	50.72	50.51	0.41

表 7-10　新北区水生态综合承载力误差统计

年份	WREE	SD	误差/%
2010	40.96	41.04	0.20
2011	44.44	44.03	0.92
2012	42.88	43.17	0.68
2013	41.98	41.77	0.50
2014	43.40	43.11	0.67
2015	49.01	48.60	0.84
2016	54.54	54.12	0.77

由以上各区系统动力学水生态综合承载力模拟值误差统计可知，各研究区 2010～2016 年的模拟值与真实值的最大误差不超过 5.52%。所以，系统动力学模型模拟值与 WREE 真实值具有较好的拟合度，模型耦合能够准确计算研究区水生态承载力，所以模型构建有效。

2）模型率定

利用系统动力学模型对研究区 2017 年的水生态承载力进行预测，预测结果与实测值之间的误差最高值为 10.39%（图 7-6），表明模型预测精度较高，可以用于研究区水生态承载力模拟预测分析。

3）模型敏感性参数筛选

系统动力学模型灵敏度分析以参数灵敏度分析为主，通过改变模型中的参数取值，对比模型运行后的结果，判定参数对模型运行结果的影响大小，从而确定模型敏感参数的调节范围。灵敏度系数越大，说明该属性对模型输出的影响越大。通过分析各参数灵敏度，去掉灵敏度较小的参数，降低模型的复杂度，减少数据分析处理的工作量，可在很大程度上提高模型精度。常州市各分区系统动力学模型共有 291 个参数，包括常量 7 个，辅助变量 224 个，状态变量 28 个，速率变量 32 个。根据参数敏感性分析结果，共选取敏感性参数 14 项，包括评估区人口、第一产业 GDP、第二产业 GDP、第三产业 GDP、城市居民用水量、农村居民用水量、畜禽养殖量、耕地面积、工业综合用水量、化肥施用量、水环境质量指数、植被覆盖率、水域面积指数和河流连通性指数。以溧阳市为例，通过蒙特卡罗（Monte Carlo）模型进行参数敏感性分析知，评估区生产总值、水域面积指数、植被覆盖率、河流连通性指数、水环境质量指数等参数对结果影响较大。可知，由于敏感性参数对结果影响较大，在水生态承载力优化指标选取时，应当重点考虑敏感性参数的取值。

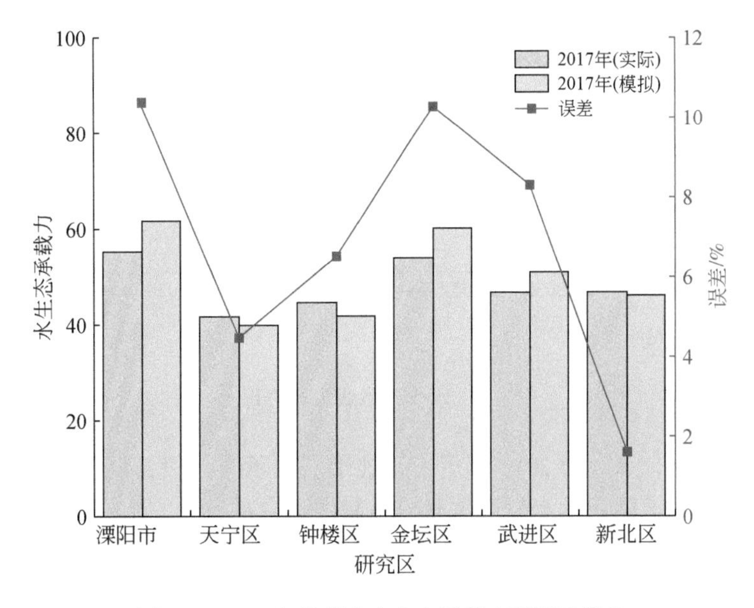

图 7-6　2017 年常州市水生态承载力预测及误差

7.4.2　行政区水生态承载力模拟分析

为分析研究区水生态承载力发展状况，利用系统动力学模型预测各研究区 2017 ~ 2040 年的水生态承载力，结果如图 7-7 所示。

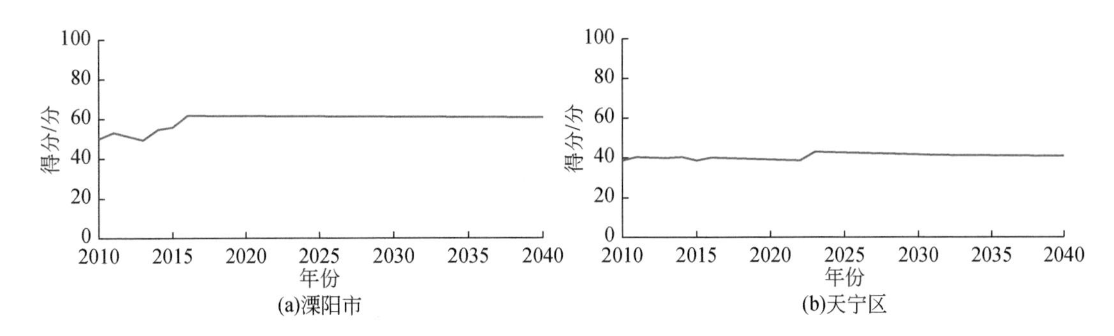

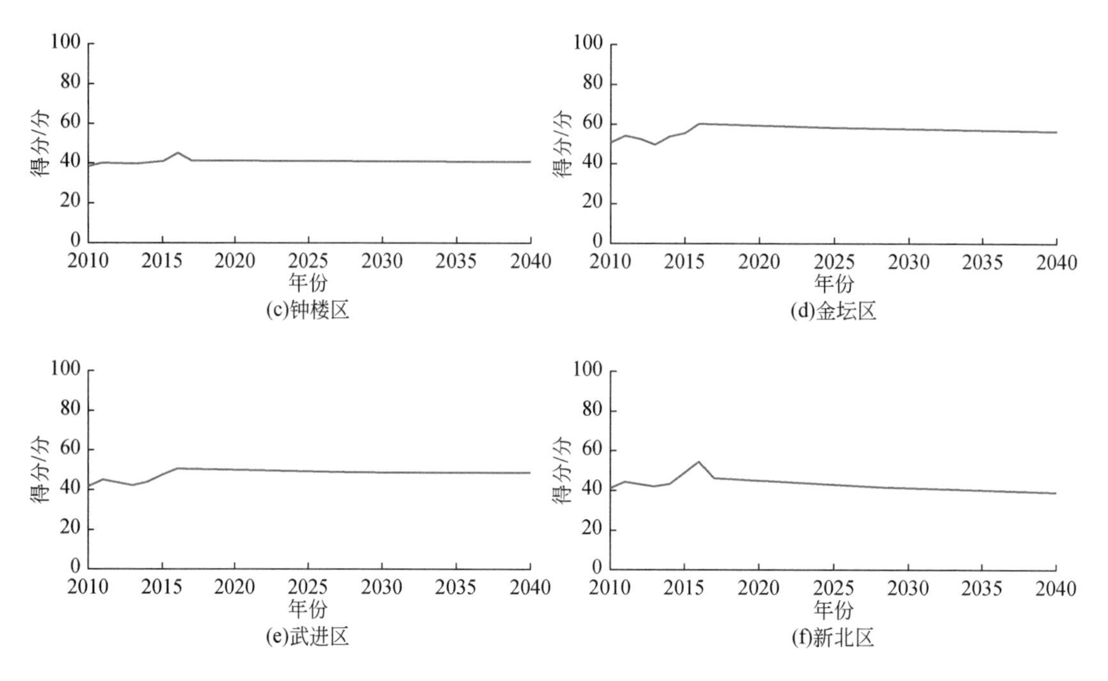

图 7-7　水生态承载力综合评分

溧阳市水生态综合承载力 2015 年后一直处于安全承载阶段，但是 2016 年后开始逐步下降，分析知水环境承载力及水生态承载力是制约综合承载力的重要因素。

天宁区水生态综合承载力 2011 ~ 2016 年处于临界承载状态，但是 2016 年后开始逐步下降为超载状态，直到 2023 年又开始恢复到临界承载状态。其中，水资源是综合承载力的关键制约因素。

钟楼区水生态综合承载力整体处于超载状态，2017 ~ 2040 年一直处于下降状态，水环境状况较差，且为制约钟楼区水生态综合承载力的重要因素。

金坛区水生态综合承载力为临界承载力状态，水资源承载力和水生态承载力为安全承载状态。其中，水环境处于临界承载状态，且处于一直下降趋势，是制约水生态综合承载力的重要因素。

武进区的水生态综合承载力较为稳定，一直处于临界承载状态。为调控武进区水生态综合承载力达到安全状态，需对水资源、水环境和水生态进行综合调控。

新北区水生态承载力下降较快，由 2016 年开始下降，2032 年从临界承载状态下降到超载状态，需对水资源承载力和水生态承载力进行重点调控。

综上，通过评估和预测 2010 ~ 2040 年的常州市各区的水生态承载力，发现仅有溧阳市达到安全承载状态，其余几个区域为临界承载状态和超载状态。尤其是天宁区、钟楼区和新北区三个区域在未来 20 年内下降到了超载状态。因此，需对研究区的水生态承载力进行优化，使其达到安全承载及以上状态。

7.5 常州市水生态承载力调控潜力分析

7.5.1 水生态承载力调控潜力指标筛选

通过对水生态承载力模拟分析可知，常州市仅溧阳市达到安全承载状态，金坛区、武进区、新北区、钟楼区和天宁区均为临界承载状态或超载状态。因此，为优化研究区水生态承载力，本研究通过耦合 WREE 和 SD 模型，构建常州市水生态承载力预测模型，对历史条件下各参数进行输入、运行，从而实现模型的分析预测。通过模型的运行结果可得到各参数和子系统的发展趋势及相关关系。然后对模型的敏感参数进行深入研究，得出敏感参数的理想数值。结合承载力问题诊断中的关键指标，提出不同敏感参数下的各研究区情景方案，从而得到最佳承载力评估值。

由于常州市水生态承载力敏感性参数主要有评估区生产总值、水域面积指数、植被面积覆盖率、河流连通性、水环境质量指数 5 个参数。因此，为分析水生态承载力优化潜力，筛选产业结构、连通性和水域率三个可调指标作为主要优化措施。

7.5.2 常州市产业结构的水环境效应分析

常州市是长江三角洲地区重要的中心城市之一，在我国社会经济中占有重要地位。随着城市化的迅速发展，常州市对水资源的需求和水环境的压力日益加剧。因此，如何协调好经济与环境之间的关系具有重要的现实意义。本研究以常州市为例，分析近 20 年来的产业结构和水环境质量的变化，得出两者之间的交互耦合关系。通过用 Hamming 贴近度分析近年来常州市产业结构调整的合理性，以及用典型相关分析方法分析产业结构与水环境质量相互影响的关系，确定主要污染原因，针对常州市产业结构优化调整提出科学合理的建议。通过对产业结构与水环境质量之间关系的研究，可以为促进常州市区域经济与环境协调发展的相关政策的制定提供一定的理论依据，有利于积极践行新理念，主动适应新常态，使社会经济平稳健康发展，并为加快转型升级、加强供给侧结构性改革提供科学依据。同时，还可以为其他区域的经济发展与水环境协调发展提供参考，对其他经济发达水质性缺水城市的水环境质量的保护具有示范作用。

二十多年来，常州市坚持稳中求进的基调，全市社会经济呈现平稳健康发展的态势。产业结构实现了由 21 世纪初期“二、三、一”到现阶段“三、二、一”的转变。2016 年全年实现地区生产总值 5773.9 亿元，增长率达到 8.5%。其中，第一产业增加值 152.7 亿元，下降 0.9%；第二产业增加值 2682.3 亿元，增长 7.4%；第三产业增加值 2938.9 亿元，增长 10.1%。

从地区生产总值看，常州市保持快速发展的经济势头，从 1996 年的 431.15 亿元增长到 2016 年的 5773.86 亿元，增幅达到 1239.2%。其中第一产业的比例逐年下降，第二产业的比例呈先上升后下降的趋势，第三产业比例存在波动但总体呈现上升趋势。第二、第三产业的比例大体占90%以上，并且逐年增加。

1. 常州市产业结构发展合理度测定

在地区经济发展过程中，产业结构比例处于不断变化之中，而产业结构是否合理关系到地区经济发展的可持续性。因此，对国家或地区的产业结构合理度进行科学测定显得十分重要。本研究采用国际标准结构法，即钱纳里三次产业结构模式为标准对产业结构的合理性进行分析（表7-11）。钱纳里标准产业结构理论，是钱纳里利用101个国家1950～1970年的统计资料进行归纳分析计算，得出在不同人均收入水平下产业结构的标准值。

表7-11　钱纳里标准产业结构　　（单位:%）

1980年人均GDP	第一产业占比	第二产业占比	第三产业占比
<300美元	48.0	21.0	31.0
300美元	39.4	28.2	32.4
500美元	31.7	33.4	34.6
1000美元	22.8	39.2	37.8
2000美元	15.4	43.4	41.2
4000美元	9.7	45.6	44.7
>4000美元	7.0	46.0	47.0

采用模糊数学中的Hamming贴近度对产业结构的合理性进行测定。比较常州市各市区三次产业增加值比例与钱纳里标准产业结构，计算得出的贴近度数值越大说明产业结构合理度越高，数值越小说明产业结构越不合理。Hamming贴近度的公式为

$$R = 1 - \frac{1}{n}\sum_{i=1}^{n}\left|s_i^d - s_i^t\right| \tag{7-1}$$

式中，R为Hamming贴近度；n为产业分类的种数（这里$n=3$，第一产业、第二产业、第三产业）；s_i^d为各市区各产业产值比例（$i=1, 2, 3$）；d为不同区域；s_i^t为钱纳里标准产业产值比例（$i=1, 2, 3$）；i为第i产业（$i=1, 2, 3$）。产业结构合理性判断规则如表7-12所示。

表7-12　产业结构合理性判断规则

R值	合理程度
$R>0.913^*$	合理
$0.814<R\leq 0.913$	较为合理
$R\leq 0.814^*$	不合理

*0.913≈贴近度平均值+（贴近度最大值-贴近度平均值）/3；*0.814≈贴近度平均值+（贴近度最小值-贴近度平均值）/3。

由图7-8可知，常州市各市区近14年来产业结构合理度逐渐提高，表现出明显的区域差异性。首先，常州市全市的产业结构贴近度先小幅度下降之后持续稳定上升。其中，

溧阳市、金坛区、武进区、新北区的产业结构贴近度情况相似，总体呈稳步上升趋势，且近年来产业结构合理程度相近，超过合理的阈值。戚墅堰区（常州市原行政区，于 2015 年调整并入武进区）的产业结构贴近度有明显提升，是合理性提高幅度最大的地区。钟楼区和天宁区产业结构合理度较不稳定，总体呈现先高后低的趋势。戚墅堰区、钟楼区和天宁区的产业结构处于较为合理的范围，但有加强改进的空间。由图 7-8 可知，常州市整体贴近度平均值较高，其产业结构处于合理范围。结合图 7-9 可知，戚墅堰区贴近度平均值最低，为不合理，但是该区域正态分布曲线较为平缓，说明近些年呈现线性变化，波动较小，并且最高值已经达到较为合理区间。钟楼区、金坛区正态分布曲线较为明显，说明该地区贴近度在某一时段波动较为剧烈，与图 7-9 中贴近度年变化曲线相一致。综上，钟楼区和天宁区产业结构的异常表现，应当予以重点关注。

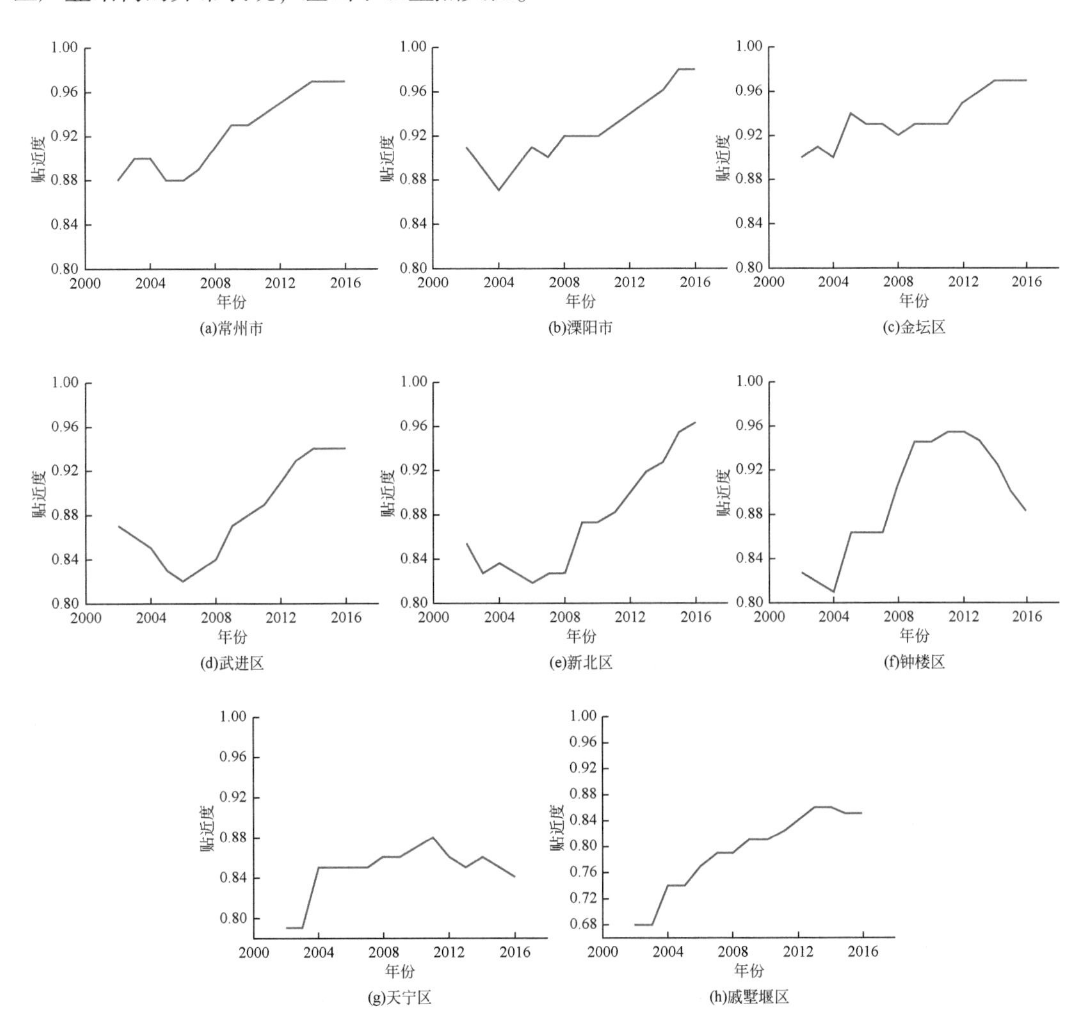

图 7-8　常州市各市区 2002～2016 年产业结构 Hamming 贴近度

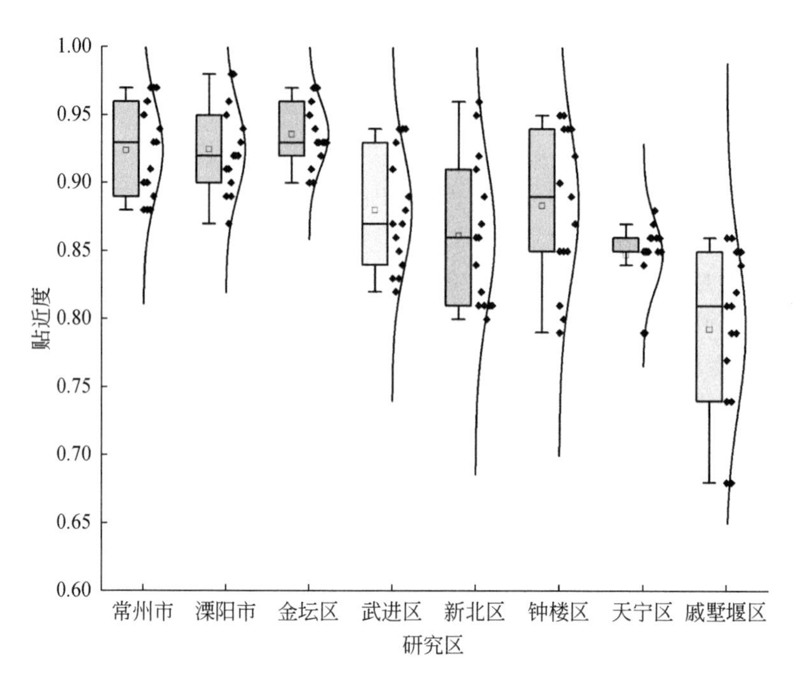

图 7-9　常州市各市区产业结构贴近度正态分布

2. 产业结构与水环境污染物排放典型相关分析

常州市水系发达，主要湖泊有滆湖、长荡湖、钱资湖、天荒湖、太湖等，具有重要的经济价值和生态价值。全市废污水排放总量 4.87 亿 t，其中工业废污水排放总量 2.15 亿 t（不含电力），占废污水排放总量的 54.1%；生活污水排放总量 2.56 亿 t，占废污水排放总量的 55.9%。常州市湖库断面超标情况严重，主要超标指标为总氮和总磷，五日生化需氧量、高锰酸盐指数、COD、氨氮、溶解氧存在一定的超标现象。常州市湖库年平均水质断面和年最差月水质断面在“十一五”和“十二五”期间的超标比例均为 100%。但在某些具体指标上有一定的改善，如氨氮、挥发酚、硫化物超标断面的比例明显下降。但总磷超标断面的超标率为 100%，且改善十分有限。可见，常州市湖库水质与全面达标差距较大。

（1）常州市产业结构与水环境污染物排放变化。

通过 2011 ~ 2016 年常州市统计年鉴、常州市各市区国民经济与社会发展统计公报以及实地调查，获取常州市水环境相关基础数据，包括农村和城镇人口数量、人均 GDP、各产业产值增加值、产业结构、流域环境质量资料、工业污染排放（工业废水、COD、总磷、总氮等）等调查数据（表 7-13 ~ 表 7-16）。数据分析知，常州市 COD 排放量逐年下降；总氮排放量在 2011 ~ 2013 年比较稳定，2015 年排放量比较大；总磷排放量比较不稳定，于 2016 年大幅下降。

表 7-13　常州市 2010 ~ 2016 年三次产业增加值及 COD、总氮、总磷年排放量

年份	第一产业/万元	第二产业/万元	第三产业/万元	COD/t	总氮/t	总磷/t
2011	111.40	1 950.80	1 518.20	45 551.76	6 763.36	850.16
2012	126.30	2 100.80	1 742.70	39 927.67	6 767.50	858.84
2013	138.10	2 250.80	1 972.00	37 871.17	6 746.87	854.25
2014	138.50	2 458.20	2 305.20	35 848.82	8 393.78	1 321.37
2015	146.60	2 516.20	2 610.40	34 615.57	12 551.64	962.91
2016	152.70	2 682.30	2 938.90	18 615.27	5 694.12	121.30

表 7-14　溧阳市 2010 ~ 2016 年三次产业增加值及 COD、总氮、总磷年排放量

年份	第一产业/万元	第二产业/万元	第三产业/万元	COD/t	总氮/t	总磷/t
2011	34.49	283.92	185.37	10 797.26	2 003.62	242.68
2012	39.02	307.58	213.60	10 367.32	1 978.02	249.25
2013	42.61	304.51	256.16	9 985.50	1 891.59	227.18
2014	46.10	373.00	297.30	9 050.82	2 214.61	327.20
2015	46.32	367.07	324.76	6 787.06	2 716.22	213.33
2016	48.29	392.29	360.68	3 033.60	914.75	13.94

表 7-15　金坛区 2011 ~ 2016 年三次产业增加值及 COD、总氮、总磷年排放量

年份	第一产业/万元	第二产业/万元	第三产业/万元	COD/t	总氮/t	总磷/t
2011	24.10	203.90	137.10	9 295.78	1 666.19	197.92
2012	27.09	198.36	148.36	7 291.87	1 699.73	231.13
2013	30.16	211.56	164.41	7 174.66	1 709.42	240.93
2014	32.56	240.90	198.02	7 188.32	2 267.38	442.06
2015	32.32	266.11	227.06	6 357.34	2 197.45	227.75
2016	33.83	302.26	263.93	1 844.33	619.25	12.70

表 7-16　市区 2011 ~ 2016 年三次产业增加值及 COD、总氮、总磷年排放量

年份	第一产业/万元	第二产业/万元	第三产业/万元	COD/t	总氮/t	总磷/t
2011	52.81	1 462.98	1 195.73	25 458.72	3 093.55	409.56
2012	60.19	1 595.86	1 380.74	22 268.48	3 089.75	378.46
2013	65.33	1 734.73	1 551.43	20 711.01	3 145.87	386.14
2014	59.84	1 844.30	1 809.88	19 609.69	3 911.79	552.11
2015	67.96	1 883.02	2 058.58	21 471.16	7 637.96	521.83
2016	70.58	1 987.75	2 314.29	13 737.35	4 160.12	94.66

(2) 产业结构变化对水环境污染物排放影响相关分析。

为了深入地探究常州市产业结构演变对水环境质量的影响，采用典型相关分析方法研究产业结构与水环境两者之间的关系。典型相关分析是研究两组随机变量间相关关系的一种方法，类似于主成分分析的思想，考虑两组变量的线性组合，从这两个线性组合中找出最相关的综合变量，通过少数几个综合变量来反映两组变量的相关性质。

设有两组变量，一组变量 X_1，X_2，…，X_p 与另一组变量 Y_1，Y_2，…，Y_P，那么，典型相关系数为

$$\rho(\alpha'X,\beta'Y)=\frac{\mathrm{Cov}(\alpha'X,\beta'Y)}{\sqrt{\mathrm{Var}(\alpha'X)}\sqrt{\mathrm{Var}(\beta'Y)}} \tag{7-2}$$

$$U=\alpha_1X_1+\alpha_2X_2+\cdots+\alpha_PX_P=\alpha'X \tag{7-3}$$

$$V=\beta_1Y_1+\beta_2Y_2+\cdots+\beta_PY_P=\beta'Y \tag{7-4}$$

式中，$\alpha=(\alpha_1,\alpha_2,\cdots,\alpha_P)$ 和 $\beta=(\beta_1,\beta_2,\cdots,\beta_P)$ 为任意非零向量，找到 α、β 使得典型相关系数尽可能的大，即 U、V 之间最大可能的相关。

本研究将设置两个变量组进行典型相关性分析，第一变量组为常州市三次产业增加值（三次产业增加值占地区生产总值的比例）；第二变量组为污染物排放量（COD、总氮、总磷年排放量）。通过对各研究区不同产业与污染物排放量之间的典型相关性分析，得到典型相关系数（Correlation）、检验结果（表7-17）。分析知，常州市各区的典型相关系数均在0.97及以上（不包括武进区第三产业），说明典型相关比例 U、V 具有高度的相关性。但常州市、溧阳市、天宁区、新北区三次产业生产总值与污染物排放量均不在0.1的显著性水平下。金坛区、钟楼区第一产业生产总值与农业污染物排放量在0.01的显著性水平下，说明两者呈现强相关性。武进区第二产业生产总值与工业污染物排放量在0.1的显著水平下强相关。综上，常州市各区产业总值与污染物排放量虽表现为强相关，但仅有部分为显著水平，说明经济发展对污染物排放的部分指标影响较大，其他指标可能受到人为因素干扰导致不显著。

表7-17　三次产业生产总值与污染物排放量典型相关系数与检验结果

研究区	产业结构	Correlation	Wilks Statistic	Num D. F.	Denom D. F.	Sig.
常州市	第一产业	0.99	0.02	4.00	1.00	0.19
	第二产业	0.98	0.04	4.00	1.00	0.30
	第三产业	1.00	0.01	4.00	1.00	0.14
溧阳市	第一产业	0.99	0.01	4.00	1.00	0.18
	第二产业	0.98	0.04	4.00	1.00	0.28
	第三产业	0.99	0.01	4.00	1.00	0.17
金坛区	第一产业	1.00	0.00	4.00	1.00	0.00
	第二产业	0.99	0.01	4.00	1.00	0.16
	第三产业	0.98	0.04	4.00	1.00	0.29

续表

研究区	产业结构	Correlation	Wilks Statistic	Num D. F.	Denom D. F.	Sig.
天宁区	第一产业	—	—	—	—	—
	第二产业	0.97	0.05	4.00	1.00	0.34
	第三产业	0.96	0.08	4.00	1.00	0.42
武进区	第一产业	0.98	0.04	4.00	1.00	0.30
	第二产业	1.00	0.00	4.00	1.00	0.06
	第三产业	0.70	0.51	4.00	1.00	0.89
新北区	第一产业	0.97	0.06	4.00	1.00	0.37
	第二产业	0.99	0.01	4.00	1.00	0.18
	第三产业	0.98	0.04	4.00	1.00	0.30
钟楼区	第一产业	1.00	0.00	4.00	1.00	0.00
	第二产业	1.00	0.01	4.00	1.00	0.14
	第三产业	0.97	0.05	4.00	1.00	0.33

注：Correlation 为相关性；Wilks Statistic 为威尔克斯统计量；Num D. F. 为分子自由度；Denom D. F. 为分母自由度；Sig. 为显著性

典型相关结构分析反映了相关变量的影响程度与方向。如表 7-18 所示，第一产业生产总值与常州市、溧阳市、金坛区、钟楼区的 COD、氨氮相关性较高，与天宁区、武进区、新北区的相关性较低，且除武进区、新北区和钟楼区外均呈负相关。第二产业生产总值与常州市 TN，溧阳市 COD、总氮、总磷，金坛区总氮、总磷，天宁区总氮、总磷，武进区 COD、总氮、总磷，钟楼区 COD、氨氮相关性较高，且除溧阳市与钟楼区外均呈负相关。第三产业生产总值与与常州市 COD、氨氮，溧阳市 COD、氨氮，金坛区 COD，武进区 COD、氨氮，新北区总氮，钟楼区 COD、总氮相关性较高，且除新北区和钟楼区外均呈负相关。可知，不同地区的不同产业仅与部分污染指标有较强负相关性，说明随着经济增长和污染物的排放标准提高，污染物的排放量逐步降低。结合相关分析结果，产业生产总值与污染物类型相关性越差的指标，越对污染物排放变量的典型相关性起主导作用，进一步验证了相关指标受到人为影响较大。

表 7-18　三次产业生产总值与污染物排放量典型载荷分析

研究区	污染物类型	第一产业	第二产业	第三产业
常州市	COD	-0.98	-0.77	-0.99
	氨氮	-0.96	-0.36	-0.96
	总氮	-0.14	-0.82	0.70
	总磷	-0.10	-0.73	0.12

续表

研究区	污染物类型	第一产业	第二产业	第三产业
溧阳市	COD	-0. 99	0. 90	-0. 88
	氨氮	-0. 86	0. 49	-0. 85
	总氮	-0. 50	0. 92	0. 46
	总磷	-0. 38	0. 90	0. 06
金坛区	COD	-0. 92	-0. 63	-0. 91
	氨氮	-0. 99	0. 34	0. 05
	总氮	-0. 11	-0. 87	0. 31
	总磷	0. 06	-0. 87	0. 09
天宁区	COD	—	-0. 41	0. 62
	氨氮	—	-0. 31	-0. 51
	总氮	—	-0. 77	0. 38
	总磷	—	-0. 77	0. 01
武进区	COD	0. 35	-0. 93	-0. 92
	氨氮	0. 79	-0. 52	-0. 96
	总氮	0. 67	-0. 86	0. 79
	总磷	0. 51	-0. 86	0. 47
新北区	COD	0. 19	-0. 04	0. 52
	氨氮	0. 22	-0. 43	0. 46
	总氮	0. 48	-0. 64	0. 88
	总磷	0. 17	-0. 64	0. 64
钟楼区	COD	1. 00	0. 83	0. 75
	氨氮	0. 98	0. 82	0. 33
	总氮	0. 27	0. 70	0. 71
	总磷	0. 75	0. 70	-0. 01

3. 小结

通过对常州市产业结构及污染物排放进行相关分析，识别产业结构调整的水环境影响效应，得出以下结论。

（1）常州市自2015年后开始进入发达经济高级阶段，三次产业结构逐步趋向于钱纳里标准产业模型。常州市2013年前发展以工业为核心，忽视了第一产业和第三产业在经济结构中的重要作用。随着常州市三次产业结构调整，2013年后常州市三次产业结构逐步缩小与钱纳里标准产业结构的差距，其中第二产业生产总值的差距由30%减小到9%。

（2）通过对常州市产业结构贴近度进行分析，发现2002～2016年常州市产业结构合理度逐步增加，但是各区表现出明显的差异性。其中，溧阳市、金坛区、新北区、戚墅堰区产业结构合理性逐步稳定上升，虽然钟楼区和天宁区的产业结构逐步发展为合理，但波动幅度较大，应当予以重点关注。

（3）通过对常州市各区的不同产业生产总值和污染物排放量典型进行相关分析，发现金坛区、钟楼区第一产业与武进区第二产业与对应的污染物排放量表现出显著相关，武进区第三产业的相关性不显著，其余各区产业与污染物排放量表现为强相关。随着经济增长，常州市各区污染物排放量总体呈现下降趋势。其中，常州市、溧阳市、金坛区、武进区、天宁区、新北区的农业废水、城镇生活废水总氮、总磷排放量和工业废水总氮排放量为重点削减指标。但钟楼区三次产业生产总值与污染物排放量呈正相关，说明随着经济的发展，钟楼区的污染排放较为严重，尤其是农业 COD、氨氮排放量和工业、城镇生活污水总氮排放量较高。

7.5.3 常州市闸坝调度生态环境效应研究

常州市的水环境、水生态总体形势仍不容乐观，大量污染物排放、河网水动力不足等导致地表水污染严重，同时洪涝灾害频发，对常州市社会经济的稳健发展造成不利影响。开展常州市闸坝调度生态环境效应研究，对于改善地区水生态环境状况和提升水生态承载力具有积极意义。

1. 技术方法

通过文献调研，采用图论法及水文连通函数法建立水系连通性评价方法，对常州市水系连通性进行定量计算。基本思路是首先对研究区域水系图进行数字化，得到常州市数字河网图；运用图论法以闸坝点作为图论模型的顶点，利用水文连通函数，将相邻闸坝点的水流畅通度作为权值组成加权邻接矩阵，对矩阵进行计算求出任一闸坝点到其他闸坝点的最大水流畅通度，再通过归一化求出该闸坝点的水流畅通度，最后可得出所有闸坝点的水流畅通度的平均值作为该区域水系的连通度。具体方法如下。

（1）河网图模型。

数字河网如图 7-10 所示，其中线段 h_1、h_2、h_3、h_4 表示河道，点 z_1、z_2、z_3 表示闸坝点。基于图论法，建立加权邻接矩阵 $\boldsymbol{H}=(\alpha_{ij})_{m\times m}$ 表示河网图，权值为水流畅通度 α（水系连通度），表示有河道直接相连时闸坝点 i 及闸坝点 j 的关系。其中，当 $i=j$ 时，权值为 0；当两相近闸坝点的河道路径多于一条时，则需将每条路径的权值相加；当两相近闸坝点的河道路径只有一条时，则该路径的权值即为所求。z_1 到 z_3 路径为 h_2 或 h_3，其权值即α_{13}；z_2 到 z_1 路径为 h_1，其权值即α_{21}；z_3 到 z_2 路径为 h_4，其权值即α_{32}，进而得到加权邻接矩阵 $\boldsymbol{H}$，见式（7-5）。

$$\boldsymbol{\alpha}_{ij}=\begin{bmatrix} 0 & 0 & \alpha_{13} \\ \alpha_{12} & 0 & 0 \\ 0 & \alpha_{32} & 0 \end{bmatrix} \tag{7-5}$$

式中，α_{ij}为权值，以水流畅通度表示水流畅通度即为水流阻力之倒数。

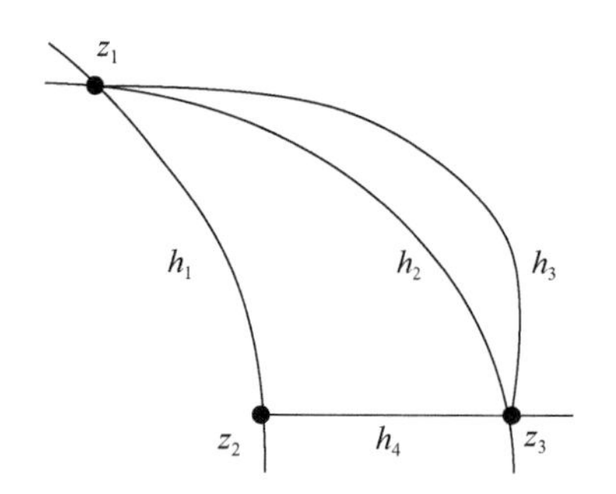

图 7-10　简化的数字河网模型

通过对河网概化得到研究区数字河网模型（图 7-11）。水系网络概化主要区域为常州市水系网络，总面积 43.85 万 hm^2，其中 7.33 万 hm^2 为水域面积，占比 16.7%，是长江与太湖的重要纽带。该水系河流闸坝众多，是典型的城市河网水系。其中，北部为上游水系，南部为下游水系，中间以京杭大运河相连接，组成完整的太湖西区水系网络，各闸坝概化为调控节点。

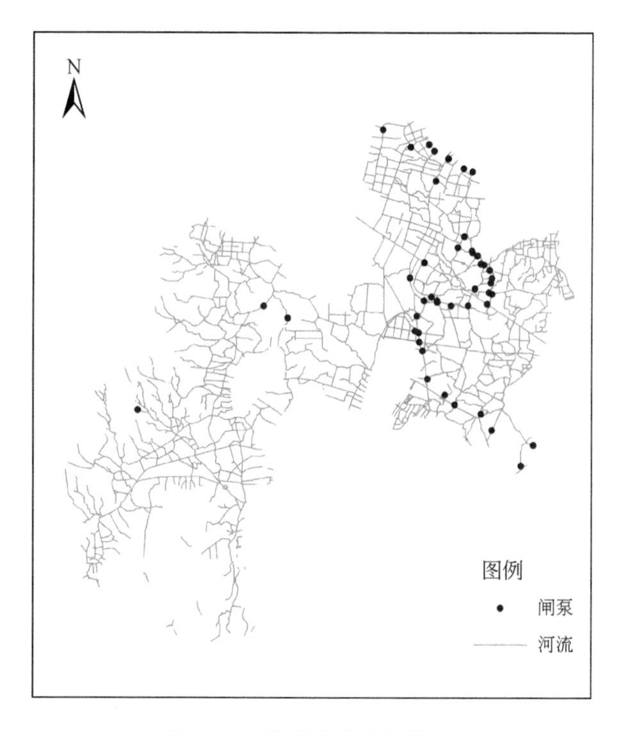

图 7-11　常州市水系图模型

（2）水系连通度评价模型构建。

以水流阻力的倒数作为水系连通度，对水文连通函数的表达式进行推导。对于开放河道，一般认为其流速 V 可以曼宁公式表达，即

$$V=\frac{1}{n}R_h^{\frac{2}{3}}S^{\frac{1}{2}} \tag{7-6}$$

式中，n 为糙率系数，由实验数据测得；R_h 为水力半径，即流体截面积 A 与湿周长 X 之比；S 为明渠坡度，此时可用河床坡度表示。由于研究区域为平原地区，河床坡度极小，因而可忽略不计。此外，流速与糙率系数的倒数及其水力半径具有非线性函数关系，即

$$R_h=\frac{A}{X}=\frac{(b+mh)h}{b+2h\sqrt{1+m^2}} \tag{7-7}$$

$$V\propto\frac{1}{n}R_h^{\frac{2}{3}} \tag{7-8}$$

式中，b 为河底宽；m 为边坡系数；h 为水深；X 为湿周长。

由于水流阻力 F 与水流运行距离 d 成正比且与水流速度 V 成反比，综合式（7-6）、式（7-7）和式（7-8）推导水流阻力的表达式为

$$F=dn\left[\frac{(b+mh)h}{b+2h\sqrt{1+m^2}}\right]^{-\frac{2}{3}} \tag{7-9}$$

式中，d 为水流运行距离。

由于水流畅通度 α 可用水流阻力 F 之倒数表示，即

$$\alpha=\frac{1}{F} \tag{7-10}$$

进一步采用矩阵乘法建立加权邻接矩阵 $\boldsymbol{H}$，得

$$\boldsymbol{H}^k=(\alpha_{ij}^k)_{m\times m}=\sum_{p=1}^{m}\alpha_{ip}^{(k-1)}\alpha_{pj},k=1,2,\cdots,m-1 \tag{7-11}$$

式中，α_{ij}^k为顶点 i 及 j 间的水流畅通度，即由闸坝点 i 到闸坝点 j 中间经过 $m-1$ 个顶点间的水流畅通度；p 为顶点编号。α_{ij}^k的引入使顶点 i 及 j 间无直接相连的边时仍可评价其水系连通情况。

求出水系连通度矩阵 $\boldsymbol{G}=(g_{ij})_{m\times m}$，此时$g_{ij}$表示顶点 i 与 j 间最大水系连通度，即

$$g_{ij}=\begin{cases}\max\alpha_{ij}^k & k=1,2,\cdots,m-1\\ 0 & i=j\end{cases} \tag{7-12}$$

由于数据量大，借助数学软件对上式进行计算，得出g_{ij}。再对g_{ij}取平均值，即可求得某一闸坝点 i 的水系连通度D_i，即

$$D_i=\frac{1}{m-1}\sum_{j=1}^{m}g_{ij},i\neq j \tag{7-13}$$

进一步对所有闸坝点 i 的水系连通度D_i取平均值，求得该河网图的水系连通度 D，即

$$D=\frac{1}{m}\sum_{i=1}^{m}D_i \tag{7-14}$$

（3）模拟情景下的水系连通度评价。

为了解水利工程对该区域河网水系连通性的影响，对闸坝点引入开启度模拟情景，即对闸坝点的水流畅通度 α 进行修正。引入以下两种情景。

a. 闸门开启。

当闸门开启时，闸坝未对该处河道水流造成隔断，此时可认为闸坝对该处水流畅通度 α 不存在影响，应用上述方法计算该处水流畅通度 α。

b. 闸门关闭。

当闸门关闭时，闸坝未对该处前后两端的河道造成隔断，此时认为闸坝对该处水流畅通度 α 存在影响，使该处水流畅通度 α 变为 0。

对上述情况进行模拟，将开启度设为 0%、20%、40%、60%、80%、100%，计算只开启一定数量闸门时研究区域的水系连通度，了解闸坝隔断对区域河网水系连通性所造成的影响。

2. 数据来源及数据处理

1）数据来源

基于以上公式推导可知所需数据有区域的河道及闸坝分布、闸坝间河道长度 d、河道底宽 b、河道水深 h、边坡系数 m 及糙率系数 n。其中，闸坝间河道长度 d 采用 RS 和 ArcGIS 软件建立数字河网进行提取。

首先依据常州市水系图利用 ArcGIS 软件进行河网数字化。先将水系图导入 ArcMap，选取合适的高斯-克吕格投影坐标系统，利用 Georeferencing 加入数个控制点进行地理配准，将经地理配准好的水系图输出成 .tif 格式保存。再对所需的要素建立个人数据库，最后即可对地图进行矢量化，绘制完成闸坝点及河流等空间要素（表 7-19）。

表 7-19　常州市闸坝点分布及其所在河道

行政区域	闸坝点	河道
武进区	武进港枢纽	武进港
	雅浦港枢纽	雅浦港
	横扁担河节制闸	扁担河
	南宅河节制闸	南宅河
	串新河枢纽	串新河
	规划南运河闸	南运河
	大通河东枢纽	大通河
	大通河西枢纽	大通河
	曹窑港节制闸	顺龙河
	永安河节制闸	永安河
	大寨河节制闸	大寨河
	武南河节制闸	武南河
	东排涝站	东西十字河
	潞横河西枢纽	潞横河
	丁横河枢纽	丁横河

续表

行政区域	闸坝点	河道
天宁区	大运河东枢纽	京杭大运河
	横塘河南枢纽	横塘河
	横塘河北枢纽	横塘河
	糜家塘枢纽	糜家塘河
	同心河枢纽	同心河
	横峰沟枢纽	横峰沟
	北塘河枢纽	北塘河
	采菱港枢纽	采菱港
新北区	老澡港河枢纽	老澡港河
	澡港水利枢纽	澡港河
	魏村水利枢纽	德胜河
	白龙河闸	白龙河
	澡港河南枢纽	新澡港河
	小河水闸	新孟河
	柴支浜东站	柴支浜
	柴支浜西站	柴支浜
钟楼区	大运河西枢纽	京杭大运河
	常州钟楼闸	新京杭运河
	南运河枢纽	南运河
	鹤溪河闸站	鹤溪河

河道长度 d、河道底宽 b 及河道水深 h 的部分数据通过 ArcGIS 将研究区的河网经地理配准及数字概化后利用 ArcGIS 的测量工具分析得出，亦有部分数据由实地测量所得，见表 7-20。边坡系数 m 及糙率系数 n 通过查阅文献及相关技术指南，将研究区河道分类为一般河道及主干河道后总结得出，见表 7-21。

表 7-20　常州市主要河道水深及底宽

河道名称	河道水深/m	河道底宽/m	河道名称	河道水深/m	河道底宽/m
武进港	4.2	20	南运河	4.2	20
雅浦港	4.3	42	大通河	4.4	36
扁担河	4.9	10	顺龙河	4.8	18
南宅河	4.9	12	永安河	4.7	5
京杭大运河	3.7	60	大寨河	4.8	19
潞横河	4.8	16	武南河	4.7	15
丁横河	4.7	25	新孟河	1.3	41

续表

河道名称	河道水深/m	河道底宽/m	河道名称	河道水深/m	河道底宽/m
横塘河	3.9	64	鹤溪河	5.2	4
糜家塘河	4.8	15	柴支浜	4.9	12
同心河	4.9	12	采菱港	4.9	10
横峰沟	4.8	18	东西十字河	4.8	19
北塘河	1.5	50	关河	4.4	37
老澡港河	4.7	21	丁塘港	3.9	62
澡港河	8.4	42	武宜运河	5.2	15
德胜河	5.0	55	胜西河	4.9	10
白龙河	5.0	8	永胜河	4.9	13
新澡港河	4.2	51	南童子河	4.7	25
串新河	4.5	34	场北河	4.6	29

表 7-21　河道类型及其参数

河道类型	河道底宽/m	河道水深/m	糙率系数	边坡系数
一般河道	20	2	0.0280	1∶3
主干河道	40	2.2	0.0250	1∶3

2）数据处理

将数据代入水系连通度计算公式，运用 Excel 软件工具计算得到多个两顶点间的水流畅通度 α，将研究范围进行细化，对常州市、武进区、新北区、天宁区及钟楼区共五个区域整理得出如下加权邻接矩阵 $\boldsymbol{W}$。最后，运用 MATLAB 完成复杂的矩阵运算求出所需的水系连通度 D，见表 7-22。

$$
\boldsymbol{W}=\begin{bmatrix}
0 & 0 & 0 & 0.264 & \cdots & 0 \\
0 & 0 & 0 & 0.473 & \cdots & 0 \\
0 & 0 & 0 & 0.344 & \cdots & 0 \\
0.264 & 0.473 & 0.344 & 0 & \cdots & 0 \\
\cdots & \cdots & \cdots & \cdots & \cdots & \cdots \\
0 & 0 & 0 & 0 & \cdots & 0
\end{bmatrix}
$$

表 7-22　常州市各闸坝点连通度

行政区	闸坝名称	连通度
武进区	武进港枢纽	0.0082
	雅浦港枢纽	0.0146
	横扁担河节制闸	0.0106
	南宅河节制闸	0.0118

续表

行政区	闸坝名称	连通度
武进区	串新河枢纽	0. 0325
	规划南运河闸	0. 0795
	大通河东枢纽	0. 0179
	大通河西枢纽	0. 0742
	曹窑港节制闸	0. 0005
	永安河节制闸	0. 0005
	大寨河节制闸	0. 0424
	武南河节制闸	0. 0621
	东排涝站	0. 0371
	潞横河西枢纽	0. 1806
	丁横河枢纽	0. 2229
天宁区	大运河东枢纽	0. 0153
	横塘河南枢纽	0. 0140
	横塘河北枢纽	0. 0959
	麋家塘枢纽	0. 1034
	同心河枢纽	0. 1111
	横峰沟枢纽	0. 0821
	北塘河枢纽	0. 1322
	采菱港枢纽	0. 0178
新北区	老澡港河枢纽	0. 0419
	澡港水利枢纽	0. 0314
	魏村水利枢纽	0. 0712
	白龙河闸	0. 0186
	澡港河南枢纽	0. 0112
	小河水闸	0. 0676
	柴支浜东站	0. 0364
	柴支浜西站	0. 0191
钟楼区	大运河西枢纽	0. 0504
	常州钟楼闸	0. 0482
	南运河枢纽	0. 0662
	鹤溪河闸站	0. 1146

3. 水系连通性评价分析

常州市河网连通度计算结果（表 7-22）发现，各闸坝点的水系连通度处于 0 ~0. 2229

(连通度越接近0，闸坝的连通性越好)。分析知，常州市总体的水系连通情况不佳，处于较低水平。其中，新北区的连通性相对较好，常州市天宁区、钟楼区的水系连通性相对较差。各区连通度由小到大排序为：新北区<武进区<钟楼区<天宁区（图7-12）。由于连通度大小一定程度上反映了区域的闸坝密度。因此，天宁区和钟楼区水域面积较小，但其闸坝密度较大，该区域又处于常州市中心城区，加剧了水环境压力。

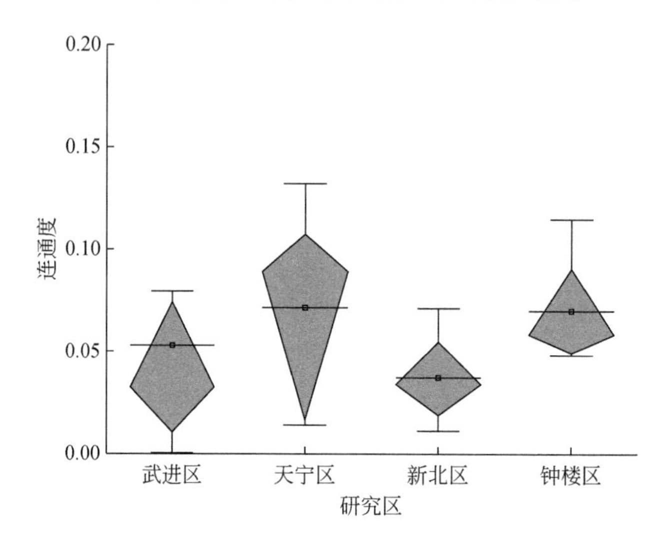

图7-12　常州市各区连通度

由闸坝开启度模拟方法知，当闸门开启时，判定该闸坝点连通度为0。基于以上假设，计算闸门开启度为0%、20%、40%、60%、80%及100%时的水系连通度，并对闸门开启度及水系连通度作线性回归分析，结果如图7-13所示。结果表明，随着开启闸门数量的增多，该区域的水系连通度会逐渐增大，两变量呈强相关，使得水系连通性逐渐变好。

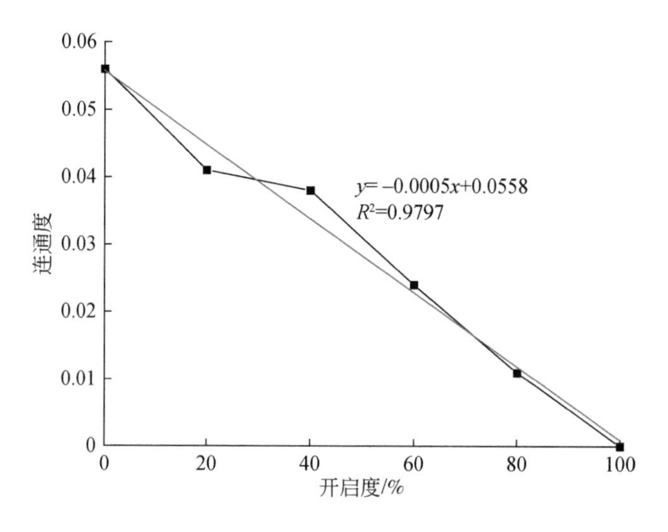

图7-13　水系连通度与闸坝开启度相关性

4. 水系连通度与水生态相关性分析

考虑区域实际和数据可获取性，本研究中主要选择水生生物多样性、栖息地多样性和河岸带植被结构三个水生态维度，分析其与水系连通度间相关性。通过对各区指标体系进行实地调查、评估，计算综合水生态得分（评分标准见表7-23）。

表7-23　水生态调查评分标准

标准/指标	优	良	中	差
水生生物多样性	浮游藻类及大型底栖动物完整性指数超过75%	浮游藻类及大型底栖动物完整性指数为50%～75%	浮游藻类及大型底栖动物完整性指数为25%～50%	浮游藻类及大型底栖动物完整性指数不足25%
栖息地多样性	有水生植被、枯枝落叶、倒木、倒凹堤岸和巨石等各种小栖境	有水生植被、枯枝落叶和倒凹堤岸等小栖境	以1种或2种小栖境为主	以1种小栖境为主，底质以淤泥或细沙为主
河岸带植被结构	河岸周围植被种类很多，面积大。50%以上的堤岸覆盖有植被	河岸周围植被种类比较多，面积一般。50%～25%堤岸覆盖有植被	河岸周围植被种类比较少，面积较小。少于25%的堤岸覆盖有植被	河岸周围几乎没有任何植被。无堤岸覆盖，无植被
分值	16～20	11～15	6～10	0～5

表7-23中浮游藻类完整性指数计算方法为

$$\mathrm{BI}=\frac{\text{固着藻类密度 BI 值+总分类单元数 BI 值+BP 指数 BI 值}}{3} \tag{7-15}$$

式中，固着藻类密度和总分类单元数属于随干扰增强而下降的指标；BP指数属于随干扰增强而上升的指标。

大型底栖动物完整性指数公式为

$$\mathrm{BI}=\frac{\text{总分类单元数 BI 值+BMWP 指数 BI 值+BP 指数 BI 值}}{3} \tag{7-16}$$

式中，总分类单元数和BMWP指数属于随干扰增强而下降的指标；BP指数属于随干扰增强而上升的指标。

BMWP指数公式为

$$\mathrm{BMWP}=\sum t_i \tag{7-17}$$

式中，t_i 为样点中出现物种 i 的科一级敏感值，该指标根据大型底栖动物耐污特性的差异，从最不敏感至最敏感依次给予1～10的分值，对样点中所出现物种的科一级敏感值求和即为该样点BMWP得分。

BP指数计算公式为

$$d=\frac{N_{\max}}{N_{\mathrm{T}}} \tag{7-18}$$

式中，d 为优势指数；$N_{\max}$ 为优势种的种群数量；N_{T} 为全部物种的种群数量总和。

对于下降类型指标，计算公式为

$$\text{下降类型指标 BI}=\frac{\text{样点观测值}-\text{样点观测值的5\%分位数}}{\text{样点观测值的95\%分位数}-\text{样点观测值的5\%分位数}}\times 100 \tag{7-19}$$

式中，下降类型指标 BI 值在 0～100，>100 时下降类型指标 BI 值视为 100 处理；<0 时下降类型指标 BI 值视为 0 处理。

对于上升类型指标，计算公式为

$$\text{上升类型指标 BI}=\frac{\text{样点观测值的95\%分位数}-\text{样点观测值}}{\text{样点观测值的95\%分位数}-\text{样点观测值的5\%分位数}}\times 100 \tag{7-20}$$

式中，上升类型指标 BI 值在 0～100，>100 时上升类型指标 BI 值视为 100 处理；<0 时上升类型指标 BI 值视为 0 处理。

为进一步分析水系连通度与水生态的响应关系，开展常州市全域水生态指标监测（布设 60 个采样点）。监测结果表明，藻类指标共鉴定出 103 项，类型分布排序为硅藻门>绿藻门>蓝藻门>隐藻门，所占比例分别为 46.6%、35.9%、15.5%、2%；底栖动物鉴定出 61 项，其类型分布排序为节肢动物门>软体动物门>环节动物门，所占比例分别为 59.1%、26.2%、14.7%。从河流浮游植物密度分布来看，硅藻门总密度最大，优势物种为菱形藻、舟形藻；绿藻门的优势物种为鞘藻；蓝藻门优势物种为巨颤藻。这些藻类均为典型的耐污物种。从底栖动物密度分布来看，节肢动物门优势物种为林间环足摇蚊、羽摇蚊；软体动物门中优势物种为铜锈环棱螺；环节动物门优势物种为水丝蚓属。藻类及大型底栖动物优势种表明，常州市水生态状况不容乐观，应加强生态保护修复。

由图 7-14 可知，常州市水生态各指标评估结果与水系连通性评估结果基本一致。其

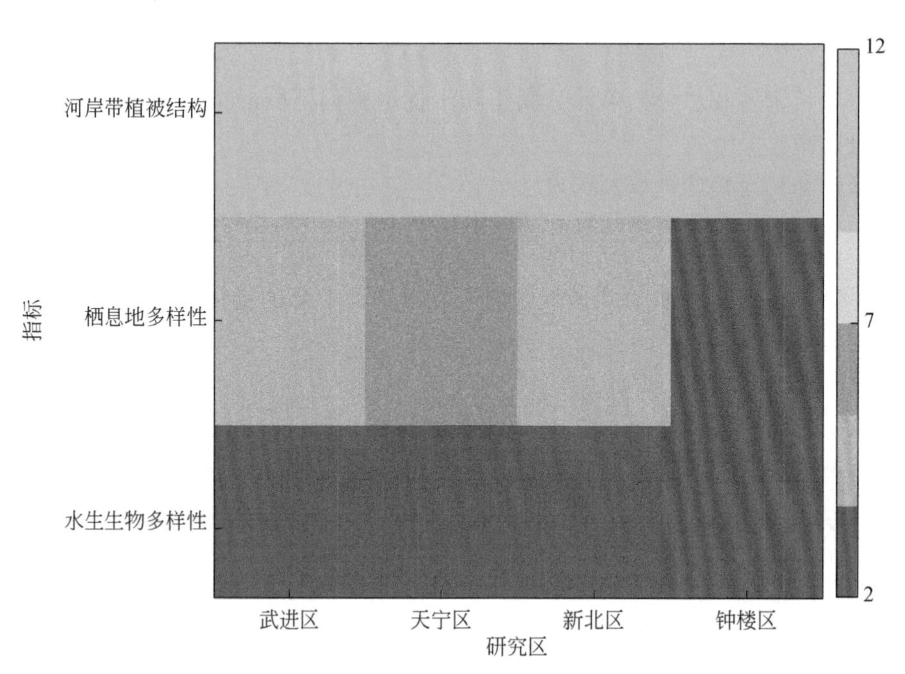

图 7-14　常州市各区生态指数热图

中，各区水生生物多样性较差，河岸带植被结构评估结果为良，表明河网闸坝的建设虽然对水生生物造成一定影响，但研究区对河岸带植被结构进行了规划、保护，为水生态修复作出一定努力。钟楼区的栖息地多样性较差，武进区、新北区栖息地多样性低于天宁区，造成该结果的原因可能是钟楼区属于老城区，城市开发强度相对较大，导致栖息地破坏较严重，但总体仍处于中等水平。

由图7-15可知，常州市总体的水生态状况处于中等水平。其中，新北区和武进区的水生态状况相对较好，天宁区、钟楼区的水生态状况相对较差。各区水生态状况由好到差排序为：武进区>新北区>钟楼区>天宁区。

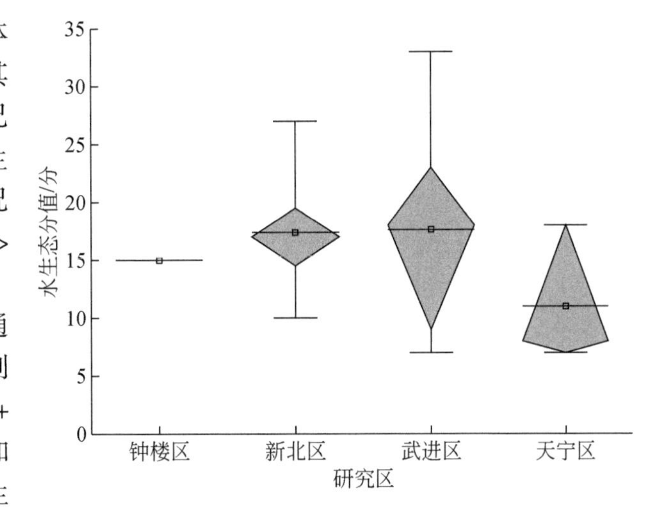

图7-15　常州市各区生态状况

进一步对常州市各区水系连通度与水生态开展相关性分析，得到线性规划模型：$y=-9732.5x^2+918.28x-3.3994$，$R^2=0.8073$。如图7-16所示，水系连通性与水生态具有高度相关性，由模型知，当连通度为0.047时，水生态状态最优，分值达到18.26。由常州市水系连通性与闸坝开启度相关性公式知，改善常州市水生态状况的闸坝群开启度最优值为16.03%。因此，当闸坝群开启度过高时，可能导致水生

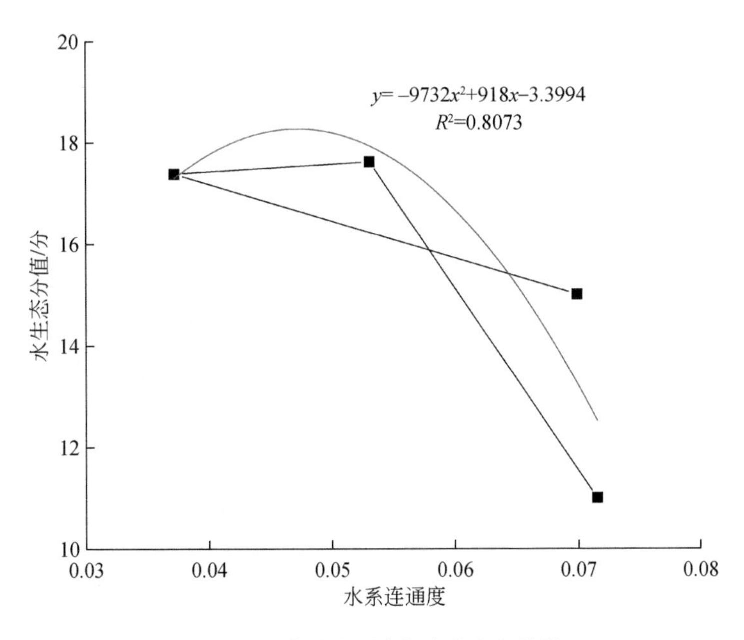

图7-16　水系连通度与水生态相关性

态状况较差河流汇入水生态状况较优河流中，从而导致河网整体生态状态恶化。当闸坝群开启度过低时，可能导致生态流量及水动力不足，造成河网生态系统退化。

5. 小结

水系连通性对河道的健康有着重要意义，研究河网水系连通性，将有助于提高其生态服务功能，为区域的社会经济长远发展提供科学技术支撑。常州市河网连通性分析结论如下。

（1）闸坝点分布对水系连通度有较大影响。闸坝点分布应考虑其布点是否造成整条河道被隔断，当河道被隔断且无其他支流流向下一闸坝点时，会对下游河段产生较大影响，水系连通度亦会降低，即在同一河道无支流或支流不多的情况下不宜设置过多闸坝点。

（2）水系连通性与闸坝开启的数量密切相关，水系连通度随开启闸坝的数量增多而上升。因此，应进行闸坝间的联合调度以增加水系连通性，保障河湖生态系统健康。

（3）水系连通度与水生态状况密切相关，进行闸坝联合调度过程中，应充分考虑对水系和水生态的影响。

现阶段闸坝的建设对河道水质、河道水位的调控在一定程度上具有重要作用，但闸坝的建设又改变了河道的原有生态系统，从而带来一系列的水生态问题。因此，在提高河网的水系连通性的同时，需考虑如何减少闸坝对水系连通性的影响，给出如下建议。

（1）由于流速、糙率系数等是水系连通度评估的重要参数，建议对河道定期疏浚及合理拓宽，保持或增加河道水深及宽度。

（2）适当改造已建成的闸坝，使其具备有一定的生态功能，如过鱼通道的建设等。

（3）编制科学调度方案，在洪涝期、枯水期合理利用闸坝调度功能使其既满足引、排水功能又能改善水生态状况。

（4）合理规划闸坝的选址布局，保证闸坝的建设对河道水生态环境不会造成太大的破坏。

（5）本研究仅考虑闸坝开启度对水生态的影响，未分析通航、防涝等实际情景，在实际调度中应综合考虑各种因素的影响，设置优先度原则。

通过以上分析知，在一定范围内对闸坝进行联合调度，既可以改善水生生境指数，又可提升水生生物指数承载状态。但是本研究未考虑不同流量下的闸坝联合调度对水生态的影响，在实际操作过程中，应充分考虑水量、水位的影响。综上，溧阳市、金坛区河流连通性、水生生物均已达到安全承载状态，可进行微调或保持原状。天宁区河流连通性为临界承载状态，但是水生生物状态较差；钟楼区、新北区和武进区河流连通性均处于严重超载状态，需要进行重点调控。因此，为改善常州市水环境质量，常武地区是闸坝调度的重点。

7.6 水生态承载力综合调控

本章拟在常州市水生态承载力调控潜力评估基础上，考虑产业结构调整和水文调控对改善地区水环境质量和提升承载力的积极效应，分别开展基于产业绿色发展和河网水文调控的调控情景分析，并综合提出基于最优情景的水生态承载力综合调控方案。考虑到常州市金坛区和溧阳市的水环境预计在未来将有一定改善，可以达到安全承载，而常武地区是常州市水生态承载力调控的重点地区。因此，本研究主要对常武地区的水生态承载力开展优化调控。

7.6.1 基于产业绿色发展的调控情景分析①

常州市是重要的工业城市，工业排污量较大。以 2016 年为例，常州市 COD 排放量达到 18 615.3t，总氮达到 5694.1t。因此，需重点对常州市工业产污及污染治理环节进行分析。本研究采用网络 SBM-DEA 模型对 2016 年工业废水的产生效率及治理效率进行分析。

在 SBM-DEA 模型中考虑 n 个决策单元 DMUj（$j=1$，…，n）、K 个节点（$k=1$，…，K）的水资源利用效率。令 m_k 和 r_k 分别为第 k 个节点投入和产出变量的个数，第 k 个节点到第 h 个节点的关系为（k，h），连接变量的个数为 L。令投入变量、产出变量和连接变量为x_j^k、y_j^k和$z_j^{(k,h)}$，则生产可能集被定义为

$$x^k \geqslant \sum_{j=1}^{n} x_j^k \lambda_j^k (k = 1,\cdots,K) \tag{7-21}$$

$$y^k \geqslant \sum_{j=1}^{n} y_j^k \lambda_j^k (k = 1,\cdots,K) \tag{7-22}$$

$$Z^{(k,h)} = \sum_{j=1}^{n} z_j^{(k,h)} \lambda_j^k (\text{第 } k \text{ 阶段作为产出})$$

$$Z^{(k,h)} = \sum_{j=1}^{n} z_j^{(k,h)} \lambda_j^h (\text{第 } h \text{ 阶段作为投入})$$

$$\lambda_j^k \geqslant 0 (\forall j,k) \tag{7-23}$$

式中，λ^k为第 k 阶段的权重向量，另外无权重之和等于 1 的约束条件，表示该 SBM-DEA 模型是规模报酬不变的。

引入松弛变量，决策单元 DMU$_o$（$o=1$，…，n）可以写成

$$x_o^k = X^k \lambda^k + s^{k-}, y_o^k = Y^k \lambda^k - s^{k+}, \lambda^k \geqslant 0, s^{k-} \geqslant 0, s^{k+} \geqslant 0, \forall k \tag{7-24}$$

式中，$X^k=$（x^1，…，x^k）；$Y^k=$（y^1，…，y^k）；s^{k-}为投入冗余；s^{k+}为产出不足。

同时，本研究选择自由链接为连接变量的约束条件，认为链接活动是自由决定的，同时保持投入和产出之间的连续性，即

$$Z^{(k,h)} \lambda^h = Z^{(k,h)} \lambda^K, \forall k,h \tag{7-25}$$

式中，$Z^{(k,h)}=$（$Z_1^{(k,h)}$，…，$Z_n^{(k,h)}$）。

利用以上测算模型，综合考虑研究区企业的工业废水产生效率和工业废水治理效率。工业废水产生阶段，以就业人数、耗水量、材料消耗量及工作时间为投入，工业增加值为产出，工业废水排放量为非期望产出。工业废水治理阶段以工业废水排放量、废水治理设施数、废水治理设施运行费用和污水治理投资额为投入，化学需氧量排放量、氨氮排放

① Bu J H, Zhang S L, Wang X S, et al. 2023. Study on the influence of industrial structure optimization on water environment and economy: A case study of Changzhou City. Frontiers in Earth Science, 10: 961299.

量、总氮排放量和总磷排放量为非期望产出。得到所有工厂中工业废水产生效率和工业废水治理效率较低的企业，并分析其排入河流的水质情况。

针对各产业结构中的企业发展，如能依据污染产排放特点引导产业结构不断优化，可以很大程度上减轻对水环境的压力。因此，产业发展应当以发展经济效益好、环境影响小的企业为主，对环境污染大的行业进行一定程度的约束。在产业发展规划及布局时，以绿色发展为理念，采取水环境保护与工业经济发展并重的思路，综合考虑行业的经济影响和环境影响，结合企业产污效率和治污效率评估，确定产业调整发展策略，从而推动产业结构的转型升级。从微观角度将企业结构分为 HHH（高经济贡献、高产污效率、高治污效率）、HHL（高经济贡献、高产污效率、低治污效率）、HLH（高经济贡献、低产污效率、高治污效率）、HLL（高经济贡献、低产污效率、低治污效率）、LHH（低经济贡献、高产污效率、高治污效率）、LHL（低经济贡献、高产污效率、低治污效率）、LLH（低经济贡献、低产污效率、高治污效率）和 LLL（低经济贡献、低产污效率、低治污效率）8 种类型。HHH 及 LHH 为绿色发展企业，不需要做修正改变；HHL、HLH、LHL、LLH 为中等绿色发展企业，需要进行整改；HLL 及 LLL 为发展较差企业，其中 HLL 对经济贡献度较高，建议进行整改，而 LLL 对经济贡献较低建议关停。

1. 微观产业结构分析

为考虑生产和环境治理两个环节对水资源利用效率的影响，将工业用水效率的测算分为两个阶段：第一阶段的投入为年正常生产时间、取水量、主要材料用量，产出为工业总产值、主要生产情况、工业废水排放量，其中工业废水排放量为非期望产出。第二阶段的投入为工业废水排放量，产出为 COD 排放量、氨氮排放量，其中 COD 排放量和氨氮排放量为非期望产出。工业废水排放量为两个阶段的连接变化，在第一阶段为非期望产出，在第二阶段为投入。常州市主城区不同行政区（天宁区、武进区、新北区、钟楼区）的产业结构不同，需根据各研究区情况进行具体分析。

（1）天宁区。

将天宁区的工业行业分为塑料及合成树脂制造、纺织及棉印染精加工、化学用品及原材料制造、专用药剂材料制造、涂料制造和金属制造。然后，分析各行业产污效率及治污效率的规模收益情况。按照国家对工业中小微企业的划分标准，将生产总值为 2000 万元及以上划分为高经济贡献企业，2000 万元以下划为低经济贡献企业。

（2）武进区。

将武进区的工业分为棉织造加工、设备制造、化学品制造、涂料制造、黑色金属铸造、钢压延加工、金属表面处理及热处理加工、其他制造和其他。然后分析各行业产污效率及治污效率的规模收益情况。按照国家对工业中小微企业的划分标准，将生产总值为 2000 万元及以上划分为高经济贡献企业，2000 万元以下划为低经济贡献企业。

（3）新北区。

将新北区工业分为设备零件制造业、化学原料产业、纺织及棉印染精加工、金属表面处理及热处理加工、发热、供电行业。然后分析各行业产污效率及治污效率的规模收益情况。按照国家对工业中小微企业的划分标准，将生产总值为 2000 万元及以上划分为高经济贡献企业，2000 万元以下划为低经济贡献企业。

（4）钟楼区。

将钟楼区工业分为涂料制造、纺织、化学试剂制造、零部件制造加工、肉类、乳制品及日用品加工行业。然后分析各行业产污效率及治污效率的规模收益情况。按照国家对工业中小微企业的划分标准，将生产总值为 2000 万元及以上划分为高经济贡献企业，2000 万元以下划为低经济贡献企业。

分析得到常武地区企业分布（图 7-17），并进一步分析得黄色企业、红色企业和绿色企业热图（图 7-18 ~ 图 7-20）。可知，黄色企业主要分布在功能管控区Ⅲ-03、Ⅲ-08、Ⅳ-02、Ⅳ-03 和Ⅲ-09。红色企业主要分布在功能管控区Ⅳ-02、Ⅳ-03 和Ⅱ-02。绿色企业主

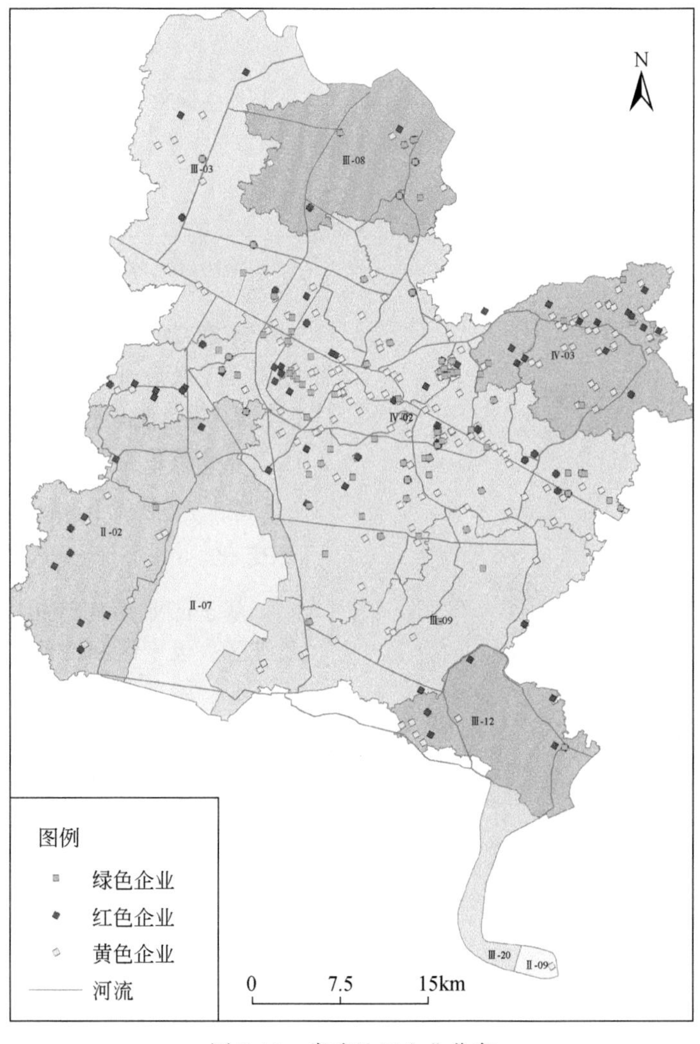

图 7-17　常武地区企业分布

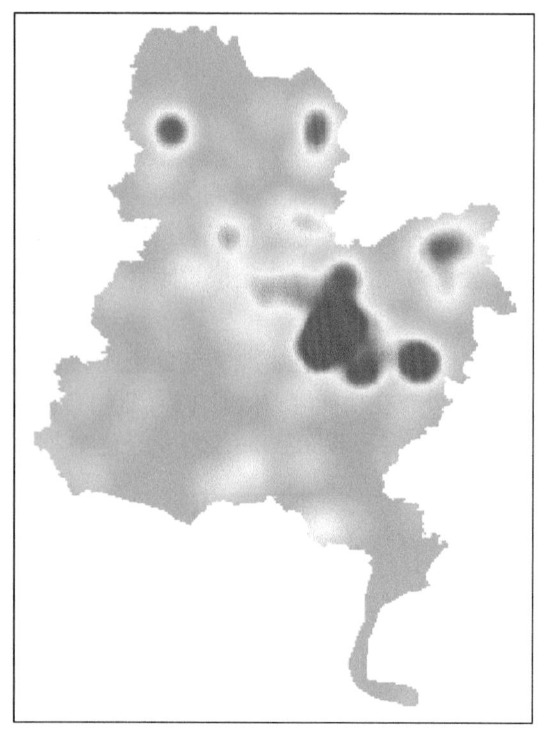

图 7-18　常武地区黄色企业热图

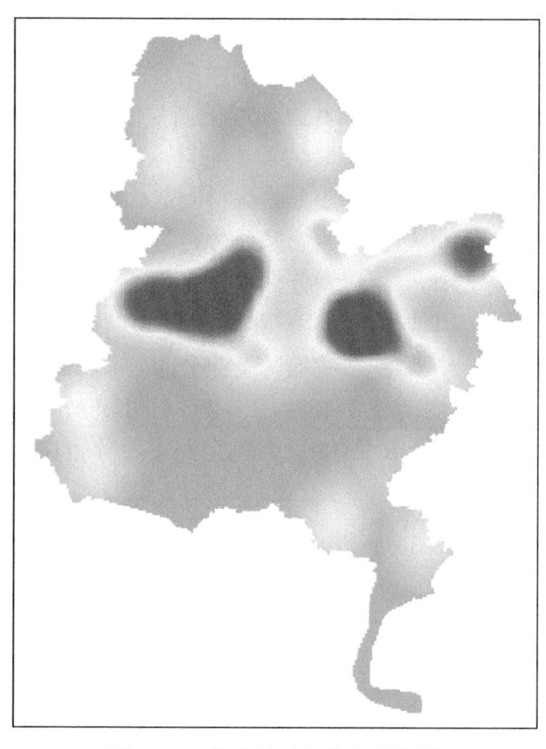

图 7-19　常武地区红色企业热图

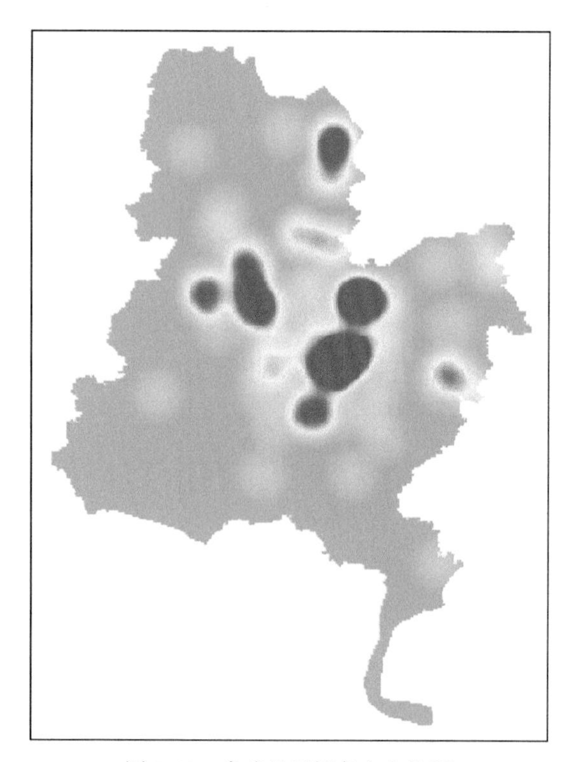

图 7-20　常武地区绿色企业热图

要分布在功能管控区Ⅲ-08 和Ⅳ-02。因此，天宁区和钟楼区是企业分布的重点地区，为改善常武地区水环境质量，需对红色企业和黄色企业进行整改。

2. 产业优化情景下的水环境质量变化

基于产业结构分析，识别出新北区、武进区、天宁区和钟楼区的红色企业、黄色企业、绿色企业分布和数量。为改善武进区水系的水环境质量，设置绿色发展情景。将未纳入污水管网的黄色企业及红色企业纳入管网，已纳入管网的黄色企业及红色企业进行污水设施提标改造。为获得产业结构优化情景下的水环境质量状况，利用 MIKE11 模型对常武地区的产业及水系进行模拟。

1）MIKE11 模型构建

MIKE11 模型是近年来应用较多的水

质水动力软件，主要应用于河流水库的水质评估、突发环境污染事故、水环境容量计算、生态调度、水资源分配、水环境分析等领域。因此，MIKE11 模型在水环境管理过程中被广泛应用。本研究采用 MIKE11 中的水动力（HD）模块与对流扩散（AD）模块，分析不同调度情景下的水环境情况。其中，HD 模块采用圣维南方程组，由质量守恒连续方程和能量守恒动量方程组成。差分格式采用六点中心隐式格式，数值计算采用追赶法，基本方程组如下

$$\frac{\partial A}{\partial t}+\frac{\partial Q}{\partial x}=q \tag{7-26}$$

$$\frac{\partial Q}{\partial t}+\frac{\partial}{\partial x}\left(a\frac{Q^2}{A}\right)+gA\frac{\partial h}{\partial x}+g\frac{Q|Q|}{X^2AR}=0 \tag{7-27}$$

式中，x 为距离坐标（m）；t 为时间坐标（s）；A 为河道过水断面面积（m^2）；Q 为响应河道断面上的流量（m^3/s）；q 为单位长度上的旁侧入流流量，入流为正，出流为负（m^3）；a 为动量修正系数（无量纲）；g 为重力加速度（m/s^2）；h 为水位（m）；X 为谢才系数。AD 模块的控制方程为一维对流扩散方程，耦合 HD 模块计算的水动力条件进行计算，基本方程为

$$\frac{\partial AC}{\partial t}+\frac{\partial QC}{\partial x}-\frac{\partial}{\partial x}\left(AD\frac{\partial C}{\partial x}\right)=-AKC+S \tag{7-28}$$

式中，C 为污染物浓度（mg/L）；D 为纵向扩散系数（m/s）；K 为降解系数（1/d）；S 为源汇浓度（mg/L）。

首先开展常武地区河网数字化（图 7-21），然后依据概化基本原则，剔除研究范围内较小支流，共概化得到主要河道 49 条。由于常武地区主要经过新孟河、澡港河、德胜河水闸、新沟河水闸站引长江水入城市河网，以京杭大运河上游、小河新闸、魏村闸、澡港闸、新沟河、孟津河为上游流量边界，以京杭大运河下游、武进港、雅浦港为下游水位边界。为使模型模拟结果更加可靠、精确，将各企业排水口位置设为模型内部边界。最后，模型共设置上游边界 4 个，下游边界 3 个。时间序列文件中，模型时段为 2018 年 5 月 1 日 ~7 月 31 日。水动力参数文件中初始条件中的水位设置为 1m，该值设置时通过试错法进行设置，流量设置为 0。河床糙率的初始值准确与否影响水动力模型计算的精度，取值是河网水动力模拟的关键，初始设定 $n=0.03$，并通过试错法进行设定。

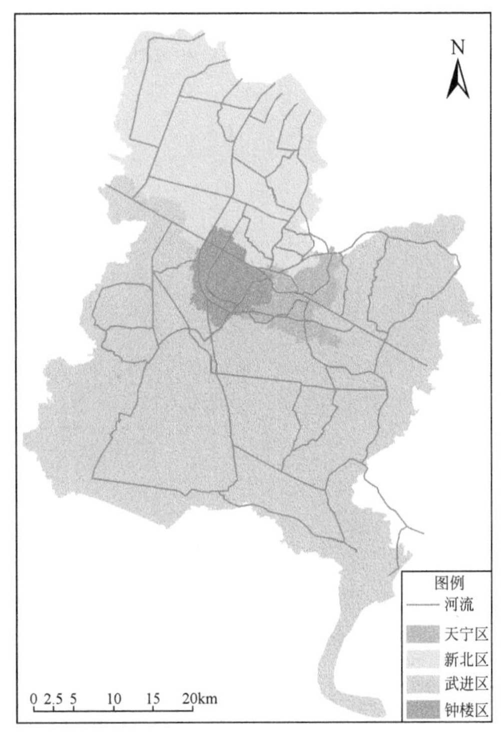

图 7-21　常武地区河网概化图

2）模型率定

由武进港和雅浦港水位模拟结果（图 7-22）知，模型率定良好，模拟值与实测值变化范围均在合理范围内。采用相对误差法评估模型精度发现，各水文站点流量模拟结果（图 7-23）相对误差最大为 14%，模拟结果比较合理。通过参数的率定，认为模型运行良好可用。

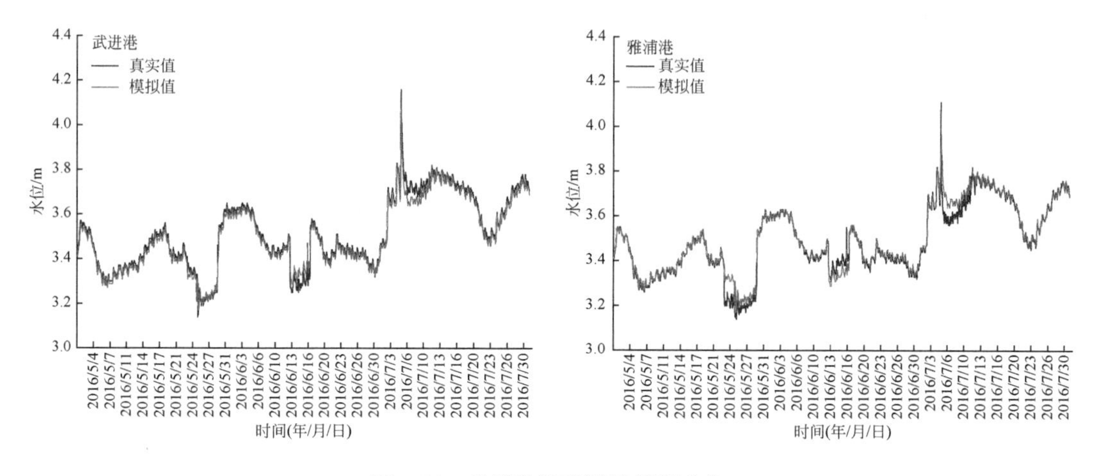

图 7-22　武进港及雅浦港模拟水位

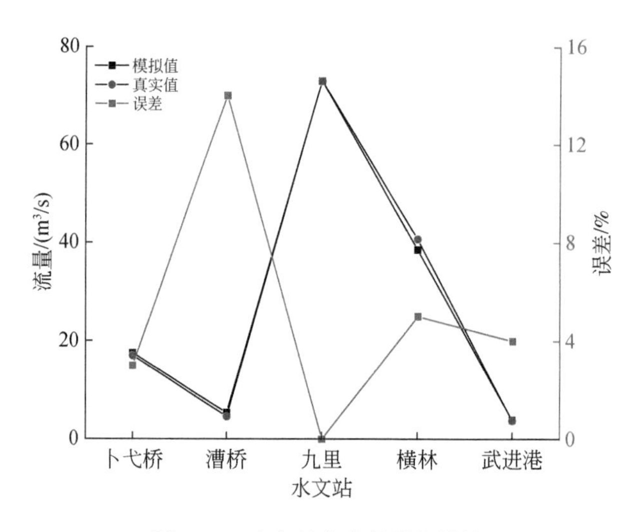

图 7-23　水文站点流量模拟结果

3）模拟调控结果

对流扩散模块参数文件主要由水质组分、扩散系数、衰减系数和初始值等组成。依据常武地区的水质监测资料，本研究选择氨氮、总氮、总磷和 COD 作为模拟组分，模型中的衰减系数作为率定参数。定义初始条件时，大多以实际监测的水质指标的平均值作为初始值，衰减系数反映了水流运动对污染物变化的影响。合理的衰减系数是保证水质模块运行及模拟精确度的关键，一般根据经验系数或率定结果来设定。本研究中氨氮、总氮、总磷、COD 衰减系数 K 的取值分别为 0.1608/d、0.1608/d、0.01992/d、0.18/d。此外，在水动力边界基础上添加点源污染数据。

完成参数设定和水质边界条件设置后，考虑模型稳定性，本模型设置时间步长为 30s。依据模拟结果知，产业优化后水环境质量有一定程度的改善，但各指标改善情况差别较大。由图 7-24 可知，产业结构优化后的水系氨氮含量出现下降，但并不明显，说明常武地区产业排放现状对水系氨氮浓度影响不大。由图 7-25 可知，产业结构优化后的水系总磷含量基本没有发生变化，说明常武地区产业排放对水系总磷浓度影响较弱。由图 7-26 可知，产业结构优化后的水系总氮含量下降较为明显，说明常武地区产业排放对水系的总氮浓度影响明显。由图 7-27 可知，产业结构优化后对部分河流 COD 浓度影响较大，表明部分企业的 COD 排放量过高。其中，老滆港河及新滆港河东支产业优化后的污染物浓度变化较大，说明该河段排污企业的污染治理效果较差，且排污量较大，需加以重点关注。综上，基于绿色发展理念的产业结构优化对水环境质量的改善有一定作用，可以作为减排手段为水生态承载力调控提供技术支撑。

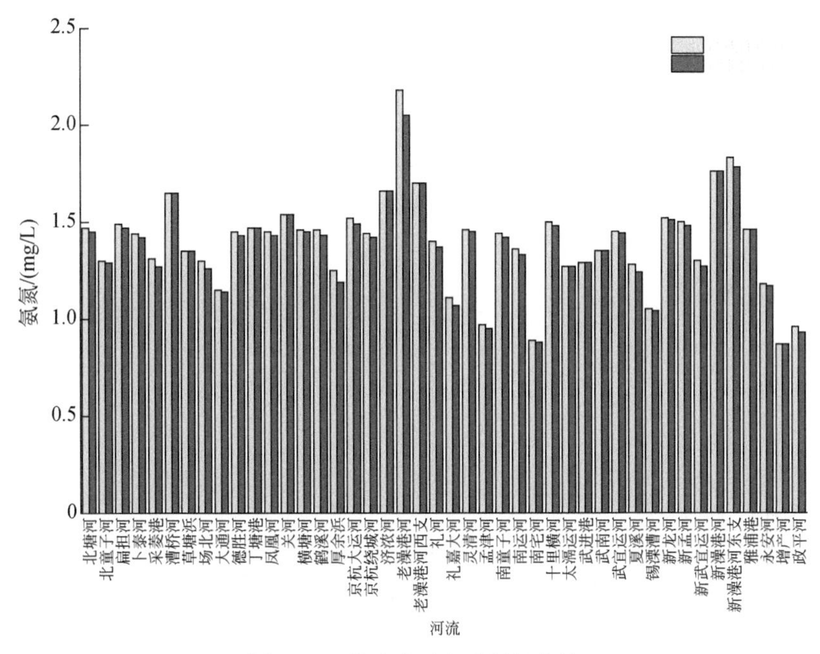

图 7-24　常武地区水系氨氮含量

3. 工业污染减排量

通过对常州市常武地区工业企业的产污效率和治污效率进行测算，将排污企业主要分为三类，分别为绿色企业、黄色企业和红色企业。将黄色企业和红色企业产生的废水并入到污水处理厂管网，提标改造为地表水Ⅴ类标准，排入河网。进一步分析得到常武地区的工业污染物减排量。其中，氨氮年减排量为 144.65t，COD 年减排量为 2715.66t，总磷年减排量为 1. 19t，总氮年减排量为 1041. 8t。进一步对污染物排放口进行分析，得到主要河流工业污染减排量如表 7-24 所示。结果表明，产业调整大大减轻了常武地区河网水生态承载压力，尤其是 COD、总氮等工业贡献较大指标。

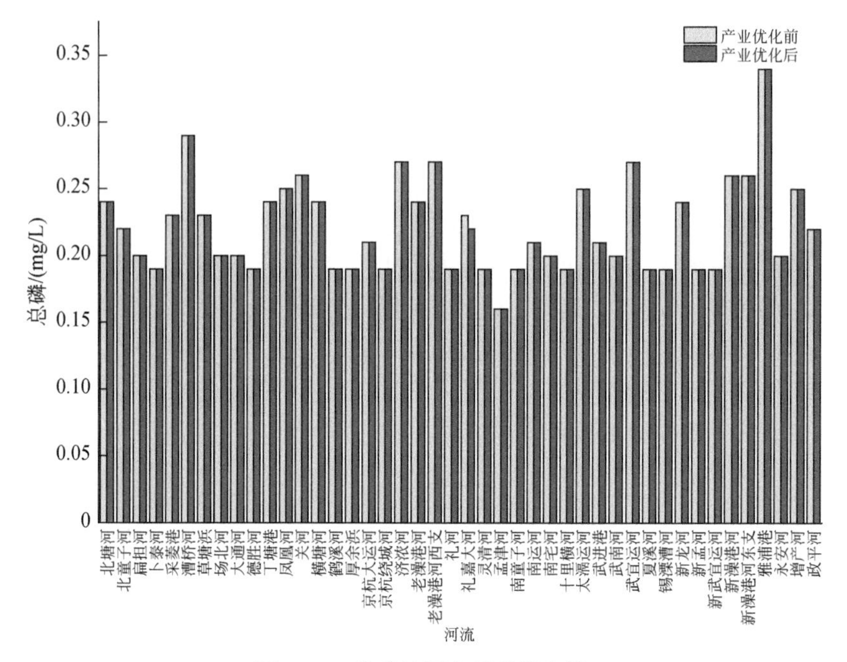

图 7-25　常武地区水系总磷含量

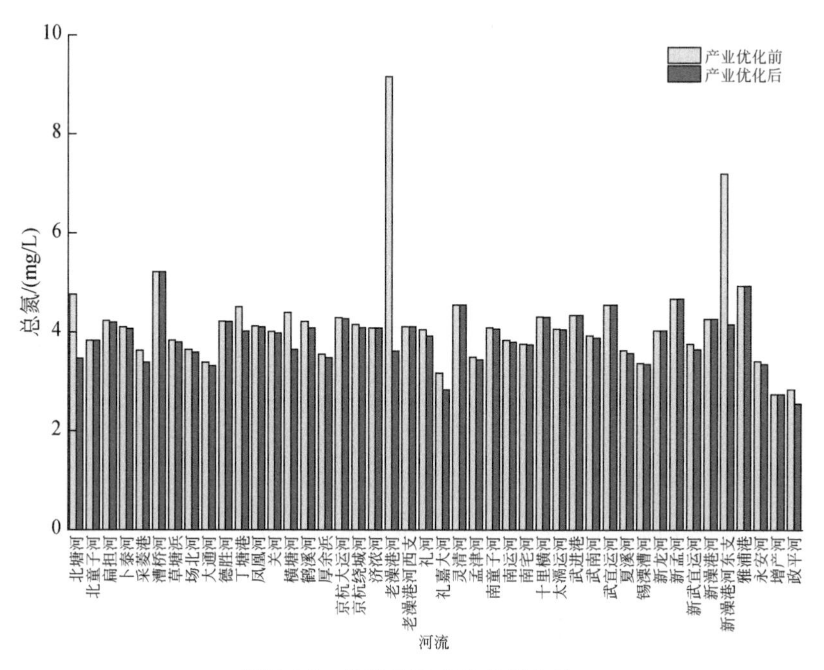

图 7-26　常武地区水系总氮含量

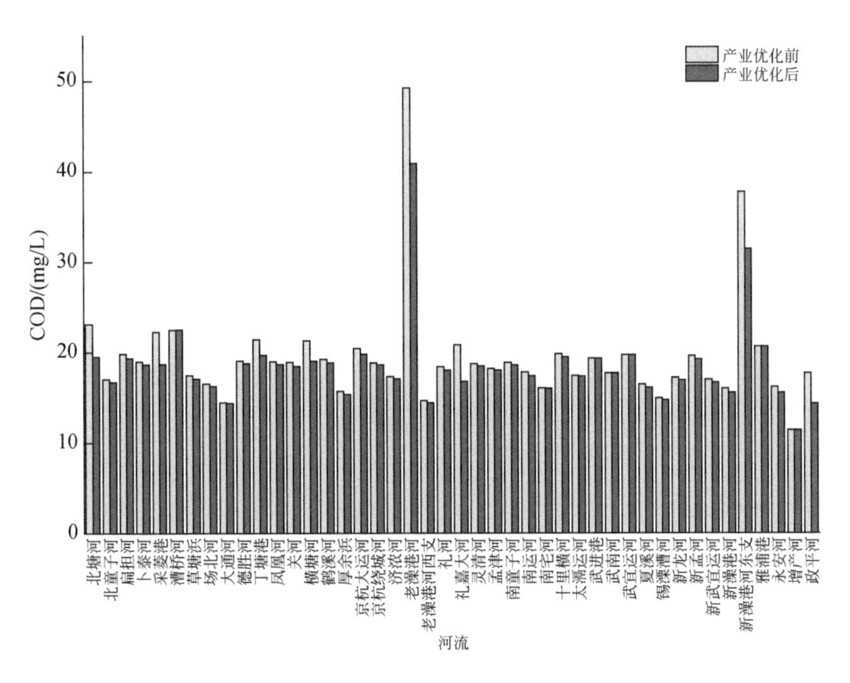

图 7-27　常武地区水系 COD 含量

表 7-24　常武地区主要河流工业污染物减排量　　（单位：t/a）

河流	氨氮	COD	总磷	总氮
新沟河	8.43	84.63	0.00	29.95
武南河	0.00	1.29	0.02	123.77
采菱港	13.06	597.12	0.74	171.63
永安河	0.01	2.31	0.00	0.25
礼嘉大河	0.00	2.79	0.00	0.24
雅浦港	0.00	0.00	0.00	0.00
武进港	0.22	13.60	0.00	3.63
漕桥河	2.92	0.00	0.00	2.92
扁担河	0.80	29.91	0.00	2.89
新武宜河	6.06	65.58	0.30	17.45
太滆运河	0.85	2.47	0.00	12.85
鹤溪河	0.63	9.90	0.00	3.09
礼河	0.00	2.93	0.00	0.00
卜泰河	0.16	5.87	0.01	1.07
南童子河	0.46	6.15	0.01	1.89
新孟河	0.50	7.16	0.11	1.34
新澡港河	0.06	8.47	0.00	0.10
老澡港河	7.39	484.70	0.00	412.95
夏溪河	6.70	8.09	0.00	7.14
锡溧漕运河	0.00	0.22	0.00	0.00

续表

河流	氨氮	COD	总磷	总氮
北塘河	0.00	1.50	0.00	0.80
凤凰河	0.08	1.57	0.00	0.37
横塘河	0.01	0.11	0.00	0.01
京杭大运河	91.04	1317.92	0.00	129.32
京杭绕城河	5.27	61.37	0.00	118.14

注：河流工业污染物减排量为模拟前后污染物的差值

7.6.2 基于水文调控的优化情景分析

1. 不同情景条件下水文变化

为改善常州市河网水动力和水环境质量，需加强水文调度。依据水文连通的生态效应评估结果，当连通性为0.047时，水生态状态最优。因此，依据常武地区实际情景，43个闸坝中设置武进港和雅浦港为关闭；同时，基于常武地区水文调度实际情况，设置四组情景，如表7-25所示。

表7-25 水文调控方案 （单位：m^3/s）

情景方案	流量	类型
情景一	0	—
情景二	20	泵引
	40	
	60	
	100	
情景三	20	闸引
	40	
	60	
	100	
情景四	实际情景	—

由于新孟河正在改建，且改建后新孟河的调度权在上游，常武地区并不掌握其调度权。因此，小河水闸不作为水文调控手段，仅对魏村闸和澡港闸进行模拟。情景一是上游闸门关闭，来水量为0。情景二中泵引是指魏村闸和澡港闸全部关闭，每天24小时开启水泵引长江水入常武水系。情景三中的闸引是指依据每天实际潮汐水位情景开启魏村闸和澡港闸引长江水入常武水系。情景四是研究区水系的水文实测流量。

依据以上流量情景方案，启用MIKE11模型模拟河网水质。由图7-28可知，当魏村闸和澡港闸关闭时，常武水系流量略小于实际流量，但是大通河、丁塘港等河段流量较低。

说明该区域受到水文阻隔较大。由图 7-29 可知，在情景二条件下，随着上游引水量变大，常武水系流量同步增加。其中，德胜河、澡港河及其分支增加较为明显。由图 7-30 可知，在情景三条件下，魏村闸和澡港闸的闸引水量对常武水系影响并不显著，仅有部分河段流

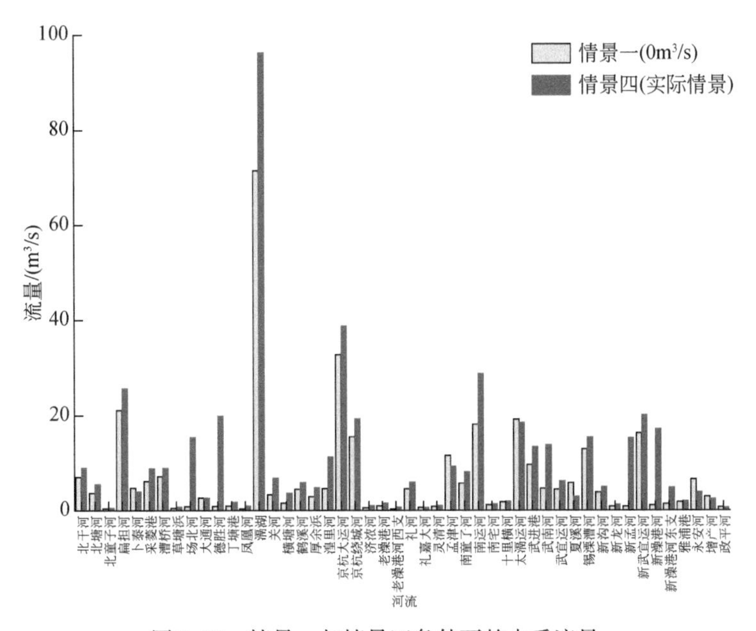

图 7-28　情景一与情景四条件下的水系流量

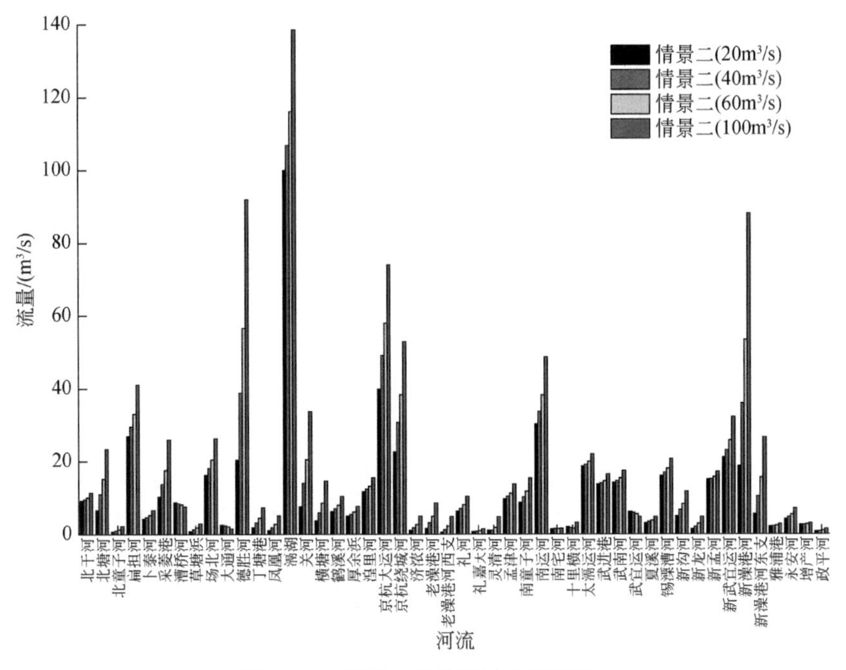

图 7-29　情景二条件下的水系流量

量有少量增加，如大通河、横塘河、京杭大运河、老澡港河西支、新武宜运河及新澡港河东支等，且情景二的河网流量增加较其他情景更为明显。

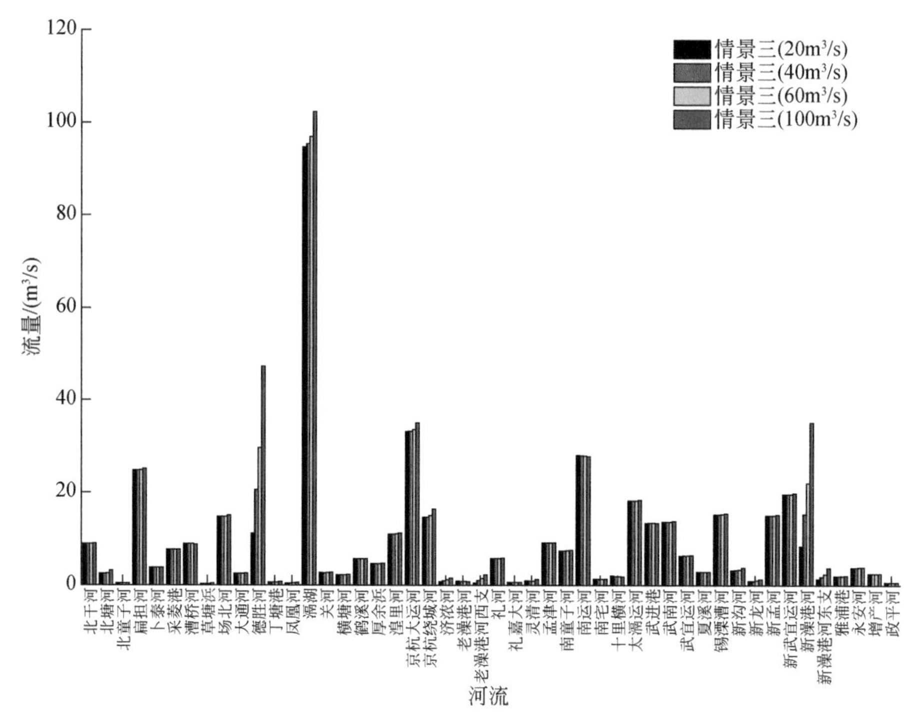

图 7-30　情景三条件下的水系流量

2. 不同情景条件下水环境变化

河流点源、面源排放条件不变的情景下，流量对污染物浓度有重要影响。为探求水环境改善的最佳流量范围，基于 MIKE11 模型的水质模块，模拟常武水系的氨氮、COD、总磷和总氮浓度。由图 7-31 可知，情景三和情景四部分河道氨氮浓度超过 2mg/L，水质为Ⅴ类水。情景二中当水文条件达到 $40\mathrm{m}^3/\mathrm{s}$ 以上时，河道氨氮浓度不超过 1.8mg/L，且大部分河道达到Ⅳ类水标准。但情景二和情景三不同流量条件对水系氨氮浓度总体影响不大，表明上游引水与常武水系的氨氮浓度基本一致。可知，虽然改变水系水文条件，但并不能引起氨氮浓度出现较大改善。由图 7-32 可知，情景四最高 COD 浓度超过 50mg/L，水质为劣Ⅴ类。情景三和情景二中 $20\mathrm{m}^3/\mathrm{s}$ 水文条件下的最高 COD 浓度为 40mg/L 以上。其中，主要超标河流为老澡港河东支。主要原因可能是该河段存在较多产业，且流量较小，导致 COD 浓度超标。由图 7-33 可知，随着流量逐渐增加，总磷波动也逐步加剧。可能原因是由于上游引水量的加大，导致不同河段的水量分配差距进一步增加。虽然不同情境下的总磷波动有较大差异，但是总体浓度位于Ⅳ类水平。由图 7-34 可知，常武水系总氮浓度处于较高水平，当引水流量增加到 $40\mathrm{m}^3/\mathrm{s}$ 以上时，虽可有效降低高浓度河段，但对总体水系的氨氮改善效果表现较差，表明上游来水中的总氮含量较高。由图 7-35 可知，当引水流量为 $0\mathrm{m}^3/\mathrm{s}$ 时，水系污染物浓度较高，部分河段中的污染指标均处于Ⅴ类标准，表明水文调控是改善水环境的重要措施。

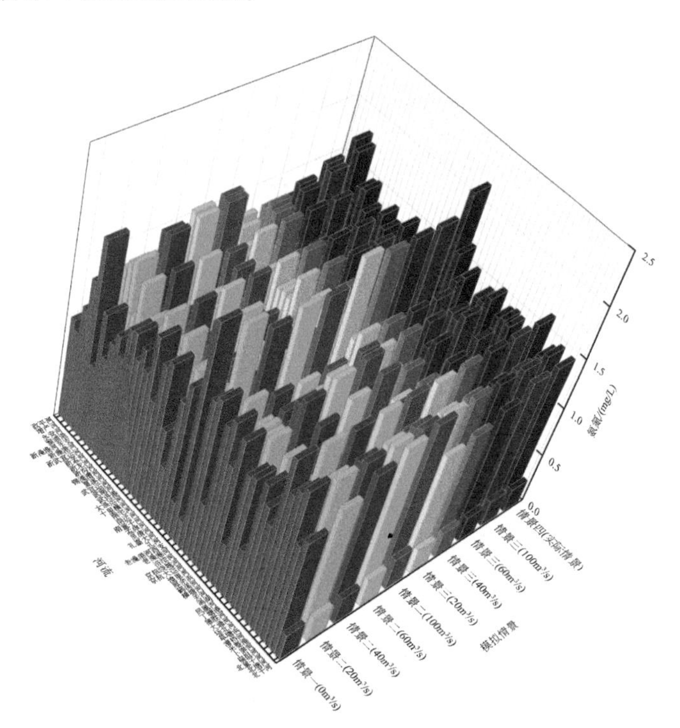

图 7-31　不同情景条件下的水系氨氮浓度

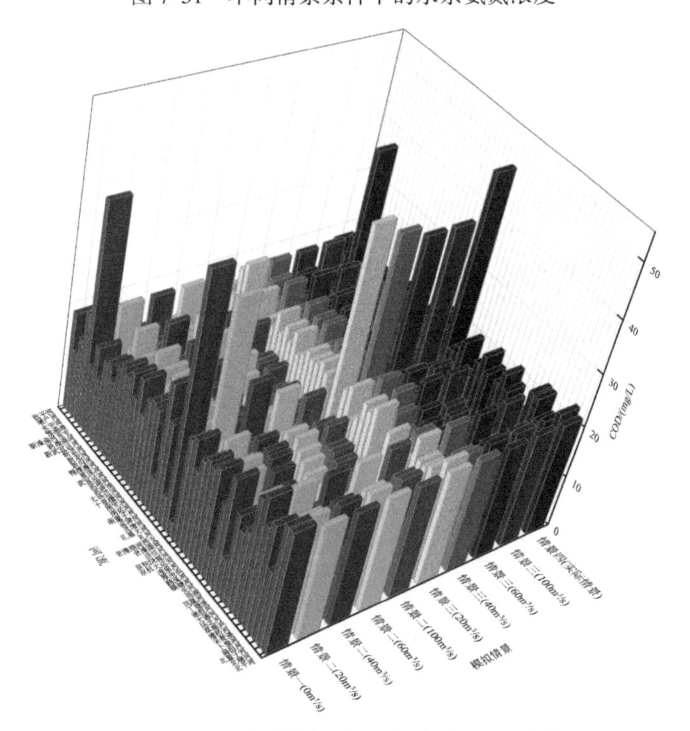

图 7-32　不同情景条件下的水系 COD 浓度

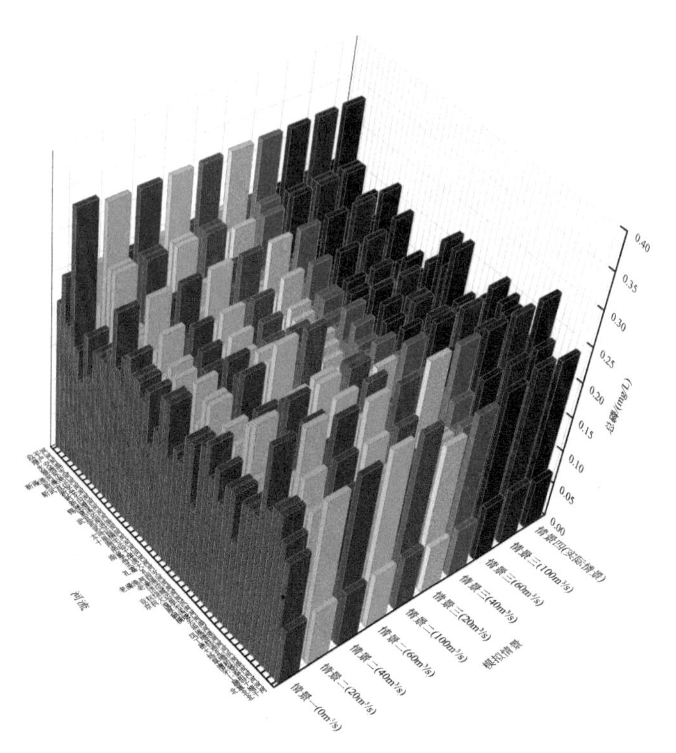

图 7-33　不同情景条件下的水系总磷浓度

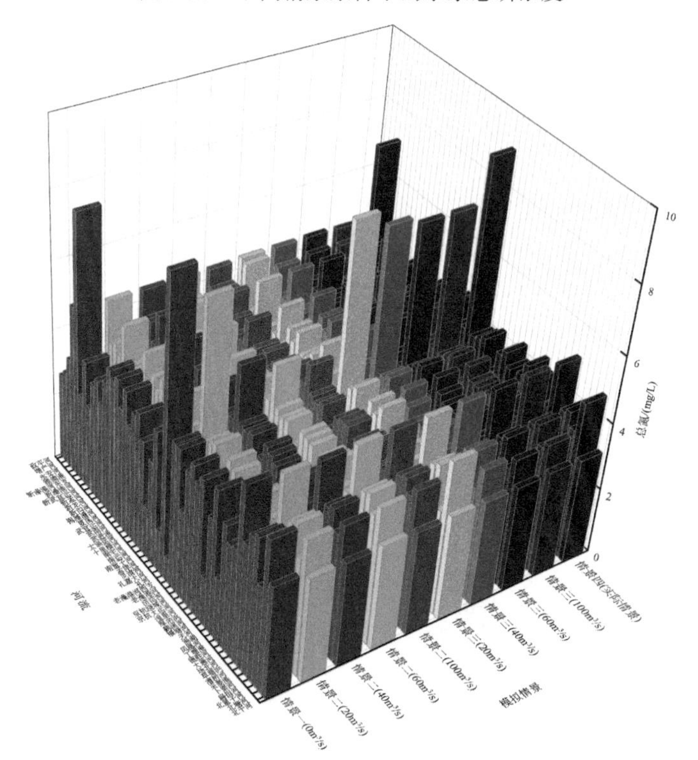

图 7-34　不同情景条件下的水系总氮浓度

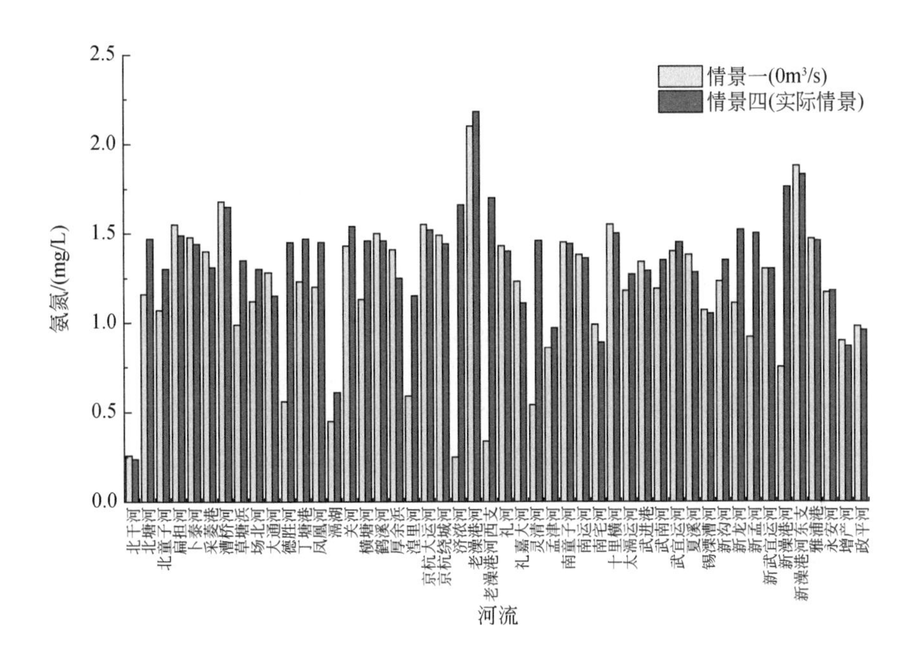
情景一(0m³/s)
情景四(实际情景)
氨氮/(mg/L)
2.5
2.0
1.5
1.0
0.5
0.0
北干河
北塘河
北童子河
扁担河
卜泰河
采菱港
漕桥河
草塘浜
场北河
大通河
德胜河
丁塘港
凤凰河
滆湖
关河
横塘河
鹤溪河
厚余浜
湟里河
京杭大运河
京杭绕城河
济浓河
老澡港河
老澡港河西支
礼河
礼嘉大河
灵清河
孟津河
南童子河
南运河
南宅河
十里横河
太滆运河
武进港
武南河
武宜运河
夏溪河
锡溧漕河
新沟河
新龙河
新孟河
新武宜运河
新澡港河
新澡港河东支
雅浦港
永安河
增产河
政平河
河流

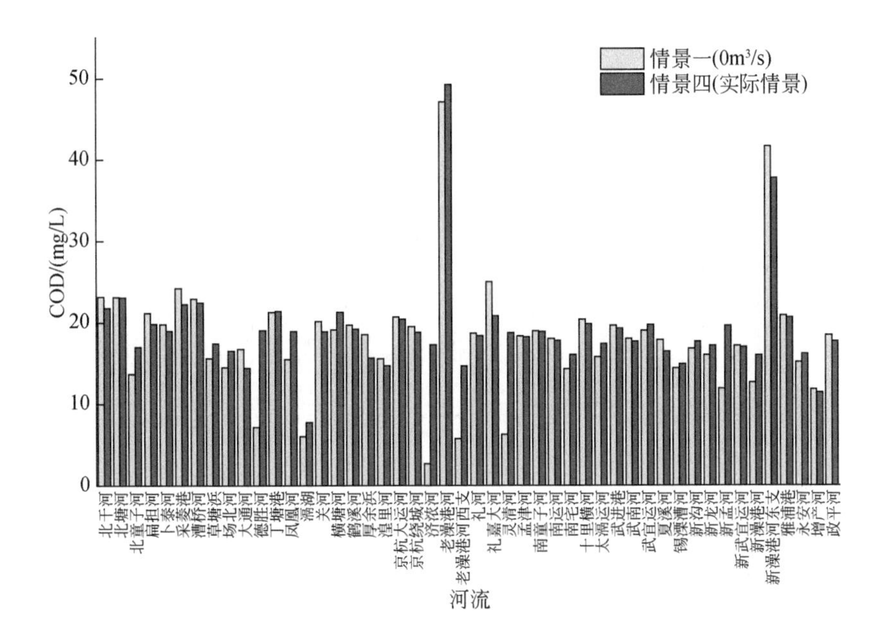
情景一(0m³/s)
情景四(实际情景)
COD/(mg/L)
50
40
30
20
10
0
北干河
北塘河
北童子河
扁担河
卜泰河
采菱港
漕桥河
草塘浜
场北河
大通河
德胜河
丁塘港
凤凰河
滆湖
关河
横塘河
鹤溪河
厚余浜
湟里河
京杭大运河
京杭绕城河
济浓河
老澡港河
老澡港河西支
礼河
礼嘉大河
灵清河
孟津河
南童子河
南运河
南宅河
十里横河
太滆运河
武进港
武南河
武宜运河
夏溪河
锡溧漕河
新沟河
新龙河
新孟河
新武宜运河
新澡港河
新澡港河东支
雅浦港
永安河
增产河
政平河
河流

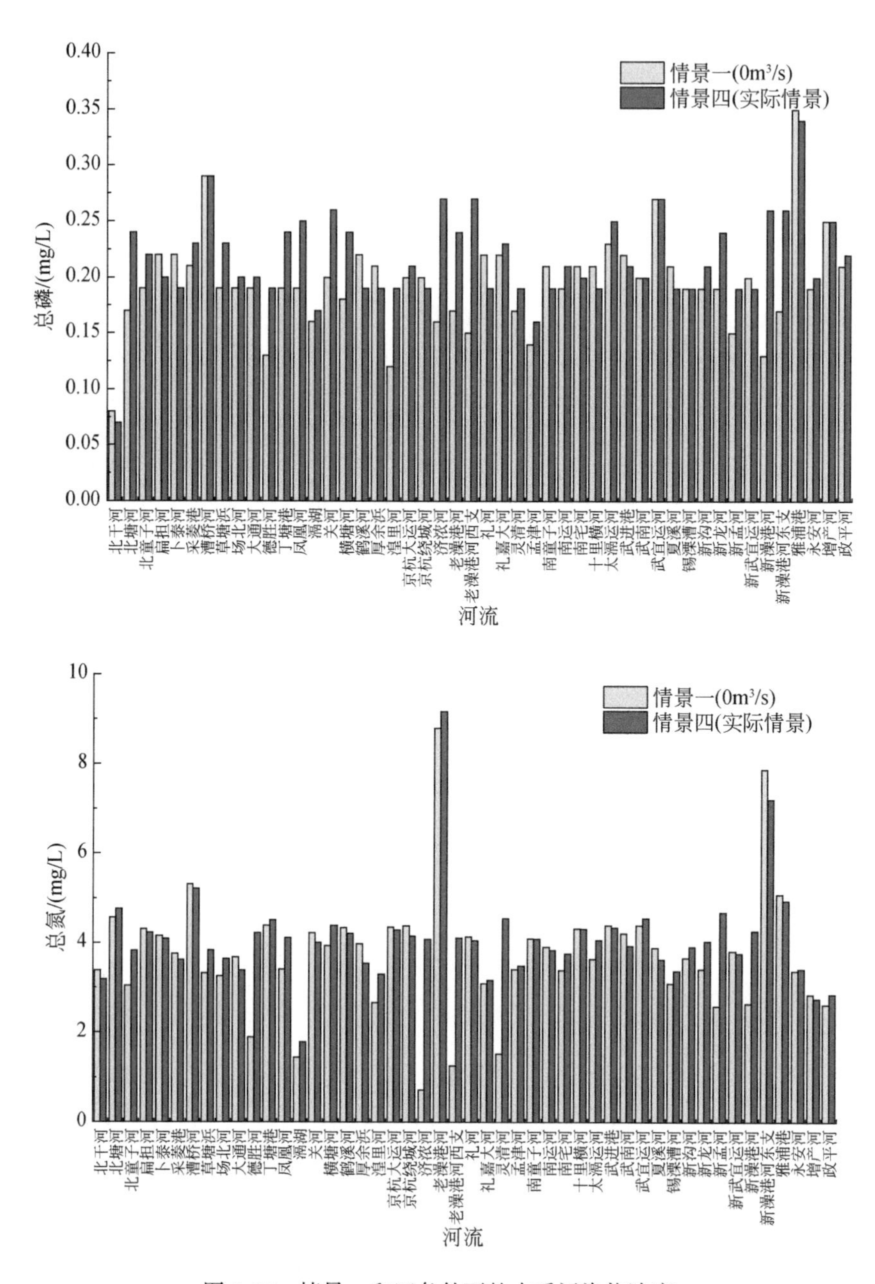

图 7-35　情景一和四条件下的水系污染物浓度

3. 水系考核断面水环境变化

基于以上情景模拟分析可知，当引水流量为 40～100m³/s 时，对部分河道有明显改善作用，尤其是总氮和 COD 指标。相关管理部门工作中对水环境的判断主要依据考核断面进行。因此，在模拟过程中，为方便管理部门对考核断面进行判断分析，以泵引流量为

40m³/s 情景下的考核断面（表 7-26）为例。为分析断面达标情况，提取模型中的考核断面污染物指标数值。由考核断面表 7-26 知，经过流量调度后，COD 和总氮指标提升较多，总磷变化不大，部分断面氨氮经调整后可达到考核要求。考核断面达标率由 40% 提升为 80%，且模拟后的不达标指标接近考核目标。综上，利用水文调控措施可以显著地改善河网水环境质量。

表 7-26　部分河流考核断面水质　　（单位：mg/L）

区域	河流湖库名称	断面名称	考核级别	考核目标	氨氮	COD	总磷	总氮	氨氮	COD	总磷	总氮
					实测				模拟			
武进区	锡溧漕河	东尖大桥	省考	Ⅳ	0.94	26.4	0.16	4.76	0.79	11.3	0.19	2.79
	扁担河	厚余桥	省考	Ⅳ	1.17	22	0.166	4.19	1.42	18.72	0.19	4.05
	太滆运河	黄埝桥	省考	Ⅳ	2.34	24.4	0.216	4.85	1.02	12.18	0.21	3.05
	雅浦港	雅浦桥	省考	Ⅳ	1.98	18.2	0.232	6.34	1.45	19.95	0.34	4.97
	京杭大运河	戚墅堰区	省考	Ⅳ	1.87	27.8	0.204	5.38	1.18	14.13	0.2	3.46
	武宜运河	万塔桥	省考	Ⅳ	2.49	27.3	0.258	5.02	1.01	13.81	0.17	3.67
新北区	新孟河	新孟河闸（小河闸）	省考	Ⅲ	1.37	22	0.3	4.33	1.07	16.93	0.18	4.86
	德胜河	德胜河桥	省考	Ⅲ	0.27	19.5	0.073	4.06	0.34	16.16	0.1	3.94
	澡港河	九号桥	省考	Ⅲ	3.4	17.8	0.371	4.94	1.42	13.41	0.26	4.42
天宁区	北塘河	青洋桥	省考	Ⅳ	1.39	25.3	0.158	4.99	1.32	12.52	0.24	3.62

注：选取的实测值及模拟值均为最高值，总氮不作为考核指标

7.6.3　基于最优情景的水生态承载力调控

本研究分别从产业调整和水文调控两个角度设置不同情景方案，模拟不同条件下的常州市河网水环境质量改善状况，得到最佳水文调度条件为泵引流量 40～100m³/s。通过水生态承载力仿真模型，确定最优情景方案下的水生态综合承载力值。由产业结构潜力评估结果知，常州市现有产业结构较为合理不作特别调整。但点源排放对水环境质量有一定影响，应当提高点源排放企业的排放标准。据此，在承载力调控过程中需对各企业污水排放浓度进行优化。此外，河网连通性与闸坝群开启度密切相关，由水系连通度评价分析知，连通度为 0.047 时，水生态状况较好，且水文调度情景均是基于常州市连通度为 0.047 进行模拟，即武进港与雅浦港闸坝关闭，符合常武地区闸坝实际运行工况。由水域面积变化分析知，气候不是水域面积变化的主导因素，人类活动对水域面积的影响起到关键作用。通过观察和分析 1986～2016 年常州市地表水域面积变化分布，水域面积的增加主要是由于京杭大运河及规模以上养殖塘以及其他人工湿地的修建，且该区域主要靠近长江、京杭大运河和滆湖；减少区域主要为滆湖面积的萎缩、小河流萎缩和小湖泊的填埋消失。因此仿真模型对水域面积值的恢复界定应主要围绕易萎缩区域及生态要求较高区域，水域面积

恢复区域主要划定为各区河道及湿地的保护，如滆湖、太湖及长江沿岸的湿地保护。但是由于水域面积优化难度及成本较大，可能会打破现有的规划平衡。因此，本研究仅给出水域面积的影响因素及优化范围，具体调控过程中不考虑水域面积优化措施，仅考虑河网连通性和水环境质量。

基于各研究区调控参数的设计，将各情景下的参数值输入到仿真模型中，验证最优情景条件对水生态承载力的影响，结果如图 7-36 所示。常州市各区经过调整后的水生态承载力均达到安全承载状态。同时，模型分析及预测了 2010 ~ 2040 年近 30 年间的承载力状态，预测结果表明产业结构优化情景下泵引流量为 40 ~ 100m^3/s 时，常州市水生态承载力均达到安全承载状态。

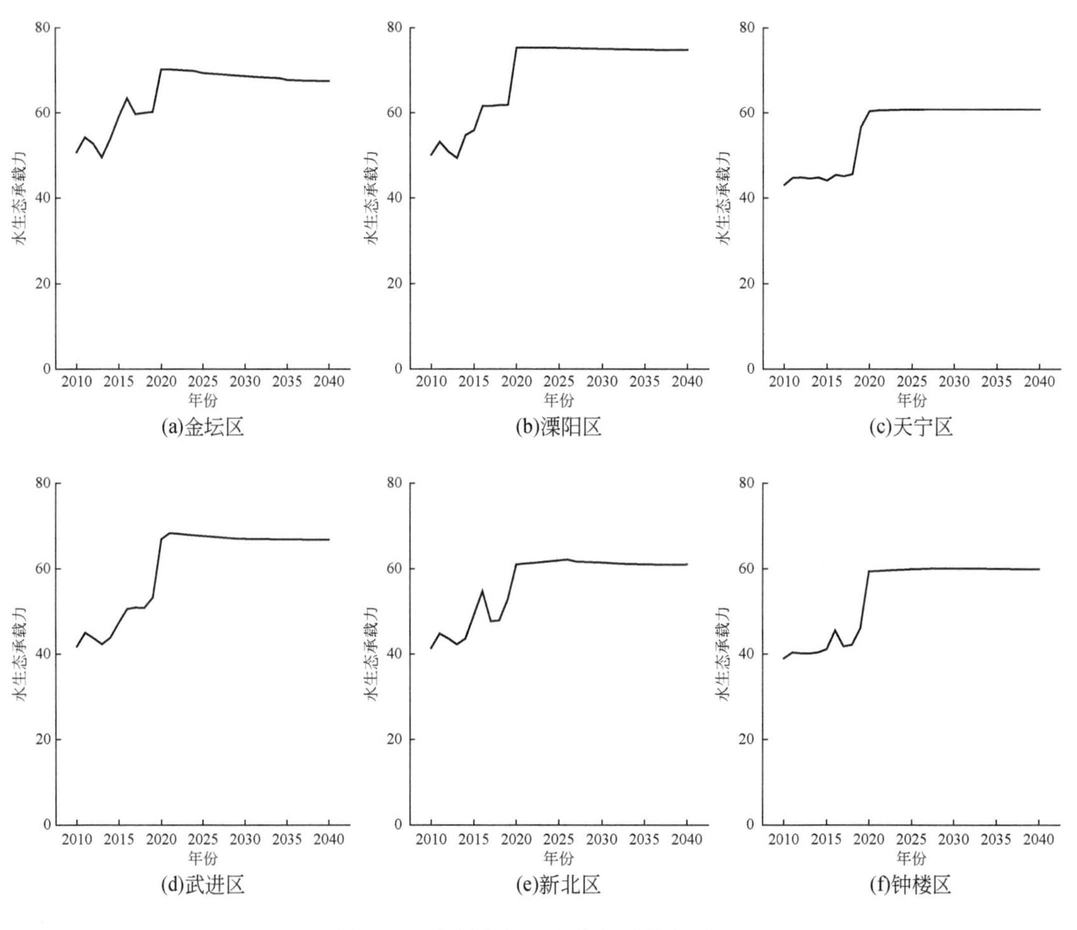

图 7-36 常州市各区水生态承载力对比

由常州市各区水生态承载力 30 年对比图（图 7-37）知，调整后的水生态承载力整体较为稳定，其中金坛区及武进区在未来有下降趋势，但是下降幅度不大，满足安全承载范围。溧阳市水生态承载力增长幅度较大，接近最佳承载范围。新北区、天宁区和钟楼区的水生态承载力值在预测范围内较为稳定，且满足安全承载范围。由图 7-37 知，常州市水生态功能区均达到安全承载以上状态。其中，Ⅲ-05、Ⅰ-02、Ⅲ-06、Ⅰ-01、Ⅱ-01、Ⅱ-02、Ⅱ-09 功能管控区水生态承载力值均接近最佳承载状态。Ⅲ-04 功能管控区水生态承载力具备从安全承载向最佳承载发展趋势。Ⅲ-03、Ⅲ-08、Ⅳ-02、Ⅱ-07、Ⅲ-09、Ⅲ-12、Ⅲ-20、Ⅳ-03 功能管控区水生态承载力刚刚超过安全承载状态，具备超载风险，需对这 8 个功能区加以关注，防止水生态承载力下降。

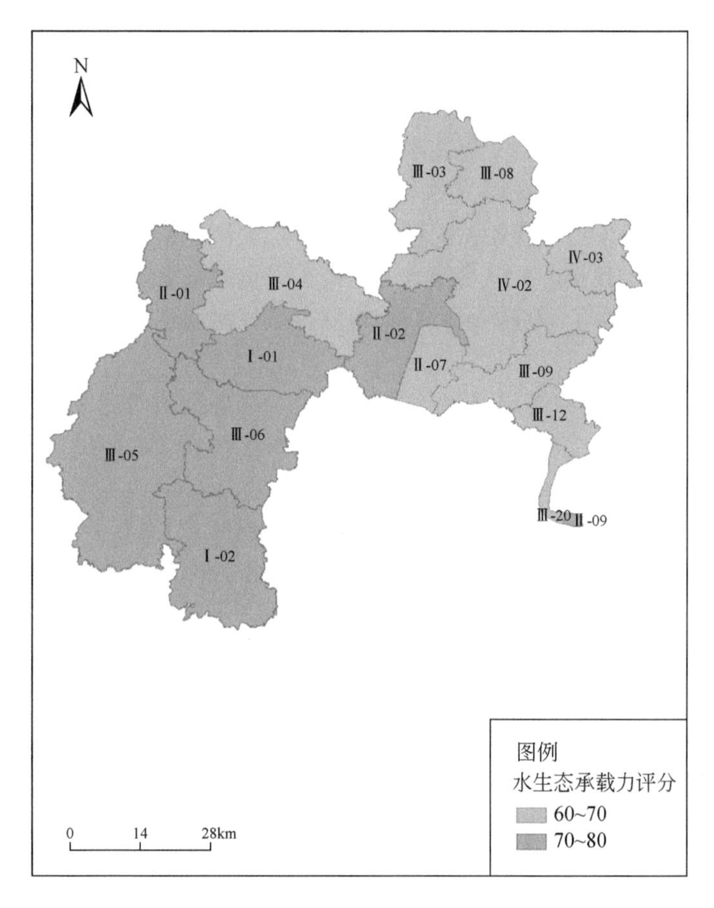

图 7-37　常州市水生态功能区承载力

7.7 小　　结

在深入探讨水生态承载力评估方法的基础上，创建 WREE 水生态承载力评估模型。进一步分析常州市水资源子系统、水环境子系统和水生态子系统，为了更加“高效、动态、可持续”地分析区域水生态承载力问题，将 WREE 模型和 SD 模型耦合，形成基于系统动力学方法的水生态承载力评估优化配置模型，可根据规划需求设置仿真模拟，确定最优配置参数，从而形成优化配置方案。相关技术实践为常州市经济稳定发展、水生态健康改善、环境质量提高提供了科学依据及调控方案。主要成果和结论如下。

（1）通过对水生态承载力评估方法的研究，结合常州市实际情况，从水资源子系统、水环境子系统、水生态子系统三个方面确立水生态承载力综合评估模型，从而对研究区水生态承载力现状进行定性和定量分析。

（2）分别从行政区划及水生态功能管控区两个方面分析常州市水生态承载力现状及关键问题，从而为水生态承载力的改善提出有效的针对性方案。经过分析可知，常州市仅有溧阳市达到安全承载状态，水生态功能管控区Ⅳ-03、Ⅲ-09、Ⅲ-12 处于超载状态；功能区Ⅳ-02 超载较为严重，是恢复的重点区域，且水生态承载力评估的关键指标为水资源开发利用率、林草覆盖率、水域面积指数、河流连通性及水环境质量指数。在调控过程中应当加大水资源回用技术方面投资，提高水资源利用效率；严格把控各断面水质，提高环境质量管理措施，做好产业升级规划，将生态调度等措施应用于水环境质量改善过程中。重点关注河岸带等与水生生物生存相关的环境状况，扩大河岸带植被绿化面积。常州市水生态承载力总体为临界承载状态，但是中心城区处于严重超载状态，且随着经济发展，呈现出逐步下降趋势，应当给予合理的水域面积规划，做好河流连通调控措施，保障水生生物适宜的生存环境。

（3）通过对 WREE 模型与 SD 模型的耦合研究，准确反映研究区的水生态现状，厘清水生态承载力变化关键参数，从而对研究区未来的水生态承载力作出合理预测，为当地管理部门制定规划提供有效技术支撑。

（4）运用蒙特卡罗敏感性分析方法，筛选出评估区生产总值、水域面积指数、植被面积覆盖率、河流连通性、水环境质量等敏感性指标，作为模型优化预备参数，为模型的优化提供有效支撑。

（5）常州市各市区近 14 年来产业结构合理度逐渐提高。溧阳市、金坛区、武进区、新北区的产业结构贴近度情况相似，总体呈稳步上升趋势，且近年来产业结构合理程度相近，超过合理的阈值。钟楼区和天宁区合理度较不稳定，总体呈现先高后低的趋势。钟楼区和天宁区的产业结构处于较为合理的范围，有加强改进的空间，且产业结构与污染物排放强度具有相关关系，常州市各市区三次产业与 COD 排放量高度负相关，武进区与钟楼区第一产业与总磷呈中度正相关。溧阳市及金坛区的各污染物排放评分均达到最佳承载状态，该地区需逐步增加第二产业及第三产业生产总值，适当降低第一产业生产总值。天宁区农业污染较为严重，产业结构调整过程中大幅度降低第一产业生产总值，增加第三产业生产总值。钟楼区、武进区和新北区的城镇污染及工业污染承载力均为最佳承载状态，农业污染为安全承载状态，需进一步降低第一产业规模，并逐步增大第三产业规模。

（6）通过对常州市连通性研究知，常州市总体的水系连通情况不佳，处于较低水平水系连通性，水系连通度为 0.055。其中，常州市新北区的水系连通性相对较好，天宁区、钟楼区的水系连通性相对较差。各行政区水系连通性评价结果由好到差，即水系连通性由好到差分别是：新北区>武进区>钟楼区>天宁区。通过对连通度与水生态相关关系的研究知，当连通度为 0.047 时，水生态状态最优。同时，发现闸坝点分布对水系连通度有较大影响。闸坝的建设要科学合理。由于水系连通性与闸坝开启的数量密切相关，水系连通度随开启闸坝的数量增多而上升。因此，为增加水系连通性，应进行闸坝间的联合调度，且进行闸坝联合调度过程中，应充分考虑对水生态的影响。

（7）通过产业绿色发展情景和水文调控情景模拟不同条件下的常武地区水系水环境质量。基于绿色发展理念，将常武地区的排污企业分为三大类（绿色企业、黄色企业和红色企业），然后规划黄色企业和红色企业并入污水管网，提标改造。利用 MIKE11 模型模拟后发现，产业优化后的河网 COD 和总氮浓度下降较多，部分河流氨氮和总磷浓度有一定下降。进一步对工业污染减排量计算可知，氨氮年减排量为 144.63t，COD 年减排量为 2715.67t，总磷年减排量为 1.19t，总氮年减排量为 1041.8t。因此，通过产业减排，可有效缓解水系水生态承载压力。基于水文调控优化情景，设置四组调控方案。结果表明，当泵引流量为 40～100m^3/s 时可有效改善常武地区水系环境质量。以泵引流量 40m^3/s 为例，进一步对考核断面的水质情况分析知，利用水文调度措施，考核断面达标率由 40% 提升为 80%，有效改善了河网水环境质量。基于以上最优情景方案，利用仿真模型预测常州市各行政区及水生态功能管控区的水生态承载力，模型结果显示各区均达到安全承载状态。同时，需要对功能管控区Ⅲ-03、Ⅲ-08、Ⅳ-02、Ⅱ-07、Ⅲ-09、Ⅲ-12、Ⅲ-20、Ⅳ-03 加以重点关注，防止这些区域的水生态承载力下降。

第 8 章　总　结

当前，我国水生态环境形式发生重大转折性变化，水环境质量总体向好，由水环境质量管理向水生态系统综合管理方式转变，国家水生态环境管理对推进流域水资源、水环境、水生态“三水”统筹治理、美丽河湖保护建设等提出了新的更高要求。面向新时代国家水生态环境保护治理重大科技需求，本书基于国家水体污染控制与治理科技重大专项、国家重点研发计划、国家自然科学基金等项目长期科技攻关，系统总结了流域水生态承载力评估调控技术理论及应用实践成果，提出了流域水生态承载力评估调控技术理论与实践模式，可为科学衡量和调控水生态-经济社会复合系统协调关系，推动我国水生态环境高水平保护治理提供有力的科技支撑。

1）水生态承载力评估与调控技术理论体系

提出基于承载力的水生态多要素协同治理理论，系统梳理相关技术科技攻关成果，构建以“多指标复合评估—复合系统模型构建—多维优化调控”为关键技术链的水生态承载力评估与调控三级技术体系，包括水生态承载力多指标复合评估技术、水生态承载力复合系统模型构建技术和基于流域复合系统水生态承载力多维优化调控技术 3 个支撑技术，以及 9 个支撑技术点，支撑推动水生态系统和经济社会高质量协调发展。

2）水生态承载力评估诊断技术

针对水生态承载力概念内涵不清、评估指标方法不一问题，基于水生态系统服务功能完整性科学辨析水生态承载力概念和“三水”内涵，构建了涵盖水资源禀赋、水资源供给、水环境纳污、水环境净化、水生生境、水生生物 6 类分项指标的承载力评估指标体系，研发了水生态承载力评估诊断技术，实现了水生态承载力量化与分级。基于该技术成果编制了《水生态承载力评估技术指南》，对流域/区域“三水”超载问题诊断、关键因素识别和统筹管理具有较高应用价值。

3）水生态承载力系统数值模拟模型

针对水生态复合承载系统过程模拟机理性和“增容、减排”效应综合模拟能力不足，创新性地构建了水生态承载力评估调控系统（HECCERS）模型框架，开发了 WAPSAT 水污染源评估模型，提出产业减排和生态增容调控潜力模拟评估方法和空间差异化的调控情景自动参数化方法，集成形成涵盖社会经济压力模块、流域过程模块、承载力调控潜力评估模块和系统模拟优化模块的 HECCERS 模型。该模拟技术可为功能区水生态环境综合管控提供关键技术支撑。

4）水生态承载力优化调控关键技术

创新性地研发了以“调控指标筛选—调控措施确定—调控潜力评估—调控目标制定—综合优化调控—可达性分析—方案制定”为主线的水生态承载力优化调控关键技术，提出了水生态承载力调控路径，构建了统筹“产业减排”和“生态增容”的调控措施清单，提出了基于海量情景参数空间化、全局情景优化模拟的水生态承载力调控潜力定量评估、目标制定和优化调控技术方法，形成《水生态承载力调控方案编制技术指南》技术标准，支撑“三水”统筹管理方案制定。

5）鄱阳湖流域水生态承载力评估调控

应用水生态承载力评估与调控技术，开展鄱阳湖流域水生态承载力评估，识别了总磷污染、生态退化等突出问题，构建鄱阳湖流域水生态承载力系统模型，模拟解析了鄱阳湖总磷时空来源与污染成因，针对产业减排（种植业、城镇生活、养殖业）和生态增容（退耕还林、岸线生态修复）分别开展了调控潜力模拟评估，制定了近远期调控目标体系，设置了1728套综合调控情景方案，模拟优化构建目标可达的情景方案库，优选制定近远期水生态承载力调控方案及其分区管控方案，支撑了鄱阳湖流域总磷污染防治和水生态环境综合管控。

6）太湖流域典型区（常州）水生态承载力评估调控

应用水生态承载力评估与调控技术，开展常州市水生态承载力评估，发现了常州市总体呈临界承载状态，并诊断识别了主要超载因子；构建耦合WREE、SD和MIKE11模型的常州市水生态承载力优化调控模型，科学评估了常州市产业结构调控和水文调节的水生态环境效应和承载力调控潜力；通过产业绿色发展和水文调控综合模拟优化，提出了统筹产业结构调整和水文调节的水生态承载力调控方案，推动了地区水生态环境质量改善和水生态承载力全面提升。

参考文献

蔡安乐. 1994. 水资源承载力浅谈–兼谈新疆水资源适度承载力研究中应注意的几个问题. 新疆环境保护, 16（4）: 190-196.

曹智, 闵庆文, 刘某承, 等. 2015. 基于生态系统服务的生态承载力: 概念、内涵与评估模型及应用. 自然资源学报, 30（1）: 1-11.

柴森瑞. 2014. 基于SD模型的流域水生态承载力研究. 西安: 西安建筑科技大学.

陈述彭. 1995. 环境保护与资源可持续利用. 中国人口·资源与环境, 5（3）: 11-17.

代义彬, 郎赟超, 王铁军, 等. 2019. SPARROW模型及其应用研究进展. 地球与环境, 47（3）: 397-404.

杜洋, 徐慧. 2008. 基于生态系统服务功能需求的城市河流健康评价. 中国环境与生态水力学, 416-422.

段春青, 刘昌明, 陈晓楠, 等, 2010. 区域水资源承载力概念及研究方法的探讨. 地理学报, 65（1）: 82-90.

冯发林. 2007. 湘江流域水资源承载力初步研究. 长沙: 湖南师范大学硕士学位论文.

冯尚友, 刘国全. 1997. 水资源持续利用的框架. 水科学进展, 8（4）: 301-307.

高凤杰, 侯大伟, 姜晗, 等. 2014. 阿什河流域农业非点源污染源解析及空间异质性. 东北农业大学学报, 45（9）: 67-72, 78.

高彦春, 刘昌明. 1997. 区域水资源开发利用的阈限分析. 水利学报, 28（8）: 73-79.

顾康康. 2012. 生态承载力的概念及其研究方法. 生态环境学报, 21（2）: 389-396.

郭怀成, 唐剑武. 1995. 城市水环境与社会经济可持续发展对策研究. 环境科学学报, 15（3）: 363-369.

郭怀成, 邹锐, 徐云麟, 等. 1999. 流域环境系统不确定性多目标规划方法及应用研究: 洱海流域环境系统规划. 中国环境科学, 19（1）: 33-37.

郭维东, 王丽, 高宇, 等. 2013. 辽河中下游水文生态完整性模糊综合评价. 长江科学院院报, 30（5）: 13-16.

郭占胜, 张忠义, 张超英, 等. 2001. 复合生态系统中区域环境质量可持续发展能力的综合评价. 河南农业大学学报, 35（3）: 230-233.

郝弟, 张淑荣, 丁爱中, 等. 2012. 河流生态系统服务功能研究进展. 南水北调与水利科技, 10（1）: 106-111.

郝欣, 秦书生. 2003. 复合生态系统的复杂性与可持续发展. 系统辩证学学报, 11（4）: 23-26.

贺晟晨, 王远, 高倩, 等. 2009. 城市经济环境协调发展系统动力学模拟. 长江流域资源与环境, 18（8）: 698-703.

黄宁生, 匡耀求. 2000. 广东相对资源承载力与可持续发展问题. 经济地理, 20（2）: 52-56.

贾振邦, 赵智杰, 李继超, 等. 1995. 本溪市水环境承载力及指标体系. 环境保护科学, 21（3）: 8-11.

江平平. 2015. 基于生态足迹的武汉市土地低碳利用分析与改进研究. 武汉: 华中农业大学硕士学位论文.

焦文婷, 陈兴鹏, 张子龙. 等. 2010. 宁夏回族自治区环境承载力评价. 兰州大学学报（自然科学版）, 46（4）: 53-57.

焦雯珺，闵庆文，李文华，等．2016. 基于ESEF的水生态承载力评估——以太湖流域湖州市为例．长江流域资源与环境，25（1）：147-155.
靳之更，王敏．2008. 沈阳市2001年–2006年生态足迹分析与可持续发展．环境科学与管理，33（8）：157-160.
康凯．2019. 基于复合生态系统理论的区域水生态承载力评价研究．哈尔滨：东北农业大学硕士学位论文．
李宾，张象枢．2009. 复合生态系统演化过程的环境影响分析．环境与可持续发展，34（2）：27-29.
李国栋，胡正义，杨林章，等．2006. 太湖典型菜地土壤氮磷向水体径流输出与生态草带拦截控制．生态学杂志，25（8）：905-910.
李靖，周孝德．2009. 叶尔羌河流域水生态承载力研究．西安理工大学学报，25（3）：249-255.
李林子，傅泽强，沈鹏，等．2016. 基于复合生态系统原理的流域水生态承载力内涵解析．生态经济，32（2）：147-151.
李清龙，王路光，张焕祯，等．2004. 水环境承载力理论研究与展望．地理与地理信息科学，20（1）：87-89.
李文华．2008. 生态系统服务功能价值评估的理论、方法与应用．北京：人民大学出版社．
李新，石建屏，曹洪．2011. 基于指标体系和层次分析法的洱海流域水环境承载力动态研究．环境科学学报，31（6）：1338-1344.
李雪，曹芳芳，陈先春，等．2013. 敏感区域目标污染物空间溯源分析：以新安江流域跨省界断面为例．中国环境科学，33（9）：1714-1720.
李云翊．2018. 基于SWAT模型的抚河上游流域土地利用变化情景下的水文响应研究．南昌：南昌大学硕士学位论文．
廖日红，丁跃元，胡秀琳，等．2007. 北京城区降雨径流水质分析与评价．北京水务，(1)：14-16.
廖文根，彭静，何少苓．2002. 水环境承载力及其评价体系探讨．中国水利水电科学研究院学报，6（1）：1-8.
刘少华．2018. 基于状态空间模型的宁夏全要素生产率测算．西部金融，(3)：41-45.
刘永懋，宿华．2004. 我国饮用水资源保护与可持续发展研究．中国水利，15：15-17，5.
龙平沅，周孝德，赵青松，等．2006. 水环境承载力特征及评价．水利科技与经济，11（12）：728-730.
卢诚，李国光，齐作达，等．2017. SPARROW模型的传输过程研究：以新安江流域总氮为例．水资源与水工程学报，28（1）：7-13.
罗斯丹，李恬悦，陈晓．2018. 山东省普惠金融发展的减贫效应研究——基于状态空间模型的实证分析．中国海洋大学学报（社会科学版），2：66-73.
马明德，马学娟，谢应忠，等．2014. 宁夏生态足迹影响因子的偏最小二乘回归分析．生态学报，34（3）：682-689.
马世骏，王如松．1984. 社会–经济–自然复合生态系统．生态学报，4（1）：1-9.
欧阳志云，王如松．1997. 复合生态系统水生态系统过程分析．青年生态学者论丛（一），1：51-57.
欧阳志云，赵同谦，王效科，等．2004. 水生态服务功能分析及其间接价值评价．生态学报，24（10）：2091-2099.
彭天杰．1990. 复合生态系统的理论与实践．环境科学丛刊，(3)：1-98.
彭文启．2013. 流域水生态承载力理论与优化调控模型方法．中国工程科学，15（3）：33-43.
阮本清，魏传江．2004. 首都圈水资源安全保障体系建设．北京：科学出版社．
佘思敏，胡雨村．2013. 生态城市水资源承载力的系统动力学仿真．四川师范大学学报：自然科学版，36

(1)：126-131.
沈鹏，傅泽强，杨俊峰，等 . 2015. 基于水生态承载力的产业结构优化研究综述 . 生态经济，31（11）：4.
施雅风，曲耀光 . 1992. 乌鲁木齐河流域水资源承载力及其合理利用 . 北京：科学出版社 .
石建平 . 2005. 复合生态系统良性循环及其调控机制研究 . 福州：福建师范大学博士学位论文 .
苏岫，索安宁，宋德瑞，等 . 2018. 基于遥感的长江经济带邻近海域滩涂生态承载力评估 . 海洋环境科学，37（4）：528-536.
孙金辉，谢忠胜，陈欢，等 . 2018. 基于层次分析法的北川县环境地质承载力评价 . 水土保持通报，38（4）：125-128，2.
孙善磊，周锁铨，石建红，等 . 2010. 应用三种模型对浙江省植被净第一性生产力（NPP）的模拟与比较 . 中国农业气象，31（2）：271-276，309.
谭红武，杜强，彭文启，等 . 2011. 流域水生态承载力及其概念模型 . 中国水利水电科学研究院学报，9（1）：1-8.
唐剑武，叶文虎 . 1998. 环境承载力的本质及其定量化初步研究 . 中国环境科学，18（3）：227-230.
唐怡，韦仕川 . 2018. 基于 GIS 和 PSR 模型的生态环境承载力时空差异研究——以海南省为例 . 中国农学通报，34（11）：40-47.
铁燕，文传浩，王殿颖 . 2010. 复合生态系统管理理论与实践述评——兼论流域生态系统管理 . 西部论坛，20（1）：55-61，78.
王惠 . 2008. 山西沁河源头河岸植被带建设、评价及设计 . 北京：北京林业大学硕士学位论文 .
王健民，王伟，张毅，等 . 2004. 复合生态系统动态足迹分析 . 生态学报，24（12）：2920-2926.
王莉芳，陈春雪 . 2011. 济南市水环境承载力评价研究 . 环境科学与技术，34（5）：199-202.
王其藩 . 1995. 高级系统动力学 . 北京：清华大学出版社 .
王硕 . 2014. 基于流域尺度的可持续复合水生态承载力研究 . 大连：大连理工大学博士学位论文 .
王西琴，高伟，何芬，等 . 2011. 水生态承载力概念与内涵探讨 . 中国水利水电科学研究院学报，9（1）：41-46.
王暄 . 2010. 基于模糊综合评判法的塔里木河流域水资源承载力评价 . 广东水利水电，(8)：46-48.
王钊，李登科 . 2018. 2000—2015 年陕西植被净初级生产力时空分布特征及其驱动因素 . 应用生态学报，29（6）：1876-1884.
王宗明，张柏，何艳芬，等 . 2004. 吉林省相对资源承载力动态分析 . 干旱区资源与环境，18（2）：6.
夏军，王纲胜，吕爱锋，等 . 2003. 分布式时变增益流域水循环模拟 . 地理学报，58（5）：789-796.
夏军，朱一中 . 2002. 水资源安全的度量：水资源承载力的研究与挑战 . 自然资源学报，17（3）：262-269.
解莹，李叙勇，王慧亮，等 . 2012. SPARROW 模型研究及应用进展 . 水文，32（1）：50-54.
邢有凯，余红，肖杨，等 . 2008. 基于向量模法的北京市水环境承载力评价 . 水资源保护，24（4）：1-3，9.
熊建新，陈端吕，谢雪梅 . 2012. 基于状态空间法的洞庭湖区生态承载力综合评价研究 . 经济地理，32（11）：138-142.
熊文，黄思平，杨轩 . 2010. 河流生态系统健康评价关键指标研究 . 人民长江，41（12）：7-12.
徐建伟 . 2016. 基于水资源水环境双重约束的产业结构优化方法研究 . 北京：中国环境科学研究院硕士学位论文 .
徐鹏，林永红，杨顺顺，等 . 2017. 珠江流域氮、磷营养盐入河量估算及预测 . 湖泊科学，29（6）：

1359-1371.
徐扬，张兰新，李念春. 2018. 基于状态空间法的旅游环境承载力评价分析——以山东半岛蓝色经济区五城市为例. 国土资源科技管理，35（2）：10.
徐瑶. 2007. 基于生态足迹模型的四川省可持续发展动态分析. 西华师范大学学报（自然科学版），28（2）：161-164.
杨俊峰，乔飞，韩雪梅，等. 2013. 流域水生态承载力评价指标体系研究. 中国环境科学学会2013年学术年会，昆明.
杨中文，张萌，郝彩莲，等. 2020. 基于源汇过程模拟的鄱阳湖流域总磷污染源解析. 环境科学研究，33（11）：2493-2506.
殷培杰，杜世勇，白志鹏. 2011. 2008年山东省17城市生态承载力分析. 环境科学学报，31（9）：2048-2057.
余进祥，赵小敏，吕琲，等. 2010. 鄱阳湖流域不同农业利用方式下的氮磷输出特征. 江西农业大学学报，32（2）：394-402.
岳方方，张建新，魏波. 2006. 基于生态足迹的江苏宿迁市可持续发展探讨. 山东师范大学学报（自然科学版），21（4）：101-104.
昝欣，张玉玲，贾晓宇，等. 2020. 永定河上游流域水生态系统服务价值评估. 自然资源学报，35（6）：1326-1337.
张爱菊，张白汝，向书坚. 2013. 中部6省生态足迹的测算与比较分析. 生态环境学报，22（4）：625-631.
张诚，郝彩莲，秦天玲，等. 2013. 水的生态服务功能内涵与评价方法初探. 水利水电技术，44（10）：23-26.
张国荣. 2009. 长江中下游地区高产稻田合理施肥. 哈尔滨：东北农业大学硕士学位论文.
张佳琦，段玉山，伍燕南. 2015. 基于生态足迹的苏州市可持续发展动态研究. 长江流域资源与环境，24（2）：177-184.
张林波，李文华，刘孝富，等. 2009. 承载力理论的起源、发展与展望. 生态学报，29（2）：878-888.
张猛，秦建新，符静. 2014. 基于RS与GIS的洞庭湖区生态承载力时空评价. 地理空间信息，12（6）：18-21，1.
张猛，曾永年. 2018. 融合高时空分辨率数据估算植被净初级生产力. 遥感学报，22（1）：10.
张楠，孟伟，张远，等. 2009. 辽河流域河流生态系统健康的多指标评价方法. 环境科学研究，22（2）：162-170.
张盛，王铁宇，张红，等. 2017. 多元驱动下水生态承载力评价方法与应用——以京津冀地区为例. 生态学报，（12）：4159-4168.
张文艺，韩有法，陆丽巧，等. 2012. 太滆运河流域水环境污染解析. 中国农村水利水电，9：47-50.
张星标，邓群钊. 2011. 江西省水生态承载力分析. 南昌大学学报：理科版，35（6）：6.
张媛，袁九毅. 2005. 兰州市区降雨径流污染负荷估算. 甘肃科学学报，17（3）：49-52.
张志强，徐中民，程国栋，等. 2001. 中国西部12省（区市）的生态足迹. 地理学报，56（5）：598-609.
赵广举，田鹏，穆兴民，等. 2012. 基于PCRaster的流域非点源氮磷负荷估算. 水科学进展，23（1）：80-86.
赵同谦，欧阳志云，王效科，等. 2003. 中国陆地地表水生态系统服务功能及其生态经济价值评价. 自然资源学报，18（4）：443-452.

赵卫，刘景双，苏伟，等．2008．辽宁省辽河流域水环境承载力的多目标规划研究．中国环境科学，28（1）：73-77.
周涛，王云鹏，龚健周，等．2015．生态足迹的模型修正与方法改进．生态学报，35（14）：4592-4603.
朱新玲，黎鹏．2015．基于 BP 神经网络的湖北省生态足迹拟合与预测研究．武汉科技大学学报（社会科学版），17（1）：77-80.
左其亭，陈曦．2003．面向可持续发展的水资源规划与管理．北京：中国水利水电出版社．
左其亭，马军霞，高传昌．2005．城市水环境承载能力研究．水科学进展，16（1）：103-108.
IUCN. 1980．世界自然保护联盟世界自然保护战略：可持续发展中的生物资源保护．
Alexander R B，Smith R A，Schwarz G E. 2000. Effect of stream channel size on the delivery of nitrogen to the Gulf of Mexico. Nature，403（6771）：758-761.
Alexander R B，Elliott A H，Shankar U，et al. 2002. Estimating the sources and transport of nutrients in the Waikato River Basin，New Zealand. Water Resources Research，38（12）：1-4.
Alexander R B，Smith R A，Schwarz G E，et al. 2008. Differences in phosphorus and nitrogen delivery to the gulf of Mexico from the Mississippi River Basin. Environmental Science & Technology，42（3）：822-830.
Bakshi B R. 2000. A thermodynamic framework for ecologically conscious process systems engineering . Computers & Chemical Engineering，24（2/3/4/5/6/7）：1767-1773.
Bishop A B. 1974. Carrying Capacity in Regional Environment Management Washington. D. C.：Government Printing Office.
Brakebill J W，Preston S D. 2003. A Hydrologic Network Supporting Spatially Referenced Regression Modeling in the Chesapeake Bay Watershed. Berlin：Springer.
Cairns J. 1997. Protecting the delivery of ecosystem services. Ecosystem Health，3（3）：185-194.
Charnes A，Cooper W W. 1961. Management Models and Industrial Applications of Linear Programming. New York：John Wiley & Sons.
Chen X，Strokal M，Van Vliet M T H，et al. 2019. Multi-scale modeling of nutrient pollution in the rivers of China. Environmental Science & Technology，53（16）：9614-9625.
Cohen J E. 1997. Population，economics，environment and culture：An introduction to human carrying capacity. The Journal of Applied Ecology，34（6）：1325.
Costanza R，d'Arge R，de Groot R，et al. 1997. The value of the world's ecosystem services and natural capital. Nature，387（6630）：253-260.
Daily G C. 1997. Nature's Services：Societal Dependence On Natural Ecosystems. Washington D. C.：Pacific Conservation Biology.
Duarte P，Meneses R，Hawkins A J S，et al. 2003. Mathematical modelling to assess the carrying capacity for multi-species culture within coastal waters. Ecological Modelling，（1/2）：168.
Ehrlich P R，Ehrlich A H，Holdren J P. 1976. Ecoscience：Population，resources，environment. Journal of Range Management，23（4）：264-268.
Feng L H，Zhang X C，Luo G Y. 2008. Application of system dynamics in analyzing the carrying capacity of water resources in Yiwu City，China . Mathematics and Computers in Simulation，19（3）：269-278.
Field C B，Behrenfeld M J，Randerson J T，et al. 1998. Primary production of the biosphere：Integrating terrestrial and oceanic components . Science，281（5374）：237-240.
Forrester J W. 1995. The beginning of system dynamics. McKinsey Quarterly：1-16.
Green B W，Teichert-Coddington D R，Boyd C E，et al. 1999. Estuarine water quality monitoring and estuarine

carrying capacity. Sixteenth Annual Technical Report. Pond Dynamics/Aquaculture CRSP, Oregon State University, Corvallis, Oregon, 15: 103-113.

Holdern J P, Ehrlich P R. 1974. Human population and the global environment. American Scientist, 62 (3): 282-292.

Hou G, Bi H, Yu X, et al. 2019. A vegetation configuration pattern with a high-efficiency purification ability for TN, TP, AN, AP, and COD based on comprehensive assessment results. Scientific Reports, 9 (1): 2427.

Leopold A. 1949. A Sandy County Almanac and Sketches from Here and There. New York: Cambridge University Press.

Lieth H, Whittaker R H. 1975. Primary Productivity of the Biosphere. New York: Springer-Verlag.

Malthus T. 1798. An Essay on the Principle of Population. Lexington, KY.

Meadows D H, Meadows D L, Randers J, et al. 1972. The Limits to Growth: A Report for the Club of Rome's Project on the Predicament of Mankind. New York: Universe Book.

Odum E P. 1953. Fundamentals of Ecology. Philadelphia: W. B. Saunders Company.

Randhir T O, Hawes A G. 2009. Watershed land use and aquatic ecosystem response: Ecohydrologic approach to conservation policy. Journal of Hydrology, 364 (1): 182-199.

Rees W E. 1992. Ecological footprints and appropriated carrying capacity: What urban economics leaves out. Environment and Urbanization, 4 (2): 121-130.

Saysel A K, Barlas Y, Yenigün O. 2002. Environmental sustainability in an agricultural development project: A system dynamics approach. Journal of Environmental Management, 64 (3): 247-260.

Schwarz G E, Hoos A B, Alenxander R, et al. 2006. The SPARROW Surface Water-Quality Model: Theory, Application and User Documentation. Washington D. C.: US Department of the Interior.

Seidl I, Tisdell C A. 1999. Carrying capacity reconsidered: From Malthus'population theory to cultural carrying capacity. Ecological Economics, 31 (3) 395-408.

Sterman J D. 1994. Learning in and about complex systems. System Dynamics Review, 10 (2/3): 291-330.

The United Nations Conference on Environment and Development. 1992. Report of the United Nations Conference on Environment and development. Rio de Janeiro.

UNESCO, FAO. 1985. Carrying Capacity Assessment with A Pilot Study of Kenya: A Resource Accounting Methodology for Sustainable Development. Paris and Rome: University Press.

Wackernagel M, Monfreda C, Schulz N B, et al. 2004. Calculating national and global ecological footprint time series: Resolving conceptual challenges . Land Use Policy, 21 (3): 271-278.

William H M. 1970. Man's Impact on the Global Environment. Cambridge: MIT Press.

Wilson M A, Carpenter S R. 1999. Economic valuation of freshwater ecosystem services in the United States: 1971-1997. Ecological Applications, 9 (3): 772-783.

World Commission on Environment and Development. 1987. Our Common Future. Oxford: Oxford University Press.

Xia J, Wang G, Tan G, et al. 2005. Development of distributed time-variant gain model for nonlinear hydrological systems. Science in China Series D: Earth Sciences, 48 (6): 713-723.

附录　评估指标等级、赋分标准与参考依据

1 水 资 源

1.1 评估指标等级与赋分标准

附表 1-1　水资源评估指标等级与赋分标准

评估指标	单位	指标等级与赋分				
		一级	二级	三级	四级	五级
		80～100	60～80	40～60	20～40	0～20
人均水资源量	m^3/人	>3000	2000～3000	1000～2000	500～1000	<500
万元 GDP 用水量	m^3/万元	<20	20～80	80～140	140～200	>200
水资源开发利用率	%	<10	10～20	20～30	30～40	≥40
用水总量控制红线达标率	%	>90	80～90	70～80	50～70	<50

1.2 评估指标等级划分的参考依据

（1）人均水资源量：国际公认标准。

（2）万元 GDP 用水量：专家咨询。

（3）水资源开发利用率：《流域生态健康评估技术指南》，环境保护部自然生态保护司，2013 年 3 月。

（4）用水总量控制红线达标率：张盛等（2017）。

2 水 环 境

2.1 评估指标等级与赋分标准

附表 2-1 水环境评估指标等级与赋分标准

评估指标	单位	指标等级与赋分				
		一级	二级	三级	四级	五级
		80～100	60～80	40～60	20～40	0～20
工业 COD 排放强度	kg/万元	≤1	1～2	2～3	3～4	≥4
工业氨氮排放强度	kg/万元	<0.1	0.1～0.2	0.2～0.3	0.3～0.4	>0.4
工业总氮排放强度	kg/万元	<0.15	0.15～0.3	0.3～0.45	0.45～0.6	>0.6
工业总磷排放强度	kg/万元	<0.05	0.05～0.1	0.1～0.15	0.15～0.2	>0.2
单位耕地面积化肥施用量	kg/hm^2	<400	400～500	500～600	600～700	>700（1000）
单位土地面积畜禽养殖量	头/km^2	<200	200～250	250～300	300～350	>350（500）
城镇生活污水 COD 排放强度	kg/万元	≤1.5	1.5～3	3～4.5	4.5～6	≥6
城镇生活污水氨氮排放强度	kg/万元	≤0.2	0.2～0.3	0.3～0.4	0.4～0.6	≥0.6
城镇生活污水总氮排放强度	kg/万元	≤0.25	0.25～0.5	0.5～0.75	0.75～1	≥1
城镇生活污水总磷排放强度	kg/万元	≤0.05	0.05～0.15	0.15～0.25	0.25～0.35	≥0.35
水环境质量指数	%	100	95～100	90～95	85～90	<85
集中式饮用水水源地水质达标率	%	100	95～100	90～95	85～90	<85

注：括号内数值表示当指标大于或等于括号内数值时赋分为 0

2.2 评估指标等级划分的参考依据

（1）单位工业产值 COD 排放量：中华人民共和国国家标准《污水综合排放标准》（GB 8978—1996）。

（2）单位工业产值氨氮排放量：中华人民共和国国家标准《污水综合排放标准》（GB 8978—1996）。

（3）单位工业产值总氮排放量：中华人民共和国国家标准《污水综合排放标准》（GB 8978—1996）。

（4）单位工业产值总磷排放量：中华人民共和国国家标准《污水综合排放标准》（GB 8978—1996）。

（5）单位耕地面积化肥施用量：《湖泊生态安全调查与评估技术指南》，良好湖泊生态环境保护专项，环境保护部污染防治司，2012 年 4 月。

（6）单位土地面积畜禽养殖量：《湖泊生态安全调查与评估技术指南》，良好湖泊生态环境保护专项，环境保护部污染防治司，2012年4月。

（7）城镇生活污水COD排放强度：中华人民共和国国家标准《污水综合排放标准》（GB 8978—1996）。

（8）城镇生活污水氨氮排放强度：中华人民共和国国家标准《污水综合排放标准》（GB 8978—1996）。

（9）城镇生活污水总氮排放强度：中华人民共和国国家标准《污水综合排放标准》（GB 8978—1996）。

（10）城镇生活污水总磷排放强度：中华人民共和国国家标准《污水综合排放标准》（GB 8978—1996）。

（11）水环境质量指数：专家咨询。

（12）集中式饮用水水源地水质达标率：《地表水环境质量标准》（GB 3838—2002）。

3 水 生 态

3.1 评估指标等级与赋分标准

附表3-1 水生态评估指标等级与赋分标准

<table>
<tr><th rowspan="3">指标</th><th rowspan="3">单位</th><th colspan="5">指标等级与赋分</th></tr>
<tr><th>一级</th><th>二级</th><th>三级</th><th>四级</th><th>五级</th></tr>
<tr><th>80～100</th><th>60～80</th><th>40～60</th><th>20～40</th><th>0～20</th></tr>
<tr><td>岸线植被覆盖度</td><td>%</td><td>>80</td><td>60～80</td><td>40～60</td><td>20～40</td><td><20</td></tr>
<tr><td>水域面积指数</td><td>%</td><td>50</td><td>30～40</td><td>20～30</td><td>10～20</td><td><10</td></tr>
<tr><td>河流连通性</td><td>—</td><td>>100</td><td>80～90</td><td>70～80</td><td>60～70</td><td>≤60</td></tr>
<tr><td>生态基流保障率</td><td>%</td><td>100</td><td>90～100</td><td>80～90</td><td>70～80</td><td><70</td></tr>
<tr><td>鱼类完整性指数</td><td>—</td><td rowspan="3" colspan="5">以各生物类群完整性指标数值的95%分位数作为一级和二级间的临界值，以5%分位数作为四级和五级间的临界值；将95%分位数和5%分位数之间范围进行三等分，以确定其他相邻级别间的临界值</td></tr>
<tr><td>藻类完整性指数</td><td>—</td></tr>
<tr><td>大型底栖动物完整性指数</td><td>—</td></tr>
<tr><td>鱼</td><td>—</td><td>>79</td><td>56～79</td><td>33～56</td><td>23～33</td><td><23</td></tr>
<tr><td>藻</td><td>—</td><td>>78</td><td>59～78</td><td>40～59</td><td>21～40</td><td><21</td></tr>
<tr><td>底栖</td><td>—</td><td>>74</td><td>51～74</td><td>28～51</td><td>5～28</td><td><5</td></tr>
</table>

3.2 评估指标等级划分的参考依据

（1）年生态基流满足率：郭维东等（2013）。

（2）河流连通性：熊文等（2010）。

（3）岸线植被覆盖度：王惠（2008）、杜洋和徐慧（2008）。

（4）水域面积指数：专家咨询。

（5）藻类完整性指数：《流域生态健康评估技术指南》，环境保护部自然生态保护司，2013 年 3 月。

（6）大型底栖动物完整性指数：《流域生态健康评估技术指南》，环境保护部自然生态保护司，2013 年 3 月。

（7）鱼类完整性指数：《流域生态健康评估技术指南》，环境保护部自然生态保护司，2013 年 3 月。